国家出版基金资助项目

"十三五"国家重点出版物出版规划项目

现代土木工程精品系列图书·建筑工程安全与质量保障系列

岩土地震工程

Geotechnical Earthquake Engineering

汤爱平　编著

哈尔滨工业大学出版社

HARBIN INSTITUTE OF TECHNOLOGY PRESS

内 容 提 要

本书对岩土地震工程及工程抗震的基础理论和解决实际工程问题的途径、手段、方法做了较为全面、系统、深入的介绍,主要讲述了与岩土地震工程及工程抗震有关的基本知识和基础理论、岩土地震工程中的工程抗震问题,包括管道抗震、边坡抗震及地下工程抗震问题以及岩土地震工程的土工试验方法等技术问题。

本书可作为从事岩土工程、地震工程和工程振动相关领域教学、科研、设计和勘测人员的参考书,也可作为相关专业研究生的教材。

图书在版编目(CIP)数据

岩土地震工程/汤爱平编著. —哈尔滨:哈尔滨工业大学出版社,2021.1

建筑工程安全与质量保障系列

ISBN 978 - 7 - 5603 - 8305 - 7

Ⅰ.①岩… Ⅱ.①汤… Ⅲ.①岩土工程-工程地震 Ⅳ.①TU4 ②P315.9

中国版本图书馆 CIP 数据核字(2019)第 111039 号

策划编辑　王桂芝　李　鹏
责任编辑　王　玲　周一曈
出版发行　哈尔滨工业大学出版社
社　　址　哈尔滨市南岗区复华四道街 10 号　邮编 150006
传　　真　0451 - 86414749
网　　址　http://hitpress.hit.edu.cn
印　　刷　哈尔滨市石桥印务有限公司
开　　本　787mm×1092mm　1/16　印张 20　字数 496 千字
版　　次　2021 年 1 月第 1 版　2021 年 1 月第 1 次印刷
书　　号　ISBN 978 - 7 - 5603 - 8305 - 7
定　　价　98.00 元

国家出版基金资助项目

建筑工程安全与质量保障系列

编 审 委 员 会

序

党的十八大报告曾强调"加强防灾减灾体系建设,提高气象、地质、地震灾害防御能力",这表明党和政府高度重视基础设施和建筑工程的防灾减灾工作。而《国家新型城镇化规划(2014—2020年)》的发布,标志着我国城镇化建设已进入新的历史阶段;习近平主席提出的"一带一路"倡议,更是为世界打开了广阔的"筑梦空间"。不论是国家"新型城镇化"建设,还是"一带一路"伟大构想的实施,都迫切需要实现基础设施的建设安全与质量保障。

哈尔滨工业大学出版社出版的《建筑工程安全与质量保障系列》图书是依托哈尔滨工业大学土木工程学科在与建筑安全紧密相关的几大关键领域——高性能结构、地震工程与工程抗震、火灾科学与工程抗火、环境作用与工程耐久性等取得的多项引领学科发展的标志性成果,以地震动特征与地震作用计算、场地评价和工程选址、火灾作用与损伤分析、环境作用与腐蚀分析为关键,以新材料/新体系研发、新理论/新方法创新为抓手,为实现建筑工程安全、保障建筑工程质量打造的一批具有国际一流水平的学术著作,具有原创性、先进性、实用性和前瞻性。该系列图书的出版将有利于推动科技成果的转化及推广应用,引领行业技术进步,服务经济建设,为"一带一路"和"新型城镇化"建设提供技术支持与质量保障,促进我国土木工程学科的科学发展。

该系列图书具有以下两个显著特点:

(1)面向国际学术前沿,基础创新成果突出。

哈尔滨工业大学土木工程学科面向学术前沿,解决了多概率抗震设防水平决策等重大科学问题,在基础理论研究方面取得多项重大突破,相关成果获国家科技进步一、二等奖共9项。该系列图书中《黑龙江省建筑工程抗震性态设计规范》《岩土工程监测》《岩土地震工程》《土木工程地质与选址》《强地震动特征与抗震设计谱》《活性粉末混凝土结构》《混凝土早期性能与评价方法》等,均是基于相关的国家自然科学基金项目撰写而成,为推动和引领学科发展、建设安全可靠的建筑工程提供了设计依据和技术支撑。

(2)面向国家重大需求,工程应用特色鲜明。

哈尔滨工业大学土木工程学科传承和发展了大跨空间结构、组合结构、轻型钢结构、预应力及砌体结构等优势方向,坚持结构理论创新与重大工程实践紧密结合,有效地支撑了国家大科学工程500 m口径巨型射电望远镜(FAST)、2008年北京奥运会主场馆国家

1

体育场(鸟巢)、深圳大运会体育场馆等工程建设,相关成果获国家科技进步二等奖5项。该系列图书中《巨型射电望远镜结构设计》《钢筋混凝土电化学研究》《火灾后混凝土结构鉴定与加固修复》《高层建筑钢结构》《基于 OpenSees 的钢筋混凝土结构非线性分析》等,不仅为该领域工程建设提供了技术支持,也为工程质量监测与控制提供了保障。

　　该系列图书的作者在科研方面取得了卓越的成就,在学术著作撰写方面具有丰富的经验,他们治学严谨,学术水平高,有效地保证了图书的原创性、先进性和科学性。他们撰写的该系列图书,反映了哈尔滨工业大学土木工程学科近年来取得的具有自主知识产权、处于国际先进水平的多项原创性科研成果,对促进学科发展、科技成果转化意义重大。

中国工程院院士

2019 年 8 月

前　　言

　　岩土地震工程是岩土工程学科的一个重要分支,主要是围绕土木工程建设及可持续发展的国家需求,研究地震、爆炸、波浪、交通等各种动荷载作用下土体的变形与强度特性,以及土工建(构)筑物的抗震性能与灾变行为,发展重大工程灾变评价方法与控制技术,实现基础设施的安全服役。岩土地震工程领域问题具有以下两个特点:第一,荷载复杂,一方面是地震荷载的不可预测性,另一方面是地震荷载作用显著地受场地条件影响,并产生放大效应、向性效应等;第二,研究对象复杂,不单纯涉及岩土体,还包括岩土体中的结构及二者的动力相互作用。在研究这一复杂问题时,通常采用弹性波动理论定性和物理模型试验、数值方法或经验统计定量相结合的技术思路。近年来,随着城市地下空间的大规模开发与利用,以及交通、水利等重大工程的大规模修建,人们对这些关系国计民生的重要基础设施的安全、长期服役性能和防灾减灾能力提出了更高要求。尤其是我国地处欧亚和环太平洋两大地震带之间,重大工程的抗震防灾有着重大的国家需求,重大工程在最大可信地震作用下的极限抗震能力是社会和工程建设者关注的重点。因此,重大岩土工程的动力灾变行为与破坏机制已成为土动力学与岩土地震工程领域的核心问题,涉及的关键研究课题包括土的动力特性与本构理论、动荷载作用下饱和土的液化、岩土体的地震变形与稳定性分析、土与结构动力相互作用和岩土地下工程抗震等。

　　本书主要从土体的地震响应和岩土工程抗震等基本理论知识出发,共分为 10 章。第 1 章是震源机制与震源模型,主要介绍地震学和工程地震常用的震源模型。第 2 章是土体中的地震波传播规律,假定土为各向同性线弹性介质,通过研究土体中地震波的传播规律阐述波在两土层界面发生的折射和反射现象,揭示土体中放大效应和滤波效应的作用机理,通过采取有效的减震、隔振措施,保障施工安全。第 3 章是土的动力学特性,主要介绍动力荷载下土的工作状态、土的动力学本构模型、动力荷载下土的强度变化及初始静应力对土动力性能的影响等。第 4 章是场地地震反应规律,介绍岩土地震工程场地安全性评价工作中的重要组成部分——场地地震反应规律,分别从一维、二维、三维 3 个层次确定某给定场地在地震时地面的运动变化情况,此外着重论述场地土剪切模量变化时的求解方法。第 5 章是土体地震作用下的永久变形,地震引起的永久变形是评价地震时地基和土工结构物性能的一个重要依据,为了研究地震作用下土体的永久变形及伴随发生的震害实例,建立适当的永久变形分析方法。第 6 章是土-结构动力相互作用,该问题十分复杂，涉及土的动力特性、基础形状、上部结构体系及动力反应等，因此，这方面的研究也较为持久，而且很难得出较为符合实际的结果，但从本质上来说，考虑土—结构动力共同相互作用，符合结构在动力作用下的特性，它对认识结构在动力荷载下的内在反应，进而控制或利用这一反应具有举足轻重的作用，因此，这方面的研究具有较深远的研究及工程意义。第7章是埋地管道系统的地震响应与抗震设计，从管道的抗震响应到破坏及设计都做了详细的叙述，为地下埋地管道的工程抗震提供技术依据。第8章是地下结构的地震反应与抗震设计，分析了地下结构的地震反应特点与震害机理，详细介绍了目前常见的抗震设计方法，以隧道为例进行了分析说明，并简要列举了一些抗震措施。第9章是边坡工程地震反应分析与抗震设计，介绍了在地震工程与环境工程中重点研究的地震作用下边坡稳定性分析的研究内容与重要意义，并着重讲解了目前考虑地震作用下的边坡计算与评价分析的主流方法。第10章是岩土地震工程中的试验技术，这一章也是前9章理论的一个体现，包括室内试验和室外试验，也是对现今岩土工程抗震的成熟技术的介绍。第11章是岩土地震工程的研究进展，主要包括理论研究进展、大型原位测试与试验技术进展，以及高新技术应用。

作者力图贯彻全书的中心思想，把土体地震响应基本理论知识与岩土工程抗震等实际工程应用相互融合在一起，使岩土工程地震学得以迅速而健康地发展。除此基本目的之外，本书也介绍了目前的一些新进展，让读者不仅能了解本学科的现有定论，也能了解当前的问题及不同的意见。

本书由汤爱平撰写，黄德龙、穆殿瑞、王中岳、聂众、刘强、唐卓、张雪、马越超、李杉杉、马乐乐、李润林、刘炜坪等参与完成了本书相关理论和技术的研究工作，为本书提供了大量的素材，在此表示感谢。

由于作者学识有限，书中难免有疏漏及不妥之处，恳请广大读者批评指正。

作 者

2020 年 8 月

目　　录

第1章　震源机制与震源模型

震源机制(Focal Mechanism)是指地震发生时岩体的力学演变行为,主要包括发震断层的类型、地震发震介质的力学特性变化规律、破裂和运动特征,以及这些特征和地震波之间的关系等。求解震源机制的方法通常称为震源机制解。震源机制解主要解决地震震源的力学、动力学机制和发震断层的物理力学参数等问题。震源机制解中,断层面参数的研究对象主要是发震断层的几何形态特性、主压应力轴和主张应力轴方位角(反映了区域应力场主轴的主体方向);震源深度分布的研究可以揭示余震与发震构造的关系及理解主余震的孕震机理。因此,研究震源机制对于在主震以后预测强余震的分布和研究地震活动区的应力状态、计算场地的地震波传播与反应、场地的强地震动特征、建(构)筑物的抗震设计等均具有重要意义。本章主要介绍地震学和工程地震学常用的震源模型。

1.1　地震的成因与类型

地震的成因由多种因素控制,断裂构造运动、火山活动、大当量爆炸或核爆、地下水的抽灌、大型水库的诱发地震、大型的滑坡、隧道或地下空间的开挖、矿山的开挖等,均能引发不同规模的地震。总的来说,地质构造运动,尤其是活动断裂,引发的地震占绝大多数(一般认为占世界记录地震总数的90%左右,称为构造地震),这类地震对工程的破坏风险最大,频度也最高。构造地震一般认为是由岩石圈发生断层引起的,目前已记录到的最大构造地震震级为9.3级(日本东北地震,2011年3月11日)。

引起地震构造运动的原因一般有以下5种认知度较高的学说。

1.1.1　岩体的相变理论

岩体的相变理论能解释无明显断裂区发生的深源地震(震源深度大于300 km)的发生机制。大量的历史地震表明,断层滑动是地震爆发的主要因素,由于地表下几百公里的上地幔因高温、高压而几乎不可能存在断层,因此,深源地震很可能是由地幔中的矿物成分发生相变引发。相变是指物质在温度、压力等外部参数发生连续变化时,从一种相态变成另一种相态的过程。一般认为,深源地震的产生可能与地幔中的橄榄石相变有关,在高温高压条件下,橄榄石的结晶状态可能发生突变,体积随之突然变化,这种大规模的相变会释放巨大的结晶能。根据这种观点,随着深度与压力的增加,俯冲板块内的橄榄石会变成另一种密度更大的相态,从而导致处于俯冲状态的岩石发生断裂,引发地震。试验研究表明,将具有橄榄石结构的锗酸镁置于 $2 \sim 5$ GPa(1 GPa约 10^4 个标准大气压)的连续高压和 $900 \sim 1~000$ ℃ 的连续高温条件下,锗酸镁在由橄榄石结构晶体相变为尖晶石结构晶体过程中会发生化学键断裂,并形成新的晶核。这些键的断裂扩散极快,快速释放能量,并产生瞬间弹性波,这一过程与深源地震极为相似,而产生的瞬间弹性波强度和数量也遵循统计地震学中一定区域、一段时间内地震震级和数量的常用关系式。另外,一些研究结果也表明(Connolly,1966;张荣华等,2009;胡宝群等,2011),在某些温度和压力条件下,地下水的物性变化在某些点或区段会出现特殊的显著变化(称为水的物理化学性质的临界奇异性),热容、压缩系数、膨胀系数等物理化学参数趋于无穷大,这极易导致周围岩石的物理和化学性质突变,抗压、抗拉强度、摩擦力等突然显著降低,更容易触发地震或火山喷发。从岩石的典型相位图来看,随着温度、压力条件的改变,相位在不同温压条件下极易发生相变,体积也发生巨大变化,尤其是气液态组分。岩石圈中的构造作用往往导致温压的变化,这样岩石矿物组分的相变极易发生,从而也产生巨大的相变能。

1.1.2　地震核变成因论

地震核变成因论认为,地震是地幔中物质的核变作用在地壳上的结果。地幔的长期演化过程中,物质成分发生分异,在地球不同深处形成纯度很高的强放射性物质集中地带。地幔物质的对流过程中,如果核裂变或核聚变物质相遇,超过其临界体积,就会发生核裂变或核聚变,产生瞬间极速膨胀,反弹地壳产生纵波,纵波拉伸地壳产生横波。余震的产生机理是因为一方面核变产生的温度会使地幔熔化,造成地幔温度的不均匀,加速其对流,提高了核裂变发生的概率;另一方面核变产生的温度还可以使地壳熔化释放核聚变物质,同时也提高了含氢化合物的热解比例,增加了核聚变物质的含量,核聚变发生概率进一步增大。

1.1.3　惯性动量不均衡成因理论

地震是由于板块运动的非同步漂移引起板块间相互挤压造成的,板块运动的原动力来源是外源性的,即板块运动的原动力来源是由于地球表面的惯性动量不均衡分布引起的。惯性动量不均衡成因理论的核心问题是以海平面为基准的地球是理想的圆球体,在不考虑海水和陆地的容重差别时,地球上同温度线上的惯性动量是等值的,这种情况下,板块间的运动是均衡等速的,因此不会形成相互间的挤压,也就不会产生地震。但实际情况是,像青藏高原,其东西长约2 800 km,南北宽300 ~ 1 500 km,总面积约2.5×10^6 km^2,平均海拔高度4 km以上的巨大体量受太阳系星球间的运动引力大小不可忽略,由于各大板块海平面以上的板块质量不同,因此,其受其他星球引力大小也不同,其结果就是板块的自转惯性动量变化值引起的漂移速率不同,这就是板块间挤压导致地震的原因。

1.1.4　震电说

一般认为,地核温度可达到6 000 K,与地壳的温度差大约是5 000 K。这种情况下,熔岩原子中的最外层电子受热会脱离"能级"的束缚,变成自由电子。这些自由电子将趋向低温部形成负电层,则地壳下面必然要形成"温差电场"。在电场的感应中,地壳层中某些矿层会存在局部电场。这些电场在积累到一定程度时,其电场力会与重力形成合力而导致"重力异常",其电离作用会在地表空气中产生"电离光",受这种电场影响,大气电场会失去平衡而出现怪风、怪雨、怪雪等异常气候。当这些局部电场的相对电势(电压)积累达到一定值时,电场会将其中的绝缘层击穿,产生剧烈的地下雷暴。这种地下雷暴瞬间释放的能量可与核爆的能量相当,具有很大的破坏性,造成岩层破裂而产生地震,形成纵波和横波在地层中向四周传播。大量的临震现象为此学说提供了证据,如地声和地震光、地磁异常、重力异常、气候异常、水库地震、电离层"电扰"、次声波传播情况等。

1.1.5　断层说

断层说也称为构造成因说,地壳岩石或岩体由于构造运动累积的应力达到岩石的破裂强度,岩石突然破裂,瞬间释放出积累的应变能,形成地震。这是目前对构造地震,特别是浅源地震成因的共识。岩石破裂产生地壳中的断层,一些强震后的巨大地表破裂是直观的证据,也为高温高压岩石试验所证实。地震活动资料分析表明,已经活动过的断层还可能出现多次破裂。该学说主要有以下两种基本模型。

1. 弹性回跳模型

1910 年,美国地质学家里德(H. F. Reid)提出弹性回跳模型,他根据 1906 年美国旧金山 8.3 级地震沿圣安德列斯断裂带产生的大规模破裂带,以及震前、震后长达 50 多年的跨断裂的形变实测资料分析,认为在地震前,弹性应变能在岩石中长期积累,使断裂两侧的岩块产生相对位移和变形,当超过岩石所能承受的变形极限时,岩体发生破裂和错动而形成地震,同时破裂面两侧岩石向弹性应变减小的状态发生回跳。根据该模型可以估计即使断裂穿透地壳,最大震级上限也只为 9.5 级。弹性回跳模型是浅源地震成因的主要模型。

2. 断裂黏滑模型

考虑到地下深处的高温高压环境,1966 年布雷斯(W. F. Brace)和拜利(J. D. Byerlee)提出,由于高温高压下摩擦阻力的不均匀和在滑动过程中的变化,会出现动态不稳定。闭锁的断层面产生滑动时突然释放能量,形成地震,继而闭锁,如此反复,断裂的破裂过程表现为断续地滑动和黏结交替运行。断裂黏滑模型可以解释部分浅源地震和板块俯冲带的中源地震。

1.2　震源机制模型

震源机制是指震源区地震发生时的力学特性。常用的震源机制模型有点源、线源和面源模型。

1.2.1　点源模型

点源模型一般有力偶模型和位错模型两类。

1. 力偶模型

力偶模型又分为单力偶模型和双力偶模型。单力偶模型认为在地震瞬间,震源处突然作用一个力偶,使断层两盘发生相对运动,周围介质随着运动并由此产生波,该模型用作用于震源处的一些集中力系来解释震源辐射地震波的空间分布特征。双力偶模型则认为,若在一个小的平面断层上发生一个突然的纯剪切错动,则会产生地震波辐射,这样的剪切错动震源产生的远场地震波与在震源处突然有一个双力偶作用产生的地震波相同。地震学的震源理论与事实均证明它比单力偶力系更接近实际。

2. 位错模型

位错模型源于晶体学,与晶体的力学性质等理论有着非常密切的联系。Steketee(1958)将位错理论引入地震断层运动的研究中,分析了完全弹性体(泊松体)中由于点源的垂直走滑而产生的地表位移变化规律。其后,日本学者 Okada 提出了点源及有限矩形面元的位错、应变和倾斜弹性半空间位错模型,可以计算弹性半空间条件下地表走滑、倾滑和张裂三分量及梯度变化值。

1.2.2 线源模型

线源模型是基于运动学提出的,在用远震体波数据和长周期面波数据确定大地震的震源特征中得到了广泛的应用。该模型及其改进的模型能较好地估计地震动位移和地震动速度的空间分布,但对高频成分丰富的地震动加速度时程的模拟精度不是很高。典型的线性模型有 Haskell 模型(1964)。

1.2.3 面源模型

典型的面源模型有随机断层模型(Mikumo 和 Miyatake,1978)、复合震源模型(Fankel,1991)、凹凸体模型(金森博雄等,1980)、障碍体模型(Papageorgiou 和 Aki,1977)和基于动力学的 Kostrov 模型(1966)等。

大量的地震动空间分布规律和震源动力学理论研究表明,地震点源的震源模型,对于远场或震级相对低(小于 5 或 5.5 级)的地震的地震动空间分布特征描述才是合理的。对于近场而言,尤其大地震的近场地震动,震源不能简化为点源,需要在一个破裂面上散射能量才可避免对地震动的过高估计,解释破裂的方向性效应、断层附近的脉冲效应和上盘效应等地震动的空间分布规律。地震学家由此进一步发展了有限移动源来表达震源的破裂,其中有限断层模型发展最为迅速。

1.3 有限断层模型

对于破坏性地震,估计震源破裂面上错动量大小或能量的传播特性成为有限断层震源模型必须解决的问题。金森博雄等提出的凹凸体模型(Asperity model)、Papageorgiou和 Aki 提出了障碍体(Barrier)模型均表达了地震的绝大部分能量是从这些凹凸体或障碍体释放出来的。后者假定在矩形断层面内分布着许多等直径的圆形破裂,这些破裂被周围未破裂的障碍体分割,每个圆形破裂的过程是独立和随机的,破裂传播过程用 Sato 和Hirasawa 的模型描述。Joyner 和 Boore 提出了断层面多次子源破裂模式,地震的能量由一系列子震释放,子震的具体分布对场点处记录的地震动幅值有直接的影响。凹凸体的数量、大小和位置可以用规则的网格或随机的子源来表达。例如,Zeng 等提出了一个复合震源,具有随机尺寸凹凸体的分布服从幂律,子源在破裂面上随机分布,且允许互相重合。为了充分表达破裂面上错动分布的随机性,Gallovic 发展了 k 平方模型,用空间波数谱描写错动的分布,谱幅值随波数平方(k^2)下降,在两个方向上波数大于拐角波数后谱幅值下降越来越快。Silva 等提出的有限断层模型是当前近场强地震动预测中广泛应用的震源模型,便于描述发震断裂的尺寸、产状,能量是在一个破裂面上辐射出去的,与实际更接近。基于有限断层模型估计地震动,整个破裂面被划分为许多子源,每个子断层视为一个点震源,便于表达破裂面上错动的不均匀发布,更便于表达这样一个共识 —— 近断裂场地的地震动主要受破裂面上那些邻近、局部、有限部分的影响,其他更远的部分只会影响到地震动谱的长周期部分和持续时间。用有限断层模型估计的近场地震动幅值比用点源模型所得的要低。例如,震级 7 级、距离 10 km 时,可降低 30% ~ 50%;距离达到 50 km 时,两者的差别无几。当然,随着震级减小,有限断层的影响会减小,震级 6 级、距离10 km 时,比点源模型计算得到的地震动加速度降低约 20%。有限断层震源模型中将震源参数分成两类:全局震源参数和局部震源参数。全局震源参数描述发震断裂的宏观特征,包括断层位置、产状和埋藏深度,断层破裂长度、宽度和面积,断裂面上的平均滑动、平均破裂速度等;局部震源参数着重描述断裂面上滑动的不均匀分布。全局震源参数的获取主要来自活断层探查的成果,根据震源反演数据建立的地震断层破裂长度、宽度和破裂面积及断层面上的平均滑动与地震矩之间的关系式,可以得到相应的数值;局部震源参数主要描述破裂面上错动的分布特征和破裂扩展的时间历程。一般而言,有限断层模型的局部参数可分为凹凸体、单凹凸体和多凹凸体 3 种模型,对断层分为倾滑断层和走滑断层两种类型,根据地震破裂面上的错动分布,提取的凹凸体尺度(面积、长度、宽度,对于多凹凸体模型分别给出所有、最大、其他凹凸体的尺度)、平均滑动量、最大凹凸体中心的位置、地震破裂初始点位置等参数,建立相应的凹凸体模型与矩震级之间的关系及凹凸体各参数与相应破裂面参数之间的关系,预测断裂面上错动的不均匀分布规律。

在有限断层模型中,一般将断层面等效为长方形的破裂面,断层破裂面再按网格剖分成不同大小的子源,按走向和倾向统计子源数目。破裂从起始点开始,呈辐射状且以一定的破裂速度向外传播。当破裂到达某一子源的中心时,该子源被触发。破裂过程由破裂起始点的位置和破裂面上破裂传播速度的分布控制。每个子源引起的场地上的地震动根据子源与场地的几何关系和区域地壳速度结构计算,各子源引发的地震动以适当的时间延迟在时域中叠加,获得场地总的地震动。

目前,有限断层模型主要有运动学震源模型和动力学震源模型。前者是已知断层形状、大小、位置,断层面上位错时空分布,破裂速度和破裂传播方式,断层周围的地质构造和参数,计算地震动场;后者是已知初始应力场和断层面岩石的破裂强度,按照一定的破裂准则模拟断层面的破裂过程与估计地震动场。动力学震源模型比运动学震源模型更符合断层破裂的本质。目前低频地震动的运动学震源模型有较好的计算精度。动力学震源模型因需要有震源处的地壳构造和发生地震时的物理变化过程等难以获取的相关参数而不成熟,近断层地震动预测主要依赖运动学震源模型。现在,将动力学震源模型和运动学震源模型融合的混合震源模型模拟震源机制具有很好的可靠性。

1.4　有限断层混合震源模型及参数的确定

有限断层混合震源模型的建立有很多不同的理论与方法,将随机合成方法和宽频带格林函数法联合起来的方法比较典型。随机合成方法用来计算高频地震动,宽频带格林函数法用来计算低频地震动。随机合成方法中,利用傅里叶幅值谱和随机相位谱计算每个地震子源的地震动。宽频带格林函数方法用破裂面上的剪切位错来表达震源,剪切位错引起的波的传播用格林函数表达,考虑区域地壳的速度结构,包括各速度层的厚度、密度、速度及组合特征的影响。

有限断层混合模型中的参数分为全局参数(也称为区域参数)和局部参数(断层几何和运动学参数)。

全局参数主要包括断层的几何参数(长度、宽度和破裂面积)、运动学参数(错动量大小或破裂速度)、空间位置和产状。这些参数往往与区域的大地构造背景、地壳的速度结构等因素密切相关,区域参数的获取一般通过地质调查、地震动观测来确定。

局部参数包括凹凸体几何特性(长度、宽度)、运动学参数(错动量大小和速度),描述断裂面上的错动的不均匀分布特性。这些参数与断层类型、岩石类型等因素相关,其值一般由地质调查、地震勘探、地震观测等手段确定,也可以通过经验模型推测确定。

1.4.1　随机合成震源模型

随机合成震源模型中,某点源引起的地表一点的地震动加速度傅里叶幅值谱可由下式表示,即

$$F_A(M,f,R) = S(M,f)G(R)D(R,f)A(f)P(f)I(f) \tag{1.1}$$

式中,$S(M,f)$ 为震源谱,说明从震源辐射的总能量大小和能量在频域的分布特性;$G(R)$ 为几何衰减,说明几何扩散导致的地震动衰减特征;$D(R,f)$ 为弹性衰减,说明地震波传播过程中地壳介质耗散能量引起的地震动衰减;$A(f)$ 是近地表幅值放大因子,是近地表地壳的速度梯度变化对地震动的影响大小;$P(f)$ 为高频截止滤波器,表明近地表地震动中不含有很高频率成分的特征;$I(f) = 2\pi fi^z (z=0,1,2)$ 为地震动参数类型因子,表示地震动位移和速度、加速度的关系,对加速度谱($z=2$),计算取 $-2\pi f$。

几何衰减项 $G(R)$ 反映近距离处地震动成分以体波(剪切波)为主,远距处以面波为主,以及两者之间的一段距离上直达波与来自莫霍面临界反射波、折射波叠加形成的地震动衰减缓慢甚至基本不衰减的不同特征,几何衰减与区域地壳速度结构关系密切,通常用三段函数表示。例如,Atkinson 和 Brooe 提出的北美东部地震动的三段型几何扩散模型为

$$G(R) = \begin{cases} \dfrac{1}{R}, & R < 70 \text{ km} \\[2mm] \dfrac{1}{70}, & 70 \text{ km} \leq R \leq 130 \text{ km} \\[2mm] \dfrac{\sqrt{130}}{70\sqrt{R}}, & R > 130 \text{ km} \end{cases} \tag{1.2}$$

式中,R 为波传播路径的长度。

$D(R,f)$ 表示介质的能量损耗,Brooe 等将其定义为

$$D(R,L) = e^{\frac{\pi f R}{Q(f)\beta}} \qquad (1.3)$$

式中,f 为地震波频率;$Q(f)$ 为品质因子,与区域地质背景有关,$Q(f) = Q_0(f^n)$;β 为震源附近介质的剪切波速。

近地表幅值放大因子 $A(f)$ 可以根据区域地壳速度结构按四分之一波长法近似确定。

近地表高频截止项 $P(f)$ 描述的是传播路径和场地效应,或是这两种效应与震源效应的综合。该项普遍使用 f_{max} 滤波器和 kappa 滤波器来描述,基本的模型可表示为

$$\begin{cases} P(f) = \left[1 + \left(\dfrac{f}{f_{max}}\right)^8\right]^{-\frac{1}{2}} \\ P(f) = e^{-\pi f \kappa} \end{cases} \qquad (1.4)$$

式中,f_{max} 为地震动高频截止频率;κ 称为"kappa"系数,一般认为与距离和场地条件密切相关,描述了从震源到场地在地壳中波传播能量耗散对波场的影响。kappa 值取决于震中距和场地之下深度为 H 的平均剪切波速、品质因子(Q_s)。Atkisnon(1996)建立了 kappa 参数与矩震级之间的经验关系式为

$$\kappa = 0.0106 M_w - 0.012$$

上述的公式表明,地震动傅里叶幅值谱的估计中,震源谱中的应力降 $\Delta\sigma$、品质因子 Q 中的 Q_0 和 n 及几何衰减项的两个分段点距离等 5 个区域性参数分别控制了地震动的强度和随距离衰减的速率,通常不能直接量测到,需要借助不同的模型来计算得到。目前,这些参数的计算多利用地震观测数据并结合相应的数值模型求解得到,以下详述震源谱模型的建立与求解过程。

$S(M,f)$ 为震源谱,通常采用 Brune 震源谱模型和 Atkinson 震源谱模型。Brune 震源谱模型的特征是远场谱位移在低频段保持一个近于常数的幅值,在高频段正比于频率的 -2 次方。

Brune 震源谱模型表达式为

$$S(M,f) = \frac{C \times M_0}{1 + \left(\dfrac{f}{f_c}\right)^2} \qquad (1.5)$$

式中,M_0 为地震矩,N·m,$M_0 = \mu D S$,μ 为岩石的剪切模量,一般为 3.0×10^9 Pa;D 为断层平均滑动量,m;S 为断层的破裂面积,m^2;M_0 与矩震级 M_w 的关系是 $\lg M_0 = 1.5 M_w + 16.1$;f 为震源频率;f_c 为拐角频率;C 是与频率无关的常数。拐角频率定义为震源谱中高频段的渐近线与低频段的渐近线交点对应的频率,对高频段震源谱的幅值的控制作用很强。在地震矩相同的条件下,拐角频率越高,产生的地震波中高频成分越多。在圆盘型破裂假定条件下,拐角频率可按下式估计,即

$$f_c = 4.9 \times 10^6 \times \beta \left(\frac{\Delta\sigma}{M_0}\right)^{\frac{1}{3}} \qquad (1.6)$$

式中,$\Delta\sigma$ 为应力降;β 为震源区介质的平均剪切波速。应力降有明显的区域性,与断层类型、岩石和构造环境密切相关,一般而言,应力降值的大小与地震破裂面上的错动量成正比,与破裂面的大小成反比,一般借助远场记录反演估计得到,常用的计算公式为

$$\Delta\sigma = C'\mu D/L$$

式中,C' 为无因次形状因子,对于走滑断层,$C' = 2/\pi$,对于倾滑断层,$C' = 4(\lambda + \mu)/[\pi(\lambda + 2\mu)]$,其中,$\lambda$ 是拉梅常数;D 为断层面上的平均滑动量;L 为断层的长度和宽度两者中的最小值。

Brune 震源谱模型对 5 级以下的地震动谱预测结果好,但对于 5 级以上地震谱的预测有较大偏差,尤其是 7 级以上地震。

基于北美地区的大量强震记录,Atkinson 等提出了能满足中等强度地震的地震动预测的要求的双拐角频率震源谱模型,即

$$S(f) = CM_0\left\{\frac{1-\varepsilon}{1+\left(\dfrac{f}{f_a}\right)^2} + \frac{\varepsilon}{1+\left[\dfrac{f}{f_b}\right]^2}\right\} \tag{1.7}$$

式中,ε 为比例系数;f_a、f_b 分别为低频和高频拐角频率。这些参数都与地震动大小、区域地质构造环境有关,一般根据强震记录推测得到这些参数的值,如北美东部有 $\lg\varepsilon = 2.52 - 0.64M$,$\lg f_a = 2.41 - 0.53M$,$\lg f_b = 1.43 - 0.19M$;西部有:$\lg\varepsilon = 2.76 - 0.62M$,$\lg f_a = 2.18 - 0.50M$,$\lg f_b = 1.78 - 0.30M$。Atkinson 的双拐角频率震源谱模型实际上相当于将两个拐角频率分别为 f_a、f_b 的 Brune 震源谱叠加。当震级较小时,结果与具有较高拐角频率的 Brune 谱模型一致;当震级较大时,则与具有较低拐角频率的 Brune 震源谱模型一致。Atkinson 的双拐角频率震源谱模型与有限断层震源模型结合,估计的近场地震动有较好的精度。

Masuda 将震源谱模型改写为更一般的形式,即

$$S(f) = \frac{CM_0}{\left[1+\left(\dfrac{f}{f_c}\right)^a\right]^b} \tag{1.8}$$

陶夏新、王国新、王海云、孙晓丹等基于大量的强震记录也提出了形如 Masuda 的震源谱模型,并确定了两个参数:$a = 3.05 - 0.33M$,$b = 2.0/a$ 或 $a = -0.375\lg(N_{Rij}\Delta L\Delta W) + 1.81625$。$N_{Rij}$ 为子源总数,ΔL 为沿断层走向的子源长度,ΔW 为沿断层走向的子源个数。

上述模型表明,拐角频率震源谱模型与区域的构造环境有关。研究结果也表明,上述模型预测精度与子源的尺寸大小密切相关。子源尺寸较大(子源震级大于 5.5 级),预测精度就大大降低。子源尺寸过小(小于 1 km²),会导致地震动幅值过高;子源过大,则会使描述的错动不均匀分布过于简单。因此,一些学者对子源的震源谱模型与拐角频率进行了相应的规定。

Motazedian 和 Atkinson 提出了动力学拐角频率,定义了第 ij 个子源的震源谱模型为

$$S_{ij}(f) = \frac{CM_{0ij}H_{ij}}{\left[1+\left(\dfrac{f}{f_{cij}}\right)\right]^2} \tag{1.9}$$

式中, H_{ij} 为高频辐射能守恒的标度因子; M_{0ij} 为子源地震矩; f_{cij} 为子源拐角频率。子源地震矩可由总地震矩按子源错动量的大小分配求得, 即

$$M_{0ij} = \frac{M_0 D_{ij}}{\sum\limits_{k=1}^{nl} \sum\limits_{l=1}^{nw} D_{kl}} \quad (1.10)$$

式中, D_{ij} 为第 ij 个子源的错动量; nl 表示沿断层走向的子源个数; nw 表示沿断层倾斜方向的子源个数。子源的拐角频率 f_{cij} 由下式确定, 即

$$f_c = 4.9 \times 10^6 \times \beta \left(\frac{\Delta\sigma}{M_0}\right)^{\frac{1}{3}} \cdot N_{Rij}^{-\frac{1}{3}} \quad (1.11)$$

这个模型表明, 第一个破裂子源的拐角频率反比于平均地震矩。随着破裂的不断进行, 子源拐角频率反比于 N_{Rij} 与平均地震矩乘积的 $\frac{1}{3}$ 次幂, 后破裂的子源比先破裂的子源具有更低的拐角频率。子源的拐角频率只与破裂的先后顺序有关, 这与实际的情况明显不一致。

Beresnev 和 Atkinson 提出的子源震源谱拐角频率为

$$f_c = \frac{yz}{\pi} \frac{\beta}{\Delta L} \quad (1.12)$$

式中, y 为破裂速度与剪切波速的比值, 一般取 0.8 或 0.85 ; z 为高频辐射强度因子, 直接控制断层面上的最大滑动速度; ΔL 为子源尺寸。式 (1.12) 表明, 子源拐角频率依赖于子源尺寸的大小, 每个子源引起的地震动及最终合成的地震动的频率成分均与子源尺寸大小相关。实际观测数据表明, 地震动的频率成分取决于震源破裂面的尺寸, 大地震、大破裂面通常会比小地震、小破裂面产生更为丰富的低频地震动。

随机合成方法中, 傅里叶幅值谱与随机相位谱相结合构造谱函数, 然后利用傅里叶逆变换计算得到地震动时程。随机相位谱往往采用 $(0, 2\pi)$ 间均匀分布的随机数构成相位谱。

根据 Boore 等提出的随机合成点源引起的地震动加速度时程方法, 其步骤概述如下:

① 挑选一个高斯白噪声时程。

② 生成的白噪声过程乘以一个时程包络函数, 表达地震动时程。

③ 对生成的加速度时程进行傅里叶变换, 转换到频域得到傅里叶幅值谱, 并对傅里叶谱归一化。

④ 将归一化的谱幅值调整到按式 (1.1) 计算的幅值。

⑤ 将调整后的谱经傅里叶逆变换回到时域, 得到子源的加速度时程。

由于白噪声时选择的相位谱不同, 生成的地震动时程会有很大的不同, 不仅表现为波形和幅值的差异, 合成地震动的谱的卓越频率也完全不同, 因此, 随机相位谱会影响合成地震动的波形、峰值及频率成分。由于随机相位谱引起的合成结果的不确定性很大, 为得到合理的地震动时程, 实际应用中往往对一个场点进行多次随机合成, 取多次合成反应谱的平均反应谱为设计谱, 取与平均反应谱最为接近的反应谱对应的加速度时程为代表性时程。这个方法虽然减少了不确定性, 但也有一些不足, 如当对大地震的地震动场估算

时,不仅计算量大,而且由于这种做法得到的各控制点地震动时程之间不可能存在空间相关性,因此不能表达地震动空间相关性特征。

为解决上述问题,陶夏新、孙晓丹提出了从利用数值格林函数法计算的地震动中提取确定性相位谱的新方法。其思路是:利用简化数值格林函数法计算低频地震动,简化数值格林函数法中,将地下介质分为均匀区和非均匀区。对于包含震源在内的介质均匀区,用无限均匀空间剪切位错源引起的位移解析解计算;对于盖层介质不均匀区,采用解析格林函数计算。这样既可以表达均匀空间中震源引起的空间各点地震动间的差异,又可以表达盖层介质不均匀性对地震动的影响。利用得到的地震动时程提取相应的加速度时程的相位谱和相位差谱,以此作为随机相位谱。

1.4.2　有限断层混合震源模型参数的确定

有限断层模型的全局震源参数主要包括断层的产状、断层尺寸、平均滑动和平均破裂速度等参数。根据地质学、地震学和地震工程学方面的研究成果,已经取得了很多经验性和理论性的成果。

一般而言,地震断层地表破裂长度大约是地下破裂长度的75%。地表破裂长度与地下破裂长度之比随震级的增加而增加,且随着震级的增加,地表破裂长度更加接近于地下破裂长度。断层的地表平均滑动大约是其地表最大滑动的一半,而且断层面上的平均滑动小于地表最大滑动而大于地表平均滑动。根据这些理论与经验模型,震源全局参数的确定可以参考表1.1中的公式,并结合场地的具体大地构造环境来确定。

表1.1　断层破裂长 L、宽 W、破裂面积 S、平均滑动量 D 与地震矩间的经验公式(王海云)

经验公式	断层类型	参数 a/km	参数 a 的标准差 /km	参数 b/km	参数 b 的标准差 /km	矩震级范围
$\lg L = aM_w + b$	所有断层	0.57	0.02	-2.29	0.11	所有断层:4.57～7.77
	正逆断层	0.53	0.03	-2.10	0.18	
	走滑断层	0.60	0.02	-2.48	0.13	
$\lg W = aM_w + b$	所有断层	0.32	0.02	-1.00	0.10	正逆断层:4.7～7.59
	正逆断层	0.37	0.03	-1.32	0.16	
	走滑断层	0.27	0.02	-0.75	0.13	
$\lg S = aM_w + b$	所有断层	0.88	0.03	-3.29	0.26	走滑断层:4.57～7.77
	正逆断层	0.90	0.05	-3.41	0.29	
	走滑断层	0.87	0.03	-3.32	0.22	
$\lg D = aM_w + b$	所有断层	0.62	0.03	-2.15	0.26	
	正逆断层	0.61	0.05	-2.05	0.29	
	走滑断层	0.63	0.03	-2.21	0.22	

注:收集地震记录158条,其中正逆断层73条,走滑断层85条。

以上经验公式表明,地表的破裂与震级的大小有很大的正相关性,但这些经验公式中,没有考虑断层的破裂速度,这可能对统计的结果有一定影响,因为研究结果表明,岩石介质的强度、地应力很大程度上制约着断层的破裂速度,而破裂的几何特性与断裂的破裂速度密切相关。

有限断层模型的局部参数包括凹凸体的长度、宽度、错动量、错动速度和描述断裂面上的错动的不均匀分布特性参数。这些参数与断层类型、岩石类型等因素相关,其值一般由地质调查、地震勘探、地震观测等手段确定,也可以通过经验模型来推测确定,即

$$\lg Y = a_i M_w - b_i \tag{1.13}$$

式中,Y 可以是凹凸体的面积、长度、宽度、错动量和错动速率等参数。根据王海云、Somerville 等的研究结果,相关参数 a_i、b_i 等值可以参考表 1.2 中的数据来确定。

表 1.2　凹凸体几何参数与矩震级间的相关关系(王海云)

凹凸体参数	凹凸体模型		经验公式	参数 a/km	参数 a 的标准差 /km	参数 b/km	参数 b 的标准差 /km	矩震级范围
破裂面积 /km²	单凹凸体	所有凹凸体	$\lg S = aM_w + b$	1.07	0.09	5.17	0.06	5.66 ~ 7.79
	多凹凸体	所有凹凸体		1.01	0.08	4.62	0.58	6.14 ~ 8.10
		最大凹凸体		1.00	0.10	4.71	0.67	
		其他凹凸体		1.04	0.13	5.32	0.89	
凹凸体长度 /km	单凹凸体	所有凹凸体	$\lg L = aM_w + b$	0.58	0.04	2.79	0.28	5.66 ~ 7.79
	多凹凸体	所有凹凸体		0.62	0.08	3.19	0.25	6.14 ~ 8.10
		正逆断层凹凸体		0.71	0.02	3.74	0.13	
		走滑断层凹凸体		0.50	0.09	2.40	0.61	
凹凸体宽度 /km	单凹凸体	所有凹凸体	$\lg W = aM_w + b$	0.48	0.11	2.28	0.76	5.66 ~ 7.79
	多凹凸体	所有凹凸体		0.37	0.06	1.53	0.43	6.14 ~ 8.10
		正逆断层凹凸体		0.48	0.09	2.27	0.66	
		走滑断层凹凸体		0.26	0.08	0.28	0.52	
平均滑动量 /cm	单凹凸体	所有凹凸体	$\lg D = aM_w + b$	0.49	0.11	1.08	0.72	5.66 ~ 7.79
	多凹凸体	所有凹凸体		0.51	0.09	1.23	0.66	6.14 ~ 8.10
		最大凹凸体		0.51	0.10	1.28	0.70	
		其他凹凸体		0.49	0.09	1.20	0.64	

注:收集地震记录29条,其中正逆地震断层12条,走滑断层17条,S 为凹凸体破裂面积,L 为长度,W 为宽度,D 为平均滑动量。

凹凸体几何参数与断层几何参数的关系也可以从表 1.3 中的经验关系中估算。Somerville 等研究表明,所有凹凸体上平均滑动量与断层破裂面上的平均滑动之比为

2.01，且震源位于凹凸体之外。

表 1.3　凹凸体几何参数与断层几何参数间的相关关系（王海云）

凹凸体参数		断层参数		所有断层	正逆断层	走滑断层
破裂面积 S_a/km^2	单凹凸体	断层破裂面积 S		$S_a = 0.21S$	$S_a = 0.195S$	$S_a = 0.22S$
	多凹凸体	断层破裂面积 S	所有凹凸体	$S_a = 0.22S$	$S_a = 0.21S$	$S_a = 0.22S$
			最大凹凸体	$S_a = 0.14S$	$S_a = 0.15S$	$S_a = 0.12S$
			其他凹凸体	$S_a = 0.07S$	$S_a = 0.05S$	$S_a = 0.08S$
凹凸体长度 L_a/km	单凹凸体	断层长度 L		$L_a = 0.46L$	$L_a = 0.36L$	$L_a = 0.30L$
	多凹凸体			$L_a = 0.27L$	$L_a = 0.36L(L \leqslant 40\ km)$ $L_a = 0.49L(L > 40\ km)$	$L_a = 0.22L$
凹凸体宽度 W_a/km	所有凹凸体	断层宽度 W		$W_a = 0.54W(W \leqslant 30\ km)$ $W_a = 0.35W(W > 30\ km)$	$W_a = 0.50W(W \leqslant 30\ km)$ $W_a = 0.35W(W > 30\ km)$	$W_a = 0.50W$
	单凹凸体			$W_a = 0.43W$		$W_a = 0.50W$
	多凹凸体			$W_a = 0.54W(W \leqslant 30\ km)$ $W_a = 0.35W(W > 30\ km)$	$W_a = 0.50W(W \leqslant 30\ km)$ $W_a = 0.35W(W > 30\ km)$	$W_a = 0.59W$
平均滑动量 D_a/cm	单凹凸体	断层错动量 D	所有凹凸体	$D_a = 2.00D$		$D_a = 1.82D$
	多凹凸体		所有凹凸体	$D_a = 2.19D$	$D_a = 2.14D$	$D_a = 2.19D$
			最大凹凸体	$D_a = 2.29D$	$D_a = 2.19D$	$D_a = 2.46D$
			其他凹凸体	$D_a = 1.95D$	$D_a = 1.91D$	$D_a = 2.04D$

　　对于单凹凸体，凹凸体中心沿走向的坐标基本上接近于断层破裂长度的 0.5 倍位置。凹凸体中心沿下倾方向的坐标与断层的类型、破裂宽度有关：对于走滑断层，当断层破裂宽度小于等于 20 km 时，在断层破裂宽度的 0.56 倍位置；当断层破裂宽度大于 20 km 时，在断层破裂宽度的 0.33 倍位置。对于多凹凸体模型，当断层的破裂长度不大于 30 km 时，最大凹凸体中心沿走向的坐标基本上是断层破裂长度的 0.5 倍位置；但是当断层的破裂长度大于 30 km 时，最大凹凸体中心沿走向的坐标，对于倾滑断层是破裂长度的 0.30 倍位置，对于走滑断层是破裂长度的 0.19 倍位置。最大凹凸体中心沿倾向的坐标：对于走滑断层均是断层破裂宽度的 0.53 倍位置，而对于倾滑断层，当破裂宽度小于等于 40 km 时，是断层破裂宽度的 0.5 倍位置，当破裂宽度大于 40 km 时，是断层破裂宽度的 0.35 倍位置。具体的中心点坐标可参考表 1.4 和表 1.5 相关关系计算。

表 1.4　凹凸体中心位置与矩震级、断层几何参数间的相关关系(王海云)

中心点坐标	凹凸体模型	正、逆断层	走滑断层
X	所有凹凸体	$\lg x = 0.5M_{\mathrm{w}} - 2.36(6.5 < M_{\mathrm{w}} \leq 7.0)$ $\lg x = 0.5M_{\mathrm{w}} - 2.06(7.0 < M_{\mathrm{w}} \leq 7.5)$ $\lg x = 0.5M_{\mathrm{w}} - 1.90(M_{\mathrm{w}} > 7.5)$	$\lg x = 0.5M_{\mathrm{w}} - 2.36(5 < M_{\mathrm{w}} \leq 6.5)$ $\lg x = 0.5M_{\mathrm{w}} - 2.20(6.5 < M_{\mathrm{w}} \leq 7.0)$ $\lg x = 0.5M_{\mathrm{w}} - 2.15(7.0 < M_{\mathrm{w}} \leq 7.5)$ $\lg x = 0.5M_{\mathrm{w}} - 1.91(M_{\mathrm{w}} > 7.5)$
	单凹凸体		$\lg x = 0.5M_{\mathrm{w}} - 2.37(5.5 < M_{\mathrm{w}} \leq 6.5)$ $\lg x = 0.5M_{\mathrm{w}} - 2.24(M_{\mathrm{w}} > 6.5)$
	多凹凸体	$\lg x = 0.5M_{\mathrm{w}} - 2.36(6.5 < M_{\mathrm{w}} \leq 7.0)$ $\lg x = 0.5M_{\mathrm{w}} - 2.04(7.0 < M_{\mathrm{w}} \leq 7.5)$ $\lg x = 0.5M_{\mathrm{w}} - 1.89(M_{\mathrm{w}} > 7.5)$	$\lg x = 0.5M_{\mathrm{w}} - 2.36(6.0 < M_{\mathrm{w}} \leq 6.5)$ $\lg x = 0.5M_{\mathrm{w}} - 2.06(6.5 < M_{\mathrm{w}} \leq 7.0)$ $\lg x = 0.5M_{\mathrm{w}} - 2.05(M_{\mathrm{w}} > 7.0)$
Y	所有凹凸体	$\lg Y = 0.5M_{\mathrm{w}} - 2.29(6.5 < M_{\mathrm{w}} \leq 7.0)$ $\lg Y = 0.5M_{\mathrm{w}} - 2.27(7.0 < M_{\mathrm{w}} \leq 7.5)$ $\lg Y = 0.5M_{\mathrm{w}} - 2.57(M_{\mathrm{w}} > 7.5)$	$\lg Y = 0.5M_{\mathrm{w}} - 2.38(5 < M_{\mathrm{w}} \leq 6.5)$ $\lg Y = 0.5M_{\mathrm{w}} - 2.44(6.5 < M_{\mathrm{w}} \leq 7.0)$ $\lg Y = 0.5M_{\mathrm{w}} - 2.69(7.0 < M_{\mathrm{w}} \leq 7.5)$ $\lg x = 0.5M_{\mathrm{w}} - 2.68(M_{\mathrm{w}} > 7.5)$
	单凹凸体		$\lg Y = 0.5M_{\mathrm{w}} - 2.305(5.5 < M_{\mathrm{w}} \leq 6.5)$ $\lg Y = 0.5M_{\mathrm{w}} - 2.595(M_{\mathrm{w}} > 6.5)$
	多凹凸体	$\lg Y = 0.5M_{\mathrm{w}} - 2.40(6.5 < M_{\mathrm{w}} \leq 7.0)$ $\lg Y = 0.5M_{\mathrm{w}} - 2.365(7.0 < M_{\mathrm{w}} \leq 7.5)$ $\lg Y = 0.5M_{\mathrm{w}} - 2.57(M_{\mathrm{w}} > 7.5)$	$\lg Y = 0.5M_{\mathrm{w}} - 2.38(6.0 < M_{\mathrm{w}} \leq 6.5)$ $\lg Y = 0.5M_{\mathrm{w}} - 2.45(6.5 < M_{\mathrm{w}} \leq 7.0)$ $\lg Y = 0.5M_{\mathrm{w}} - 2.76(M_{\mathrm{w}} > 7.0)$

表 1.5　凹凸体中心位置与断层长度、宽度间的相关关系(王海云)

中心点坐标	凹凸体模型	正、逆断层	走滑断层
X	所有凹凸体	$X = 0.32L\ (L \leq 30\ \mathrm{km})$ $X = 0.49L\ (L > 30\ \mathrm{km})$	$X = 0.24L\ (L \leq 30\ \mathrm{km})$ $X = 0.50L\ (L > 30\ \mathrm{km})$
	单凹凸体		$X = 0.46L$
	多凹凸体	$X = 0.30L\ (L \leq 30\ \mathrm{km})$ $X = 0.49L\ (L > 30\ \mathrm{km})$	$X = 0.19L\ (L \leq 30\ \mathrm{km})$ $X = 0.50L\ (L > 30\ \mathrm{km})$
Y	所有凹凸体	$Y = 0.50W\ (W \leq 40\ \mathrm{km})$ $Y = 0.36W\ (W > 40\ \mathrm{km})$	$Y = 0.56W\ (W \leq 20\ \mathrm{km})$ $Y = 0.38W\ (W > 20\ \mathrm{km})$
	单凹凸体		$Y = 0.56W\ (W \leq 20\ \mathrm{km})$ $Y = 0.33W\ (W > 20\ \mathrm{km})$
	多凹凸体	$Y = 0.50W\ (W \leq 40\ \mathrm{km})$ $Y = 0.35W\ (W > 40\ \mathrm{km})$	$Y = 0.53W$

一般而言,凹凸体的数量随矩震级的增加有增加的趋势。凹凸体的数量一般为 1 ~ 6 个。在走滑型地震中,当矩震级小于 6.0 时,一般只有单个凹凸体。对于正逆断层,凹凸体的数量 N 与矩震级 M_w、断层破裂长度 L 之间分别满足下列关系,即

$$\begin{cases} N = int(2.37M_w - 14.36) \\ N = int(0.03L + 0.76) \end{cases} \tag{1.14}$$

1.5 有限断层混合震源模型的地震动估计

有限断层混合模型估计地震动的通常做法是:首先利用前面的全局震源参数与矩震级的经验关系确定全局震源参数,然后利用模型计算出的 30 个符合该震源参数均值和标准偏差的正态分布全局震源参数,基于局部震源参数与全局震源参数之间的相对关系式,由这 30 个正态分布全局震源参数和局部震源参数计算 30 组局部震源参数,最后合成 30 个震源滑动分布的模型。

生成全局震源参数,考虑以半经验关系式求解得到的全局震源参数作为均值,以拟合数据所得的标准偏差作为方差,一次性生成 30 组全局震源参数,这样可以考虑数据的离散特性。

在生成断层长度和宽度时,以断层长度和断层破裂面积为随机变量进行,确定断层长度和断层破裂面积后,用二者的比值生成断层宽度,这样可以确保断层长度和断层宽度的乘积与断层破裂面积一致。

在生成断层上凹凸体大小、凹凸体上平均滑动等局部震源参数时,采用局部震源参数与全局震源参数的关系式。由于生成全局震源参数时已经考虑了不确定性,因此生成的局部震源参数也包含了不确定性。

按照表 1.4 和表 1.5 中的相关关系确定凹凸体在断层上的位置。由于在生成断层尺寸等全局震源参数时已考虑不确定性,这里确定的凹凸体位置也含有不确定性概念。事实上,更准确地表达不确定性的做法应该是在生成全局震源参数和局部震源参数时考虑它们各自的正态分布参数,每一组全局震源参数都对应 30 组考虑数据离散之后生成的 30 组局部震源参数,这样可以计算出更多的震源滑动模型,更好地模拟震源滑动的随机性,但计算量很大。

为更好地说明有限断层混合模型估计地震动的可靠性,下面用两个例子说明该模型应用的基本步骤和预测精度。

例 1.1 在一倾滑断层上发生了 6.7 级的地震($M_w = 6.7$),试计算断层的破裂分布图和地震动分布图。

根据倾滑断层长度与矩震级的关系可以求得倾滑断层破裂长度为 28.18 km。以此断层长度为均值,生成标准偏差为 0.18 的 30 组断层长度列于表 1.6 中。选择预测的 30 组断层长度中最小的一组来生成断层上凹凸体的长度。最小的一组断层长度为 15.044 81 km,根据倾滑断层 $M_w = 6.7$ 且 $L < 40$ km 时最大凹凸体长度与断层长度之间的相对关系求得 15.044 81 km 的倾滑断层上的最大凹凸体长度为 5.463 km,生成标准偏差为 0.15 的 30 组最大凹凸体长度见表 1.7。凹凸体的中心位置按照表 1.4 和表 1.5 的方法确定。

表 1.6   30 组随机断层长度

模型组编号	断层长度 /km				
1 ~ 5	43. 728 73	18. 666 74	70. 406 98	35. 754 70	24. 8478 3
6 ~ 10	34. 533 38	26. 418 06	31. 948 31	26. 591 93	60. 038 75
11 ~ 15	16. 182 64	29. 762 32	37. 399 48	15. 044 81	23. 003 17
16 ~ 20	36. 153 35	32. 617 19	65. 703 74	17. 201 58	29. 584 86
21 ~ 25	28. 973 73	20. 019 70	38. 270 40	37. 092 62	18. 446 73
26 ~ 30	53. 604 43	39. 816 23	19. 370 80	28. 940 25	17. 767 07

表 1. 7   标准偏差为 0. 15 的 30 组最大凹凸体长度

模型组编号	凹凸体长度 /km				
1 ~ 5	7. 877 07	3. 875 10	11. 714 90	6. 660 35	4. 918 12
6 ~ 10	6. 470 31	5. 175 79	6. 064 09	5. 204 16	10. 258 53
11 ~ 15	3. 440 33	5. 716 29	6. 914 81	3. 237 53	4. 611 92
16 ~ 20	6. 722 27	6. 169 71	11. 059 04	3. 619 92	5. 687 88
21 ~ 25	5. 589 80	4. 107 78	7. 048 74	6. 867 50	3. 837 00
26 ~ 30	9. 333 82	7. 285 22	3. 996 52	5. 584 41	3. 718 82

在进行断层上滑动分布合成时,采用了混合滑动模型。在低频部分用确定性的方法计算断层面上的滑动,在高频部分采用随机滑动模型来生成断层面上的滑动。将低频和高频部分叠加合成断层面上最后的滑动分布。凹凸体位置的随机确定和高频部分滑动的随机生成导致了这 30 组震源滑动分布模型图虽大致形状相同却各有差别(图 1.1 ~ 1.3)。生成的 30 组震源滑动分布模型图按其形状不同可大致分为 3 个类型。第 1、3、10、18、26 组震源滑动分布图的形状比较相似,其规律是断层尺寸较大、滑动分布较为散乱、其他凹凸体位于最大凹凸体的上方;第 2、11、14、19、22、25、28、30 组震源滑动分布模型图的形状比较相似,其规律是断层尺寸较小、滑动分布整齐、其他凹凸体位于最大凹凸体的右上方;剩余的第 4、5、6、7、8、9、12、13、15、16、17、20、21、23、24、27、29 组震源滑动分布模型图形状基本相似。这 30 组震源滑动分布模型图的断层尺寸、断层面上的平均滑动量等全局震源参数是各不相同的,所以也导致 30 组震源滑动分布模型的局部震源参数和随机生成的高频部分的滑动量差异大。对比 30 组震源模型的形状、尺寸等参数,最后规定将断层长度 $L > 40$ km 的震源模型定为 I 类震源模型;将断层长度 $L < 20$ km 的震源模型定为 III 类震源模型;剩下的震源模型定为 II 类震源模型。本书之所以以断层长度为标准分类是因为本书在进行断层尺寸确定时是以断层长度为随机变量进行的,断层宽度的确定是在断层面上平均滑动量和断层长度两个随机变量的值确定后随之确定的。

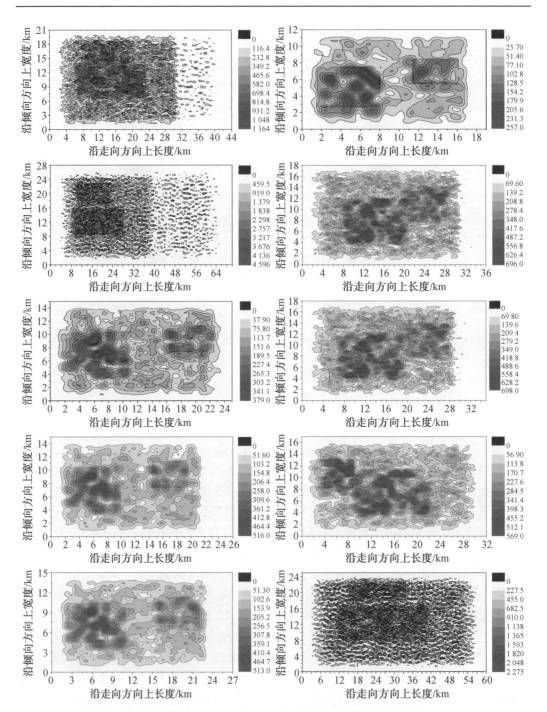

图 1.1　第 1 ~ 10 组震源滑动分布模型(按横向顺序排列)

　　Ⅰ 类震源模型包括第 1、3、10、18、26 组震源滑动分布模型,它们的规律在于震源参数较大、滑动分布图像散乱、其他凹凸体位置位于最大凹凸体上方。Ⅰ 类震源模型的特点是:断层尺寸较大,最大凹凸体长度达到了 34 km,其他凹凸体长度也达到了 23 km,最大凹凸体在断层面上占的面积较大、位置居中;断层上平均滑动量大,滑动分布比较零散,这与计算网格的划分有一定关系,网格单元大,滑动相对来说均匀分布。

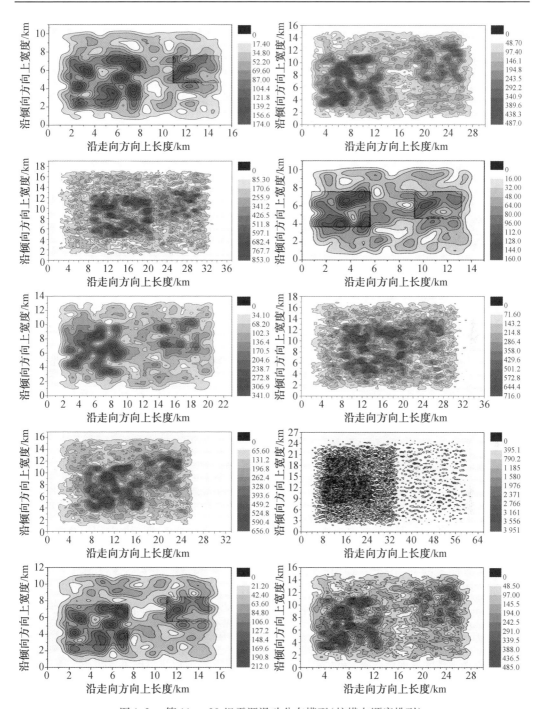

图 1.2 第 11 ～ 20 组震源滑动分布模型(按横向顺序排列)

Ⅲ 类震源模型包括第 2、11、14、19、22、25、28、30 组震源滑动分布模型。它们的共同特点是断层尺寸比较小,震源滑动分布模型图像比较平滑。在 Ⅲ 类震源模型图像中可以看到一个共同的特点,就是在凹凸体的边缘有明显的边框。

以上计算结果基本反映了地震动的真实分布规律。

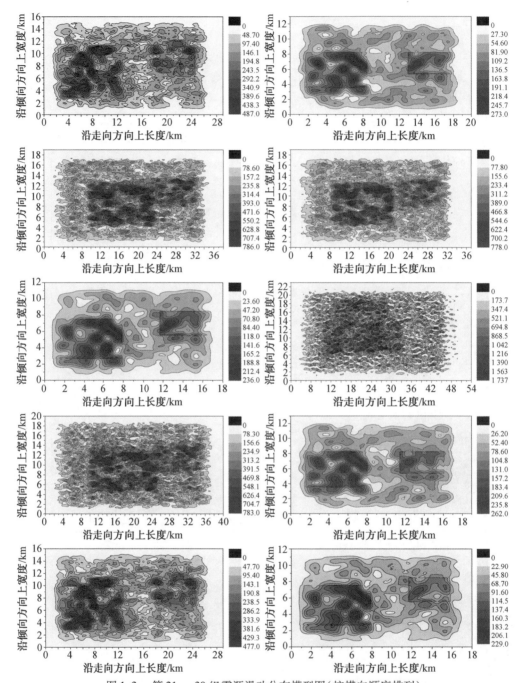

图 1.3　第 21 ~ 30 组震源滑动分布模型图(按横向顺序排列)

　　为了进一步说明有限断层震源混合模型的可行性和实用性,以 1994 年加利福尼亚州 Northridge 地震为例,预测与 Northridge 地震震级相同的设定地震的断层参数和断层面上的滑动分布,与 Northridge 地震中获得记录的 3 个近场基岩台站的加速度时程进行对比,论证有限断层震源混合模型的合理性。

　　例 1.2　利用有限断层震源混合模型试计算与 Northridge 地震相似断层的地震加速度。美国加利福尼亚的 Northridge 地震(1994 年 1 月 17 日,M_w = 6.7),震中位于

Northridge 镇附近,西经 118.537°,北纬 34.213°,震源深度 17.5 km。Northridge 地震发生在圣费尔南多谷地之下一条隐伏逆冲断层上,断层面位于地下 5 ~ 19 km,破裂面积大约为 378 km²,长度为 18 km,宽度为 21 km。此次地震断层走向为 122°,倾角为 40°,倾向为 212°,滑动角为 101°,地震从大约 17.5 km 深处开始破裂,以大约 3.0 km/s 的破裂速度沿着断层面向上、向西北方向传播至地表之下 5 km 处,断层面上的最大滑动量达 3.2 m。

　　对于一次大地震,合成地震动有效的方法之一是基于大量小震的模拟。在有限断层模型中,断层破裂面被分为 N 个大小相等的矩形子断层,每个子断层即为一个点源,也称子源。满足 ω 平方模型的每个资源引起的地震动由上述的随机点源模型计算。所有子源在观测点引起的地震动在时域中以适当的延迟时间叠加,可获得整个地震动时程 $a(t)$ 为

$$a(t) = \sum_{i=1}^{N_L} \sum_{j=1}^{N_W} a_{ij}(t + \Delta t_{ij}) \tag{1.15}$$

式中,N_L 为沿着断层走向方向的子断层数;N_W 为沿着断层下倾方向的子断层数;Δt_{ij} 包括破裂传播到第 ij 个子源引起的时间滞后和从第 ij 个子源至场点间由于传播距离的不同引起的时间滞后;$a_{ij}(t)$ 为第 ij 个子源引起的观测点的地震动。

　　用此点源模型随机合成地震动,所取断层尺度分别为 1 km × 1 km、2 km × 2 km、3 km × 3 km、4 km × 4 km,采用动力学拐角频率生成的不同子断层尺寸的预测加速度时程如图 1.4 所示(图中,1 gal = 1 cm/s²)。

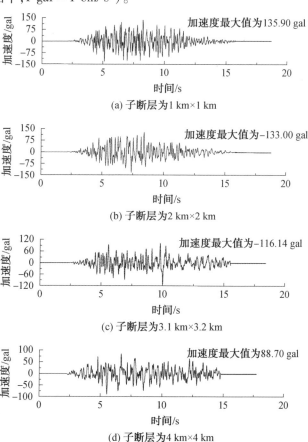

图 1.4　采用动力学拐角频率生成的不同子断层尺寸的预测加速度时程

Northridge 地震近场 3 个基岩台站均位于基岩场地之上:MCN 台站位于断层上盘的逆破裂方向,PCD 台站位于断层上盘临近断层上缘处,LV3 台站位于断层下盘。Northridge 地震近场 3 个基岩台站的位置经纬度见表 1.8。

表 1.8　Northridge 地震近场 3 个基岩台站的位置

台站	纬度/(°)	经度/(°)	位置
LV3	34.569	−118.243	里奥纳谷 #3
MCN	34.087	−118.693	马里布峡谷 – 蒙特尼多消防站
PCD	34.334	−118.396	帕科伊马大坝下游

进行加速度时程预测所需参数见表 1.9。对每个台站用 30 个震源滑动分布合成 30 条加速度时程,求得相应的 30 条反应谱及其平均反应谱。通过计算每条反应谱与平均反应谱之间的总体方差,选择一条与平均反应谱最相近的反应谱,选择的标准是总体方差最小。选择这条反应谱对应的加速度时程为预测的加速度时程。

表 1.9　进行加速度时程预测所需参数

参数	参数值	
断层方位	走向 122°,倾角 40°	
断层上部埋藏深度/km	5	
矩震级 M_w	6.7	
子断层大小/km	1×1	
应力降/bar	50	
辐射强度因子	1.3	
$Q(f)$	$150f^{0.5}$	
几何衰减	$1/R$	$R < 70$ km
	$1/70$	$70 \text{ km} \leqslant R \leqslant 130 \text{ km}$
	$(1/70)(130/R)^{0.5}$	$R > 130$ km
窗函数	Saragoni – Hart	
kappa 参数	0.05	
地壳剪切波速/(km·s⁻¹)	3.7	
破裂速度/(km·s⁻¹)	0.8 × 剪切波速	
地壳密度/(g·cm⁻³)	2.8	

注:1 bar = 10^5 Pa。

图 1.5 ～ 1.7 为按照上述方法预测的 LV3 台站、MCN 台站、PCD 台站阻尼系数为 5% 的 30 条加速度反应谱和平均反应谱。

上述预测表明,LV3 台站和 MCN 台站的加速度时程比较集中,PCD 台站的预测结果离散性大,这种差异性主要来源于地震发生时破裂具有很强的随机性和不确定性的特征。

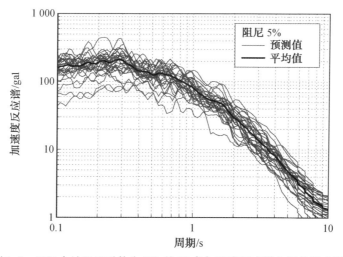

图 1.5　LV3 台站阻尼系数为 5% 的 30 条加速度反应谱和平均反应谱

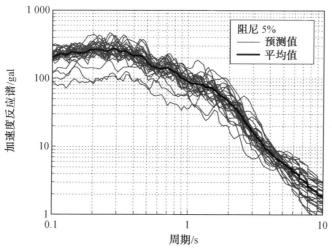

图 1.6　MCN 台站阻尼系数为 5% 的 30 条加速度反应谱和平均反应谱

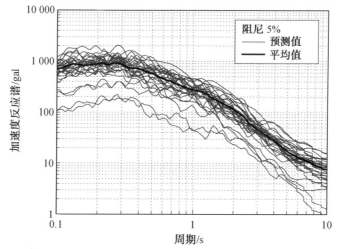

图 1.7　PCD 台站阻尼系数为 5% 的 30 条加速度反应谱及其平均反应谱

考虑震源破裂的随机性、断层尺寸、凹凸体大小与位置对预测结果的影响,按照前述的震源分组,进一步比较不同类型的震源模型预测结果的差异,以此评价震源滑动随机性对有限断层震源混合模型预测结果的影响规律。

将加速度反应谱图按 3 种类型震源分开比较,可以看出 Ⅰ 类震源生成的加速度反应谱曲线均低于实际地震记录平均加速度反应谱,且断层尺寸越大,偏离越远,所对应的加速度时程也偏低。Ⅲ 类震源均略高于实际地震记录平均加速度,在加速度反应谱图中位于平均反应谱曲线的上方。Ⅱ 类震源生成的加速度反应谱基本与实际地震记录的平均反应谱相接近(图1.8 ~ 1.13)。主要的原因是:Ⅰ 类震源模型的断层尺寸较大,其上的凹凸体分布位置与 Ⅱ 类、Ⅲ 类震源上凹凸体分布位置完全不同,而凹凸体是断层面上高滑动值的分布区域,也是高频地震动的激发源。以上结果表明,断层尺寸、凹凸体大小与位置对有限断层震源混合模型预测结果有显著影响。

从上述的数值模拟结果来看,有限断层震源混合模型能很好地模拟实际地震的地震动分布规律,如果能进一步考虑凹凸体的空间位置的随机性,合理确定子源断层的尺寸,预测的结果将更加接近实际的地震动空间分布特征。

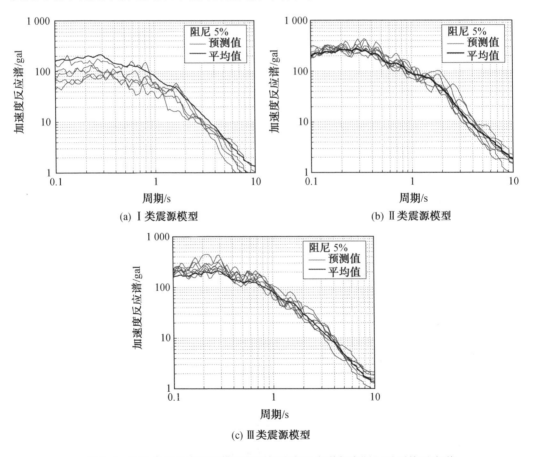

图 1.8　LV3 台站 3 类震源模型预测加速度反应谱与实际记录平均反应谱

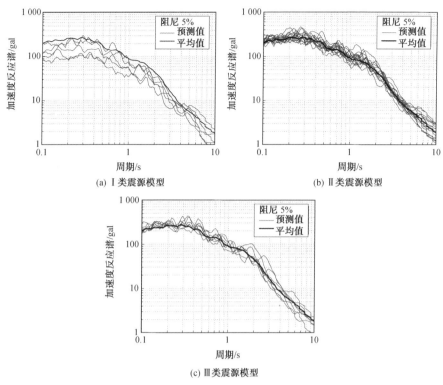

图 1.9　MCN 台站 3 类震源模型预测加速度反应谱与实际记录平均反应谱

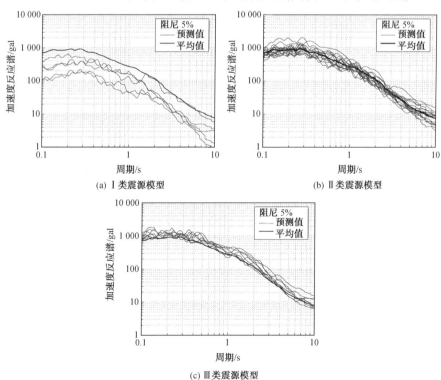

图 1.10　PCD 台站 3 类震源模型预测加速度反应谱与实际记录平均反应谱

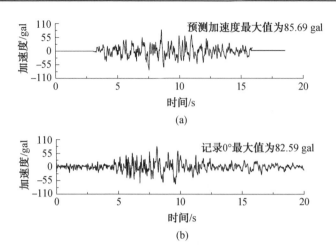

图 1.11　LV3 台站处预测加速度时程与实际地震记录

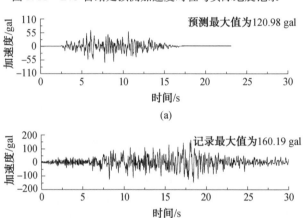

图 1.12　MCN 台站处预测加速度时程与实际地震记录

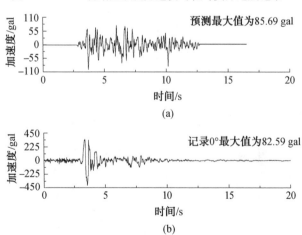

图 1.13　PCD 台站处预测加速度时程与实际地震记录

参 考 文 献

［1］CNOONLLY J F. Solubility of hydrocarbons in water near the critical solution temperatures［J］. Journal of Chemical and Engineering,1996, 11(1)：13-16.

［2］张荣华,张雪彤,胡书敏. 临界区流体与矿物和岩石在地球内部极端条件下的反应［J］. 地学前缘,2009,16(1)：53-67.

［3］胡宝群,王倩,王运,等. 岩石圈中水的临界奇异性 —— 大规模成矿的根源[J]. 地质论评,2016,62(S)：307-308.

［4］王海云.近场强地震动预测的有限断层震源模型［D］.哈尔滨:中国地震局工程力学研究所,2004.

［5］刘启方.基于运动学和动力学震源模型的近断层地震动研究［D］.哈尔滨:中国地震局工程力学研究所,2005.

［6］孙晓丹. 强地震动场估计中若干问题的研究［D］.哈尔滨:哈尔滨工业大学,2010.

［7］孙晓丹.震源对大跨度空间结构地震动输入的影响［D］.哈尔滨:哈尔滨工业大学,2005.

［8］BOORE D M, JOYNER W B. Site amplification for generic rock sites［J］. Bulletin of the Seismological Society of America,1997,87(2)：327-341.

［9］MCGUIRE R K, HANKS T C. RMS Accelerations and spectral amplitude of strong ground motion during the San Fernando, California earthquake［J］. Bulletin of the Seismological Society of America, 1980, 70(5)：1907-1919.

［10］HANKS T C, MCGUIRE R K. Stochastic point-source modeling of ground motions in the Cascadia region［J］. Seismological Research Letter, 1997, 68(1)：74-85.

［11］JOYNER W B. A scaling law for the spectra of large earthquakes［J］. Bulletin of the Seismological Society of America, 1984, 74(4)：1167-1188.

［12］ATKINSON G M, SILVA W J. An empirical study of earthquake source spectra for California earthquakes［J］. Bulletin of the Seismological Society of America, 1997, 87(1)：97-113.

［13］ATKINSON G M. The high-frequency shape of the source spectrum for earthquakes in eastern and western Canada［J］. Bulletin of the Seismological Society of America, 1996, 86(1A)：106-112.

［14］BERESNEV I A, ATKINSON G M. Finsima fortran program for simulating stochastic acceleration time histories from finite faults［J］. Seismological Research Letters, 1998, 69(1)：27-32.

［15］ATKINSON G M, SILVA W J. Stochastic modeling of California ground motions［J］. Bulletin of the Seismological Society of America, 2000, 90(2)：255-274.

［16］BERESNEV I A, ATKINSON G M. Generic finite-fault model for ground-motion prediction in eastern north America［J］. Bulletin of the Seismological Society of

America, 1999, 89(3): 608-625.

[17] MOTAZEDIAN D, ATKINSON G M. Stochastic finite-fault modeling based on a dynamic corner frequency[J]. Bulletin of the Seismological Society of America, 2005,95(3): 995-1010.

[18] BRUNE J N. Tectonic stress and the spectra of seismic shear waves from earthquakes[J]. Journal of Geophysical Research, 1970, 75(26): 4997-5009.

[19] ANDERSON J G,HOUGH S E. A model for the shape of the Fourier amplitude spectrum of acceleration at high frequencies[J]. Bulletin of the Seismological Society of America,1984,74 (5) :1969-1993.

[20] PAPAGEORGIOU A S, AKI K. A specific barrier model for the quantitative description of inhomogeneous faulting and the prediction of strong ground motion[J]. Bulletin of the Seismological Society of America, 1983, 73(3): 693-722.

[21] SATO R, HIRASAWA T. Body wave spectra from propagation shear crack[J]. Journal of Physics of the Earth, 1973, 21: 415-431.

[22] JOYNER W B, BOORE D M. On simulating large earthquakes by green's-function addition of smaller earthquakes[J]. Earthquake Source Mechanics, 1986, 37: 269-274.

[23] ZENG Y H, ANDERSON J G, YU G. A composite source model for computing realistic synthetic strong ground motions[J]. Geophysical Research Letters, 1994, 21(8): 724-728.

[24] GALLOVIC F. High frequency strong motion synthesis for k-2 rupture models[D]. Prague: Charles University, 2002.

[25] SILVA W J, DARRAGH R, STARK C, et al. A methodology to estimate design response spectra in the near-source region of large earthquakes using the band-limited-white-noise ground motion model[C]. Proceeding of the 4th U.S. National Conference on Earthquake Engineering. Palm Springs, California. 1990: 487-494.

[26] SILVA W J, STARK C. Source, path, and site ground motion model for the 1989 M6.9 Lomaprieta earthquake[R]. Report to California Division of Mines and Geology, 1992.

[27] SCHNEIDER J F, SILVA W J, STARK C. Ground motion model for the 1989 M6.9 Lomaprieta earthquake including effects of source, path, and site[J]. Earthquake Spectra, 1993, 9(2): 251-287.

[28] ATKINSON G, SILVA W. Stochastic modeling of California ground motions[J]. Bulletin of the Seismological Society of America, 2000, 90(2): 255-274.

[29] BOORE D M, ATKINSON G M. Notes on the prediction of ground motion and response spectra at hard-rock sites in eastern north America[S]. Proceedings of

Workshop on Strong Ground Motion Predictions in Eastern North America. Electric Power Research Institute. 1987, NP-5875(16): 1-16

[30] TAO X X, WANG H Y. A random source model for near filed strong ground motion prediction[C]. Proceeding of the 13th World Conference on Earthquake Engineering, Vancouver, 2004:1945.

第2章　土体中的地震波传播规律

2.1　概　　述

本章假定土为各向同性的线弹性介质,将波在土体中的传播视为波在弹性体中的传播问题。土的动力学参数包括动弹性模量 E、剪切模量 G 以及泊桑比 μ 等。一般而言,土的动弹性模量、剪切模量的大小比静弹性模量、静剪切模量的大小高得多。振动在物体中的传播称为波,而振动在弹性体中的传播称为弹性波。因此,虽然本章主要讨论的是弹性波的传播问题,但对认识地震波在土体中的传播规律具有重要意义。

(1)提取现场试验测试过程中土的动力学参数、空洞及裂纹分布情况等有用信息,作为基础资料并应用于工程实际中。

(2)波在两土层界面发生的折射和反射等物理现象对土体的振动起了重要的作用,土中地震波的传播规律很好地阐述了土体中放大效应和滤波效应的作用机理。

(3)土体振动较大时,根据地震波传播基本理论,采取有效的减震、隔振措施,进而保障施工安全。

2.2　土体中弹性波的基本方程

在动力作用下岩石可近似认为是弹性的,因此,可以在小变形弹性理论的框架内考察波动方程。对于弹性波的传播问题,考虑应力及因弹性体质量及运动而引起的惯性力(体力忽略不计),结合牛顿第二定律建立如下弹性体的运动微分方程,计算 x、y、z 方向的运动速度及加速度,有

$$\begin{cases} \dot{u} = \dfrac{\partial u}{\partial t}, & \ddot{u} = \dfrac{\partial^2 u}{\partial t^2} \\[2mm] \dot{v} = \dfrac{\partial v}{\partial t}, & \ddot{v} = \dfrac{\partial^2 v}{\partial t^2} \\[2mm] \dot{w} = \dfrac{\partial w}{\partial t}, & \ddot{w} = \dfrac{\partial^2 w}{\partial t^2} \end{cases} \tag{2.1}$$

式中,u、v、w 分别为质点沿 x、y、z 轴方向的位移分量;$\dot{u}$、$\dot{v}$、$\dot{w}$ 分别为沿 x、y、z 轴方向的运动速度;$\ddot{u}$、$\ddot{v}$、$\ddot{w}$ 分别为质点沿 x、y、z 轴方向的加速度。

弹性介质单元体任一点的应力可用 σ_x、τ_{xy}、τ_{xz}、σ_y、τ_{yz}、τ_{yx}、σ_z、τ_{zx}、τ_{zy} 9 个应力分量表示,其中 σ_x、σ_y、σ_z 为正应力分量,其他 6 个为剪应力分量。由于 $\tau_{xy} = \tau_{yx}$、$\tau_{xz} = \tau_{zx}$、$\tau_{yz} = \tau_{zy}$,因此,单元体应力可简化为 6 个应力分量 σ_x、σ_y、σ_z、τ_{xy}、τ_{xz}、τ_{yz} 来表示(图2.1)。应力符号采用弹性理论中的惯用方法进行确定,正应力指出作用面时为正值,正应力指向作用

面时为负值。为清晰起见,图中其他几个作用面上的应力分量已省略,没有标出。

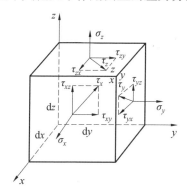

图 2.1　弹性介质单元体的受力状态

弹性介质单元体任一点的应变状态可由 9 个应变分量表示,即 ε_x、γ_{xy}、γ_{xz}、ε_y、γ_{yz}、γ_{yx}、ε_z、γ_{zx}、γ_{zy},其中 ε_x、ε_y、ε_z 为正应变,其他几个应变分量为剪应变,且 $\gamma_{xy} = \gamma_{yx}$、$\gamma_{xz} = \gamma_{zx}$、$\gamma_{yz} = \gamma_{zy}$,因此,单元体应变分量可简化为 ε_x、ε_y、ε_z、γ_{xy}、γ_{xz}、γ_{yz}。

可见,单元体任一点的运动状态需要 3 个位移分量来描述,任一点的应力状态需要 6 个应力分量来描述,任一点的应变状态需要 6 个应变分量来描述。因此,单元体任一点的运动、应力及应变状态由这 15 个未知量来确定。对于动力问题的求解,这 15 个未知量同时又是关于时间的函数。因此,为确定上述 15 个未知量,建立了如下 15 个动力学基本方程。

1. 动力平衡方程组

根据力的平衡条件可得,沿 x 方向弹性介质单元体的应力分量合力为零,即

$$\left(\sigma_x + \frac{\partial \sigma_x}{\partial x}\mathrm{d}x\right)\mathrm{d}y\mathrm{d}z - \sigma_x\mathrm{d}y\mathrm{d}z + \left(\tau_{xy} + \frac{\partial \tau_{xy}}{\partial y}\mathrm{d}y\right)\mathrm{d}x\mathrm{d}z -$$

$$\tau_{xy}\mathrm{d}x\mathrm{d}z + \left(\tau_{xz} + \frac{\partial \tau_{xz}}{\partial z}\mathrm{d}z\right)\mathrm{d}x\mathrm{d}y - \tau_{xz}\mathrm{d}x\mathrm{d}y$$

$$= \rho\mathrm{d}x\mathrm{d}y\mathrm{d}z\frac{\partial^2 u}{\partial t^2} = 0$$

上式简化可得

$$\frac{\partial \sigma_x}{\partial x} + \frac{\partial \tau_{xy}}{\partial y} + \frac{\partial \tau_{zx}}{\partial z} = \rho\frac{\partial^2 u}{\partial t^2} \tag{2.2}$$

式中,ρ 为土密度。

同理可得,沿 y、z 方向上有以下关系式成立,即

$$\begin{cases} \dfrac{\partial \sigma_y}{\partial y} + \dfrac{\partial \tau_{xy}}{\partial x} + \dfrac{\partial \tau_{zy}}{\partial z} = \rho\dfrac{\partial^2 v}{\partial t^2} \\[2mm] \dfrac{\partial \sigma_z}{\partial z} + \dfrac{\partial \tau_{xz}}{\partial x} + \dfrac{\partial \tau_{yz}}{\partial y} = \rho\dfrac{\partial^2 w}{\partial t^2} \end{cases} \tag{2.3}$$

2. 连续性条件或相容条件方程组

根据弹性力学可知,连续各向同性弹性体的应变 - 位移分量之间的关系为

$$\begin{cases} \varepsilon_x = \dfrac{\partial u}{\partial x}, & \gamma_{xy} = \dfrac{\partial v}{\partial x} + \dfrac{\partial u}{\partial y} \\[3mm] \varepsilon_y = \dfrac{\partial v}{\partial y}, & \gamma_{xz} = \dfrac{\partial w}{\partial x} + \dfrac{\partial u}{\partial z} \\[3mm] \varepsilon_z = \dfrac{\partial w}{\partial x}z, & \gamma_{yz} = \dfrac{\partial w}{\partial y} + \dfrac{\partial v}{\partial z} \end{cases} \tag{2.4}$$

3. 应变 - 应力方程组

根据胡克定律可得,各向同性弹性体的应变 - 应力分量之间的关系分别为

$$\begin{cases} \varepsilon_x = \dfrac{1}{E}\left[\sigma_x - \mu(\sigma_y + \sigma_z)\right], & \gamma_{xy} = \dfrac{\tau_{xy}}{G} \\[3mm] \varepsilon_y = \dfrac{1}{E}\left[\sigma_y - \mu(\sigma_z + \sigma_x)\right], & \gamma_{yz} = \dfrac{\tau_{yz}}{G} \\[3mm] \varepsilon_z = \dfrac{1}{E}\left[\sigma_z - \mu(\sigma_x + \sigma_y)\right], & \gamma_{zx} = \dfrac{\tau_{zx}}{G} \end{cases} \tag{2.5}$$

式中,E 为弹性模量,μ 为泊桑比。

因此,式(2.5) 中的正应力可用正应变表示为

$$\begin{cases} \sigma_x = \lambda\,\bar{\varepsilon} + 2G\varepsilon_x \\ \sigma_y = \lambda\,\bar{\varepsilon} + 2G\varepsilon_y \\ \sigma_z = \lambda\,\bar{\varepsilon} + 2G\varepsilon_z \end{cases} \tag{2.6}$$

式中,λ 为拉梅常数,$\lambda = uE/[(1+u)(1-2u)]$;$\bar{\varepsilon}$ 为体积应变,$\bar{\varepsilon} = \varepsilon_x + \varepsilon_y + \varepsilon_z$;$G$ 为剪切模量,$G = E/2(1+u)$。

将式(2.4) ~ (2.6) 代入动力方程,即式(2.2) 和式(2.3) 中,可得土体中的波动方程为

$$\begin{cases} (\lambda + G)\dfrac{\partial \varepsilon}{\partial x} + G\,\nabla^2 u = \rho\dfrac{\partial^2 u}{\partial t^2} \\[3mm] (\lambda + G)\dfrac{\partial \varepsilon}{\partial y} + G\,\nabla^2 v = \rho\dfrac{\partial^2 v}{\partial t^2} \\[3mm] (\lambda + G)\dfrac{\partial \varepsilon}{\partial z} + G\,\nabla^2 w = \rho\dfrac{\partial^2 w}{\partial t^2} \end{cases} \tag{2.7}$$

式中,∇^2 为拉普拉斯算子,$\nabla^2 = \dfrac{\partial^2}{\partial x^2} + \dfrac{\partial^2}{\partial y^2} + \dfrac{\partial^2}{\partial z^2}$。

运用式(2.7) 中的波动方程求解具体问题时,应给出问题的初始条件和边界条件。

① 初始条件。$t = 0$ 时的位移 u、v、w。

② 边界条件。边界条件包括力的边界条件、位移边界条件以及混合边界条件。力的边界条件是在边界上施加的力或应力;位移边界条件是在边界上给定的位移;混合边界条件是在一部分边界上施加的力或应力,在另一部分边界上给定的位移。

2.3　地震波的类型及波速

2.3.1　地震波的类型

地震波包括体波和面波两大类。体波包括纵波和横波。纵波（P 波）是由震源向外传递的压缩波,介质质点的振动方向与波传播的方向一致;横波（S 波）是由震源向外传播的剪切波,介质质点的振动方向与波的传播方向正交。横波只能在固体介质中传播,而纵波可以在所有介质中传播,这是纵波的一个重要特性。

面波沿着介质表面及其附近进行传播,面波是体波经地层界面多次反射而形成的次生波,典型面波有瑞利波（R 波）、勒夫波（Q 波）等。瑞利波传播时,介质质点在波的传播方向与表面层法向所组成的平面内做逆时针方向的椭圆运动。瑞利波的振幅较大,且在地表以垂直传播为主。勒夫波在地表的传播形态如蛇形,介质质点在与传播方向垂直的水平横向内振动,并与波行方向耦合产生水平扭矩,此外勒夫波还具有频散性,其波速取决于波动频率。

1. 剪切波

剪切波又称为畸形波等,属于体波中横波的一种。由于没有体积变化,故 $\bar{\varepsilon} = 0$。令 $v_S = \sqrt{G/\rho}$,将 v_S 代入式(2.7) 得

$$
\begin{cases}
\dfrac{\partial^2 u}{\partial t^2} = v_S^2\, \nabla^2 u \\[2mm]
\dfrac{\partial^2 v}{\partial t^2} = v_S^2\, \nabla^2 v \\[2mm]
\dfrac{\partial^2 w}{\partial t^2} = v_S^2\, \nabla^2 w
\end{cases}
\tag{2.8}
$$

式中,v_S 为剪切波波速。剪切波在传播过程中不能引起体应变,只能引起偏应变。

2. 无旋波

无旋波是纵波的一种,由弹性力学可知,连续各向同性弹性体的转动分量与位移分量之间的关系为

$$
\begin{cases}
\bar{w}_x = \dfrac{1}{2}\left(\dfrac{\partial w}{\partial y} - \dfrac{\partial v}{\partial z} \right) \\[2mm]
\bar{w}_y = \dfrac{1}{2}\left(\dfrac{\partial u}{\partial z} - \dfrac{\partial w}{\partial x} \right) \\[2mm]
\bar{w}_z = \dfrac{1}{2}\left(\dfrac{\partial v}{\partial x} - \dfrac{\partial u}{\partial y} \right)
\end{cases}
\tag{2.9}
$$

式中,$\bar{w}_x$、$\bar{w}_y$、$\bar{w}_z$ 分别为介质质点绕 x、y、z 轴的转动分量。

由于无旋转,因此,$\bar{w}_x = \bar{w}_y = \bar{w}_z = 0$,则有

$$
\frac{\partial w}{\partial y} = \frac{\partial v}{\partial z}, \quad \frac{\partial u}{\partial z} = \frac{\partial w}{\partial x}, \quad \frac{\partial v}{\partial x} = \frac{\partial u}{\partial y}
\tag{2.10}
$$

$$\frac{\partial \bar{\varepsilon}}{\partial x} = \frac{\partial^2 u}{\partial x^2} + \frac{\partial}{\partial x}\left(\frac{\partial v}{\partial y}\right) + \frac{\partial}{\partial x}\left(\frac{\partial w}{\partial x}\right) = \frac{\partial^2 u}{\partial x^2} + \frac{\partial^2 u}{\partial y^2} + \frac{\partial^2 u}{\partial z^2} = \nabla^2 u \qquad (2.11)$$

将式（2.11）代入波动方程式（2.7）中可得

$$\frac{\partial^2 u}{\partial t^2} = \frac{\lambda + 2G}{\rho} \nabla^2 u \qquad (2.12)$$

同理可得

$$\begin{cases} \dfrac{\partial^2 v}{\partial t^2} = \dfrac{\lambda + 2G}{\rho} \nabla v \\[4mm] \dfrac{\partial^2 w}{\partial t^2} = \dfrac{\lambda + 2G}{\rho} \nabla^2 w \end{cases} \qquad (2.13)$$

令 $v_P = \sqrt{\dfrac{\lambda + 2G}{\rho}}$，将 v_P 代入式（2.12）和式（2.13）中可得

$$\begin{cases} \dfrac{\partial^2 u}{\partial t^2} = v_P^2 \nabla^2 u \\[4mm] \dfrac{\partial^2 v}{\partial t^2} = v_P^2 \nabla^2 v \\[4mm] \dfrac{\partial^2 w}{\partial t^2} = v_P^2 \nabla^2 w \end{cases} \qquad (2.14)$$

式中，v_P 为无旋波的传播速度。

式（2.14）所代表的波为无旋波或膨胀波，且该式表明无旋波的方程式是解耦的。另外，无旋波在传播过程中不仅会引起体应变，还会引起偏应变。

将式（2.14）中的 3 个方程式分别对 x、y、z 取微分，并相加可得

$$\frac{\partial^2 \varepsilon}{\partial t^2} = v_P \nabla^2 \varepsilon \qquad (2.15)$$

式（2.15）所代表的波称为体波。

3. 勒夫波

勒夫波是面波中的一种 SH 波，勒夫波的质点沿水平方向进行运动，且垂直于波的传播方向，其存在的条件为半无限空间上存在松软水平覆盖层。

设坐标原点在覆盖层与半无限体界面上，以 x 轴为波行方向，y 轴为波行时间，z 轴为介质质点振动位移，建立空间直角坐标系，则位移函数为

$$\begin{cases} v_1(z, x, t) = f_1(z) e^{i(ax - \alpha x)}, & -H \leqslant z \leqslant 0 \\ v_2(z, x, t) = f_1(z) e^{i(ax - \alpha x)}, & 0 \leqslant z \\ u = w = 0 \end{cases} \qquad (2.16)$$

考虑到自由表面 $z = -H$ 处、界面 $z = 0$ 处以及 $z = \infty$ 处振幅的边界条件，可得到勒夫波的存在条件为

$$u_2 \sqrt{1 - \frac{v^2}{\beta_2^2}} = u_1 \sqrt{\frac{v^2}{\beta_2^2} - 1} \tan\left(\frac{\omega H}{v} \sqrt{\frac{v^2}{\beta_1^2} - 1}\right) \qquad (2.17)$$

式中，β_1、β_2 分别为覆盖层及下波层剪切波波速；$v = \omega / a$。

当 $\beta_1 \leqslant v \leqslant \beta_2$ 时，式（2.17）成立。可见，当覆盖层剪切波波速（$v_{S1} = \beta_1$）不大于半无

限体的剪切波波速($v_{S2} = \beta_2$)时,才会存在勒夫波。在半无限介质中,勒夫波随深度的增加而迅速衰减,且其波速($v = \omega/a$)与频率有关,具有频散特性。

2.3.2　波速

1. 波速计算

纵波在任何介质中都可以传播,而横波只能在固体中传播,因此,通过改变地层的富水程度并不能改变剪切波的传播速度。瑞利波的传播速度(v_R)比剪切波(v_S)的传播速度稍小一些,且当波速为$v = 0.22$ km/s时,瑞利波的传播速度约为剪切波的0.914倍。勒夫波在层状介质中的传播速度介于最上层介质的波速及最下层介质的波速之间。勒夫波的传播速度因波长不同而变化,波长极短时,其波速和表层 S 波波速相同;波长极长时,其波速和下层 S 波波速相同。

根据弹性波传播理论,纵波和横波在介质中的传播速度为

$$\begin{cases} v_P = \sqrt{\dfrac{E(1-\mu)}{\rho(1+\mu)(1-2\mu)}} \\ v_S = \sqrt{\dfrac{E}{2\rho(1+\mu)}} \end{cases} \tag{2.18}$$

式中,v_P、v_S 分别为纵波传播速度和横波传播速度;E 是弹性模量;ρ 是介质密度;μ 是介质泊桑比。

由式(2.18)可求得纵波与横波的波速比为

$$\alpha = \frac{v_P}{v_S} = \sqrt{\frac{2(1-\mu)}{1-2\mu}} \tag{2.19}$$

可见,两种波速之比只与泊桑比 μ 有关,且纵波波速 v_P 总是大于横波波速 v_S。当 $\mu = 0.25$ 时,$v_P/v_S = \sqrt{3} : 1$;当 $\mu = 0.5$ 时,$v_P/v_S \to \infty$。

综上所述,研究土的波速传播规律可以得到以下重要价值。

(1)土的波速与土的波剪切模量 G 或弹性模量 E 有关。因此,在工程实践中,研究人员一般先在现场测试剪切波波速 v_S 和纵波波速 v_P,然后根据 $G = \rho v_S^2$ 以及式(2.19)确定土的动剪切模量和泊桑比,进而确定弹性模量。

(2)由于波速与土的动剪切模量或弹性模量有直接的关系,因此,影响土的动力性能的因素都会影响土的波速。反之,现场测得的土的波速同样也受这些因素的影响。因此,在工程实践中,对于建筑场地类别的划分及饱和砂土液化的判别等问题常需把土的波速尤其是动剪切波速作为表示土动力性能的定量指标。

(3)地震过程中剪切波和无旋波以各自的速度 v_S 和 v_P 在地壳中传播,当两种波到达地震台时可用地震仪记录下来,并计算出两种波到达的时间差。这样,就可根据两种波的波速及到达的时间差来确定地震台到震中的距离。

2. 波速和各参数的经验关系

一般场地的土层波速随深度的增加而增加,在场地区划或动力特性研究时,根据试验孔的波速特征,建立场地土层波速 – 深度(h)以及波速 – 标准贯入击数(N)的变化关系,进而了解该地区波速的宏观特征。

根据临汾市地震区的现场实测调查数据,得出不同地貌单元上场地土层 S 波波速随深度的经验关系为(r 为相关性系数)

河漫滩:　　　　$v_S = 95.9h^{0.33}$　　　　$r = 0.985$

Ⅰ级阶地:　　　$v_S = 103.8h^{0.323}$　　　$r = 0.974$

Ⅱ级阶地:　　　$v_S = 141h^{0.325}$　　　　$r = 0.991$

洪积扇:　　　　$v_S = 137h^{0.345}$　　　　$r = 0.989$

根据临汾地区4个不同地貌单元的统计数据,得出土层S波波速随标准贯入击数N的经验关系为

河漫滩:　　　　$v_S = 73.72N^{0.381}$　　　$r = 0.90$

Ⅰ级阶地:　　　$v_S = 93.56N^{0.362}$　　　$r = 0.88$

Ⅱ级阶地:　　　$v_S = 60.5N^{0.550}$　　　　$r = 0.94$

洪积扇:　　　　$v_S = 137N^{0.738}$　　　　$r = 0.97$

2.3.3　平面波的分解

1. 平面波的定义及特征

如果一个波只在一个坐标平面内传播,则称为平面波。平面波不仅可以在平面内运动,也可以在出平面方向运动。显然前者为平面内问题,后者为出平面问题。无论是平面内问题还是出平面问题,平面波的运动只与平面内的坐标有关,与出平面方向的坐标无关。

2. 平面波的分类

(1)SH 波。

由于 SH 波在平面外运动,因此,$u = v = 0$,可得平面外波的运动方程为

$$\frac{\partial \tau_{xz}}{\partial x} + \frac{\partial \tau_{yz}}{\partial y} = \rho \frac{\partial^2 w}{\partial t^2} \tag{2.20}$$

$$\begin{cases} \tau_{xz} = G \dfrac{\partial w}{\partial x} \\ \tau_{yz} = G \dfrac{\partial w}{\partial y} \end{cases} \tag{2.21}$$

由式(2.20)和式(2.21)可得

$$\frac{\partial^2 u}{\partial^2 t} = v_S^2 \nabla^2 w \tag{2.22}$$

(2)P – SV 波。

由于 P – SV 波在平面内运动,因此,$u_z = 0$,可得平面内波的运动方程为

$$\begin{cases} (\lambda + G)\left(\dfrac{\partial^2 u}{\partial x^2} + \dfrac{\partial^2 v}{\partial x \partial y}\right) + G \nabla^2 u = \rho \dfrac{\partial^2 u}{\partial t^2} \\ (\lambda + G)\left(\dfrac{\partial^2 w}{\partial x \partial y} + \dfrac{\partial^2 v}{\partial y^2}\right) + G \nabla^2 v = \rho \dfrac{\partial^2 v}{\partial t^2} \end{cases} \tag{2.23}$$

引入势函数 φ、ψ,则有

$$\begin{cases} u_x = \dfrac{\partial \varphi}{\partial x} + \dfrac{\partial \psi}{\partial y} \\[3mm] u_y = \dfrac{\partial \varphi}{\partial x} - \dfrac{\partial \psi}{\partial y} \end{cases} \tag{2.24}$$

由式(2.23)和式(2.24)可得

$$\begin{cases} \dfrac{\partial^2 \varphi}{\partial t^2} = v_P^2 \, \nabla^2 \varphi \\[3mm] \dfrac{\partial^2 \varphi}{\partial t^2} = v_S^2 \, \nabla^2 \psi \end{cases} \tag{2.25}$$

式中,$v_P^2 \nabla = (\lambda + 2G)/\rho$;$v_S^2 \nabla = G/\rho$。

将式(2.25)代入式(2.6),可得由势函数(φ 和 ψ)表示的应力公式为

$$\begin{cases} \sigma_x = \lambda \, \nabla^2 \varphi + 2G\left(\dfrac{\partial^2 \varphi}{\partial x^2} + \dfrac{\partial^2 \psi}{\partial x \partial y}\right) \\[3mm] \sigma_y = \lambda \, \nabla^2 \varphi + 2G\left(\dfrac{\partial^2 \varphi}{\partial y^2} - \dfrac{\partial^2 \psi}{\partial x \partial y}\right) \\[3mm] \sigma_z = \lambda \, \nabla^2 \varphi \\[3mm] \tau_{xy} = 2G \dfrac{\partial^2 \varphi}{\partial x \partial y} + G\left(\dfrac{\partial^2 \psi}{\partial y^2} - \dfrac{\partial^2 \psi}{\partial x^2}\right) \end{cases} \tag{2.26}$$

3. 平面波的分解及势函数

平面波包括无旋波和畸形波,无旋波沿 x、z 方向传播的位移分别用 u_1、w_1 表示,畸变波沿 x、z 方向传播的位移分别用 u_2、w_2 表示,则 x、z 方向的总位移分别为

$$\begin{cases} u = u_1 + u_2 \\ w = w_1 + w_2 \end{cases} \tag{2.27}$$

令

$$\begin{cases} u_1 = \dfrac{\partial \varphi}{\partial x}, \quad w_1 = \dfrac{\partial \varphi}{\partial z} \\[3mm] u_2 = \dfrac{\partial \psi}{\partial z}, \quad w_2 = -\dfrac{\partial \psi}{\partial x} \end{cases} \tag{2.28}$$

则 u_1、w_1,u_2、w_2 可分别满足无旋波和畸形波的条件,因此,函数 φ、ψ 即为势函数,有

$$\begin{cases} u = \dfrac{\partial \varphi}{\partial x} + \dfrac{\partial \psi}{\partial y} \\[3mm] w = \dfrac{\partial \varphi}{\partial z} - \dfrac{\partial \psi}{\partial x} \end{cases} \tag{2.29}$$

根据弹性理论,可得

$$\begin{cases} \varepsilon = \nabla^2 \varphi \\ 2\overline{w}_y = \nabla^2 \psi \end{cases} \tag{2.30}$$

将式(2.29)代入式(2.7)的第一式和第三式,可得势函数的求解方程为

$$\begin{cases} \dfrac{\partial^2 \varphi}{\partial t^2} = v_P^2 \, \nabla^2 \varphi \\[3mm] \dfrac{\partial^2 \psi}{\partial t^2} = v_S^2 \, \nabla^2 \psi \end{cases} \tag{2.31}$$

2.4　波的反射和折射

对于平面简谐波的传播问题,如果适当选择 xOy 平面使得传播方向位于该平面内,则波与 z 无关。纵波(P 波)的位移矢量垂直于平面波阵面,位于 xOy 平面内;而横波(S 波)的位移矢量位于平面波阵面内,且 S 波的位移矢量可以分解为一个位于 xOy 平面内的分量(竖直偏振的剪切波,SV 波)和一个垂直于平面的分量(水平偏振的剪切波,SH 波)。P 波和 SV 波共同构成了平面内运动,SH 波则构成了出平面运动。

对于自由边界面的半空间中的平面波问题,考虑 $y \geqslant 0$ 的半空间边界条件为

$$\begin{cases} y = 0 \\ \sigma_y = \tau_{yx} \end{cases} \tag{2.32}$$

令

$$\begin{cases} \varphi(x,y,t) = f(y)\,\mathrm{e}^{ik(x-ct)} \\ \psi(x,y,t) = g(y)\,\mathrm{e}^{ik(x-ct)} \end{cases} \tag{2.33}$$

式中,c 为平面波沿 x 方向的波速;k 为波数,且 $k = uz/c$。

将式(2.33)代入式(2.25)得

$$\begin{cases} f''(y) + k^2 p_1^2 f(y) = 0 \\ g''(y) + k^2 p_2^2 g(y) = 0 \end{cases} \tag{2.34}$$

式中,$p_1 = \sqrt{\dfrac{c^2}{v_P^2} - 1}$;$p_2 = \sqrt{\dfrac{c^2}{v_S^2} - 1}$。

2.4.1　平面波在平表面上的传播

波动方程即式(2.25)的解为

$$\begin{cases} \varphi = A_1 \varphi_1 + A_2 \varphi_2 \\ \psi = B_1 \psi_1 + B_2 \psi_2 \end{cases} \tag{2.35}$$

式中

$$\begin{cases} \varphi_1 = \mathrm{e}^{ik(x-p_1 y-ct)} \\ \varphi_2 = \mathrm{e}^{ik(x+p_1 y-ct)} \\ \psi_1 = \mathrm{e}^{ik(x-p_2 y-ct)} \\ \psi_2 = \mathrm{e}^{ik(x+p_2 y-ct)} \end{cases}$$

φ_1 项的波阵面方程为

$$x - p_1 y - ct = \mathrm{const} \tag{2.36}$$

式(2.36)为平面运动方程,其传播方向由单位法向量 $\boldsymbol{n}$ 确定(图 2.2),法向量沿 x、y 方向的分量大小为

$$\begin{cases} n_1 = (1 - p_1^2)^{-\frac{1}{2}} = \dfrac{v_P}{c} \\ n_2 = -(1 + p_1^2)^{-\frac{1}{2}} = -\sqrt{1 - \dfrac{v_P}{c^2}} \end{cases} \tag{2.37}$$

传播速率为

$$\bar{v} = cn_1 = v_P$$

同理,在 φ_2 运动平面则有

$$n_1' = n_1, \quad n_2' = -n_2, \quad \bar{v} = v_P$$

因此,φ_1 代表射入自由界面上的 P 波,φ_2 代表射出自由边界面上的 P 波。

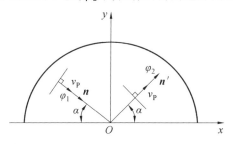

图 2.2　平面运动方程传播方向

式(2.35) 需满足式(2.32) 中的边界条件,由 φ 和 ψ 建立以下关系式,即

$$\begin{cases} u = \mathrm{i}k[A_1\varphi_1 + A_2\varphi_2 - p_2(B_1\psi_1 - B_2\psi_2)] \\ v = -\mathrm{i}k[p_1(A_1\varphi_1 - A_2\varphi_2) + B_1\psi_1 + B_2\psi_2] \end{cases} \tag{2.38}$$

$$\begin{cases} \sigma_x = Gk^2[(2p_1^2 - p_2^2 - 1)(A_1\varphi_1 + A_2\varphi_2) + 2p_2(B_1\psi_1 - B_2\psi_2)] \\ \sigma_y = Gk^2[(1 + p_2^2)(A_1\varphi_1 + A_2\varphi_2) - 2p_2(B_1\psi_1 - B_2\psi_2)] \\ \tau_{xy} = Gk^2[2p_1(A_1\varphi_1 - A_2\varphi_2) + (1 - p_2^2)(B_1\psi_1 - B_2\psi_2)] \end{cases} \tag{2.39}$$

由式(2.32) 和式(2.35) 可得

$$\begin{cases} (1 - p_2^2)(A_1 + A_2) - 2p_2(B_1 - B_2) = 0 \\ 2p_1(A_1 + A_2) + (1 - p_2^2)(B_1 + B_2) = 0 \end{cases} \tag{2.40}$$

若已知入射波的振幅 A_1 和 B_1,则可根据式(2.40) 确定反射波的振幅 A_2 和 B_2,现分别对以下两种情况进行讨论。

1. P 入射波

假设有一平面压缩波入射到自由边界面 $y = 0$ 上,其振幅大小为 A_1,入射角为 α_1,P 波的波数已知,则此入射波可表示为

$$\varphi = A_1 \mathrm{e}^{\mathrm{i}k(x - p_1 y - ct)} = A_1 \mathrm{e}^{\mathrm{i}\frac{k}{\cos\alpha_1}(n_1 x + n_2 y - v_P t)} \tag{2.41}$$

波的频率和波长为

$$\omega = kc, \quad \lambda = \frac{2\pi\cos\alpha_1}{k}$$

由于 $B_1 = 0$,根据式(2.40) 可得

$$\begin{cases} \dfrac{A_2}{A_1} = \dfrac{4p_1 p_2 - (1 - p_2^2)^2}{4p_1 p_2 + (1 - p_2^2)^2} \\ \dfrac{B_2}{B_1} = \dfrac{4p_1(1 - p_2^2)}{4p_1 p_2 + (1 - p_2^2)^2} \end{cases} \tag{2.42}$$

由式(2.42) 可知,入射波(P 波) 将在边界上产生两个波:反射 P 波和反射 SV 波。P 波的出射角等于入射角 α_1,SV 波的出射角为 β_1(图 2.3),根据斯内尔定律可得

$$\frac{v_P}{\cos \alpha_1} = \frac{v_S}{\cos \beta_1} \tag{2.43}$$

$$p_2 = \frac{v_P}{v_S}\left(\tan^2\alpha_1 + 1 - \frac{v_S^2}{v_P^2}\right)^{\frac{1}{2}} \tag{2.44}$$

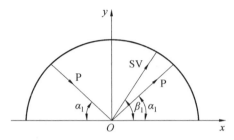

图 2.3 P 波的反射

由式(2.42)及图 2.3 可知,当水平入射[入射角 $\alpha_1 = 0(p_1 = 0)$]或垂直入射[入射角 $\alpha_1 = \pi/2(p_1 = p_2 = \infty)$]时,$B_2 = 0$,此时反射波仅为 P 波。

2. SV 入射波

设入射角为 β_2,令式(2.35)中 $A_1 = 0$,则入射波可表示为

$$\varphi = B_1 \mathrm{e}^{ik(x - p_2 y - ct)} = B_1 \mathrm{e}^{\mathrm{i}\frac{k}{\cos \beta_2}(n_1 x + n_2 y - v_S t)} \tag{2.45}$$

边界条件表明,当 SV 入射波在自由边界面 $y = 0$ 上入射时,将出现两个反射波:P 波和 SV 波(图 2.4)。由式(2.35)可得入射波的振幅大小为

$$\begin{cases} \dfrac{A_2}{B_1} = \dfrac{4p_2(1 - p_2^2)}{4p_1 p_2 + (1 - p_2^2)^2} \\[3mm] \dfrac{B_2}{B_1} = \dfrac{4p_1 p_2 - (1 - p_2^2)^2}{4p_1 p_2 + (1 - p_2^2)^2} \end{cases} \tag{2.46}$$

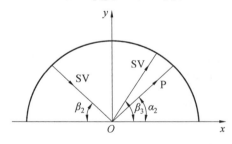

图 2.4 SV 波的反射

SV 反射波的出射角 β_3 等于入射角 β_2,P 反射波的出射角 $\cos \alpha_2 = \dfrac{v_P}{v_S \cos \beta_2}$,则有

$$\begin{cases} p_1 = \dfrac{v_S}{v_P}\left(\tan^2\beta_2 + 1 - \dfrac{v_P^2}{v_S^2}\right)^{\frac{1}{2}} \\[3mm] p_2 = \tan \beta_2 \end{cases} \tag{2.47}$$

为使 SV 入射波的反射波中不存在 SV 波,则有 $B_2/A_1 = 0$,此时 SV 入射波中的 p_2 为

$$p_2 = \left[\frac{v_P^2}{v_S^2}(1 + p_1^2) - 1\right]^{\frac{1}{2}} \tag{2.48}$$

2.4.2 在两种介质界面的反射和折射

波从上层介质中入射传播到两种介质界面,与传播到自由表面的情况不同,主要有以下不同之处:

① 波在两种介质界面不仅发生反射,同时还发生折射,最终波传播到相邻介质中。

② 波在两种介质界面传播需满足的条件比在自由表面传播更为复杂,前者需要两种介质界面两侧的位移及应力相等。

与波在自由表面传播的情况相似,畸变波与无旋波入射在两种介质界面发生的反射和折射是不相同的,下面分别对两种波的入射及传播情况进行讨论。

1. 入射波为畸变波

设畸变波的入射角为 β_1,幅值为 B_1;无旋反射波的反射角为 α_1,幅值为 B_3;畸变反射波的反射角为 β_2,幅值为 B_2;无旋折射波的折射角为 α_2,幅值为 B_4;畸变折射波的折射角为 β_3,幅值为 B_5(图 2.5)。

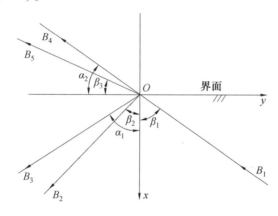

图 2.5 畸变波入射在两种介质界面发生的发射和折射

当畸变波传播到两介质界面时,根据波的传播理论可以得到以下结论:

(1)当入射波的振动方向沿出平面方向时,畸变波在两种介质界面只产生畸变反射波和畸变折射波;当入射波的振动方向沿平面内垂直于 z 轴的方向振动时,畸变波在两种介质界面不仅产生畸变反射波和畸变折射波,还产生无旋反射波和无旋折射波。

(2)根据波的传播理论可得

$$\begin{cases} \beta_1 = \beta_2 \\ \dfrac{\sin \beta_1}{v_{S1}} = \dfrac{\sin \alpha_1}{v_{P1}} = \dfrac{\sin \beta_3}{v_{S2}} = \dfrac{\sin \alpha_2}{v_{P2}} \end{cases} \tag{2.49}$$

式中,v_{S1}、v_{P1} 分别为第一种介质中的无旋波波速和畸变波波速;v_{S2}、v_{P2} 分别为第二种介质中的无旋波波速和畸变波波速。

(3)当畸变波垂直入射时,入射波在两种介质界面则不产生无旋反射波和无旋折射波,B_2 和 B_5 可由下式确定,即

$$\begin{cases} B_1 + B_2 - B_5 = 0 \\ \rho_1 v_{S2}(B_1 - B_2) - \rho_2 v_{S2}B_5 = 0 \end{cases} \tag{2.50}$$

2. 入射波为无旋波

设无旋波的入射角为 α_1,幅值为 A_1;无旋反射波的反射角为 α_2,幅值为 A_2;畸变反射波的反射角为 β_2,幅值为 A_3;无旋折射波的折射角为 α_3,幅值为 A_4;畸变折射波的折射角为 β_3,幅值为 A_5(图2.6)。

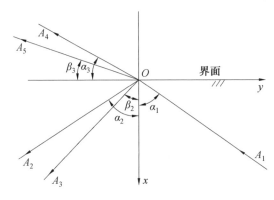

图2.6　无旋波入射在两种介质界面发生的反射和折射

当无旋波传播到两种介质界面时,根据波的传播理论可以得到以下结论:

(1)入射波在两种介质界面产生无旋反射波和畸变反射波,同时还产生无旋折射波和畸变折射波,有

$$\begin{cases} \alpha_1 = \alpha_2 \\ \dfrac{\sin \alpha_1}{v_{P1}} = \dfrac{\sin \beta_2}{v_{S1}} = \dfrac{\sin \alpha_3}{v_{P2}} = \dfrac{\sin \beta_3}{v_{S2}} \end{cases} \tag{2.51}$$

式中,v_{S1}、v_{P1} 分别为第一种介质中的无旋波波速和畸变波波速;v_{S2}、v_{P2} 分别为第二种介质中的无旋波波速和畸变波波速。

(2)当无旋波垂直入射时,不产生畸变反射波和畸变折射波,根据波的传播理论可得

$$\begin{cases} A_2 = \dfrac{A_1(\rho_1 v_{P2} - \rho_1 v_{P1})}{\rho_2 v_{P2} + \rho_1 v_{P1}} \\ A_4 = \dfrac{A_1 2\rho_1 v_{P1}}{\rho_2 v_{P2} + \rho_1 v_{P1}} \end{cases} \tag{2.52}$$

式中,ρ_1、ρ_2 分别为介质一和介质二的密度。

设无旋入射波的入射角为 α_1,当无旋折射波的折射角为 $\pi/2$ 时,无旋入射波的入射角为临界入射角 α_{1c}。根据式(2.51)可得

$$\sin \alpha_{1c} = \dfrac{v_{P1}}{v_{P2}} \tag{2.53}$$

由于 $\sin \alpha_{1c} \le 1$,因此,当 $v_{P2} \ge v_{P1}$ 时,式(2.53)才可能成立,此时折射波的折射角为 $\pi/2$,无旋折射波将沿两种介质的界面以第二种介质中的纵波波速进行传播。波动理论表明,折射波会沿着界面引发扰动,并诱使第一种介质产生一种新的波,即头波,新形成的波最终将沿着与界面成 $\pi/2 - \alpha_{1c}$ 的方向以第一种介质的纵波波速传播。此现象若发生

在两土层接触界面处,则在第一种介质中传播的头波将会到达地面(图 2.7)。

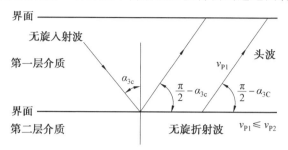

图 2.7　无旋波在两土层接触界面产生头波

2.5　一维波传播问题

2.5.1　纵向波在杆体中的传播

1. 杆体侧向自由约束

一纵向波沿杆的轴向传播,波沿杆的轴向的位移为 u,杆体端部的坐标为 x_0。杆体的横截面面积为 S,杆体的密度为 ρ,杆体的弹性模量为 E。杆体 A—A 截面上的应力大小为 σ,B—B 界面上的应力大小为 $\sigma + \dfrac{\partial \sigma}{\partial x}$,如图 2.8 所示。

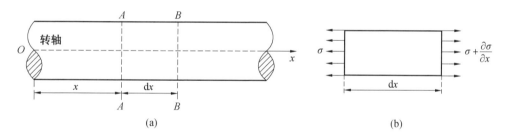

(a)   (b)

图 2.8　杆件中的应力分布

根据动力平衡,则可得运动方程为

$$\left(\sigma + \frac{\partial \sigma}{\partial x}\mathrm{d}x \right) S - \sigma S = S\mathrm{d}x\rho \frac{\partial^2 u}{\partial t^2} \tag{2.54}$$

将 $\sigma = \dfrac{E\partial u}{\partial x}$ 代入式(2.54),可得纵向波的振动方程为

$$\frac{\partial^2 u}{\partial t^2} = v_{\mathrm{c}}^2 \frac{\partial^2 u}{\partial x^2} \tag{2.55}$$

式中,u 为 x 方向的位移;v_{c} 为压缩波波速,$v_{\mathrm{c}} = \sqrt{E/\rho}$。

纵向波的振动方程,即式(2.55)的解为

$$u(t,x) = f_1(x - v_{\mathrm{c}}t) + f_2(x + v_{\mathrm{c}}t) \tag{2.56}$$

式中,函数 f_1 表示沿 x 正方向传播的波;函数 f_2 表示沿 x 负方向传播的波。

下面分别对杆体端部在自由边界和固定边界条件下纵向波对杆体所产生的应力进行

求解讨论。

（1）当杆体端部在自由边界条件下时。

杆体端部的边界条件为

$$x = x_0, \quad \sigma(t, x_0) = 0 \tag{2.57}$$

令

$$\begin{cases} x_1 = x - v_c t \\ x_2 = x + v_c t \end{cases} \tag{2.58}$$

杆体的轴向应变为

$$\varepsilon_x = -\frac{\partial f_1}{\partial x_1} + \frac{\partial f_2}{\partial x_2} \tag{2.59}$$

杆体中的应力大小为

$$\sigma_x = \left(-\frac{\partial f_1}{\partial x_1} + \frac{\partial f_2}{\partial x_2} \right) E \tag{2.60}$$

令

$$\begin{cases} \sigma_{xc} = -\dfrac{\partial f_1}{\partial x_1} E \\ \sigma_{xP} = \dfrac{\partial f_2}{\partial x_2} E \end{cases}$$

则杆体中的应力大小可以表示为

$$\sigma_x = \sigma_{xc} + \sigma_{xP} \tag{2.61}$$

由式（2.57）和式（2.61）可得

$$\sigma_{xc} = -\sigma_{xP} \tag{2.62}$$

式（2.62）表明，沿杆体正方向传播的应力波在杆体端部产生的应力，与沿杆体负方向传播的应力波在杆体端部产生的应力大小相等，方向相反。因此，如果沿杆体正方向传播的是压缩波，那么沿杆体负方向传播的就是拉伸波，反之亦然。

（2）当杆体端部在固定边界条件下时。

杆体端部的边界条件为

$$x = x_0, \quad u(t, x_0) = 0 \tag{2.63}$$

将式（2.56）代入式（2.63），可得

$$\begin{cases} f_1(x_0 - v_c t) = -f_2(x_0 + v_c t) \\ \sigma_c(t, x) = \sigma_P(t, x) \end{cases} \tag{2.64}$$

式（2.64）表明，如果沿杆体正方向传播的是压缩波，那么沿杆体正方向传播的反射波也是压缩波，反之亦然。因此，无论沿杆体正方向传播的应力波是何种类型，杆体端部的反射波将会使杆体的应力加倍。

2. 杆体侧向固定约束

由胡克定律可知，当杆体侧向受到固定约束时，纵向波的振动方程为

$$\frac{\partial^2 u}{\partial t^2} = v_c'^2 \frac{\partial^2 u}{\partial x^2} \tag{2.65}$$

式中，v_c' 为无线弹性体的压缩波波速，$v_c' = \sqrt{M/\rho}$，且有 $v_c' > v_c$；M 为侧限模量，有

$$M = \frac{E(1 - \mu)}{(1 - 2\mu)(1 + \mu)}$$

2.5.2　扭转波在杆体中的传播

从圆形杆体中取一长为 $\mathrm{d}x$ 的微元体,杆体在 x 处承受的扭力大小为 T_θ,在 $x + \mathrm{d}x$ 处承受的扭力大小为 $T_\theta + \mathrm{d}T_\theta$,扭转角为 θ(图 2.9)。

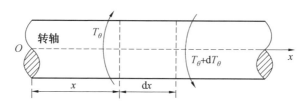

图 2.9　作用于微元体截面上的扭转力矩

设杆体截面绕轴扭转的角度为 θ,则 θ 为时间 t 及坐标 x 的函数,即

$$\theta = \theta(t, x) \tag{2.66}$$

杆体截面扭转后,截面上任一点沿切向的竖直位移 w 为

$$w = r\theta \tag{2.67}$$

由式(2.67)可得,杆截面上任一点的剪应变为

$$\gamma_{x\theta} = \frac{\partial w}{\partial x} = r\frac{\partial \theta}{\partial x} \tag{2.68}$$

杆截面上任一点的切向剪应力为

$$\tau_{r\theta} = Gr\frac{\partial \theta}{\partial x} \tag{2.69}$$

作用在杆截面上的切向剪应力相对于杆轴产生的扭转力矩为

$$T_\theta = \int_S r\tau_{r\theta}\mathrm{d}S = G\frac{\partial \theta}{\partial x}\int_S r^2\mathrm{d}S$$

令 $J = \int_S r^2\mathrm{d}S$,则作用在杆截面上的切向剪应力相对于杆轴产生的扭转力矩可表示为

$$T_\theta = GJ\frac{\partial \theta}{\partial x} \tag{2.70}$$

对式(2.70)左右两端取微分,可得

$$\mathrm{d}T_\theta = GJ\frac{\mathrm{d}^2\theta}{\mathrm{d}x^2}\mathrm{d}x \tag{2.71}$$

根据牛顿第二定律,可得杆截面上任一点处的切向加速度为

$$\frac{\partial^2 w}{\partial t^2} = r\frac{\partial^2 \theta}{\partial t^2} \tag{2.72}$$

进而求得微元体($\mathrm{d}x\mathrm{d}S$)所受的切向惯性力大小为

$$\mathrm{d}F_\theta = \rho r\frac{\mathrm{d}^2\theta}{\mathrm{d}t^2}\mathrm{d}x\mathrm{d}S \tag{2.73}$$

此时,微元体所受的切向惯性力相对于杆轴产生的扭转力矩为

$$dT_\rho = \int_S r \, dF_\theta = \rho \frac{d^2\theta}{dt^2} dx \int_S r^2 \, dS = \rho J \frac{d^2\theta}{dt^2} dx$$

根据动力平衡理论,可得微元体 dx 的扭转振动方程为

$$\frac{\partial^2\theta}{\partial t^2} = v_S^2 \frac{\partial^2\theta}{\partial x^2} \tag{2.74}$$

式中,v_S 为扭转波波速,$v_S = \sqrt{G/\rho}$。

2.6　应力、应变、运动速度和波速之间的关系

以侧向施加固定约束的杆体纵向振动为例,分正向传播波和反向传播波两种情况进行讨论。

根据波传播理论,正向传播波的位移为

$$\begin{cases} w_{f_1} = f_1(x - ct) \\ x_1 = x - v_c t \end{cases} \tag{2.75}$$

则正向传播波的波速为

$$\frac{\partial w_{f_1}}{\partial t} = \frac{\partial f_1}{\partial x_1} \frac{\partial x_1}{\partial t} = -v_c \frac{\partial f_1}{\partial x_1} \tag{2.76}$$

沿正向传播波的应变为

$$\begin{cases} \varepsilon_{f_1} = \frac{\partial f_1}{\partial x_1} \frac{\partial x_1}{\partial x} \\ x_1 = x - v_c t \end{cases} \tag{2.77}$$

则正向传播波的应变为

$$\varepsilon_{f_1} = \frac{\partial f_1}{\partial x_1} \tag{2.78}$$

则正向传播波的波速与应变之间的关系为

$$\frac{\partial w_{f_1}}{\partial t} = -v_c \varepsilon_{f_1} \tag{2.79}$$

则正向传播波的应力大小为

$$\sigma_{f_1} = -\frac{E}{v_c} \frac{\partial w_{f_1}}{\partial t} \tag{2.80}$$

将 $v_c = \sqrt{E/\rho}$ 代入式(2.80)得

$$\sigma_{f_1} = -\sqrt{\rho E} \frac{\partial w_{f_1}}{\partial t} \tag{2.81}$$

式中,$\sqrt{\rho E}$ 为纵向振动的阻抗,阻抗是一种黏滞常数。

类似地,反向传播波的波速、应变及应力之间的关系为

$$\begin{cases} \dfrac{\partial w_{f_2}}{\partial t} = v_c \dfrac{\partial f_2}{\partial x_2} \\ \sigma_{f_2} = \sqrt{\rho E} \dfrac{\partial w_{f_2}}{\partial t} \end{cases} \tag{2.82}$$

2.7　土波速的现场测量

假设土为线弹性介质,根据弹性力学可得,土的弹性模量、剪切模量及泊桑比与土波速之间的关系为

$$\begin{cases} G = \rho v_{\text{S}}^2 \\ E = \rho \dfrac{(1 + \mu)(1 - 2\mu)}{1 - \mu} v_{\text{P}}^2 \\ \dfrac{1 - 2\mu}{2(1 - \mu)} = \left(\dfrac{v_{\text{S}}}{v_{\text{P}}}\right)^2 \end{cases} \tag{2.83}$$

2.7.1　土波速测试原理及设备

1. 测试原理

测定波传播的距离记为 s,波传播的时间记为 t,则所测的土波速为

$$v = \frac{s}{t} \tag{2.84}$$

式中,v 为土波速。

通过测定土波在指定距离传播所需要的时间,绘制 t-s 时距关系曲线,时距关系曲线斜率的倒数即为波速,即

$$t = \frac{1}{V}s$$

2. 测试设备

(1) 激振设备。

不同测试方法采用的激振方法不同,所以,采用的激振设备也不同。激振方法可采用爆炸、敲击或激振器激振等。激振是为了获取振源,然后将振动以波的形式从振源传播出去。

(2) 放大器。

放大器可将由振动传感器传送出来的模拟电信号进行放大。

(3) 振动传感器。

振动传感器利用加速度计将质点的振动加速度转变成模拟电信号,并输送出去。

(4) 数字采集器。

数字采集器可将由放大器输送的模拟电信号按一定的时间间隔采集下来,且可将采集下来的模拟电信号转变为电数字信号,并输入计算机中。

(5) 计时器。

计时器可确定从激振开始至波到达测点所需的时间。

(6) 输出设备。

输出设备主要为绘图仪和打印机,其可将输入计算机的数值信号以曲线的形式输出和打印出来。

（7）计算机。

计算机可控制波速测试的流程、数字采集器和输出装置的工作，以及分析处理测试资料。

2.7.2　测试方法

1. 表面波法

表面波法分为稳态振动法和瞬态振动法，工程中使用的表面波一般是指瑞利波，表面波法具有无钻孔、测试简单易行、测试信号受外界环境影响较小等特点。为推导成层地基中 R 波的波动方程，做以下假设：① 土层是各向同性的线弹性连续介质；② 土体水平方向分布均匀，竖直方向分层明显，土层间界面与土体表面平行。

（1）基本原理。

首先，根据波动方程、连续条件、边界条件以及地层参数等推导计算成层地基中 R 波的一般特征方程，并绘制 R 波弥散曲线；然后，根据 R 波弥散曲线反算 S 波波速 v_S，并通过优化土层参数使特征方程的理论值更符合 R 波弥散曲线的实测值，进而求出 S 波波速与深度的变化关系。特征方程的理论值与 R 波弥散曲线实测值间的误差大小为

$$\delta = \sqrt{\frac{1}{m}\sum_{j=1}^{m}\left(v'_{\mathrm{R}j} - v_{\mathrm{R}j}\right)^2}$$

式中，δ 为特征方程的理论值与 R 波弥散曲线实测值间的误差函数；$v'_{\mathrm{R}j}$、$v_{\mathrm{R}j}$ 为 R 波波速的实测值和计算值。

（2）仪器设备。

稳态振动法采用的主要仪器有激振器、检波器、放大器和示波器。其中，激振器包括用于低频、深层测试的机械式激振器和用于高频、浅层测试的电磁式激振器。机械式激振器依靠两偏心质块相向旋转产生的离心力在竖向进行激振，激振频率与偏心质块旋转频率相同。电磁式激振器的激振频率由发生器控制，激振力由功率放大器调节，所采用的功率放大器具有失真度低、工作频率低、工作稳定，以及信号发生器噪声低、输出功率大、失真度低等特性。

稳态振动时机械式激振器的竖向振动位移为

$$w(t) = w_0 \sin pt \tag{2.85}$$

地面其他质点的振动位移为

$$w(t) = w_0 \sin(pt - \varphi)$$

式中，φ 为质点的相位差；$p = 2\pi f$。

根据波的传播理论，地面其他质点的竖向振动位移为

$$w(t,r) = w_0 \sin p\left(t - \frac{r}{v_\mathrm{R}}\right) = w_0 \sin\left(pt - \frac{2\pi fr}{v_\mathrm{R}}\right) \tag{2.86}$$

根据式（2.85）和式（2.86），可得质点的相位差为

$$\varphi = \frac{2\pi fr}{v_\mathrm{R}} \tag{2.87}$$

质点与激振器中心的距离为一个波长 L_R，该质点的相位差为 2π（图 2.10）。

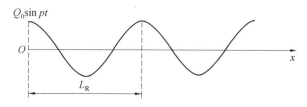

图2.10　激振器引起地面质点竖向运动

由式(2.87)可得

$$\begin{cases} v_R = fL_R \\ v_R = \dfrac{1}{T}L_R \end{cases} \tag{2.88}$$

式中, T 为激振器的振动周期。

（3）现场测试。

现场测试的步骤如下：

① 选择开阔的场地进行试验,安置激振器并进行竖向激振。

② 调整激振器的频率,直至其产生稳定的简谐波。

③ 将两个检波器放在波的传播方向上,使其相位保持一致;然后,固定其中一个检波器,同时将另一个检波器沿波的传播方向向外移动,当记录的信号波形相位差为 π 时,测量两只检波器的间距。由此测得相应检波器间距的相位差为 $2\pi,3\pi,\cdots$(5组),进而求得平均波长。

④ 改变激振频率,重复上述过程,最终可测得从地表至一定深度范围内的 R 波波长。

2. 下孔法

（1）仪器设备。

下孔法采用的仪器设备主要有检波器、放大器、触发器、记录仪以及振源等。P 波型振源结构较为简单,即在孔口附近放置一块金属板作为激振源,当给金属板施加竖向激励,地层中产生 P 波并沿孔壁向下传播;而 S 波型振源一般是沿钻孔切线平行方向敲击上压重物的木板,地层中便产生向下传播的 SH 波和 P 波。S 波振源激励试验操作简便,且 SH 波效果明显好于 P 波,还可以利用正反两次激振和 S 波可逆偏振特性识别振型。工程实践表明,板与地面接触条件下激振效果较为显著,此外增加木板上的物重和板长也能有效改善激振效果。

S 波型振源一般只能进行浅层试验,当进行测试近百米深度的试验时,可采用冲击桩型振源。试验时先打激振桩(钢桩或钢筋混凝土桩),然后在桩身设置激振座并安装水平方向冲击的火箭筒,地层依靠炸药爆炸瞬间形成的反冲力产生强大的 S 波。此外,桩身两侧各设置一激振座,以达到水平双向激振效果,最后利用 S 波的可逆偏振特性来识别波型。由于冲击桩型激振具有能量大、可控性强、适用范围广等优点,尤其在海漫滩、沼泽地等无法正常激振的工程中应用更为广泛。

（2）测点布置。

单孔法试验应根据钻孔的土柱状图沿孔深布置测点,结合土层性质及地下水位来布

置,其设计原则如下:

① 如果一个土层比较厚,可在层内设置测点,其间距为 2 ~ 3 m。

② 两层土分界处以及地下水位处应布置测点。

一般从上到下逐个测点进行试验,由每个测点的试验可测得扰动传到测点所用的时间 t。测点把土层分成许多个子层,单孔法中,测点的布置、子层的划分、激振装置的布置如图 2.11 所示。

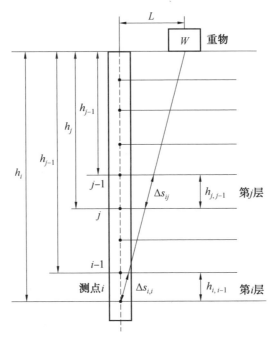

图 2.11　单孔法试验测点的布置

(3) 波速计算。

设压板中心与钻孔中心的距离为 L,测试点的深度为 h,则由压板中心到测点 i 的传播距离 s_i 为

$$\begin{cases} s_i = \dfrac{h_i}{\cos \alpha_i} \\ \cos \alpha_i = \dfrac{h_i}{\sqrt{h_i^2 + L^2}} \end{cases} \qquad (2.89)$$

波从压板中心传到测点的过程中,第 j 子层的剪切波波速为 v_{Sj},则第 j 子层传播所需的时间为

$$\Delta t_{i,j} = \frac{\Delta s_{i,j}}{v_{Sj}} = \frac{h_j - h_{j-1}}{\cos \alpha_i v_{Sj}} \qquad (2.90)$$

设波传到第 i 子层之前所需的时间为 $\sum_{j=1}^{i-1} t_{i,j}$,则第 i 子层传播的时间为

$$\Delta t_{i,j} = t_i - \frac{1}{\cos \alpha_i} \sum_{j=1}^{i-1} \frac{h_j - h_{j-1}}{\cos \alpha_i v_{Sj}} \qquad (2.91)$$

根据波速的传播理论,可得第 i 子层的剪切波波速为

$$v_{i,j} = \frac{h_j - h_{j-1}}{\cos \alpha_i \left(t_i - \dfrac{1}{\cos \alpha_i} \sum_{j=1}^{i-1} \dfrac{h_j - h_{j-1}}{v_{Sj}} \right)} \qquad (2.92)$$

3. 地震法

在爆炸物引爆时,地层中会形成一个脉冲振源,所产生的扰动将分别以纵波、横波和瑞利波 3 种形式向外传播,进而引起地面振动,对这些扰动波的测试方法称为地震法。根据实测记录可知,纵波先从爆炸源到达测点,故地震法所测得的波速一般是纵波波速。

纵波由爆炸源传到测点的途径如下(图 2.12):

(1) 直达波途径,即沿表面传到测点。

(2) 反射波途径,即当地面下存在第二层土时,纵波先沿与两层土界面法线成 α 角的方向在第一层土中传播,到达界面后反射到达测点。

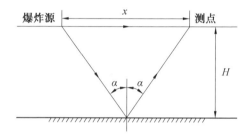

图 2.12　直达波和反射波途径

图 2.12 所示的波的入射角和反射角都为 α,则有

$$\tan \alpha = \frac{x}{2H} \qquad (2.93)$$

式中, H 为第一层土的厚度。

折射波途径,即当地层中存在第二层土,且 $v_{P2} > v_{P1}$ 时,波先沿临界入射角在第一层土中传播,到达界面后沿界面以第二层土的纵向波速进行传播,然后头波再沿临界入射角在第一层土中传播至测点(图 2.13)。

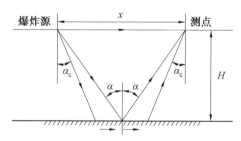

图 2.13　折射波途径

图中临界入射角为 α_c,则有

$$\sin \alpha_c = \frac{v_{P1}}{v_{P2}} \qquad (2.94)$$

由图 2.12 可知,扰动波分别沿直达波途径和反射波途径到达测点的传播长度为

$$\begin{cases} s_1 = x \\ s_2 = \sqrt{x^2 + 4H^2} \end{cases} \tag{2.95}$$

由图 2.13 可知,扰动波沿折射波途径到达测点的传播长度为

$$s_3 = \frac{2H}{\cos \alpha_c} + (x - 2H\tan \alpha_c) \tag{2.96}$$

由式(2.95) 和式(2.96) 可得,扰动波沿直达波途径、反射波途径及折射波途径到达测点的传播时间分别为

$$\begin{cases} t_1 = \dfrac{x}{v_{P1}} \\[2mm] t_2 = \dfrac{2H}{v_{P1}} \sqrt{1 + \dfrac{x^2}{4H^2}} \\[2mm] t_3 = \dfrac{x}{v_{P2}} + 2H\sqrt{\dfrac{1}{v_{P1}^2} - \dfrac{1}{v_{P2}^2}} \end{cases} \tag{2.97}$$

根据地震法测试过程中沿地面设置的测点的测试记录,分别计算出扰动波沿直达波、反射波及折射波途径到达测点的时间,然后分别绘制绕动波沿直达波和反射波途径到达测点的时间变化曲线,如图 2.14 所示。

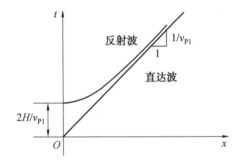

图 2.14 绕动波沿直达波途径和反射波途径到达测点的时间变化曲线

由图 2.14 可知,第一层土的厚度为

$$H = \frac{v_{P1} t_{2x_0}}{2} \tag{2.98}$$

同样,分别绘制绕动波沿直达波和折射波途径到达测点的时间变化曲线,如图 2.15 所示。由图 2.15 可知,第一层土的厚度为

$$H = \frac{t_{3x_0} v_{P1}}{2\cos \alpha_c} \tag{2.99}$$

关于折射波途径有以下两点:

(1) 折射波的记录点与震源的距离应大于等于 $2H\sin \alpha_{1,c}$。

(2) 当 $t_1 = t_3$ 时,绕动波沿直达波途径和折射波途径到达测点的时间变化曲线相交,可求得该点与震源的距离(跨越距离) 为

$$x_c = 2H\sqrt{\frac{v_{P2} + v_{P1}}{v_{P2} - v_{P1}}} \tag{2.100}$$

式(2.100)表明,当 $x < x_c$ 时,直达波先到达测点;当 $x \geqslant x_c$ 时,折射波先到达测点。

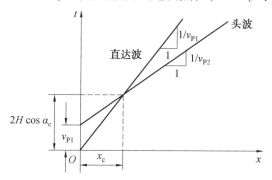

图 2.15　绕动波沿直达波途径和折射波途径到达测点的时间变化曲线

关于地震法有以下几点:

(1)反射波总是在直达波或折射波到达之后才到达,所以很难确定其到达的时间。

(2)为精确绘制绕动波沿直达波途径、反射波途径及折射波途径到达测点的时间曲线,在地面上布置的测点应不少于 8 个,即对试验场地的需求较大。

(3)地震法测得的第一层土的纵波波速是该层土的平均纵波波速,而测得的第二层土的纵波波速是两层土界面附近第二层土的纵波波速。

(4)地震法采用爆炸激振,对周围环境影响较大,其应用范围受到一定的限制。

思　考　题

1. 以位移为未知数的土体三维弹性波动方程式是如何建立的?什么是求解的初始条件和边界条件?

2. 什么是无旋波?相应的波速公式是什么?什么是剪切波?相应的波速公式是什么?

3. 什么是表面波?有哪两种类型?试推求表面波波速的公式。表面波波速与剪切波波速的关系如何?

4. 以平面波为例,试说明波的分解、势函数与位移的关系,势函数的求解方程及特点,采用势函数方程式求解波传播问题的优点。

5. 试说明波在自由表面和两层界面的反射和折射,以及波的反射定理和折射定理。

6. 试建立杆的剪切振动、压缩振动及圆柱的扭转振动方程式。在侧向约束及无约束两种情况下杆的压缩振动有何不同?其压缩波速度与三维体积压缩波速度有何不同?

7. 试说明土中的应变、应力、运动速度及波速之间的关系。

8. 为什么研究和测试土的波速?影响土剪切波波速的因素有哪些?确定土的剪切波速的经验公式有哪些类型?

9. 试述现场测试土的剪切波速都有哪些方法,并比较说明它们的优缺点及适用性。

参 考 文 献

[1] 铁木辛柯,古德尔. 弹性理论[M]. 北京:人民教育出版社,1964.

［2］KOLSKY H. Stress waves in soilds［M］. New York：Dover Publications，1963.

［3］蒋溥，戴丽思. 工程地震学概论［M］. 北京：地震出版社，1993.

［4］吴世明. 土动力学［M］. 北京：中国建筑工业出版社，2000.

［5］张克绪，凌贤长. 土动力学［M］. 北京：科学出版社，2016.

第3章 土的动力学特性

3.1 动力荷载下土的工作状态

3.1.1 动荷载的类型及特点

建筑地基及各类土工建筑物在动荷载作用下会发生振动,其间土的强度与变形等特性将受显著影响。对动荷载引起的土体工作性态研究存在必要性,下面介绍动荷载的三要素、分类与特点,以及地震荷载的类型及特点。

1.动荷载的三要素

动荷载的大小、作用点和作用方向均随时间而变化,故不再用描述静荷载的三要素描述动荷载,而用最大幅值、频率含量及作用持时来描述动荷载。这些动荷载要素对动荷载作用在土体中引起的效应或动力性能有重要影响。

(1)最大幅值。

动荷载最大幅值越大,动荷载的作用就越强。通常将最大值作为描写动荷载的一个要素。在线弹性情况下,动荷载作用在土体中引起的位移、速度、加速度以及应变和应力的最大幅值或等价幅值均与动荷载最大幅值成正比。

(2)频率含量。

不规则的变幅动荷载包含许多频率成分,起主要作用的频率总是在一定范围之内,并称其为相应动荷载的主要频段,因此,通常以主要频段表示动荷载的频率含量。动荷作用具有动力放大效应,而动力放大效应与动荷载的频率有关,因此,动荷载作用在土体中引起的效应也与动荷载的频率或主要频段有关,即动荷载作用在土体中引起的位移、速度、加速度,以及应变和应力的最大幅值或等价幅值不仅取决于动荷载的最大幅值,还取决于动荷载的频率或主要频段。另外,当动荷载幅值一定时,频率越高动荷载的加荷速率越高,则在动荷作用下土的速率效应影响越大。

(3)作用持时。

动荷载的持时表示其作用的时间长短。动荷载作用的持时越长,其对土体的变形及稳定性影响就越大。因此,通常以动荷载的持时作为描写动荷载的一个要素。动荷载的持时越长或作用次数越多,则在动荷载作用下土的疲劳效应的影响就越大。

2.动荷载的分类与特点

在不同类型动荷载作用下,土体所受的影响也有着显著的差异,对不同类型的动荷载进行分类研究存在其必要性。动荷载的类型可据以下特点进行划分。

（1）按动荷载作用点是否移动划分。

① 作用点固定的动荷载，如动力机械振动产生的动荷载。其作用点是不随时间变化的，只有大小随时间变化。

② 作用点移动的动荷载，如车辆行驶产生的动荷载。常值的集中力以指定速度移动的动荷载是这种动荷载的最简单和最理想的情况，以指定速度移动的谐波荷载也是这种动荷载的典型情况，如图 3.1 所示。其中，L 为简谐波的长，T 为简谐波的周期。

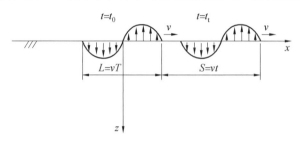

图 3.1　作用点移动的动荷载

（2）按动荷载的波形划分。

① 一次作用的单向冲击荷载，如爆炸产生的动荷载。一次作用的单向冲击荷载的波形如图 3.2 所示，其特点如下：

a. 整个荷载过程是由增压和降压两个阶段组成的，降压阶段也称为荷载延迟阶段。

b. 以最大压力 p_{max} 增压时段 T_1 和降压或荷载延迟时段 T_2 为参数描述这种动荷载。

c. 增压和降压的速率很快，尤其是增压速率。增压时段只有几到几十毫秒，通常为 10 ~ 20 ms；降压或延迟时段是增压时段的几倍，通常为 4 ~ 5 倍。

d. 这种荷载只有单向的增压或降压，没有往返作用，也就是说，如果压力为正，其数值总是正值，只有数值大小的变化，没有方向的变化。

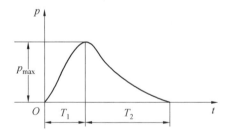

图 3.2　一次作用的单向冲击荷载的波形

② 有限作用次数的变幅往返荷载，如地震荷载。有限作用次数的变幅往返荷载的波形如图 3.3 所示，其特点如下：

a. 荷载的幅值是不规则变化的或随机变化的。

b. 荷载作用的持续时间是一定的或等价作用次数是有限的。

c. 荷载不仅有数值的变化，还有正负的变化，也就是还有作用方向的变化。

d. 荷载的主要频段在某个范围内。

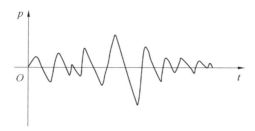

图 3.3 有限作用次数的变幅往返荷载的波形

③ 无限作用次数的常幅谐波荷载,如动力机械稳态振动产生的动荷载。无限作用次数的常幅谐波荷载的波形。如图 3.4 所示,其特点如下:

a. 幅值不变为常数。

b. 频率单一,只含有一个频率。

c. 作用次数非常多,通常大于 10^3 次。

这里称为无限作用次数的动荷载,是指作用次数大于 10^3 次的动荷载。作用次数的影响主要表现在土的疲劳效应上,试验研究表明,土的疲劳效应影响主要出现在 100 ~ 200 次作用之时,当作用次数再增加时,土的疲劳效应的影响趋于平稳,不会出现显著的增加,因此,通常可将大于 10^3 的作用次数称作无限作用次数。

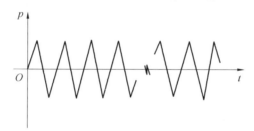

图 3.4 无限作用次数的常幅谐波荷载的波形

3. 地震荷载的类型及特点

地震荷载是典型的有限作用次数的变幅往返荷载。它由地震运动惯性产生,可以用地震运动加速度时程表示地震荷载过程。地震运动加速度时程与发震断层的破裂过程有关。一般来说,震级越高,发震断层破裂的长度越长,相应的加速度时程的持时越长,主要作用次数也越多。根据地震加速度时程的主要作用次数,可把地震荷载划分为冲击型地震荷载和往返型地震荷载。

(1)冲击型地震荷载。

冲击型地震荷载是在最大幅值之前、幅值大于 $0.6a_{max}$(a_{max} 为最大幅值)的作用次数不大于两次的地震荷载,主要作用次数很少,如图 3.5(a)所示。

(2)往返地震荷载。

往返型地震荷载是在最大幅值之前、幅值大于 $0.6a_{max}$ 的作用次数大于两次的地震荷载,主要作用次数较多,如图 3.5(b)所示。

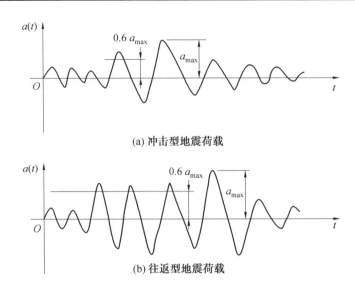

(a) 冲击型地震荷载

(b) 往返型地震荷载

图 3.5　冲击型地震荷载和往返型地震荷载

3.1.2　变幅动荷载的等价荷载取值

在计算及研究过程中对有限作用次数变幅往返动荷载(如地震荷载的等价等幅荷载)进行等价取值,有其实际价值。目前通常采用在有限作用次数等幅往返荷载下的动三轴试验来研究在有限作用次数下变幅往返荷载下土的动力性能,这其中也包括对有限作用次数的变幅往返动荷载等价荷载的取值。

这里的等价是指在某种特定意义下的等价,如在两种动荷载作用下引起土的变形是相等的。在实际确定这两种荷载关系时,包含了经验与人为的主观判断,并且这些经验和判断被相应的实践证明是有说服力的。

有限作用次数的等幅往返荷载作用对土的影响取决于幅值与作用次数。有多种幅值与作用次数的组合与某一指定的有限作用次数的变幅往返荷载是等价的。在确定地震荷载的等价等幅荷载时可用如下两种方法。

(1)先确定地震荷载的等价幅值,再确定等价作用次数。

该法包括如下两个步骤:

① 由收集的每一条地震加速度记录确定出比较大的幅值与最大幅值之比。然后,将由所有地震加速度记录确定出的幅值比进行平均,求出平均幅值比为 0.65,并将 $0.65a_{max}$ 作为等价等幅之值。

② 将收集到的地震加速度记录按震级分成若干档,确定出每条地震加速度记录的主要作用次数,并在主要作用次数之上加一两次作用,以考虑较小的幅值作用的影响。然后,再按地震荷载求出作用次数的平均值作为该档次地震荷载的等价作用次数。

按该方法求得的地震震级与等价作用次数的关系见表 3.1。

表 3.1　地震震级与地震荷载等价作用次数的关系

震级	7.0	7.5	8.0
地震荷载等价作用次数	10	20	30

（2）先确定等价作用次数,再确定等价幅值。

此方法的优点是可根据变幅往返荷载动三轴试验结果确定等价幅值,有较明确的等价含义,其步骤如下:

① 假定地震荷载的等价作用次数为 20 次。与表 3.1 比较可知,假定等价作用次数为 20 次,对震级较低的地震来说,高估了等价作用的次数,而对于震级很高的地震,则低估了等价作用的次数。

② 以所选取的加速度时程曲线的波形作为变幅往返荷载波形进行变幅往返荷载动三轴试验。在试验中,调整波形的幅值,使土试样在变幅往返荷载作用下发生破坏,并记录下相应的最大幅值。分别求出在这两种类型地震 20 次作用后,土试样发生破坏的等幅幅值与土试样发生破坏的变幅往返荷载最大幅值之比,并将其作为等价的等幅幅值之比。

根据疲劳理论的研究结果,等价作用次数与震级的关系可做如下调整,见表 3.2。

表 3.2　细化和调整后的地震荷载等价作用次数与地震震级的关系

震　　级	5.5 ~ 6.0	6.5	7.0	7.5	8.0
地震荷载等价作用次数	5	8	12	20	30

3.1.3　动力荷载对土体的作用

土由土颗粒形成的骨架、骨架之间孔隙中的水和空气组成。由于土颗粒之间的联结很弱,在动荷载作用下,土的结构容易受到某种程度的破坏,土颗粒发生某种程度的重新排列,土骨架会发生不可恢复的变形。在动力作用下,土在微观上发生结构破坏,在宏观上,则表现为发生塑性变形,甚至发生流动或破坏。土受到的动力作用越强,土的结构所受到的破坏程度越大,所引起的塑性变形也越大,当动力作用水平达到某种程度时,就发生流动或破坏。

表示土的动力作用水平的定量指标可以有不同的选择,但是必须注意,土一般是在剪切作用下发生流动或破坏的。因此,选取土的动力作用水平的定量指标应该是与剪切有关的指标。目前,表示土的动力作用水平的定量指标大致有如下几种:

1. 动剪应力幅值或等价幅值

动剪应力幅值越大,土所受到的结构破坏越大,所受的动力作用水平就越高。动剪应力作用引起的土的结构破坏的程度还与土的类型、状态、固结压力等因素有关。因此,同样的动剪应力幅值对不同类型、状态和固结压力的土所引起的结构破坏程度是不相同的,也就是所处的动力作用水平不同。对于指定的一种土,动剪应力幅值越大,其所受的动力作用水平也越大;但是,对于不同类型、状态和固结压力的土,即使动剪应力幅值相同,所受到的动力作用水平也是不相同的。

2. 动剪应力幅值与相应静正应力之比

综上,以动剪应力幅值与相应静正应力之比表示土所受的动力作用水平可以消除固结压力的影响。但是,对于不同类型和不同状态的土,即使动剪应力幅值与相应静正应力之比相同,其所受到的动力作用水平也是不相同的。

3. 动剪应力幅值与静力抗剪强度之比

由于静力抗剪强度与土的类型、状态和固结压力有关，因此，采用动剪应力幅值与静力抗剪强度之比表示土所受的动力作用水平可以消除或部分消除土的类型、状态和固结压力的影响。但采用该比值表示土所受的动力作用水平，必须确定土的静力抗剪强度。相对而言，以这个定量指标表示土的动力作用水平比前两个指标更适宜。

4. 动剪应变幅值或等价幅值

在动剪应力作用下土的动剪应变幅值与土的类型、状态和固结压力等因素有关，因此，动剪应变幅值包括了这些因素的影响，采用动剪应变幅值表示动力作用水平可以消除或部分消除土的类型、状态及固结压力的影响。

5. 动剪应变幅值与静剪切破坏时剪应变之比

由于动剪应变幅值与静剪切破坏时剪应变之比受土的类型、状态和固结压力等因素的影响，以这个指标表示土所受的动力作用水平也许比动剪应变幅值更好些，但是必须确定土静剪切破坏时的剪应变。

上述 5 种表示动力作用水平的定量指标，在不同场合均有应用，但是更为普遍采用的指标是动剪应变幅值。如果动剪应变幅值越大，那么土的变形就越大。因此，可根据动剪应变幅值将土的变形划分成几个阶段。通常将土的变形划分成 3 个阶段，即小变形阶段、中等变形阶段和大变形阶段。

每个阶段对应一定的动剪应变幅值范围，如图 3.6 所示。由图可见，如果动剪应变幅值小于或等于 10^{-5}，则土处于小变形阶段；如果动剪应变幅值大于 10^{-5} 小于或等于 10^{-3}，则土处于中等变形阶段；如果动剪应变幅值大于 10^{-3}，则土处于大变形阶段。也就是说，随着土所受动力作用水平的提高，土所处的变形阶段也相应提高。

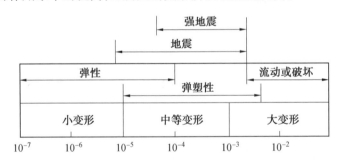

图 3.6　土的变形阶段及所处工作状态与剪应变幅值的关系

由于土结构破坏程度取决于动剪应变幅值的大小，因此，处于不同变形阶段的土的结构破坏程度也不同。在小变形阶段，土的结构只发生很轻微的破坏；在中等变形阶段，土结构受到明显破坏；而在大变形阶段，土的结构受到严重破坏。土的结构破坏将引起塑性变形，甚至造成流动或破坏。在小变形阶段，土基本处于弹性工作状态；在中等变形阶段，土处于非线性弹性或弹塑性工作状态；在大变形阶段，土处于流动或破坏工作状态。图 3.6 还给出了土的工作状态与动剪应变幅和其所处的变形阶段的对应关系。此外，还给出了在地震荷载作用下土所处的变形阶段及相应的工作状态。由图 3.6 可知，在地震荷载下土处于中等变形或大变形阶段，其工作状态为弹塑性工作状态、流动状态或破坏状态。该划分土变形阶段及工作状态界限的动剪应变幅值只是一个大约的数值。

试验研究表明,不同类型土的屈服剪应变变化范围不大,屈服剪应变大于小变形与中等变形的界限剪应变幅值10^{-5}。当土处于中等变形阶段时,虽然是弹塑性工作状态,但是只要其动剪应变幅值小于屈服限就不会发展到破坏程度;当土的受力水平处于弹性限和屈服限范围内时,可认为其工作状态是非线性弹性或弹塑性的,可不考虑作用次数的影响。

3.1.4 不同土体的动荷载作用敏感性

材料均具有速率效应和疲劳效应,土的这两种效应更为显著。下面将介绍土的速率效应和疲劳效应。

土的速率效应是指当加荷速率提高时,土抵抗变形的能力及抗剪强度随之提高的现象。在静荷条件下即存在速率效应,在动荷载条件下加荷速率更高,速率效应更明显。土的速率效应与土体结构有关。在动荷作用下土的变形也有一个发展过程,需要一定时间才能完成。当加荷速率大时,土的变形不能充分的发展。如果施加同样大小荷载,加荷速率大时的变形比加荷速率小时的变形要小,即表现出更高的抵抗变形的能力。欲使土发生破坏,加荷速率大时所需施加的荷载要比加荷速率小时所需的荷载大,即表现出更高的抗剪强度。

土的疲劳效应是指随动荷载作用次数的增加土产生的不可恢复的变形逐次积累而增加,当作用次数达到一定值时使土发生破坏的现象。由于一次往返作用引起的土的不恢复变形随往返荷载幅值的增大而增大,因此,当动荷载幅值大时,使土破坏所需加的作用次数要比动荷载幅值小时所需加的作用次数要少。

速率效应和疲劳效应对土的动力性能具有两种相反的影响。速率效应使土表现出更好的动力性能,而疲劳效应使土表现出较差的动力性能。一种土会同时具有这两种效应,土所表现出的动力性能取决于这两种效应的综合影响。相对而言,如果速率效应的影响大于疲劳效应的影响,则土将表现出较好的动力性能;相反,土将表现出较差的动力性能。

土的速率效应和疲劳效应的影响因素主要有:

1. 土的类型

主要靠重力保持颗粒之间联结的土称为砂性土,其颗粒排列的调整较快,而土颗粒之间的联结则较容易受到破坏,这种类型土的速率效应较弱、疲劳效应较强。靠电化学力保持颗粒之间联结的土称为黏性土,其颗粒排列的调整较慢,而土颗粒之间连接的破坏较为困难,这种类型土的速率效应较强、疲劳效应较弱。

2. 土的状态

物理状态较好的土,如砂性土,其密度较大、黏性土孔隙比较小且含水量较低,会表现出比较强的速率效应和较弱的疲劳效应。

3. 动荷载的类型

在一次冲击型动荷载作用下,土主要表现出速率效应;而在有限作用次数,特别是作用次数较少的动荷载作用下,土可能主要表现出疲劳效应。

4. 动荷作用水平

动荷作用水平的影响主要表现在对疲劳效应的影响上。只有当土所受的动荷作用水平大于屈服限时,土才会表现明显的疲劳效应。动荷作用水平越高,每一次动荷作用引起的不可恢复的变形越大,引起破坏所需的作用次数越少。

在有限次往返动力荷载作用下,土将同时具有速率效应和疲劳效应,有些土以速率效应为主,另外一些土则是以疲劳效应为主。

在动荷作用下,不同的土表现出来的动力性能不尽相同。根据它们所表现出来的动力性能,可分为对动荷作用敏感的土类和不敏感的土类。对动荷作用敏感的土类是指在动荷作用下会发生显著的不可恢复的变形或者显著的孔隙水压力升高,抵抗剪切作用的能力可能大部分或完全丧失的土。对动荷作用不敏感的土类是指在动荷作用下不会发生显著的不可恢复的变形或者显著的孔隙水压力升高,能基本保持抵抗剪切作用的能力的土。

对动荷作用敏感的土类包括松 - 中密状态的饱和砂土、黏土颗粒质量分数小于 10% ~15% 的粉质黏土,特别是轻粉黏土、淤泥质黏性土和淤泥、砾粒质量分数小于 70% ~80% 的饱和砂砾石等。

对动荷作用不敏感的土类包括干砂、密实状态的饱和砂土、黏粒质量分数小于 15% 的压密的粉质黏土和黏土、砾粒质量分数大于 70% ~ 80% 的饱和砂砾石。

上述两大类土的划分是很粗略的。虽然如此,其对理论研究和工程实践还是很有意义的。

3.2　土的动力学本构模型

土的动力学本构模型是指依据土的动力学试验得出的性能,将土假定为某种理想的力学介质,建立应力 - 应变关系。土的动力学本构关系是指为建立动力学模型应力 - 应变关系所需的一组物理力学关系式。土的动力学本构关系是了解土体在动荷载作用下土体动力特性的基础,也是利用数值计算手段进行动力分析的前提条件。

土在动荷载作用下的变形通常包括弹性变形和塑性变形两部分。当动荷载较小时,主要表现为弹性变形;而当动荷载增大时,塑性变形逐渐产生和发展。当土体在小应变幅情况下工作时,土将呈现出近似弹性体的特征,这种小应变的动应力 - 应变关系控制了波在土中的传播速度;当动应变增大时,动荷载会引起土结构的改变,从而引起土的永久变形和强度的损失,使土的动力特性明显不同于小应变幅的情况。因此,对于饱和砂土和粉土,除了需要研究土的强度和变形外,还应考虑因土的结构破坏而引起的孔隙水压力迅速增长并导致土强度突然损失或急剧降低的现象,即砂土液化。对于动荷载作用下土的性能研究,需区别小应变幅和大应变幅两种情况。对于小应变幅的情况,一般只需要研究动剪切模量和阻尼比的变化规律,为动力分析提供土的动力参数;但在大应变幅情况下,除了需研究动剪切模量和阻尼比的变化规律外,还必须研究土的动强度和变形问题,且土的动强度和变形问题显得更为重要,由于土具有明显的各向异性(土结构的各向异性、应力历史的各向异性),加上土中水的影响,土的动应力 - 应变关系极为复杂。

土在动荷载作用下不仅具有弹塑性的特点,而且还有黏性的特点,可将土视为具有弹性、塑性和黏滞性的黏弹塑性体。由于土体动力分析的需要,学者在理论和试验方面对土动力学本构模型进行了深入的研究,建立了一些具有理论和工程应用价值的土动力学模型。

3.2.1　线性黏弹性模型

线性黏弹模型的主要假设为将在动力作用下的土视为线性弹性体和线性黏性体,由线性的弹性元件和黏性元件并联而成的,如图 3.7 所示。弹性元件表示土对变形的抵抗,其系数代表土的模量;黏性元件表示土对应变速率或变形速度的抵抗,其系数代表土的黏性系数。两个元件并联表示土所受的应力由弹性恢复力和黏性阻力共同承受。以正应力 σ 为例,则土所受的正应力 σ 由弹恢复力 σ_e 和黏性阻力 σ_c 共同承受,即

$$\sigma = \sigma_e + \sigma_c \tag{3.1}$$

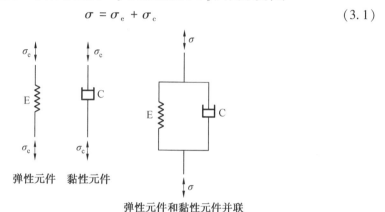

图 3.7　线性黏弹性模型

E— 弹性元件;C— 黏性元件

设土的弹性模量为 E,黏性系数为 c,则

$$\begin{cases} \sigma_e = E\varepsilon \\ \sigma_c = c\dot{\varepsilon} \end{cases} \tag{3.2}$$

式中,ε、$\dot{\varepsilon}$ 分别为土的应变和应变速率。

将式(3.2) 代入式(3.1) 得

$$\sigma = E\varepsilon + c\dot{\varepsilon} \tag{3.3}$$

若线性弹性元件受一周往返应力作用,其应力 – 应变轨迹线为两条重合的直线,如图 3.8 所示。线性弹性元件的应力 – 应变轨迹线的特点如下:

(1)轨迹线为两条重合的直线,直线的斜率等于土的弹性模量。

(2)轨迹线所围成的面积为零,在一周往返荷载作用下的耗能 ΔW 为零。

(3)应力和应变之间没有相位差,即应力为零时应变也为零,应力为最大值时应变也为最大值。

对于线性黏性元件,在受一周往返动荷载作用下,由式(3.2) 通过一系列数学变换可得

$$\left(\frac{\sigma_c}{\sigma_c}\right)^2 + \left(\frac{\varepsilon}{\dfrac{\sigma_c}{cp}}\right)^2 = 1 \tag{3.4}$$

式中,p 为应力 σ_c 的圆频率;$\overline{\sigma}_c$ 为应力应变轨迹线椭圆轴长。

式(3.4)表明,在一周往返荷载作用下黏性元件的应力 – 应变轨迹线为一椭圆,两个轴长分别为 $\overline{\sigma}_c$ 和 $\dfrac{\overline{\sigma}_c}{cp}$,如图 3.9 所示。

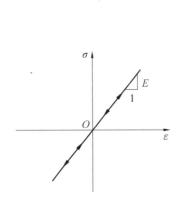
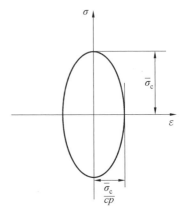

图 3.8　线性弹性元件的应力 – 应变轨迹线　　图 3.9　线性黏性元件应力 – 应变轨迹线

线性黏性元件应力 – 应变轨迹线有以下的特点:

(1)轨迹线为一正椭圆,两个轴长分别为 $\overline{\sigma}_c$ 和 $\dfrac{\overline{\sigma}_c}{cp}$。

(2)椭圆面积为线性黏性元件在一周往返荷载作用下的耗能。

(3)应变相对于应力滞后一个相位角,相位角为 $\dfrac{\pi}{2}$。

线性黏弹性模型由弹性元件与黏性元件并联,这两个元件的变形相等,均为 ε。设

$$\sigma = \overline{\sigma}\sin pt \tag{3.5}$$

其初始条件取

$$t = 0, \quad \varepsilon = 0$$

经计算可得

$$\varepsilon = \overline{\varepsilon}\sin(pt - \delta) \tag{3.6}$$

$$\left(\frac{\sigma}{\overline{\sigma}}\right)^2 - 2\cos\delta\left(\frac{\sigma}{\overline{\sigma}}\right)\left(\frac{\varepsilon}{\overline{\varepsilon}}\right) + \left(\frac{\varepsilon}{\overline{\varepsilon}}\right)^2 = \sin^2\delta \tag{3.7}$$

式中,δ 为应变相对应力的相角差由式(3.8)可确定,其与土的黏性系数及弹性模量 E 的比值有关,两者的比值越大,相角差越大。此外,相角差还与土承受的动荷载的圆频率 p 有关,圆频率越高,相角差也越大,即

$$\tan\delta = \frac{cp}{E} \tag{3.8}$$

应变随时间的变化曲线如图 3.10(a)所示。式(3.7)在以 σ 为纵坐标,ε 为横坐标的坐标系中表示一个倾斜的椭圆,如图 3.10(b)所示。如果采用坐标转换,有

$$\begin{cases} \varepsilon = \varepsilon'\cos\alpha - \sigma'\sin\alpha \\ \sigma = \varepsilon'\sin\alpha + \sigma'\cos\alpha \end{cases} \tag{3.9}$$

则其在以 σ' 为纵坐标 ε' 为横坐标的坐标系中为一个正椭圆,如图 3.10(b)所示。

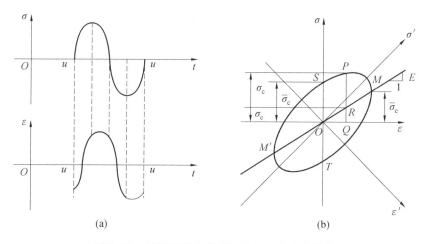

图 3.10　线性黏弹性模型的应力 – 应变轨迹线

观察图 3.10 可得出如下结果：

（1）应力 – 应变轨迹线上可找到应变绝对值最大的两个点。由于这两点的应变的绝对值最大，因此应变速率为零。相应的黏性元件承受的应力为零，即这两点的应力完全由弹性元件承受，并等于弹性元件承受的应力幅值。根据弹性模量的定义，最大值连线的斜率应等于弹性模量。

（2）应力 – 应变轨迹线与纵坐标轴 σ 的交点 S 和 T 的应变为零，相应的弹性元件承受的应力为零，即这两点的应力完全由黏性元件承受，这两点应变速率最大，因此，这两点的应力等于黏性元件承受的应力幅值。

（3）在应力 – 应变轨迹线上任意一点 P 的应力 σ 由弹性应力和黏性应力共同承受，RP 表示黏性应力，RQ 表示弹性应力，R、Q 分别为由 P 点向下引的垂直线与 MM' 线和横坐标轴 ε 的交点，如图 3.10（b）所示。

令一周往返荷载作用期间土的耗损能量 ΔW 与其最大弹性能之比称为能量耗损系数，用 η 表示，则

$$\begin{cases} \eta = 2\pi \dfrac{cp}{E} \\ \eta = 2\pi \tan \delta \end{cases} \tag{3.10}$$

再者，本构模型中的阻尼比值 λ 以及弹性模量 E 值可由自由振动试验结果和以下公式确定

$$\begin{cases} \lambda = \dfrac{1}{4\pi} \eta \\ \lambda = \dfrac{1}{4\pi} \dfrac{\Delta W}{W} \end{cases} \tag{3.11}$$

$$E = \rho h \omega^2 \tag{3.12}$$

式中，ρ、h、ω 分别为土样的质量密度、高度和自振周期。

也可由强迫振动试验结果和以下公式确定，即

$$2 \frac{pc}{k} = \lambda \tag{3.13}$$

$$E = \frac{1}{\sqrt{(1 - (p/\omega)^2) + 4\lambda^2 p^2/\omega^2}} \tag{3.14}$$

式中，p、k、c 分别来自线性黏弹单质点体系的强迫振动方程式，即

$$M \frac{d^2 u}{dt^2} + c \frac{du}{dt} + ku = Q_0 \sin pt \tag{3.15}$$

式中，Q_0 为质点的振动幅值。

除由室内动力试验确定土的动模量外，还可由现场波速试验加以确定。

在动荷载作用下，土的骨架线在总体上是曲线，但是如果土体所受的动力作用水平很低，土处于小变形阶段将表现出线性性能。这种情况下，可采用线性黏弹模型进行土体的动力分析。另由线性黏弹模型研究所得到的一些基本概念具有重要的理论意义，它们可引申到非线性黏弹性模型中。

如果土体所受的动力作用水平很高，土处于中等到大变形阶段将表现出明显的非线性性能，如地震作用下的土体就不宜采用线性黏弹性模型进行动力分析，则应采用非线性黏弹性模型或弹塑性模型进行土体动力分析。

3.2.2　等效线性动黏弹性模型

土的等效线性动黏弹性模型就是将土视为黏弹性体，采用等效模量和等效阻尼比来反映土的动应力－应变关系的非线性与滞后性，并将等效剪切模量与阻尼比表示为动应变幅的函数。这种模型具有概念明确、应用方便的优点，但不能反映土的变形积累。

等效线性化模型由 Seed 首先提出，这里的"等效"应具有如下含义：

（1）等效线性化模型基于等幅荷载试验结果建立，当将其用于变幅动荷载动力分析时，需将土所受的变幅动力作用转化成与其等效的等幅动力作用。

（2）当土呈现出动力非线性时，发生了某种程度的塑形变形，故土的耗能实际上不仅是黏性的，还包括塑性的。但在等效线性化模量中，认为土的全部耗能为黏性的，并使黏性耗能在数值上与土实际耗能相等。

建立土等效线性化模型应完成以下 3 项工作：

（1）由试验资料确定动模量与土所受的动力作用水平之间的关系。

（2）由试验资料确定阻尼比与土所受的动力作用水平之间的关系。

（3）将土所受的变幅动力作用转变成等幅动力作用。

根据双曲线关系，由动三轴试验测得的轴向应力幅值和轴向应变幅值之间的关系为

$$\bar{\sigma}_{\mathrm{ad}} = \frac{\bar{\varepsilon}_{\mathrm{ad}}}{a + b \bar{\varepsilon}_{\mathrm{ad}}} \tag{3.16}$$

$$\frac{1}{E} = a + b \bar{\varepsilon}_{\mathrm{ad}} \tag{3.17}$$

式中，a，b 为双曲线模型假设的参数。

式(3.16)和式(3.17)可验证试验测得的动应力幅值和动应变幅值之间是否符合双曲线关系。将试验得到的各级动荷载作用下的动应变幅值及计算得到的动杨氏模量的倒数形成的点坐标标在以 $1/E$ 为纵坐标、$\bar{\varepsilon}_{\mathrm{ad}}$ 为横坐标的坐标系中，如图 3.11 所示。如果通过这些点可作出一条直线，则表示可用双曲线表示动应力幅值和动应变幅值的关系。并

可分别确定出最大动杨氏模量和最终强度。

图 3.12 所示为某一级等幅荷载作用下应力 – 应变轨迹线,即前面所谓的滞回曲线。为了更好地拟合动力试验资料,经公式推导可得

$$\lambda = \lambda_{max}\left(1 - \frac{G}{G_{max}}\right)^{n_\lambda} \tag{3.18}$$

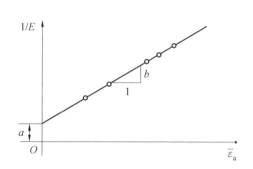

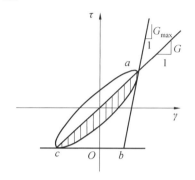

图 3.11　参数 a、b 的确定　　　　图 3.12　某一级等幅荷载作用下应力 –

应变轨迹线

式(3.18)中两个参数 λ_{max}、n_λ 应根据动力试验资料确定。根据土动力试验结果,对每一级荷载均可确定出相应的 λ、E。如果取应变幅值为10^{-6} 时的 E 为 E_{max},则可求得每级荷载下的 E/E_{max} 值,将式(3.18)两边取对数,得

$$\lg \lambda = \lg \lambda_{max} + n_\lambda \lg\left(1 - \frac{E}{E_{max}}\right) \tag{3.19}$$

将每一级的 λ 和($1 - E/E_{max}$)点在图 3.13 所示的双对数坐标中,则得到一条直线。直线的截距为 $\lg \lambda_{max}$,斜率为 n_λ。

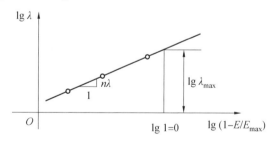

图 3.13　参数 λ_{max} 及 n_λ 的确定

等效线性化模型参数主要包括最大动杨氏模量 E_{max}、参考剪应变 $\bar{r}_r$、最大阻尼比 λ_{max} 和参数 n_λ。这些参数应与土的类型、密实状态或软硬状态以及所受的静应力有关,下面给出一些确定这些参数的经验公式及图。当没有进行土动力试验时,可用这些经验公式及图来近似地确定这些参数。

当缺少试验资料时,土的最大动剪切模量 G_{max} 为

$$G_{max} = 1\ 230\ \frac{(2.973 - e)^2}{1 + e}\ (OCR)^k \sigma_0^{\frac{1}{2}} \tag{3.20}$$

式中,e 为孔隙比;OCR 为超固结比;k 是与土塑性指数有关的参数;σ_0 是静平均应力。

$E/E_{max} - \bar{r}$ 关系线与土的塑性指数有关,可按下式推断,即

$$\frac{E}{E_{\max}} = \frac{1}{1 + \overline{\gamma}/\gamma_r} \qquad (3.21)$$

也可参考土的塑性指数,利用图 3.14 得出。

如果没有进行动力试验,土的最大阻尼可由下述经验公式确定。

清洁的非饱和砂:

$$\lambda_{\max} = 32 - 1.5 \lg N \qquad (3.22)$$

清洁的饱和砂:

$$\lambda_{\max} = 28 - 1.5 \lg N \qquad (3.23)$$

饱和的粉质土:

$$\lambda_{\max} = 26 - 4\sigma_0^{\frac{1}{2}} + 0.7 p^{\frac{1}{2}} - 1.5 \lg N$$
$$(3.24)$$

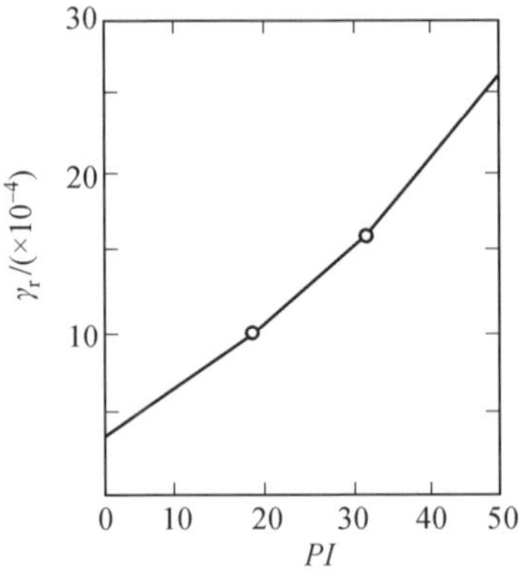

图 3.14 参考剪应变 $\overline{\gamma}_r$ 与土的塑性指数关系

饱和的黏性土:

$$\lambda_{\max} = 31 - (3 + 0.03 p) \sigma_0^{\frac{1}{2}} + 1.5 p^{\frac{1}{2}} - 1.5 \lg N \qquad (3.25)$$

式中,N 为作用次数;σ_0 为静有效平均应力;p 为试验选用的动荷载圆频率。

对等效线性化模型的适用性可做如下说明:

(1)与线性黏弹性模型相比,等效线性化模型近似地考虑了土动力性能的非线性。除适用于在小变形阶段土体的动力分析,还可用来进行中等变形阶段和大变形阶段,特别是在中等变形阶段土体的动力分析。

(2)上述给出的各种土的试验资料具有一定的离散性,其是由土的静固结压力、土的状态等原因造成,如条件具备应尽量由试验确定与实际条件相应的关系线。

(3)由于该模型是一种弹性模型,因此,采用该模型进行动力分析不能求出在动荷载作用下土体的塑性变形。

(4)等效线性化模型更适用于分析动力作用水平低于屈服剪应变时土体动力性能。当把该模型延伸到动力作用水平高于屈服剪应变情况时,因忽视了作用次数对变形的影响,动力分析给出的土体变形将有较大误差。土体所受到的动力作用水平越高,这个误差就越大,尤其在土体中动力作用水平较高的部位。

3.2.3 动弹塑性模型

土的动弹塑性模型中假定,无论变形大小,土的变形总由弹性变形和塑性变形两部分组成。由于在动荷作用下发生了塑性变形,加荷时的应力 – 应变途径与卸荷反向加荷时的应力 – 应变途径不相同,在经历一次加荷 — 卸荷 — 再加荷 — 卸荷 — 再加荷过程后,土的应力 – 应变轨迹线就形成了一个滞回曲线。滞回曲线所围成的面积就是在这个过程中单位土体耗损的能量,这种能量耗损是由加卸荷载的应力 – 应变途径不同引起的,因此将其称为路径阻尼,其机制是塑性耗能。

采用双曲线表示初始荷载途径曲线的数学表达式,以剪应力与剪应变关系为例,其公式为

$$\tau = G_{\max} \frac{\gamma}{1 + \gamma/\gamma_r} \qquad (3.26)$$

式中,G_{max} 为最大动剪切模量,按前述方法确定;γ_r 为参考剪应变,第一象限分支 γ_r 取正值,第三象限分支的 γ_r 取负值,γ_r 的绝对值取前述的 $\bar{\gamma}_r$ 值,如图 3.15 所示,初始加载曲线的两个分支各存在一条水平渐近线,不能无限地上升或下降。由式(3.26)可知,双曲线模型是将剪应力作为剪应变的函数表示的。

后继荷载曲线是走向相同的初始荷载曲线的平移和放大。曼辛最先提出了将初始荷载曲线放大的准则,通常称为曼辛准则,其主要包括如下两点内容:

(1)后继荷载曲线在卸荷点的斜率与初始荷载曲线在原点的斜率相同,即后继荷载曲线的最大动模量与初始荷载曲线的最大动模量相等。

(2)在等幅动荷载作用下,后继荷载曲线与走向相同的初始荷载曲线的交点是卸荷点关于原点对称的点。设初始荷载曲线函数为 $y = F(x)$,则

$$\begin{cases} x_1 = -x_0 \\ F(x_1 - x_0) = -F(x_0) \end{cases} \tag{3.27}$$

式中,x_0 为卸荷点的横坐标;x_1 为后继荷载曲线与走向相同的初始荷载曲线的交点的横坐标。

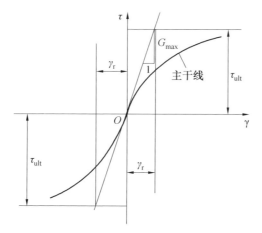

图 3.15　双曲线模型初始加荷途径

τ_{ult}— 最终剪切强度

如果后继荷载曲线是按上述曼辛准则确定的,则其称为曼辛准则下的弹塑性模型。下面以初始荷载曲线为双曲线为例说明按曼辛准则建立后继荷载曲线的方法。

按曼辛准则的第一点,从 (γ_0, γ_0) 点卸荷的后继荷载曲线可以写成

$$\tau - \tau_0 = G_{max} \frac{\gamma - \gamma_0}{1 + \dfrac{\gamma - \gamma_0}{\gamma'_r}} \tag{3.28}$$

式中,r'_r 为后继荷载曲线的参考应变。

按式(3.28),由曼辛准则的第二点可知,后继荷载曲线可写成

$$\tau = \tau_0 + G_{max} \frac{\gamma - \gamma_0}{1 + \dfrac{\gamma - \gamma_0}{2\gamma_r}} \tag{3.29}$$

如果后继荷载曲线的走向与第一象限的初始荷载曲线走向相同,式中的 γ_r 取正值;

如果后继荷载曲线的走向与第三象限的初始荷载曲线走向相同,γ_r 取负值。

土动力弹塑性模型具有以下优缺点:

① 土动力弹塑性模型所建立的以滞回曲线形式表达的应力 – 应变关系与等效线性化模型相比,能更好地考虑土的动力非线性性能。采用土动力弹塑性模型进行土体动力分析时可以计算出在动荷载作用下土体产生的塑性变形,但是等效线性化模型不能计算土的塑性变形。

② 土动力弹塑性模型不能考虑当土所受的动力作用水平高于其屈服剪应变时作用次数对土动力性能的影响。因此,只有当土所受的力动力作用水平低于其屈服剪应变时,上述的土动力弹塑性模型才能较好地描写土的实际动力性能。但在实际问题中,土的动力弹塑性模型一般被延伸到土所受的动力作用水平高于其屈服剪应变情况,在这种情况下,该模型所描写的土的动力性能与其实际的动力性能将有相当大的差别,这一点与等效线性化模型相同。

当土所受的动力作用水平高于屈服剪应变时,采用本章所述的土的动力弹塑性模型进行分析求得的土体塑性变形只是总的塑性的一部分,甚至不是主要的部分。这是因为土所受的动力作用水平高于其屈服剪应变时,土还要产生逐次累积的塑性变形,而正是这部分塑性变形引起土的破坏。由于本章所述的土的动力弹塑性模型没有考虑作用次数的影响,则其塑性变形不包括这部分逐次累积的塑性变形。

如果按一般弹塑性理论作为描述土动力性能的理论框架,则需要确定在动荷载作用下的屈服函数、流动准则以及硬化和软化定律等。但是,目前无论在理论上还是在试验上,均缺乏这些方面在动荷载条件下的基本研究。

3.3　动力荷载下土的强度变化

土的动强度是指土破坏时在破坏面上所要求施加的动剪应力幅值或静剪应力与动剪应力幅值之和。事实上,土体所受静应力会影响土的动强度。土的动强度应与破坏面上的静应力分量即静正应力及剪应力有关,而静剪应力又常常用静剪应力比代替。这样,土的动强度不仅取决于破坏面上的静正应力,还取决于破坏面上的静剪应力比。另外,土的动强度与作用次数也有关系。

学者们最早采用的动三轴试验研究了黏性土的不排水剪切动强度,并与其静强度做了比较。通常首先使土样固结,然后在不排水条件下施加静轴向荷载,其数值等于其静强度的一个指定的百分数,待变形稳定后再施加往返轴向荷载,其幅值也等于其静强度的一个指定的百分数。随着作用次数的增加,轴向变形也增加,直到达到破坏标准。

根据在不排水剪切时所施加的静轴向应力和往返轴向应力幅值 $\overline{\sigma_{ad}}$ 的大小,可分为单向剪切和双向剪切。如果 $\sigma_1 - \sigma_3 \geqslant \overline{\sigma_{ad}}$,则剪切方向不发生改变,在这种情况下,土样 45° 面上的静剪应力与往返剪应力的合成剪应力只有大小的变化,而没方向的改变。如果 $\sigma_1 - \sigma_3 < \overline{\sigma_{ad}}$,则剪切方向发生改变,在双向剪切情况下,土样 45° 面上的静剪应力与往返剪应力的合成剪应力不仅有大小的变化,而且还有方向的改变。

对于压密的黏性土,在地震荷载作用下引起破坏所需的总的应力为其静力强度的

100% ~ 120%;对于灵敏性较强的黏土,引起破坏所需的总应力为其静力强度的80% ~ 100%。如果静力安全系数对于压密黏性土及灵敏黏性分别在1.0和1.15以上,就可避免在地震时发生破坏,但是可能产生较大的变形。

与饱和砂土抗液化能力相似,土的动强度应是破坏面上的静正应力 σ_{S}、静剪应力比 α_{S} 以及引起土破坏所要施加的作用次数 N_{f} 的函数,这 3 个因素的影响可由动三轴试验结果确定。如前所述,动三轴强度试验的基本结果一般以在指定固结比 K_{c}、固结压力 σ_3 下使土破坏所需要施加的轴向应力幅值 $\overline{\sigma_{\mathrm{ad}}}$ 与作用次数 N 之间的关系表示。为确定在指定作用次数下土动强度与破坏面上静正应力、静剪应力比的关系,必须确定出动三轴试验土试样的破坏面及其上的静应力及动应力分量。最大动剪切作用面上的应力分量可由式(3.30)或按图 3.16 所示方法确定。对于黏性土,式(3.31)应改为

$$
\begin{cases}
K_{\mathrm{c}} = \dfrac{\sigma_{\mathrm{c}} + \sigma_1}{\sigma_{\mathrm{c}} + \sigma_3} \\[2mm]
\tau_{\mathrm{S}} = \dfrac{K_{\mathrm{c}} - 1}{K_{\mathrm{c}} + 1} \sqrt{K_{\mathrm{c}}}\,(\sigma_3 + \sigma_{\mathrm{c}}) \\[2mm]
\overline{\tau_{\mathrm{d}}} = \dfrac{\sqrt{K_{\mathrm{c}}}}{K_{\mathrm{c}} + 1}\,\overline{\sigma_{\mathrm{ad}}} \\[2mm]
\alpha_{\mathrm{d}} = \dfrac{\overline{\tau_{\mathrm{d}}}}{\sigma_{\mathrm{S}}} \\[2mm]
\alpha_{\mathrm{S}} = \dfrac{\tau_{\mathrm{S}}}{\sigma_{\mathrm{S}}}
\end{cases}
\tag{3.30}
$$

式中,τ_{S} 为静剪应力;$\overline{\tau_{\mathrm{d}}}$ 为动剪应力;α_{d} 为动剪应力比;α_{S} 为静剪应力比。其中

$$
\sigma_{\mathrm{c}} = C \cot \varphi
\tag{3.31}
$$

式中,C 为黏性土静抗剪强度指标黏结力;φ 摩擦角。

可由图 3.16 来确定破坏面及其上的应力分量。由式(3.30)可见,对于砂性土,最大动剪切作用面上的静剪应力比只与固结比有关,而与固结压力无关;对于黏性土,静剪应力比不仅与固结比有关,还受固结压力的影响。但是计算表明,对指定的固结比,由 100 ~ 300 kPa 不同固结压力计算出的静剪应力比变化范围不大,可求出一个平均值作为与指定固结比相应的静应力比值。

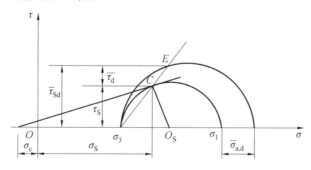

图 3.16　黏性土的破坏面及其上应力分量的确定

在不排水条件下,土的动强度特别是饱和土的动强度取决于破坏面上的静正应力。这是因为对饱和土在不排水条件下破坏面上的动正应力由孔隙水承受,不能使土压密。根据以往大量的动三轴试验结果,得到影响土动抗剪强度的因素及规律可归纳如下:

(1) 土的动抗剪强度 τ_d 或 τ_{Sd} 随破坏面上的静正应力 σ_s 的增大而增加,通常可用类似库伦公式的线性关系线表示。

(2) 土的动抗剪强度指标,即黏结力 C_d 或 C_{Sd}、φ_d 或 φ_{Sd} 与破坏面上的静剪应力比有关。对指定的作用次数,可由试验求出一组动抗剪强度指标作为参数。以往试验结果表明,动抗剪强度指标均随破坏面上的静剪应力比的增大而增大。土的动抗剪强度指标随破坏面上的静剪应力比增大而增大的原因与前述的饱和砂土抗液化强度随最大剪切作用面上静剪应力比增大而增大的原因相同。

(3) 土的抗剪强度指标随动力作用次数的增多而降低。当破坏面上的静剪应力比相同时,作用次数越多,与指定的静剪应力比相应的动剪强度指标就越小。

综上所述,在指定作用次数下,土的动抗剪强度公式可以写成两种与库伦公式相似的形式,即

$$
\begin{cases}
\tau_d = c_d + \sigma_s \tan \varphi_d \\
\tau_{Sd} = c_{Sd} + \sigma_s \tan \varphi_{Sd}
\end{cases}
\tag{3.32}
$$

土动抗剪强度指标随作用次数及破坏面上的静剪应力比而变化。因此,在应用式(3.32)中的两个公式确定动抗剪强度指标时,必须先确定动荷载的等价作用次数和破坏面上的静剪应力比及静正应力。两种形式的土的动抗剪强度公式实际上是相同的,表示成两种不同形式只是为了应用上的方便。在土体动力稳定分析中,通常进行如下两种分析。

(1) 土体破坏区域的确定。

在土体破坏区域的确定中,要判别土体中每个单元在动剪应力附加作用下是否发生了破坏。在这种分析中,应用式(3.32)中的第一式更为方便。

(2) 部分土体沿某个滑动面整体滑动分析。

在这种分析中,要计算滑动面以上的土体在静力和动力共同作用下沿滑动面是否会滑动,必须确定滑动面上包括静剪应力作用在内的动抗剪强度,因此,应用式(3.32)的第二式较为方便。

以下介绍一定大小的往返荷载作用一定次数后对不排水条件下土的静强度的影响。为此,使土样在固结后在不排水条件下先受指定的往返荷载作用到一定次数,然后再单调地加载使其破坏。往返荷载作用下引起的土的永久变形如图3.17所示。从图3.17的试验结果中可看出,当往返应力幅值等于静强度的80%时,100次往返作用只引起很小的永久变形,在往返荷载作用下土基本上是弹性性能;当往返应力幅值等于静强度的95%时,10次往返作用则产生了大的永久变形,在往返荷载作用下土发生了屈服。这表明,在往返荷载作用下土是否发生屈服与往返荷载的相对值有关,只有往返荷载相对值达到一定数值土才会发生屈服,并对静强度产生影响,故把振后强度也称为屈服强度。

试验研究发现,振后强度与土的类型有关。用液限为28、塑限为10的原状黏土进行试验,振后的不排水强度为其原不排水静强度的60%。用液限为91、塑限为49的重粉质黏土进行试验,在实际的有效压力范围内,振后的不排水强度为其原不排水静强度的

$80\% \sim 95\%$。用拉姆曼黏土进行试验,只要往返剪应变小于3%甚至作用$1\,000$次,其不排水静强度的减小量也不大于25%,而北海黏土的不排水静强度的减小量则达40%。

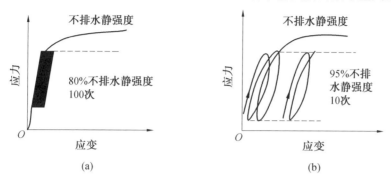

图 3.17　往返荷载作用下引起的土的永久变形

采用应变式动简切仪对不同黏性土的原状土样和重塑土样进行了振后强度研究。试验时,首先使土样受 200 次指定幅值的往返剪应变作用,然后以每分钟3%的应变速率单调剪切至破坏,发现振后不排水强度与其静剪切强度之比是往返剪应变幅值与其静剪切破坏时应变之比的函数,如果往返剪应变幅值小于静剪切破坏时应变的一半,往返剪切作用 200 次,土仍可保持其不排水静剪切强度的90%。

3.4　土的初始静应力对其动力性能的影响

3.4.1　概述

土体在受动荷载作用之前已受静荷载作用。相对于土体所受静荷载,其所受动荷载为附加荷载。土体所受到的静荷载主要包括土自重荷载、外荷载及渗透水流引起的渗透力等。相对于动荷载作用所引起的附加动应力,土体中的静应力称之为初始应力。由于在动荷载作用之前静荷载通常早已作用于土体,在静荷载作用下土体的变形在动荷载作用之前已经达到稳定。土体中的静应力完全由土骨架承受,土体中的初始静应力为有效应力。

定量分析土体中的初始静应力是岩土地震工程及工程振动分析的重要一步。确定土体中初始静应力的方法可能很简单,也可能很复杂,取决于所研究的问题。在一般情况下,确定土体中的初始静应力还是比较复杂的,需要采用数值分析方法。有限元方法求解土体中初始静应力的方程式为

$$[K]\{r\} = \{R\} \tag{3.33}$$

式中,$[K]$为静力分析体系的总刚度矩阵,由土单元刚度矩阵叠加而成;$\{R\}$为静力荷载向量,应包括土自重、外荷载以及渗透力作用;$\{r\}$为待求的结点位移向量。求解式(3.33)可得到结点位移向量,将其代入土单元应力矩阵可求得土单元的应力。

土体的静力分析常包括以下工作:

(1)确定土的类型与分布以及地下水埋藏深度。

(2)进行土的物理力学性能室内试验,测定土的物理力学指标。

（3）进行必要的现场试验,如标准贯入试验、静力触探试验等,以便根据现场试验结果确定土的某些物理力学指标,如砂土的密度,特别是饱和松砂的密度。

（4）选取静力学模型,并确定模型参数。

（5）建立静力分析模型,所建立的静力分析模型应与土体体系动力分析模型基本相同,以便将静力分析结果用于动力分析中。

（6）根据静力分析模型,建立相应的静力数值分析方程式。

（7）求解静力数值分析方程式。

除此之外,在土体静力分析中还应考虑如下问题:

（1）土体的非均质性。一般情况下,如果静力分析采用数值分析方法,考虑土体的非均质性没有什么困难,但其他的解析方法难以考虑土体的非均质性。

（2）土的非线性力学性能。在数值静力分析中考虑土的非线性力学性能也不存在什么困难,关键的问题是选择适当的土的非线性力学模型及参数。现有的土的非线性力学模型可以分成 3 类。

① 线弹性 - 理想塑性模型。这种模型没有考虑土塑性变形所引起的硬化。一旦发生屈服,土就发生流动变形趋向无穷大。在静三轴试验应力条件下,线弹性 - 理想塑性模型应力 - 应变关系如图 3.18 所示。

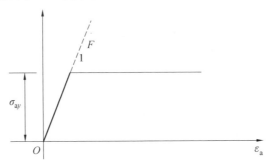

图 3.18　线弹性 - 理想塑性模型应力 - 应变关系

σ_{ay}— 屈服应力,kPa

② 线弹性 - 塑性硬化模型,如修正的剑桥模型。与线弹性 - 理想塑性模型不同,线弹性 - 塑性模型考虑了土塑性变形所引起的硬化或软化。线弹性 - 塑性模型的本构关系由如下几部分组成:

a. 屈服准则。根据屈服准则可以判断土的应力状态是处于现屈服面之下还是之上。如果处于之下,土则处于弹性工作状态,只能产生弹性应变增量;如果处于现屈服面之上,土则处于弹塑工作状态,不仅产生弹性应变增量,还产生塑性应变增量。

b. 流动规律。流动规律的作用是给出了各塑性应变增量分量之间的定量比例关系。在流动规律中包括一个塑性应变势函数。如果将塑性应变势函数定义为屈服函数,则称为相关联的流动规律;如果将塑性应变势函数定义为屈服函数,则称为非相关联的流动规律。

c. 硬化或软化规律。硬化或软化规律的作用是确定随塑性应变的增大,屈服面的扩展、收缩或移动的规律。如果屈服面发生扩展,则土发生硬化;如果屈服面发生收缩,则土发生软化。土的硬化或软化规律可以由试验资料来确定。

由此可建立增量形式的弹塑性应力 – 应变关系,即

$$\{\Delta\sigma\} = [D]_{EP}\{\Delta\varepsilon\} \tag{3.34}$$

式中,$\{\Delta\sigma\}$、$\{\Delta\varepsilon\}$ 分别为应力增量向量和应变增量向量;$[D]_{EP}$ 为按上述本构关系建立的弹塑性应力应变矩阵。

③ 非线性弹性模型,如邓肯 – 张模型。该模型认为土的弹性模型不是常数,而随土的静力受力水平的增大而降低。在静三轴试验应力条件下,其应力 – 应变关系如图 3.19 所示。如采用非线性弹性模型,除确定加载时的应力 – 应变关系外,还须做出如下规定:

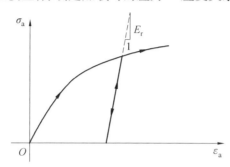

图 3.19　非线性弹性模型应力 – 应变关系

a. 加载或卸载准则,用来判别土是处于加荷还是卸荷状态。

b. 卸荷时的应力 – 应变关系。如果根据加荷或卸荷准则判别土处于卸荷状态时,则应遵循卸荷的应力 – 应变关系。一般认为卸荷的应力 – 应变关系是线性的,相应的模量称为卸荷模量,用 E_r 表示。

c. 土的破坏准则,用来判别土是否发生了破坏。

在土体静力分析中考虑土的非线性,选择一个适当非线性力学模型及恰当地确定模型参数是关键。分析所采用的模型参数常不是由试验测定的,而是参考一些资料确定的,参数的选取多为经验值。这样,即使采用较好的数值分析方法和土的非线性力学模型,也不会取得可信的分析结果。土体静力非线性分析方法取决于所选择的非线性模型。如果采用线弹性 – 理想塑性模型或线弹性 – 塑性硬化模型,所建立的应力 – 应变关系为增量形式的,应采用增量法进行非线性分析,相应的土体体系的静力数值分析方程式也应为如下所示的增量形式,即

$$[K]\{\Delta r\} = \{\Delta R\} \tag{3.35}$$

式中,$[K]$ 为体系的总刚度,在确定时采用式(3.35)给出增量形式的弹塑性应力 – 应变关系;$\{\Delta r\}$ 为体系位移增量向量;$\{\Delta R\}$ 为荷载增量向量。

如采用非线性弹性模型,则可采用全量法和增量法进行非线性分析。当采用全量法进行分析时,土体数值分析方程式为式(3.33),其中体系的总刚度矩阵应采用全量形式的应力 – 应变关系式来确定;当采用增量法进行非线性分析时,土体数值分析方程式为式(3.35),其中体系的总刚度矩阵则应采用相应的增量形式的应力 – 应变关系式来确定。

目前,许多商业计算机程序可用来完成土体静力数值分析,但计算机只能完成基本资料的前处理、按指定方法计算、计算结果的后处理以及建立土体体系静力分析模型中的部分工作,如网格的剖分等。而基础资料的获取、在建立静力分析模型时体系中单元和结点

类型的选取,以及边界条件等都必须由程序的使用者根据分析体系的工作机制加以确定,这些工作是计算机无法完成的。基础资料和建立分析体系模型这两项工作对数值分析结果的可靠性具有决定性的作用,这就是不同的人采用同一计算程序分析同一个问题会得到很不同结果的主要原因。因此,如果没有做好这两项工作,即使采用很好的计算机程序来完成数值分析,也可能得不到可靠的结果。采用计算机来完成土体静力数值分析是在这两项工作的基础上进行的。尽管分析中计算机代替人完成了大量的、甚至是人所不能完成的工作,但其中一些具有决定意义的工作仍需由人来完成,在上述两项工作中就能体现出人的能动作用。

3.4.2 初始静应力对土体动力分析的影响

初始静应力对土体的动力学性能具有重要的影响,在研究其影响时,常以固结压力、固结比、平均静应力或破坏面上的静正应力以及其上的剪应力与静正应力之比等作为初始静应力的定量指标。初始静应力对土动力学性能的影响直接表现在这些定量指标对土的动力学性能参数的影响上。初始静应力对土体的动力性能影响包括土体的变性和稳定性两方面。

(1)最大动杨氏模量或剪切模量随静平均正应力的增大而增大。由于初始静应力影响土的最大动模量,因此静平均正应力会影响土体的刚度,进而影响土体的动力分析结果,即使同一土层由于埋深的不同各点的静平均正应力不等,其最大动模量也不会相等,在动力分析中应采用不同的数值。

(2)参考剪应变随静平均正应力的增大而增大。与静平均正应力对最大动模量的影响相比,其对参考剪应变的影响较小。参考剪应变影响等效线性化模型的 $E/E_{max} - \gamma$ 或 $G/G_{max} - \gamma$ 关系线,或影响弹塑性模型的骨架曲线及滞回曲线。因此,通过动力学模型参数参考剪应变,初始静应力将对土体动力分析结果有所影响。如果土动力试验能提供参考剪应变与静平均正应力的关系,那么在土体动力分析中还是应该考虑这一点影响。

(3)土的动强度随固结压力和固结比或破坏面上的静正应力以及其上的静剪应力与静正应力之比的增大而增大。通过土的动强度,初始静应力将对在动荷作用下土体中的破坏面的位置和分布有所影响,还会对土体滑动稳定性有所影响。

(4)动剪切作用引起的孔隙水压力取决于固结压力、固结比以及动剪应力比,故初始静应力将影响土体动剪切作用下产生的永久变形的大小和分布,特别是在近岸和跨河地段,岸坡土体沿着斜坡方向产生的水平永久变形可能使相邻结构发生严重的破坏。显然初始静应力将对土体永久变形所造成灾害有重要的影响。

以上信息皆表述出初始静应力对土体动力学性能的重要影响。虽然确定静应力是土体静力分析的一项工作,但在岩土地震工程和工程振动的动力分析途径中,确定静应力也是不可缺少的步骤和环节。

3.4.3 初始静应力的确定

一般来说,土体的初始静应力是由土体自重作用引起的,此时土体的水平面和竖向侧面分别为最大和最小主应力面,土体此时不能发生水平位移。令 K_0 为静止土压力系数,根据竖向力平衡,可求得作用在水平面上的最大主应力 σ_v,即

$$\sigma_v = \sum_i r'_i h_i \qquad (3.36)$$

式中,r'_i 和 h_i 分别为水平面以上第 i 层土的有效重力密度和厚度,而作用在侧面上的最小主应力 σ_h 为

$$\sigma_h = K_0 \sigma_v \qquad (3.37)$$

式中,静止土压力系数 K_0 按下式确定。

对于正常固结土,有

$$K_0 = 1 - \sin \varphi' \qquad (3.38)$$

式中,φ' 为土的峰值强度相应的有效摩擦角。

对于超固结土,有

$$K_0 = (1 - \sin \varphi')(OCR)^K \qquad (3.39)$$

式中,OCR 为土体超固结比;K 是一个经验参数,可由试验确定。由于在这种情况下水平面和竖向侧面分别为最大和最小主应力面,则这两个面上的剪应力 $\tau_{hv} = 0$。

为了按式(3.36)求出各类土体的初始静应力,需做好下列工作:

(1)确定地面下土层的组成及划分。

(2)确定地下水位的埋深。

(3)确定各层土的有效重力密度。

(4)确定各层土的静止土压力系数。

而地基中土体的初始静应力的确定可按下述步骤进行:

(1)在建筑修建之前,因地基中土体的自重应力引起的初始静应力可按前述方法确定。

(2)在建筑修建之后,在各种荷载联合作用下,包括建筑物的重力、设备重力、人的重力等条件下在地基土体中产生的应力较为复杂,可按如下方法确定。

将上述两步求得的初始静应力叠加起来就是总的初始静应力。而且,地基中的土体支撑着坐落在上面的结构。在确定第二部分初始静应力时,应根据具体问题决定是否考虑土-结构相互作用。如果考虑土-结构相互作用,必须采用上述的数值分析方法。通常,整体分析方法比较方便。在整体分析方法中,将地基土体和上部结构作为一个体系建立分析模型,并将各种荷载作用于结构之上。如果不考虑相互作用,则把作用于上部结构的各种荷载按静力平衡施加于基底面上作为表面荷载,且第二部分初始静应力可采用如下两种方法之一来确定。

① 数值求解方法。

因不考虑土-结构相互作用,在这种情况下分析体系只包括地基土体,并把上部荷载施加于基底面上,作为力的边界条件来考虑。

② 常规方法。

将地基土体视为均质弹性体,按弹性半空间理论基本解确定基底面上静荷载所引起的初始静应力。土力学相关教材中已经介绍了这种方法,但主要介绍的是土体中竖向正应力 σ_z 的确定。但作为土体动力分析所必需的一个环节,静力分析应确定出土体中一点的所有应力分量。

大量初始静力分析可以简化成平面应变问题。在平面应变情况下,弹性半空间理论

的基本解如下。

a. 竖向集中力作用。

当竖向集中力作用于表面上时,在土体中任一点产生的应力分量可表示为

$$\begin{cases} \sigma_z = \dfrac{2P}{\pi z}\cos^3\theta \\[2mm] \sigma_x = \dfrac{2P}{\pi z}\sin^2\theta\cos\theta \\[2mm] \tau_{xz} = \dfrac{2P}{\pi z}\sin\theta\cos^2\theta \end{cases} \tag{3.40}$$

式中,P 为竖向集中荷载;z 为该点的竖向坐标;θ 为该点与原点连线与竖向坐标轴的夹角,如图 3.20 所示,$\sin\theta$ 和 $\cos\theta$ 可按下式确定,即

$$\begin{cases} \sin\theta = \dfrac{x}{\sqrt{x^2+z^2}} \\[2mm] \cos\theta = \dfrac{z}{\sqrt{x^2+z^2}} \end{cases} \tag{3.41}$$

b. 水平集中力作用。

当水平集中力作用于表面上时,在土体中任一点产生的应力分量可表示为

$$\begin{cases} \sigma_z = \dfrac{2Q}{\pi z}\sin\theta_1\cos^2\theta_1 \\[2mm] \sigma_x = \dfrac{2Q}{\pi z}\sin^3\theta_1 \\[2mm] \tau_{xz} = \dfrac{2Q}{\pi z}\sin^2\theta_1\cos\theta_1 \end{cases} \tag{3.42}$$

式中,Q 为集中力;θ_1 为该点与原点连线与水平轴的夹角,如图 3.21 所示,$\sin\theta_1$ 和 $\cos\theta_1$ 可按下式确定,即

$$\begin{cases} \sin\theta_1 = \dfrac{z}{\sqrt{x^2+z^2}} \\[2mm] \cos\theta_1 = \dfrac{x}{\sqrt{x^2+z^2}} \end{cases} \tag{3.43}$$

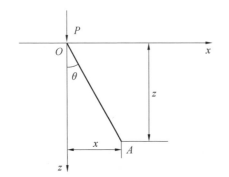 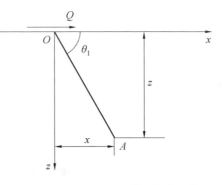

图 3.20 平面应变问题竖向集中力作用情况　　图 3.21 平面应变问题水平集中力作用情况

若定性为空间问题处理,竖向集中力作用于表面,则弹性半空间理论基本解为

$$\begin{cases} \sigma_z = \dfrac{3P}{2\pi}\dfrac{z^3}{R^5} \\[2mm] \sigma_x = \dfrac{P}{2\pi}\left\{3\dfrac{x^2 z}{R^5} + (1-2\gamma)\left[\dfrac{R^2 - Rz - z^2}{R^3(R+z)} - \dfrac{x^2(2R+z)}{R^3(R+z)^2}\right]\right\} \\[2mm] \sigma_y = \dfrac{P}{2\pi}\left\{3\dfrac{y^2 z}{R^5} - (1-2\gamma)\left[\dfrac{R^2 - Rz - z^2}{R^3(R+z)} - \dfrac{y^2(2R+z)}{R^3(R+z)^2}\right]\right\} \\[2mm] \tau_{zx} = -\dfrac{3P}{2\pi}\dfrac{z^2 x}{R^5} \\[2mm] \tau_{zy} = -\dfrac{3P}{2\pi}\dfrac{z^2 y}{R^5} \\[2mm] \tau_{xy} = \dfrac{3P}{2\pi}\left[\dfrac{xyz}{R^5} - \dfrac{1-2\mu}{3}\dfrac{xy(2R+z)}{R^3(R+z)^2}\right] \end{cases} \tag{3.44}$$

式中,μ 为泊桑比;R、γ 分别为该点距原点的距离和该点距水平面的距离,如图 3.22 所示,按下式确定,即

$$\begin{cases} R = \sqrt{x^2 + y^2 + z^2} \\ r = \sqrt{x^2 + y^2} \end{cases} \tag{3.45}$$

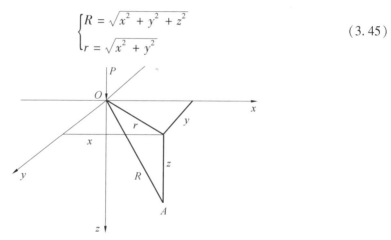

图 3.22　空间问题竖向集中力作用

通过上面的分析,可确定出作用在基底面上任意分布的竖向荷载或水平荷载在土体中所引起的初始静应力。将基底面等分成若干个子区,将每个子区的分布荷载转化成集中荷载作用于子区的中心点,即可由上述的基本解求出每个子区集中荷载在土体中任一点产生的应力 σ_i。整个基底面上作用的荷载在该点产生的初始静应力 σ 可按下式确定,即

$$\sigma = \sum_{i=1}^{n} \sigma_i \tag{3.46}$$

该常规方法的缺点有如下 3 个方面:

（1）无法考虑地基土体的非均匀性,在求解时认为地基土体是均质弹性体。

（2）无法考虑土的静力非线性,在求解时认为土体为线性弹性体。

（3）假定表面是水平的,无法考虑地基挖槽的影响。

3.4.4　转换固结比

在研究静应力对土动力学性能影响时,常以固结压力及固结比,或以破坏面上的静正应力及静剪应力比作为初始静应力的定量指标。而常规的土动力学性能试验通常是在动三轴仪上完成的,以固结压力及固结比作为定量指标来表示初始静应力对土动力性能的影响更直接和方便。在实际土体中,土所处的静应力状态不同于动三轴试验土试样固结时的静应力状态,在动三轴试验条件下,破坏面上的静正应力及静剪应力比与固结压力及固结比有一定的关系。在动三轴试验条件下,破坏面上的静剪应力比 α_S 可由下式确定,即

$$\alpha_S = \frac{\sigma_1 - \sigma_3}{2\sqrt{(\sigma_1 + \sigma_c)(\sigma_3 + \sigma_c)}} \tag{3.47}$$

式中,σ_c 为土的黏结压力,可按下式确定,即

$$\sigma_c = c\cos\varphi \tag{3.48}$$

式中,c、φ 分别为土的黏结力及摩擦角。对于砂土,$\sigma_c = 0$,得

$$\alpha_S = \frac{K_c - 1}{2\sqrt{(K_c + \sigma_c/\sigma_3)(1 + \sigma_c/\sigma_3)}} \tag{3.49}$$

令 $\alpha_c = \sigma_c/\sigma_3$,得

$$2\alpha_S\sqrt{(1 + \alpha_c)(K_c + \alpha_c)} = K_c - 1$$

令 $X = \sqrt{(K_c + \alpha_c)}$,得

$$X^2 - 2\alpha_S\sqrt{1 + \alpha_c}\, X - (1 + \alpha_S) = 0$$

求解上式得

$$X = \sqrt{1 + \alpha_c}(\alpha_S + \sqrt{1 + \alpha_S^2})$$

由此式得

$$K_c = (1 + \alpha_c)\left[1 + 2\alpha_S^2 + 2\alpha_S\sqrt{1 + \alpha_S^2}\right] - \alpha_c \tag{3.50}$$

对于砂土,$\sigma_c = 0$,得

$$K_c = 1 + 2\alpha_S^2 + 2\alpha_S\sqrt{1 + \alpha_S^2} \tag{3.51}$$

将按上式确定的固结比称为与破坏面上静剪应力比相应的转换固结比。学者根据动三轴仪的试验结果建立了许多确定土动力性能,如变形、孔隙水压力以及强度等经验的计算模型。该类模型中,常以固结比作为初始静应力的一个定量影响指标。在应用这些计算模型时,学者们往往将静力分析求得的最大应力与最小主应力比作为固结比代入计算模型中。

在动三轴试验中,固结比是表示静应力的剪切作用的定量指标,它与动三轴试验土试样最大剪切作用面上的静剪应力比的关系如式(3.47)所示。在土三轴试验中,土试样在静力和动力作用下均处于轴对称应力状态。但在实际问题中,土体在静力和动力作用下一般并不处于轴对称应力状态,如处于平面应变应力状态。对于最大剪切作用面方法,如果两种应力状态下的静应力的剪切作用相等价,则在两种应力状态下最大剪切面上的静

剪应力比相等。由此,将在实际应力状态下土最大剪切作用面上的静剪应力比代入式(3.51)可确定出相应的转换固结比。在转换固结比下,动三轴试验土试样最大剪切作用面上的静剪应力比与实际应力状态下最大剪切作用面上的静剪应力比应相等,但转换固结比不会与实际的静力状态下的最大主应力与最小主应力比相等。如果以静力最大主应力比作为固结比代入计算模型中,相当于改变了实际应力状态下土最大剪切作用面上的静剪应力比。由于以上各种原因,这种做法是不对的。

思　考　题

1. 动荷载的三要素有哪些? 请说明该三要素对动荷载作用的影响。

2. 动荷载的类型有哪些? 每种动荷载的特点是什么?

3. 请说明地震荷载的特点及其分类。

4. 什么是有限作用次数变幅荷载的等价均幅荷载? 地震荷载的等价均幅荷载如何确定?

5. 什么是土的屈服剪应变? 当土的剪应变达到屈服剪应变时会出现哪些现象? 土的屈服剪应变的数值大约等于多少?

6. 什么是动荷作用的速率效应及疲劳效应? 两种效应对土的动力性能有何影响? 影响两种效应的因素是什么?

7. 什么是有限作用次数变幅荷载的等价均幅荷载? 地震荷载的等价均幅荷载如何确定?

8. 什么是土的屈服剪应变? 当土的剪应变达到屈服剪应变时会出现哪些现象? 土的屈服剪应变的数值大约等于多少?

9. 将动荷作用下的土划分成两大类的依据是什么? 两大类土各包括哪些土? 两大类土的划分有什么意义?

10. 在建立土的动力学模型时应考虑哪些影响因素?

11. 什么是临界阻尼? 什么是阻尼比?

12. 什么是等效线性化模型? 等效线性化模型的试验依据是什么? 等效线性模型通常有哪两种表述方式?

13. 试比较上述几种土动力学模型的优缺点及适用性,它们共同存在的一个问题是什么?

14. 如何定义土的动强度? 土的动强度与静强度有何重要不同?

15. 土所受的静应力是由哪些静荷载作用引起的? 为什么将动荷载视为附加的动力作用?

16. 为什么通常将土体所受的初始静应力视为有效应力? 为什么要确定土体所受的初始静应力?

17. 初始静应力对动强度影响表现在哪些方面?

18. 影响地基中初始静应力的因素有哪些?

19. 试说明转换固结比的概念、确定方法及应用。

参 考 文 献

[1] 张克绪,谢君斐. 土动力学[M]. 北京:地震出版社,1989.

[2] 张克绪,凌贤长. 岩土地震工程及工程振动[M]. 北京:科学出版社,2016.

[3] 陈国兴. 岩土地震工程学[M]. 北京:科学出版社,2007.

[4] ARNOLD V. Soil dynamics[M]. Delft:Delft University of Technology Press, 1994.

[5] 吴世明. 土动力学[M]. 北京:中国建筑工业出版社,2000.

[6] SEED H B, IDRISS I M. Simplified procedure for evaluating soil liquefaction potential[J]. Journal of the Soil Mechanics and Foundation Division, 1971, 97(9):1249-1273.

[7] SEED H B, IDRISS I M. Representation of irregular stress time historiers by equevalent uniform stress series in liquefaction analysis[R]. Berkely:University of California, 1992.

[8] HARDIN B O, DRNEVICH V P. Shear modulus and damping in soils design equations and curves[J]. Journal of Soil Mechanics and Foundation, 1992, 98:667-692.

[9] KONDNER R L. Hyperbolic stress strain response:Cohesive soils[J]. Journal of Soil Mechanics and Foundation, 1963, 89(1):115-143.

[10] 张克绪. 土体-结构体系地震性能的整体分析方法[J]. 哈尔滨建筑大学学报. 1995, 27(5):11-18.

[11] SEED H B, CHAN C K. Clay strength under earthquake loading conditions[J]. Journal of Soil Mechanics and Foundation Division, 1966, 92(2):53-78.

第4章　场地地震反应规律

4.1　概　　述

场地地震反应规律分析是岩土地震工程场地安全性评价工作中的核心内容之一,其能够评估场地土的动态应力、应变,直接为上部结构提供地震动参数并确定地震导致土体结构不稳定的应力。场地地震反应是确定某一给定场地在地震时地面运动随时间和空间的变化情况,求解地震作用下空间土体各点的位移、速度、加速度及应力、应变等反应量。在分析中,必须正确地考虑土体的动力学特性、土层分布参数、地震动特性以及边界条件,才可以保证求解量的精度。

在理想条件下,完整的地震反应分析应涵盖地震源处的破裂机制模拟,地震动传播到下部基岩后,确定基岩上部土体地表运动受到的影响。实际上,断层破裂机理十分复杂,震源和场地之间能量传递不确定,通常认为地震动是从下部基岩垂直向上传到上部土体。也就是说,地震时场地的运动是由下部基岩运动引起的,由于建筑物的延伸尺寸与地震波波长相比较小,一般认为基岩与土层接触面上各点运动相同。因此,在对土层和土工建筑物进行地震动力反应分析时,需要知道场地基岩的地震加速度时程曲线,对设计的工程来说,其场地基岩的地震时程曲线事先并不清楚,但均能够用其自身的最大加速度、卓越周期和震动持续时间3个主要参数来表示。

根据已有的经验公式和资料,对场地的基岩地震加速度时程曲线或者具有相似地震地质条件场地的基岩地震加速度时程曲线加以适当的调整,因此,为了进行场地地震反应分析,必须预先确定基岩的地震动时程。

4.2　一维场地地震反应分析

当发震断层位于地表下方时,体波会以各个方向远离震源。当它们到达不同土层分界线时,会发生反射和折射。由于较浅土体的波传播速度通常低于下部土体,因此,到达水平层边界的倾斜波通常被反射到更垂直的方向。当体波到达地面时,多次折射经常将它们弯曲到近乎垂直的方向,如图4.1所示。

场地地震反应分析理论上属于三维问题,然而对某些局部范围内场地条件较为均匀简单的情况,基于以下假设:

(1) 所有边界均是水平的。

(2) 土体的响应主要是由垂直于下伏基岩传播的SH波引起。

(3) 土体和基岩表面在水平方向上无限延伸。

将场地介质模型简化为均质或成层土层模型,此类模型属于一维场地模型。

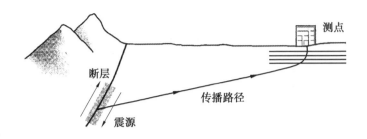

图 4.1　在地面附近产生近乎垂直的波传播的折射过程

4.2.1　水平均质场地地震反应分析

1. 水平均质土层的场地地震反应

假定水平场地土为线性黏弹体,在水平方向土的性质是均匀的,且土的性质不随深度变化,基岩与其上土层的接触面为水平面,基岩只做水平运动。水平土层只产生水平的剪切运动,且其只与竖向坐标 z 有关。这样,水平场地土层的地震反应分析就可简化成一维问题,只需假定土层厚度为 H,土的重力密度为 γ,土的密度为 ρ,动剪切模量为 G,黏滞系数为 c,相应的阻尼比为 λ,将竖向坐标原点取在基岩面,向上为正。现从土层中取出一个高度为 H 的单位面积土柱来研究,分析模型如图 4.2(a) 所示。其中,u_g 为基岩的水平运动位移,即土的刚体运动产生的位移;u 为土柱相对基岩的相对位移。

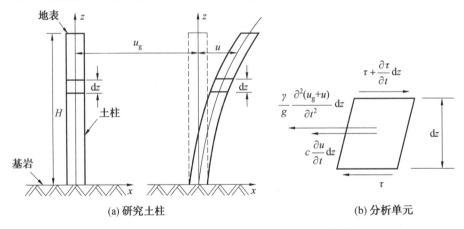

(a) 研究土柱　　　　　　　　(b) 分析单元

图 4.2　水平均质土层场地地震反应分析模型

从土柱中取出一个高度为 dz 的微元体,作用于微元体上的力如图 4.2(b) 所示,其中,

① 作用在微元体底面的剪力为 τ;

② 作用在微元体顶面上的剪力为 $\tau + \dfrac{\partial \tau}{\partial t}\mathrm{d}z$;

③ 作用在微元体质心的惯性力为 $\rho\,\dfrac{\partial^2(u_g + u)}{\partial t^2}\mathrm{d}z$;

④ 作用在微元体质心的黏性阻力为 $c\,\dfrac{\partial u}{\partial t}\mathrm{d}z$;

⑤ 弹性恢复力为 $G\dfrac{\partial^2 u}{\partial t^2}\mathrm{d}z$。

由微元体水平方向的动力平衡可得

$$\rho\,\frac{\partial^2(u_g+u)}{\partial t^2}+c\,\frac{\partial u}{\partial t}=G\,\frac{\partial^2 u}{\partial t^2} \tag{4.1}$$

简化上式可得

$$\frac{\partial^2 u}{\partial t^2}-\frac{G}{\rho}\,\frac{\partial^2 u}{\partial z^2}+\frac{c}{\rho}\,\frac{\partial u}{\partial t}=-\frac{\mathrm{d}^2 u_g}{\mathrm{d}t^2} \tag{4.2}$$

式(4.2)即为水平均质土柱的地震反应方程式,其求解条件如下。

边界条件为

$$z=0,\quad u=0 \tag{4.3a}$$

$$z=H,\quad \frac{\partial u}{\partial z}=0 \tag{4.3b}$$

初始条件为

$$t=0,\quad u=0,\quad \frac{\partial u}{\partial t}=0 \tag{4.3c}$$

求解齐次方程式为

$$\frac{\partial^2 u}{\partial t^2}-\frac{G}{\rho}\,\frac{\partial^2 u}{\partial z^2}+\frac{C}{\rho}\,\frac{\partial u}{\partial t}=0 \tag{4.4}$$

式(4.4)对应水平均质场地的自由振动,按照分离变量法,令

$$u(z,t)=Z(z)T(t) \tag{4.5}$$

式中,Z 只为坐标 z 的函数;T 只为时间 t 的函数。

将式(4.5)代入式(4.4),可得

$$\frac{\mathrm{d}^2 Z}{\mathrm{d}z^2}+A^2 z=0 \tag{4.6}$$

$$\frac{\mathrm{d}^2 T}{\mathrm{d}t^2}+\frac{c}{\rho}\,\frac{\mathrm{d}T}{\mathrm{d}t}+A^2\,\frac{G}{\rho}T=0 \tag{4.7}$$

式中,A 为待定系数。

根据常微分方程理论,式(4.6)的通解为

$$Z=C_1\sin Az+C_2\cos Az \tag{4.8}$$

式中,C_1、C_2 为待定常数,由边界条件式(4.3a)得到 $C_2=0$,代入式(4.8),有

$$Z=C_1\sin Az \tag{4.9}$$

由边界条件式(4.3b)得到

$$\cos AH=0$$

则有

$$A_i=\frac{i\pi}{2H},\quad i=1,3,5,\cdots \tag{4.10}$$

将式(4.9)代入式(4.8)得

$$Z_i(z)=C_{1,i}\sin\frac{i\pi}{2H}z,\quad i=1,3,5,\cdots \tag{4.11a}$$

且有

$$1 = \sum_{i=1}^{\infty} \eta_i Z_i(z) \tag{4.11b}$$

下面,令

$$\begin{cases} \omega_i = A_i \sqrt{\dfrac{G}{\rho}}, & i = 1,3,5,\cdots \\ 2\lambda_i \omega_i = \dfrac{c}{\rho} \end{cases} \tag{4.12}$$

式中,ω_i 是土柱第 i 振型的自振圆频率;λ_i 是土柱第 i 振型的阻尼比。

将式(4.12)代入式(4.7)得

$$\frac{\mathrm{d}^2 T}{\mathrm{d}t^2} + 2\lambda_i \omega_i \frac{\mathrm{d}T}{\mathrm{d}t} + \omega_i^2 T = 0 \tag{4.13}$$

解式(4.13)得

$$u(z,t) = \sum_{i=1}^{\infty} \mathrm{e}^{-\lambda_i \omega_i t}(d_{1,i}\cos \omega_{1,i}t + d_{2,i}\sin \omega_{1,i}t)C_{1,i}\sin \frac{i\pi}{2H}z \tag{4.14}$$

式中,$d_{1,i}$、$d_{2,i}$ 为两个待定系数;$\omega_{1,i}$ 按下式确定,即

$$\omega_{1,i} = (1 - \lambda_i)^{\frac{1}{2}}\omega_i \tag{4.15}$$

由式(4.14)可知,$\omega_{1,i}$ 为有黏性阻力时水平场地土层的自由振动圆频率。当没有黏性阻尼时,$c=0$,$\lambda_i=0$,因此,$\omega_{1,i}=\omega_1$,即由式(4.14)定义的 ω_i 为无阻尼时水平场地土层的自由振动圆频率。将 A_i 值代入式(4.12),得无阻尼自由振动圆频率为

$$\omega_i = \frac{i\pi}{2H}\sqrt{\frac{G}{\rho}}, \quad i = 1,3,5,\cdots \tag{4.16}$$

令 v_S 为土的剪切波波速,则

$$v_S = \sqrt{\frac{G}{\rho}} \tag{4.17a}$$

$$\omega_i = \frac{2\pi}{T_i} \tag{4.17b}$$

式中,T_i 为与 ω_i 相应的自振周期,由式(4.17b)得

$$T_i = \frac{4H}{iv_S}, \quad i = 1,3,5,\cdots \tag{4.17c}$$

式(4.11a)为水平场地土层的振型函数。由式(4.11a)可见,振型函数给出了振动位移沿坐标 z 的分布,它与时间无关。

由于 λ_i 通常小于0.3,由式(4.15)可得

$$\omega_{1,i} \approx \omega_i$$

另外,由式(4.15)可知,当 $\lambda_i=1$ 时,$\omega_{1,i}=0$。这表明,有阻尼的自振周期为无穷大,式(4.14)的解变成了随时间单调衰减的函数。因此,将 $\lambda_i=1$ 时相应的黏性系数称为临界黏性系数,以 $c_{\mathrm{cr},i}$ 表示。由式(4.12)第二式得,临界黏性系数为

$$c_{\mathrm{cr},i} = 2\rho\omega_i \tag{4.18}$$

由式(4.18)得

$$\lambda_i = \frac{c}{c_{\text{cr},i}} \tag{4.19}$$

式(4.19)表明，λ_i 为土的黏性系数与其临界黏性系数之比，将其称为阻尼比。

根据式(4.11a)及叠加原理得水平场地的自由振动的解为

$$u(z,t) = \sum_{i=1} Z_i(z) T_i(t)，\quad i = 1,3,5,\cdots \tag{4.20}$$

将式(4.11a)及式(4.14)代入式(4.20)，令 $C_{1,i} = 1$，得

$$u(z,t) = \sum_{i=1}^{\infty} \mathrm{e}^{-\lambda_i \omega_i t}(d_{1,i}\cos \omega_{1,i}t + d_{2,i}\sin \omega_{1,i}t)\sin \frac{i\pi}{2H}z \tag{4.21}$$

式中，$d_{1,i}$ 和 $d_{2,i}$ 为待定系数，可由初始条件确定，对于式(4.3c)给出的零初始条件，$d_{1,i} = d_{2,i} = 0$，则得 $u = 0$，即零解。

接下来求解非齐次方程即式(4.2)，在强迫振动下振型函数并不改变，仍可取式(4.11a)的形式，式(4.2)的解可取如下形式，即

$$u(z,t) = \sum_{i=1} T_i(t) \varphi_i(z)，\quad i = 1,3,5,\cdots \tag{4.22}$$

且有

$$1 = \sum_{i=1}^{\infty} \eta_i \varphi_i(z) \tag{4.23}$$

根据振型函数的正交性，即

$$\begin{cases} \displaystyle\int_0^H \sin \frac{i\pi}{2H}z\sin \frac{j\pi}{2H}z\mathrm{d}z = 0，& i \neq j \\[2mm] \displaystyle\int_0^H \sin \frac{i\pi}{2H}z\sin \frac{j\pi}{2H}z\mathrm{d}z = 1，& i = j \end{cases} \tag{4.24}$$

可以得到振型参与系数 η_i 的表达式为

$$\eta_i = \frac{2}{H}\int_0^H \sin \frac{i\pi}{2H}\mathrm{d}z = \frac{4}{i\pi}，\quad i = 1,3,5,\cdots \tag{4.25}$$

得到

$$\frac{\partial^2 u_{\text{g}}}{\partial t^2} = \frac{\partial^2 u_{\text{g}}}{\partial t^2}\sum_{i=1} \frac{4}{i\pi}\sin \frac{i\pi}{2H}z，\quad i = 1,3,5,\cdots \tag{4.26}$$

将式(4.22)和式(4.26)代入式(4.2)，得到

$$\ddot{T}_t + 2\lambda_i \omega_i \dot{T}_i + \omega_i^2 T_i = -\frac{4}{i\pi}\frac{\partial^2 u_{\text{g}}}{\partial t^2}，\quad i = 1,3,5,\cdots \tag{4.27}$$

求解式(4.27)得

$$T_i = d_{1,i}\cos \omega_{1,i}t + d_{2,i}\sin \omega_{1,i}t - \frac{4}{i\pi\omega_{1,i}}\int_0^t \frac{\mathrm{d}^2 u_{\text{g}}}{\mathrm{d}t^2}\mathrm{e}^{-\lambda_i \omega_i(t-t_i)}\sin \omega_i(t - t_i)\mathrm{d}t_1，\quad i = 1,3,5,\cdots$$

由式(4.3c)得

$$d_{1,i} = d_{2,i} = 0$$

则得

$$T_i = -\frac{4}{i\pi\omega_{1,i}}\int_0^t \frac{\mathrm{d}^2 u_{\text{g}}}{\mathrm{d}t^2}\mathrm{e}^{-\lambda_i \omega_i(t-t_1)}\sin \omega_{1,i}(t - t_i)\mathrm{d}t_1，\quad i = 1,3,5,\cdots \tag{4.28}$$

则有

$$u(z,t) = -\sum_{i=1}^{\infty} \left[\frac{4}{i\pi\omega_{1,i}} \int_0^t \frac{\mathrm{d}^2 u_\mathrm{g}}{\mathrm{d}t^2} e^{-\lambda_i \omega_i(t-t_1)} \sin \omega_1(t-t_i) \mathrm{d}t_1 \right] \sin \frac{i\pi}{2H}z, \quad i=1,3,5,\cdots$$

$$(4.29)$$

其中

$$\varphi_i(z) = \frac{4}{i\pi} \sin \frac{i\pi}{2H}z \tag{4.30}$$

$$V_i(t) = \int_0^t \frac{\mathrm{d}^2 u_\mathrm{g}}{\mathrm{d}t^2} e^{-\lambda_i \omega_i(t-t_1)} \sin \omega_i(t-t_1) \mathrm{d}t_1 \tag{4.31}$$

并取 $\omega_{1,i} \approx \omega_i$，则可以得到土柱相对于基岩的相对位移反应为

$$u(z,t) = -\sum_{i=1} \frac{\varphi_i(z)}{\omega_i} V_i(t), \quad i=1,3,5,\cdots \tag{4.32}$$

土柱的水平动剪应力为

$$\tau = -G\sum_{i=1} \frac{2\cos \dfrac{i\pi}{2H}z}{H\omega_i} V_i(t), \quad i=1,3,5,\cdots$$

令

$$\varphi_{1,i}(z) = \frac{2\cos \dfrac{i\pi}{2H}z}{H\omega_i}, \quad i=1,3,5,\cdots \tag{4.33}$$

则得

$$\tau = -\sum_{i=1}^{\infty} \varphi_{1,i}(z) V_i(t) \tag{4.34}$$

相对运动加速度为

$$\ddot{u} = \sum_{i=1} \ddot{T}_i \sin \frac{i\pi}{2H}z, \quad i=1,3,5,\cdots \tag{4.35a}$$

$$\ddot{u} = -\frac{\mathrm{d}^2 u_\mathrm{g}}{\mathrm{d}t^2} \sum_{i=1} \frac{4}{i\pi} \sin \frac{i\pi}{2H}z - \sum_{i=1} (2\lambda_i \omega_i \dot{T} + \omega_i^2 T) \sin \frac{i\pi}{2H}z, \quad i=1,3,5,\cdots \tag{4.35b}$$

$$\ddot{u} = -\frac{\mathrm{d}^2 u_\mathrm{g}}{\mathrm{d}t^2} - \sum_{i=1} (2\lambda_i \omega_i \dot{T} + \omega_i^2 T_i) \sin \frac{i\pi}{2H}z, \quad i=1,3,5,\cdots \tag{4.35c}$$

取 $\omega_{1,i} = \omega_i$，土柱的绝对加速度反应为

$$\ddot{u} = -\ddot{u}_\mathrm{g}(t) + \sum_{i=1} \left\{ \frac{4\sin \dfrac{i\pi}{2H}z}{i\pi} \left[\omega_i \int_0^t \frac{\mathrm{d}^2 u_\mathrm{g}}{\mathrm{d}t^2} e^{-\lambda_i \omega_i(t-t_i)} \sin \omega_i(t-t_1) \mathrm{d}t_1 + \right. \right.$$

$$\left. \left. 2\lambda_1 \int_0^t \frac{\mathrm{d}^2 u_\mathrm{g}}{\mathrm{d}t^2} e^{-\lambda_i \omega_i(t-t_1)} \cos \omega_i(t-t_1) \mathrm{d}t_1 \right] \right\}, \quad i=1,3,5,\cdots \tag{4.36a}$$

式(4.36a)中，方括号中的第二项与第一项相比可以忽略，则得

$$\ddot{u} = -\ddot{u}_\mathrm{g}(t) + \sum_{i=1} \left[\frac{4\sin \dfrac{i\pi}{2H}z}{i\pi} \omega_i \int_0^t \frac{\mathrm{d}^2 u_\mathrm{g}}{\mathrm{d}t^2} e^{-\lambda_i \omega_i(t-t_i)} \sin \omega_i(t-t_1) \mathrm{d}t_1 \right], \quad i=1,3,5,\cdots$$

$$(4.36b)$$

即有

$$\ddot{u} = - \ddot{u}_g(t) + \sum_{i=1} \varphi_i(z)\omega_i V_i(t), \quad i = 1,3,5,\cdots \tag{4.36c}$$

2. 水平均质土坝的场地地震反应

土坝、路堤等土工结构应该是一个二维或三维问题,为了研究其场地地震反应,基于以下假定:

(1) 断面为无限长的对称三角形断面。

(2) 结构宽高比很大,只考虑由地震水平运动分量所引起的剪切变形。

(3) 任一水平面上的剪应力是均匀分布的。

可以将土坝、路堤简化为位于基岩上的土楔结构,从而简化为一维问题进行处理。水平均质土楔场地地震反应分析模型如图 4.3 所示。如图 4.3(a) 所示,断面为等腰三角形,高度为 H。取如图 4.3(b) 所示的微元体进行受力分析。

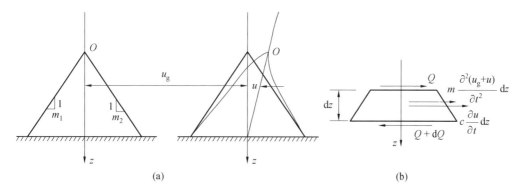

图 4.3　水平均质土楔场地地震反应分析模型

令 $m = m_1 + m_2$,则深度 z 处土楔宽度 B 为

$$B = mz \tag{4.37}$$

微元体上表面的水平剪应力 τ 为

$$\tau = G\frac{\partial u}{\partial z} \tag{4.38}$$

作用在微元体上表面的剪力 $Q = B\tau$,即

$$Q = mzG\frac{\partial u}{\partial z} \tag{4.39}$$

微元体上下面所受的剪力差为

$$\mathrm{d}Q = mG\left(\frac{\partial u}{\partial z} + z\frac{\partial^2 u}{\partial z^2}\right)\mathrm{d}z \tag{4.40}$$

微元体所受的惯性力 $\mathrm{d}F_m$ 为

$$\mathrm{d}F_m = mz\rho\left(\frac{\partial^2 u_g}{\partial t^2} + \frac{\partial^2 u}{\partial t^2}\right)\mathrm{d}z \tag{4.41}$$

微元体所受的黏性阻力 $\mathrm{d}F_c$ 为

$$\mathrm{d}F_c = mzc\frac{\partial u}{\partial t}\mathrm{d}z \tag{4.42}$$

由微元体水平方向的动力平衡得到土楔地震反应的方程式为

$$\frac{\partial^2 u}{\partial t^2} - \frac{G}{\rho}\Big(\frac{1}{z}\frac{\partial u}{\partial z} + \frac{\partial^2 u}{\partial z^2}\Big) + \frac{c}{\rho}\frac{\partial u}{\partial t} = -\frac{\partial^2 u_g}{\partial t^2} \tag{4.43}$$

其中,式(4.43)需满足以下条件。

边界条件为

$$\begin{cases} z = 0, & \dfrac{\partial u}{\partial z} = 0 \\ z = H, & u = 0 \end{cases}$$

初始条件为

$$t = 0, \quad u = 0, \quad \frac{\partial u}{\partial t} = 0$$

和土层反应求解方法类似,同样用分离变量法求解,令 $u(z,t) = Z(z)T(t)$,有

$$\ddot{Z}_i + \frac{1}{z}\dot{Z}_i + A_i^2 Z_i = 0 \tag{4.44}$$

$$\ddot{T}_i + \frac{c}{\rho}T_i + A_i^2\frac{G}{\rho}T = -b_i\frac{\mathrm{d}^2 u_g}{\mathrm{d}t^2} \tag{4.45}$$

令

$$\theta_i = A_i z \tag{4.46}$$

式中,A_i 为待定常数,整理得

$$\ddot{Z}_i(\theta_i) + \frac{1}{\theta_i}Z_i(\theta_i) + Z_i(\theta_i) = 0 \tag{4.47}$$

式(4.47)为零阶贝塞尔方程式,其解为

$$Z_i(\theta_i) = d_1 \mathrm{J}_0(\theta_i) + d_2 \mathrm{Y}_0(\theta_i) \tag{4.48}$$

式中,J_0、Y_0 分别为第一类和第二类 Bessel 函数,且满足定解条件,即

$$d_1\dot{\mathrm{J}}_0(0) + d_2\dot{\mathrm{Y}}_0(0) = 0, \quad \mathrm{J}_0(A_i H) = 0 \tag{4.49}$$

由于 $\dot{\mathrm{J}}_0(0) = 0, \dot{\mathrm{Y}}_0(0) = \infty$,则

$$d_2 = 0$$

令 $\beta_{0,i}$ 为零阶第一类 Bessel 函数的第 i 个零点,则得

$$A_i = \frac{\beta_{0,i}}{H} \tag{4.50}$$

$$Z_i(z) = d_1 \mathrm{J}_0\Big(\beta_{0,i}\frac{A}{H}\Big) \tag{4.51}$$

令 $\omega_i = A_i\sqrt{\dfrac{G}{\rho}} = \dfrac{\beta_{0,i}}{H}\sqrt{\dfrac{G}{\rho}}$,则

$$\ddot{T}_i + 2\lambda_i\omega_i^2\dot{T}_i + \omega_i^2 T_i = -b_i\frac{\mathrm{d}^2 u_g}{\mathrm{d}t^2} \tag{4.52}$$

根据 Bessel 函数的正交性可得 b_i,即

$$b_i = \frac{\displaystyle\int_0^1 v\mathrm{J}_0(\beta_{0,i}v)\,\mathrm{d}v}{\displaystyle\int_0^1 v\mathrm{J}_0^2(\beta_{0,i}v)\,\mathrm{d}v}$$

式中, $v = \dfrac{Z}{H}$。

又因为

$$\int_0^1 v \mathrm{J}_0(\beta_{0,i} v)\,\mathrm{d}v = \frac{1}{\beta_{0,i}}\mathrm{J}_1(\beta_{0,i})$$

$$\int_0^1 v \mathrm{J}_0^2(\beta_{0,i} v)\,\mathrm{d}v = \frac{\mathrm{J}_1^2(\beta_{0,i})}{2}$$

所以

$$b_i = \frac{2}{\beta_{0,i}\mathrm{J}_1(\beta_{0,i})} \tag{4.53}$$

最终解得

$$u(z,t) = -\sum_{i=1}^{\infty}\frac{2\mathrm{J}_0\!\left(\beta_{0,i}\dfrac{Z}{H}\right)}{\omega_i\beta_{0,i}\mathrm{J}_1(\beta_{0,i})}V_i(t) \tag{4.54}$$

$$\ddot{u}(z,t) = \sum_{i=1}^{\infty}\frac{2\omega_i\mathrm{J}_0\!\left(\beta_{0,i}\dfrac{Z}{H}\right)}{\beta_{0,i}\mathrm{J}_1(\beta_{0,i})}V_i(t) \tag{4.55}$$

令

$$\varphi_i(z) = \frac{2\mathrm{J}_0\!\left(\beta_{0,i}\dfrac{Z}{H}\right)}{\beta_{0,i}\mathrm{J}_1(\beta_{0,i})} \tag{4.56}$$

则有

$$\bar{u} = \sum_{i=1}\varphi_i(z)\omega_i V_i(t), \quad i = 1,2,3,\cdots \tag{4.57}$$

剪应力为

$$\tau = -\sum_{i=1}^{\infty}\frac{2\dfrac{\mathrm{d}\mathrm{J}_0\!\left(\beta_{0,i}\dfrac{Z}{H}\right)}{\mathrm{d}z}}{\omega_i\beta_{0,i}\mathrm{J}_1(\beta_{0,i})}V_i(t) \tag{4.58}$$

同样令

$$\varphi_{1,i}(z) = \frac{2\mathrm{J}_1\!\left(\beta_{0,i}\dfrac{Z}{H}\right)}{H\omega_i\mathrm{J}_1(\beta_{0,i})}$$

则有

$$\tau = \sum_{i=1}\varphi_{1,i}(z)\omega_i V_i(t), \quad i = 1,2,3,\cdots \tag{4.59}$$

$$\ddot{u}(z,t) = \sum_{i=1}^{\infty}2\omega_i\frac{\mathrm{J}_0[\beta_i(z/H)]}{\beta_i\mathrm{J}_1(\beta_i)}\int_0^t u_g\mathrm{e}^{-D_i\omega_i(t-t')}\sin\left[\omega_i(t-t')\right]\mathrm{d}t' \tag{4.60}$$

令

$$\varphi_i(z) = \frac{2\mathrm{J}_0\!\left(\beta_{0,i}\dfrac{Z}{H}\right)}{\beta_{0,i}\mathrm{J}_1(\beta_{0,i})}$$

$$V_i(t) = \int_0^t u_g\mathrm{e}^{-D_i\omega_i(t-t')}\sin\left[\omega_i(t-t')\right]\mathrm{d}t'$$

则有

$$\ddot{u}(z,t) = \sum_{i=1}^{\infty} \omega_i \varphi_i(z) V_i(t) \tag{4.61}$$

4.2.2 水平成层场地地震反应分析

场地条件由不同土组成时,土的动剪切模量随深度的变化将会更加复杂,可以将场地简化为做剪切运动的土柱,采用集中质量法或频域分析法进行计算,下面按土层或土坝两种情况进行分析计算。

1. 集中质量法求解水平成层土层的场地地震反应

假定土为线性黏弹体,将从土层取出的单位面积土柱划分为 N 段,如图4.4(a)所示,以 N 个质点体系表示实际土柱,相邻的质点以剪切弹簧连接,如图4.4(b)所示。质点及剪切弹簧的序号由上到下排列,每个质点的质量 m_i 等于两个相邻土柱质量和的一半,即

$$m_i = \frac{1}{2}(\bar{M}_{i-1} + \bar{M}_i) \tag{4.62}$$

式中,$\bar{M}_{i-1}$、$\bar{M}_i$ 分别为第 $i-1$ 段和第 i 段的土的质量,$\bar{M}_i$ 为

$$\bar{M}_i = \rho_i h_i \tag{4.63}$$

第 i 段单位面积土柱的剪切刚度系数为

$$K_i = \frac{G_i}{h_i} \tag{4.64}$$

式中,h_i 为第 i 段土柱的长度;G_i 为第 i 段土柱的剪切模量。

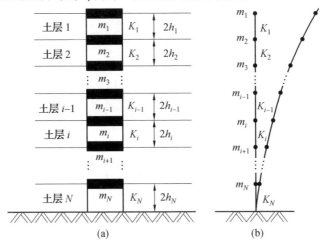

图4.4 水平成层土层地震反应分析的集中质量模型

在基岩水平地震动作用下,多质点体系的位移如图4.5(a)所示,取质点 m_i,其受力如图4.5(b)所示,其中:

① 作用在质点 m_i 顶面的剪力为 $Q_{i-1} = K_{i-1}(u_i - u_{i-1})$;

② 作用在质点 m_i 底面的剪力为 $Q_i = K_i(u_{i+1} - u_i)$;

③ 作用在质点 m_i 的惯性力为 $m_i\left(\dfrac{\mathrm{d}^2 u_\mathrm{g}}{\mathrm{d}t^2} + \dfrac{\mathrm{d}^2 u}{\mathrm{d}t^2}\right)$;

④ 作用在质点 m_i 的黏性阻力为 $c\dfrac{\mathrm{d}u}{\mathrm{d}t}$。

质点 m_i 的运动方程可表示为

$$m_i\left(\frac{\mathrm{d}^2 u_{\mathrm g}}{\mathrm{d}t^2}+\frac{\mathrm{d}^2 u}{\mathrm{d}t^2}\right)+c\frac{\mathrm{d}u}{\mathrm{d}t}-K_i(u_{i+1}-u_i)+K_{i-1}(u_i-u_{i-1})=0 \tag{4.65}$$

整理得

$$m_i\frac{\mathrm{d}^2 u}{\mathrm{d}t^2}+c\frac{\mathrm{d}u}{\mathrm{d}t}-K_{i-1}u_{i-1}+(K_{i-1}+K_i)u_i-K_iu_{i+1}=-m_i\frac{\mathrm{d}^2 u_{\mathrm g}}{\mathrm{d}t^2} \tag{4.66}$$

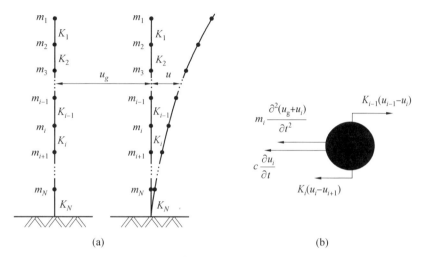

图 4.5　多质点体系的位移及质点所受的力

按质点序号将位移和加速度分别排成列向量,则式(4.66)可以写成矩阵方程式,即

$$[\boldsymbol{M}]\{\ddot{\boldsymbol{u}}\}+[\boldsymbol{C}]\{\dot{\boldsymbol{u}}\}+[\boldsymbol{K}]\{\boldsymbol{u}\}=-\{\boldsymbol{E}\}\frac{\mathrm{d}^2 u_{\mathrm g}}{\mathrm{d}t^2} \tag{4.67}$$

式中,$[\boldsymbol{M}]$、$[\boldsymbol{C}]$、$[\boldsymbol{K}]$ 分别是质量矩阵、阻尼矩阵和刚度矩阵;$\{\boldsymbol{u}\}$、$\{\dot{\boldsymbol{u}}\}$、$\{\ddot{\boldsymbol{u}}\}$ 分别为质点的相对位移向量、相对速度向量和相对加速度向量;$u_{\mathrm g}$ 为基岩的水平位移;$[\boldsymbol{E}]$ 为弹性模量列阵。

初始条件为

$$t=0,\quad u=0,\quad \frac{\mathrm{d}u}{\mathrm{d}t}=0 \tag{4.68}$$

则有

$$\begin{cases}\{\boldsymbol{u}\}=\{u_1 \quad u_2 \quad u_3 \quad \cdots \quad u_N\}\\ \{\ddot{\boldsymbol{u}}\}=\{\ddot u_1 \quad \ddot u_2 \quad \ddot u_3 \quad \cdots \quad \ddot u_N\}\end{cases} \tag{4.69}$$

质量矩阵 $[\boldsymbol{M}]$ 为对角矩阵,即

$$[\boldsymbol{M}]=\begin{bmatrix}m_1 & & & &\\ & m_2 & & 0 &\\ & & m_3 & &\\ & 0 & & \ddots &\\ & & & & m_N\end{bmatrix} \tag{4.70}$$

刚度矩阵$[K]$为对角矩阵,即

$$[K] = \begin{bmatrix} K_1 & -K_1 & & & \\ -K_1 & K_1+K_2 & -K_2 & & 0 \\ & -K_2 & K_2+K_3 & -K_3 & \\ & & \ddots & \ddots & \ddots \\ & 0 & -K_{N-2} & K_{N-2}+K_{N-1} & -K_{N-1} \\ & & & -K_{N-1} & K_{N-1}+K_N \end{bmatrix} \quad (4.71)$$

阻尼矩阵$[C]$可由瑞利阻尼公式确定,即

$$[C] = \alpha[M] + \beta[K] \quad (4.72a)$$

$$[C]_e = \alpha[M]_e + \beta[M]_e \quad (4.72b)$$

式中,$[C]_e$、$[M]_e$、$[K]_e$分别为单元阻尼矩阵、单元质量矩阵和单元刚度矩阵。系数α和β由下式确定,即

$$\begin{cases} \alpha = \lambda\omega \\ \beta = \lambda/\omega \end{cases} \quad (4.73)$$

式中,λ为土的阻尼;ω为分析体系的自振圆频率,一般采用第一振型的圆频率。

如果采用式(4.72a)求解,则求解得到的阻尼矩阵具有与振型的正交性;如果采用式(4.72b)求解,得到单元阻尼矩阵,再由单元阻尼矩阵叠加得到体系的阻尼矩阵,其将不再具有与振型的正交性。

根据问题的物理意义,求解方程式(4.67)的初始条件为

$$t = 0, \quad u = 0, \quad \frac{\mathrm{d}u}{\mathrm{d}t} = 0 \quad (4.74)$$

式(4.67)适用于采用线性黏弹模型或等效线性化模型的土层地震反应数值分析。如果采用弹–塑性模型,则求解方程式为

$$[M]\{\Delta\ddot{u}\} + [K]\{\Delta u\} = -\{E\}\left\{\Delta\frac{\mathrm{d}^2 u_g}{\mathrm{d}t^2}\right\} \quad (4.75)$$

式中,$\{\Delta\ddot{u}\}$、$\{\Delta u\}$、$\left\{\Delta\frac{\mathrm{d}^2 u_g}{\mathrm{d}t^2}\right\}$分别为相对加速度增量、相对位移增量及输入的水平加速度增量所形成的向量;刚度矩阵中的刚度系数K_i仍按式(4.64)确定,但G_i为切线剪切模量。

2. 集中质量法求解水平成层土坝的场地地震反应

假定土为线性黏弹性体,与水平成层土层类似,将土楔沿竖向划分成N段[图4.6(a)],实际的土楔以图4.6(b)所示的N个质点体系代替。水平成层土坝与水平成层土体的不同之处在于,每小段为梯形,剪切弹簧系数k_i存在差异,求解如下。取第i段土楔进行分析,以土段上顶面为坐标原点,其结构尺寸如图4.7所示。

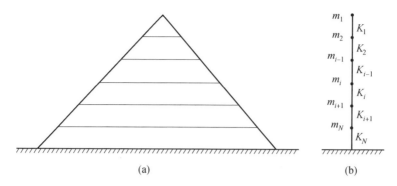

(a)　　　　　　　　　　　(b)

图 4.6　水平成层土坝地震反应分析的集中质量模型

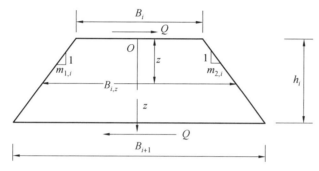

图 4.7　土坝第 i 段结构尺寸

由 4.2.1 节可得

$$B_{i,z} = B_i + (m_{1,i} + m_{1,i})z, \quad m_i = m_{1,i} + m_{2,i}$$

则有

$$B_{i,z} = B_i + m_i z \tag{4.76}$$

$$B_{i+1} = B_i + m_i h_i \tag{4.77}$$

任一水平面上剪应力 $\tau_z = \dfrac{Q}{B_i + m_i z}$，对应剪应变为 $\gamma_z = \dfrac{Q}{G_i}\dfrac{1}{B_i + m_i z}$，底面、顶面之间的

相对水平位移 $u_{i,i+1} = \displaystyle\int_0^{l_i} \gamma_z \mathrm{d}z$，即

$$u_{i,i+1} = \frac{Q}{G_i}\frac{1}{m_i}\ln\left(1 + m_i \frac{l_i}{B_i}\right) \tag{4.78}$$

则第 i 土段的剪切刚度为

$$k_i = \frac{m_i}{\ln\left(1 + m_i \dfrac{l_i}{B_i}\right)}G_i \tag{4.79}$$

式中，m_i 为上下坡的坡度，可以通过改变 m_i 的值近似考虑变坡度对刚度系数的影响。

3. 频域分析法求解分层土层

假定 N 层土层覆盖在基岩半均匀半无限空间之上，局部坐标系及各土层参数分布如图 4.8 所示，坐标原点设置在各土层上表面，正方向向下。其中，G 为弹性剪切模量；c 为黏滞阻尼系数；ρ 为土体密度。水平位移采用 $u(z,t)$ 表示。

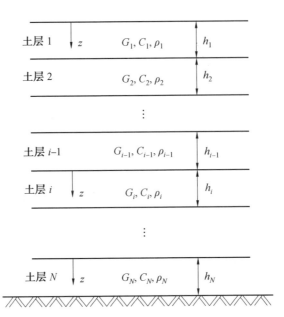

图 4.8 频域分析法求解时分层土层参数分布

对于线性黏弹性土体,动力平衡方程为

$$\rho \frac{\partial^2 u}{\partial t^2} = C \frac{\partial^3 u}{\partial t \partial z^2} + G \frac{\partial^2 u}{\partial z^2} \qquad (4.80)$$

在频域内求解,此时可认为各频率反应为稳态反应,其解为

$$u(z,t) = U(z) e^{i\omega t} \qquad (4.81)$$

在竖直方向剪切波作用下,有

$$U(z) = A e^{ikz} + B e^{-ikz} \qquad (4.82)$$

将式(4.81)代入式(4.80),则有

$$(G + i\omega c) \frac{d^2 U}{dz^2} = -\rho \omega^2 U \qquad (4.83)$$

定义表示土体黏弹性特性的复剪切模量为

$$G^* = G + i\omega c$$

式(4.82)中

$$k = \frac{\omega}{v_S^*}, \quad v_S^* = \sqrt{\frac{G + i\omega c}{\rho}} = \sqrt{\frac{G^*}{\rho}}$$

则剪应力为

$$\tau(z) = G \frac{\partial u}{\partial z} + c \frac{\partial^2 u}{\partial t \partial z} = G^* \frac{\partial u}{\partial z} \qquad (4.84)$$

在相邻界面上满足应力及位移连续条件为

$$\tau_i \big|_{z=0} = \tau_{i-1} \big|_{z=h_{i-1}} \qquad (4.85)$$

$$u_i \big|_{z=0} = u_{i-1} \big|_{z=h_{i-1}} \qquad (4.86)$$

由此可以解得 A、B 为

$$A_{i+1} = \frac{1}{2} \left[A_i (1 + \alpha_i) e^{ik_i h_i} + B_i (1 - \alpha_i) e^{-ik_i h_i} \right] \qquad (4.87)$$

$$B_{i+1} = \frac{1}{2} \left[A_i (1 - \alpha_i) \mathrm{e}^{\mathrm{i} k_i h_i} + B_i (1 + \alpha_i) \mathrm{e}^{-\mathrm{i} k_i h_i} \right] \qquad (4.88)$$

式中

$$\alpha_i = \frac{k_i G_i^*}{k_{i+1} G_{i+1}^*}$$

对于自由表面,存在 $\tau(0,t) = 0$,$u(0,t) = U(0) = U_1$,可得 $A_1 = B_1 = \frac{1}{2} U_1$,从而有

$$\frac{U_{i+1}}{U_1} = \frac{A_{i+1} + B_{i+1}}{2A_1} \qquad (4.89)$$

值得注意的是,对于基岩层,U_N 可由地震记录得到。

对于基岩上部土层,式(4.89)可以表示为

$$\frac{U_N}{U_1} = \frac{A_N + B_N}{2A_1}$$

从而得到各层的振幅值 U_i。针对不同的频率分量 ω 求得相应的幅值,再利用傅里叶反变换,即可求得时域的幅值。

4.3　二维场地地震反应分析

前面介绍的一维场地地震反应分析方法对于平行边界是比较有效的。然而,一般的情况下土体具有复杂的几何形状,即使只在地震运动的水平分量的作用下,也不会只发生剪切运动。另外,除了水平分量外,地震运动还包括竖向分量,特别当场地离震中较近时,竖向分量可能接近甚至超过水平分量。当考虑地震运动竖向分量时,土体运动的竖向分量是不可忽视的。比一维尺寸大得多的问题通常可以被视为二维平面应变问题。图4.9所示为平面应变问题的常见情况。

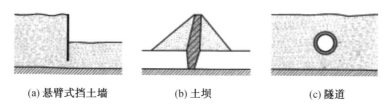

(a) 悬臂式挡土墙　　　　(b) 土坝　　　　(c) 隧道

图 4.9　平面应变问题的常见情况

与其他数值方法相比,有限元法处理土体的非均匀性和复杂的几何边界更为方便和有效,因此,土体地震反应数值方法通常采用有限元法。有限元法将连续体视为离散单元的集合,其边界由节点定义,并假设连续体的响应可以通过节点的响应来描述。以下部分将以常见的平面应变问题来介绍场地地震反应分析的有限元法。

4.3.1　动力有限元法

1. 单元运动方程的建立

采用有限元法分析时,首先对要研究的场地进行单元划分,对于平面应变问题,通常

采用等参四边形单元。从动力分析要求而言,土单元尺寸应保证所截断的最高频率的波能够较精确地通过。假定所截断的最高频率为 f_c,相应的周期为 T_c,波长为 λ_c,则单元尺寸应满足

$$l_e \leqslant \frac{1}{8}\lambda_c, \quad \lambda_c = v_S T_c \tag{4.90}$$

式中,v_S 为土的剪切波速。如果单元尺寸大于式(4.90)的要求,则高于截断频率的波通过土单元时会失真,甚至不能通过而被滤掉。截断最高频率与动荷载的频率特性有关,如果动荷载的高频成分很大,则所截取的频率高,相应的单元尺寸小。相反,如果选定了单元尺寸,就等于只保证小于某一频率的波能精确地通过。

挡土墙结构单元划分如图4.10所示,任一单元位移用向量 $\{u\}^T = \{u, v\}$ 表示,则

$$\{u\}^T = [N]\{r\}^T \tag{4.91}$$

式中,$[N]$ 为形函数矩阵;$\{r\}^T = \{u_1, u_2, u_3, u_4, v_1, v_2, v_3, v_4\}$。

任一单元的应变可表示为

$$\{\varepsilon\} = [B]\{r\} \tag{4.92}$$

应力可表示为

$$\{\sigma\} = [D]\{\varepsilon\} \tag{4.93}$$

式中,$[B]$、$[D]$ 分别为单元应变矩阵、胡克定律矩阵。

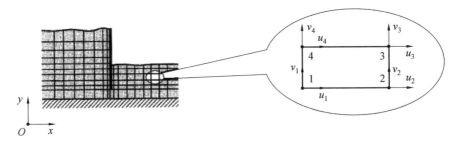

图4.10　单元划分示意图及单元位移表示

通过坐标转换将如图4.11(a)所示的任意四边形单元转换成如图4.11(b)所示的正方形,取任意四边形两对边中点的连线交点作为新的坐标原点,转换后各点坐标如图4.11(b)所示。假设单元厚度为单位厚度,根据应力 – 应变关系,可以写出单元刚度矩阵 $[k_e]$,即

$$[k_e] = \int_{-1}^{1}\int_{-1}^{1} [B]^T[D][B][J]\,\mathrm{d}\xi\mathrm{d}\eta \tag{4.94}$$

式中,雅可比矩阵 $[J]$ 为

$$[J] = \sum_{i=1}^{4}\sum_{j=1}^{4} x_i \left(\frac{\partial N_i}{\partial \xi}\frac{\partial N_j}{\partial \eta} - \frac{\partial N_i}{\partial \eta}\frac{\partial N_j}{\partial \xi} \right) y_j \tag{4.95}$$

质量矩阵 $[m_e]$ 可以表示为

$$[m_e] = \rho \int_{-1}^{1}\int_{-1}^{1} [N]^T[N][J]\,\mathrm{d}\xi\mathrm{d}\eta \tag{4.96}$$

当考虑阻尼影响时,由于各种公式对阻尼的频率依赖性的影响,阻尼矩阵可能十分复杂。然而,对于非线性场地响应分析,阻尼主要来自土体的滞后行为,因此,在循环加载条

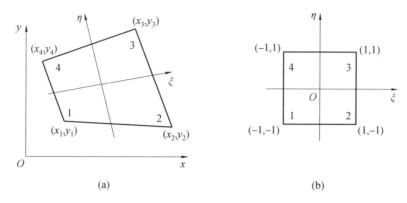

图 4.11　等参元四边形单元坐标转化

件下可通过刚度矩阵的变化来体现阻尼的影响。在二维场地响应分析中,考虑阻尼一般包括一些小的黏性阻尼,以解释在非常小的应变下的阻尼且最小化在完全没有阻尼时可能出现的数值问题。阻尼矩阵表示为

$$[\boldsymbol{c}_e] = \rho \int_{-1}^{1} \int_{-1}^{1} [\boldsymbol{B}]^{\mathrm{T}} [\boldsymbol{\lambda}] [\boldsymbol{B}] [\boldsymbol{J}] \mathrm{d}\xi \mathrm{d}\eta \tag{4.97}$$

式中,$[\boldsymbol{\lambda}]$ 为阻尼比矩阵,则单元运动方程为

$$[\boldsymbol{m}_e] \{\ddot{\boldsymbol{r}}\} + [\boldsymbol{c}_e] \{\dot{\boldsymbol{r}}\} + [\boldsymbol{k}_e] \{\boldsymbol{r}\} = \{\boldsymbol{R}(t)\} \tag{4.98}$$

$$\{\boldsymbol{R}(t)\} = \int_{-1}^{1} \int_{-1}^{1} [\boldsymbol{N}]^{\mathrm{T}} \{\boldsymbol{W}\} [\boldsymbol{J}] \mathrm{d}\xi \mathrm{d}\eta + \int_{S} [\boldsymbol{N}]^{\mathrm{T}} \{\boldsymbol{T}\} \mathrm{d}S \tag{4.99}$$

式中,$\{\boldsymbol{W}\}$ 为结点力向量;$\{\boldsymbol{T}\}$ 为表面力向量。

下面具体求解各矩阵。

(1)确定单元应变矩阵$[\boldsymbol{B}]$时,在局部坐标系中正方形内的位移函数可取双线性函数形式,即

$$\begin{cases} u = a_1 + a_2\xi + a_3\eta + a_4\xi\eta \\ v = a_5 + a_6\xi + a_7\eta + a_8\xi\eta \end{cases} \tag{4.100}$$

单元的位移可表示为

$$\{\boldsymbol{r}\} = \begin{bmatrix} N_i & 0 & N_j & 0 & N_k & 0 & N_l & 0 \\ 0 & N_i & 0 & N_j & 0 & N_k & 0 & N_l \end{bmatrix} \begin{Bmatrix} u_i \\ v_i \\ u_j \\ v_j \\ u_k \\ v_k \\ u_l \\ v_l \end{Bmatrix} \tag{4.101}$$

式中

$$\begin{cases} N_i = \dfrac{1}{4}(1 + \xi)(1 - \eta) \\[2mm] N_j = \dfrac{1}{4}(1 + \xi)(1 - \eta) \\[2mm] N_k = \dfrac{1}{4}(1 + \xi)(1 + \eta) \\[2mm] N_l = \dfrac{1}{4}(1 - \xi)(1 + \eta) \end{cases} \qquad (4.102)$$

对于单元应变矩阵 $[\boldsymbol{B}]$，有

$$[\boldsymbol{B}] = \begin{bmatrix} \dfrac{\partial N_i}{\partial x} & 0 & \dfrac{\partial N_j}{\partial x} & 0 & \dfrac{\partial N_k}{\partial x} & 0 & \dfrac{\partial N_l}{\partial x} & 0 \\[3mm] 0 & \dfrac{\partial N_i}{\partial y} & 0 & \dfrac{\partial N_j}{\partial y} & 0 & \dfrac{\partial N_k}{\partial y} & 0 & \dfrac{\partial N_l}{\partial y} \\[3mm] \dfrac{\partial N_i}{\partial y} & \dfrac{\partial N_i}{\partial x} & \dfrac{\partial N_j}{\partial y} & \dfrac{\partial N_j}{\partial x} & \dfrac{\partial N_k}{\partial y} & \dfrac{\partial N_k}{\partial x} & \dfrac{\partial N_l}{\partial y} & \dfrac{\partial N_l}{\partial x} \end{bmatrix} \qquad (4.103)$$

因为

$$\begin{cases} \dfrac{\partial N_i}{\partial \xi} = \dfrac{\partial N_i}{\partial x}\dfrac{\partial x}{\partial \xi} + \dfrac{\partial N_i}{\partial y}\dfrac{\partial y}{\partial \xi} \\[3mm] \dfrac{\partial N_i}{\partial \eta} = \dfrac{\partial N_i}{\partial x}\dfrac{\partial x}{\partial \eta} + \dfrac{\partial N_i}{\partial y}\dfrac{\partial y}{\partial \eta} \\[3mm] [\boldsymbol{J}] = \begin{bmatrix} \dfrac{\partial x}{\partial \xi} & \dfrac{\partial y}{\partial \xi} \\[3mm] \dfrac{\partial x}{\partial \eta} & \dfrac{\partial y}{\partial \eta} \end{bmatrix} \end{cases} \qquad (4.104)$$

则得

$$\begin{Bmatrix} \dfrac{\partial N_i}{\partial \xi} \\[3mm] \dfrac{\partial N_i}{\partial \eta} \end{Bmatrix} = [\boldsymbol{J}] \begin{Bmatrix} \dfrac{\partial N_i}{\partial x} \\[3mm] \dfrac{\partial N_i}{\partial y} \end{Bmatrix} \qquad (4.105)$$

由式（4.105）可解出 $\dfrac{\partial N_i}{\partial x}$ 和 $\dfrac{\partial N_i}{\partial y}$，即

$$\begin{cases} \dfrac{\partial N_i}{\partial x} = \dfrac{\dfrac{\partial N_i}{\partial \xi}\dfrac{\partial y}{\partial \eta} - \dfrac{\partial N_i}{\partial \eta}\dfrac{\partial y}{\partial \xi}}{[\boldsymbol{J}]} \\[5mm] \dfrac{\partial N_i}{\partial y} = \dfrac{\dfrac{\partial N_i}{\partial \xi}\dfrac{\partial y}{\partial \eta} - \dfrac{\partial N_i}{\partial \eta}\dfrac{\partial y}{\partial \xi}}{[\boldsymbol{J}]} \end{cases} \qquad (4.106)$$

坐标变换可取如下形式：

$$\begin{Bmatrix} x \\ y \end{Bmatrix} = \begin{bmatrix} N_i & 0 & N_j & 0 & N_k & 0 & N_l & 0 \\ 0 & N_i & 0 & N_j & 0 & N_k & 0 & N_l \end{bmatrix} \begin{Bmatrix} x_i \\ y_i \\ x_j \\ y_j \\ x_k \\ y_k \\ x_l \\ y_l \end{Bmatrix}$$

可得

$$\begin{cases} \dfrac{\partial x}{\partial \xi} = \sum_r \dfrac{\partial N_r}{\partial \xi} x_r, & \dfrac{\partial x}{\partial \eta} = \sum_r \dfrac{\partial N_r}{\partial \eta} x_r \\ \dfrac{\partial y}{\partial \xi} = \sum_r \dfrac{\partial N_r}{\partial \xi} y_r, & \dfrac{\partial y}{\partial \eta} = \sum_r \dfrac{\partial N_r}{\partial \eta} y_r \end{cases}, \quad r = i,j,k,l \qquad (4.107)$$

这样,就可按上述方法计算出应变矩阵的每个元素,将其代入式(4.103)就可得到等参四边形的应变矩阵。当单元应变矩阵$[\boldsymbol{B}]$确定后,就能够确定单元的刚度。

(2)确定单元刚度矩阵$[\boldsymbol{k}_e]$。

因为

$$\mathrm{d}x\mathrm{d}y = [\boldsymbol{J}]\mathrm{d}\xi\mathrm{d}\eta$$

则等参四边形单元刚度为

$$[\boldsymbol{K}]_e = \int_{-1}^{1}\int_{-1}^{1} [\boldsymbol{B}]^{\mathrm{T}}[\boldsymbol{D}][\boldsymbol{B}][\boldsymbol{J}]\mathrm{d}\xi\mathrm{d}\eta \qquad (4.108)$$

式(4.108)的右端采用高斯数值积分方法计算,设函数$f(\xi,\eta)$在$\xi = [-1,1]$,$\eta = [-1,1]$区间内有定义,按高斯积分法得

$$\int_{-1}^{1}\int_{-1}^{1} f(\xi,\eta)\mathrm{d}\xi\mathrm{d}\eta = \sum_{m=1}^{M}\sum_{n=1}^{M} H_m H_n f(\xi_m,\eta_n) \qquad (4.109)$$

式中,m、n分别为ξ、η坐标上的结点;H_m、H_n分别为相应于m、n结点的求积系数;ξ_m、η_n分别为m结点相应的ξ坐标值和n结点相应的η坐标值。通常,高斯积分的ξ_m、η_n和H_m、H_n值见表4.1。这样,等参四边形单元刚度矩阵可按下式近似数值计算。

$$[K]_e = \sum_{m=1}^{3}\sum_{n=1}^{3} H_m H_n [\boldsymbol{B}(\xi_m,\eta_n)]^{\mathrm{T}}[\boldsymbol{D}][\boldsymbol{B}(\xi_m,\eta_n)][\boldsymbol{J}(\xi_m,\eta_n)] \qquad (4.110)$$

表 4.1　高斯积分的 ξ_m、η_n 和 H_m、H_n 值

m 或 n	1	2	3
ξ_m	$-0.774\ 597$	0	$0.774\ 597$
η_n	$-0.774\ 597$	0	$0.774\ 597$
H_m	$0.555\ 556$	$0.888\ 889$	$0.555\ 556$
H_n	$0.555\ 556$	$0.888\ 889$	$0.555\ 556$

2. 整体运动方程的建立

单元运动方程建立以后,根据位移协调原则组合获得的整体运动方程为

$$[M]\{\ddot{r}\} + [c]\{\dot{r}\} + [K]\{r\} = \{R(t)\} \tag{4.111}$$

式中,$[c]$ 是整体阻尼矩阵,可由式(4.72a)和式(4.72b)确定;$\{r\}$ 是整体结点位移向量;$\{R(t)\}$ 是整体结点力向量;$[M]$ 是整体质量矩阵,通常为对角形式的矩阵,有

$$[M] = \begin{Bmatrix} M_1 & & & & & & & \\ & M_1 & & & & & 0 \\ & & M_2 & & & & \\ & & & M_2 & & & \\ & & & & \ddots & & \\ & & & & & M_i & \\ & & & & & & M_i \\ & & & & & & & \ddots \\ & 0 & & & & & & M_N \\ & & & & & & & & M_N \end{Bmatrix} \tag{4.112}$$

$[K]_{2N \times 2N}$ 是整体刚度矩阵,整体刚度矩阵具有如下特点:

(1) 关于对角线是对称的。

(2) 在整体刚度矩阵的第 $2i-1$ 及 $2i$ 行中,只有与结点 i 相邻结点的位移相应的刚度系数 $k_{i,j}$ 不为零,其他均为零,因此,总刚度矩阵中有大量的零元素,是一个稀疏矩阵。

假如从土体体系中取出整体编号为 i 的结点,该节点周围有 n 个单元、m 个结点,集中在结点 i 上的质量为 M_i,如图 4.12(a) 所示。现在考虑结点 i 在 X 方向的力的平衡,如果不考虑黏性阻尼力,在 X 方向作用于结点 i 的力如图 4.12(b) 所示。

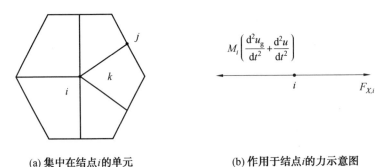

(a) 集中在结点 i 的单元   (b) 作用于结点 i 的力示意图

图 4.12 结点 i 所受的力及其周围单元

(1) 周围单元在 X 方向作用于结点 i 的力为 $F_{x,i}$。

(2) 在 X 方向作用于结点 i 的惯性力为 $M_i \left(\dfrac{\mathrm{d}^2 u_g}{\mathrm{d}t^2} + \dfrac{\mathrm{d}^2 u_i}{\mathrm{d}t^2} \right)$,由结点 i 在 X 方向的动力平衡得

$$- M_i \left(\frac{\mathrm{d}^2 u_\mathrm{g}}{\mathrm{d}t^2} + \frac{\mathrm{d}^2 u_i}{\mathrm{d}t^2} \right) + F_{x,i} = 0$$

整理得

$$M_i \frac{\mathrm{d}^2 u_i}{\mathrm{d}t^2} - F_{x,i} = - M_i \frac{\mathrm{d}^2 u_\mathrm{g}}{\mathrm{d}t^2} \tag{4.113}$$

由于 $F_{x,i}$ 为周围单元在 X 方向作用于结点 i 的力,则

$$F_{x,i} = \sum_{k=1}^{n} F_{x,i,k} \tag{4.114}$$

式中, $F_{x,i,k}$ 为周围的第 k 个单元在 X 方向作用于结点 i 上的力; k 为结点 i 周围单元的局部编号。考虑到单元对结点的作用力与结点对单元的作用力在数值上相等,但符号相反,则有

$$F_{x,i,k} = - R_{x,i,k} \tag{4.115}$$

式中, $R_{x,i,k}$ 为结点 i 在 X 方向作用于单元 k 上的力。

且有

$$\sum_{k=1}^{n} R_{x,i,k} = \sum_{k=1}^{n} (k_{i,i,kq}^{x,x} u_i + k_{i,i,kq}^{x,y} v_i) + \sum_{j=1}^{m} \sum_{l=1}^{2} (k_{i,j,lq}^{x,x} u_j + k_{i,j,lq}^{x,y} v_j) \tag{4.116}$$

式中, kq 表示与局部单元编号为 k 的单元的总单元编号; lq 为与 ij 相邻的两个单元的总单元编号。将式(4.116)代入式(4.113),有

$$M_i \frac{\mathrm{d}^2 u_i}{\mathrm{d}t^2} + \sum_{k=1}^{n} (k_{i,i,kq}^{x,x} u_i + k_{i,i,kq}^{x,y} v_i) + \sum_{j=1}^{m} \sum_{l=1}^{2} (k_{i,j,lq}^{x,x} u_j + k_{i,j,lq}^{x,y} v_j) = - M_i \frac{\mathrm{d}^2 u_\mathrm{g}}{\mathrm{d}t^2} \tag{4.117}$$

式中, M_i 为集中在结点 i 上的质量。

同样,可建立结点 i 在 Y 方向的动力平衡方程式以及土体体系中其他结点在 X 方向和 Y 方向的动力平衡方程式。

设 N 个结点满足

$$\{ \boldsymbol{r} \} = \{ u_1, v_1, u_2, v_2, \cdots, u_i, v_i, u_N, v_N \}^\mathrm{T}$$
$$\{ \ddot{\boldsymbol{r}} \} = \{ \ddot{u}_1, \ddot{v}_1, \ddot{u}_2, \ddot{v}_2, \cdots, \ddot{u}_i, \ddot{v}_i, \cdots, \ddot{u}_N, \ddot{v}_N \}^\mathrm{T}$$

建立 $2N$ 个动力平衡方程,有

$$[\boldsymbol{M}] \{ \ddot{\boldsymbol{r}} \} + [\boldsymbol{K}] \{ \boldsymbol{r} \} = - \{ \boldsymbol{E} \}_x \ddot{u}_\mathrm{g} - \{ \boldsymbol{E} \}_y \ddot{v}_\mathrm{g} \tag{4.118}$$

式中, $\{ \boldsymbol{E} \}_x$ 、 $\{ \boldsymbol{E} \}_y$ 分别为 X 方向和 Y 方向的惯性列阵,其形式为

$$\begin{cases} \{ \boldsymbol{E} \}_x = \{ M_1, 0, M_2, 0, \cdots, M_i, 0, \cdots, M_N, 0 \}^\mathrm{T} \\ \{ \boldsymbol{E} \}_y = \{ 0, M_1, 0, M_2, \cdots, 0, M_i, \cdots, 0, M_N \}^\mathrm{T} \end{cases} \tag{4.119}$$

由图 4.12(a)可见,在结点 i 周围的结点中可找出总编号最小的结点及相应的总编号,凡是总编号小于该最小编号的结点位移,相应的刚度系数为零。因此,假如该最小编号为 $j_{i,\min}$,那么第 $2i-1$ 和 $2i$ 行中第一个非零元素应为第 $2(j_{i,\max}-1)+1$ 个元素。下面将每行中从第一个非零元素到对角线元素的个数称为该行的半带宽,如图 4.13 所示,则第 $2i-1$ 行和 $2i$ 行的半带宽分别为

$$\begin{cases} b_{2i-1} = 2(i - j_{i,\min}) + 1 \\ b_{2i} = 2(i - j_{i,\min}) + 2 \end{cases} \tag{4.120}$$

显然,土体体系剖分的总编号对半带宽有重要的影响。

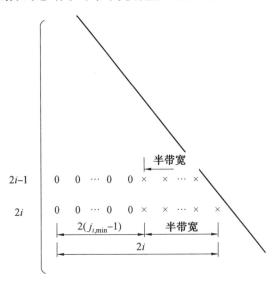

图 4.13　总刚度矩阵第 $2i-1$ 行和 $2i$ 行的第一个非零元素及半带宽

4.3.2　二维等效线性方法

等效线性化方法是通过反复的线性迭代分析把岩土材料的非线性近似简化为等效线性材料,即将非线性问题转化为线性问题求解。

等效线性化方法的步骤如下:

(1)输入各地层的剪切模量和阻尼比初始值 G_i、ξ_i。一般来说,取剪切模量和阻尼比曲线中最小应变对应的值,如图 4.14 所示。

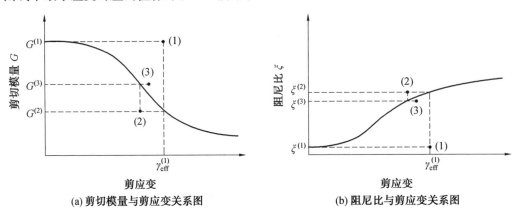

(a)剪切模量与剪应变关系图　　　　　(b)阻尼比与剪应变关系图

图 4.14　等效线性分析应变相应剪切模量与阻尼比迭代关系图

(2)使用初始值进行线弹性分析,计算各地层的剪切应变时程变化。

(3)取剪切应变时程中的最大剪切应变 $\gamma_{\max}$,采用式(4.121)求解有效剪应变,即

$$\gamma_{\text{eff}} = R_\gamma \times \gamma_{\max} \tag{4.121}$$

式中，$R_\gamma = (M-1)/10$ 或取 0.65，M 为地震震级。

（4）在图 4.14 中，取 $\gamma_{\text{eff}}^{(1)}$ 对应的 $G^{(2)}$、$\xi^{(2)}$ 重新进行线弹性时程分析，再次获得各地层的剪切应变时程曲线。

（5）通过反复计算，当 $G^{(i)}$、$\xi^{(i)}$ 计算得到的 $\gamma_{\text{eff}}^{(i)}$ 对应的 $G^{(i+1)}$、$\xi^{(i+1)}$ 之间的误差在容许范围内时，则停止计算。

以土坝问题为例，列出运动方程，即

$$[M]\{\ddot{r}\} + [c]\{\dot{r}\} + [K^*]\{r\} = -[M][E]\ddot{u}_g(t) \tag{4.122}$$

式中，$[M]$ 为质量矩阵；$[K^*]$ 为复刚度矩阵，$[K^*] = [K] + i\omega c$；$\{r\}$ 为结点位移向量；$\ddot{u}_g(t)$ 为基岩加速度时程。质量矩阵和刚度矩阵使用标准有限元程序利用相应的单元刚度矩阵组装，并且在形成复杂单元刚度矩阵时通过使用复数剪切模量将阻尼引入分析中。如果假定基本运动是谐波的，则相对位移矢量可以表示为

$$\{r\} = \{H(\omega)\}\ddot{u}_g(\omega)e^{i\omega t} \tag{4.123}$$

式中，$\{H(\omega)\}$ 是传递函数，表达式为

$$\{H(\omega)\} = \frac{[M]}{\omega^2[M] - [K^*]} \tag{4.124}$$

$\ddot{u}_g(\omega)$ 是 $\ddot{u}_g(t)$ 的博里叶变换，代入式（4.122）得到

$$-\omega^2[M]\{H(\omega)\}\ddot{u}_g(\omega)e^{i\omega t} + [K^*]\{H(\omega)\}\ddot{u}_g(\omega)e^{i\omega t} = -[M][E]\ddot{u}_g(t) \tag{4.125}$$

在等效线性化方法中，主要的计算工作量与传递函数的评估相关联。当质量矩阵和刚度矩阵很大时，求解传递函数非常费力。为了提高计算效率，通常仅在有限数量的频率上确定传递函数，通过插值获得中频值。

4.4　三维场地地震反应分析

理论研究和震害经验表明，地震时的地面运动是复杂的多维运动，竖向地震动有时非常强烈，常造成建筑物的严重破坏。例如，1994 年发生在美国加州圣费南多谷地的北岭地震中场地地震动竖向加速度峰值高达 1.19g（g 为重力加速度），且竖向加速度峰值与水平向加速度峰值比超过 1.5，远大于 2/3；2008 年"5·12"汶川地震记录中，竖向地震动加速度峰值高达 0.633g。研究表明，场地地震反应分析中仅考虑水平地震动响应而忽略其他分量的影响显然不合理，既易低估场地的地震反应，也对抗震设计方法与措施带来很大影响。

一般以下 3 种情况需要进行三维场地地震反应分析：① 土层条件在 3 个方向变化显著；② 狭窄峡谷中的土坝；③ 场地地震反应会受到上部结构的影响。

在计算上，三维等效线性动态响应分析实际上与 4.3.1 节中描述的二维分析相同。三维有限元（通常为四面体的形状）具有更多的节点，比相应的二维元素具有更多的自由度，但是单元质量矩阵、阻尼矩阵和单元刚度矩阵以及组装形成整体刚度矩阵的基本过程是相同的，不再赘述。

对于三维场地模型，其自由场包括模型 4 个侧面节点的运动，这就要求首先求解 4 个侧面的二维模型的响应，因此在求解过程中相当麻烦。为便于计算，常常把三维场地模型

的 4 个侧面简化为规则的、相同的单一或成层介质。若侧面是不规则地形,如河谷场地的横向,则 4 个侧面成层介质或弹性半平面同一高度的自由场假定均相同。一般情况下研究复杂地形(如盆地和山包)的地震响应,将切割模型的侧面假定为相同,对三维场地的地震响应结果影响不大,但对于有豁口的地形,上述简化可能过于简单。

4.5 土的剪切模量随深度变化的情况

(1) 假设每层土体的剪切模量相等。在上述研究中,假定土的剪切模量不随深度变化而为常数,实际上地面下的土层通常是水平成层的,每个层的模量是不相等的。设第 i 层土的厚度为 h_i,剪切模量为 G_i,相应的剪切波速 $v_{Si} = \sqrt{\dfrac{G_i}{\rho_i}}$,则剪切波通过第 i 层土的时间 t_i 为

$$t_i = \frac{h_i}{v_{Si}} \tag{4.126}$$

假如水平场地的土层包括 N 个土层,剪切波从土层底面传到表面所需的时间 t 为

$$t = \sum_{i=1}^{N} t_i = \sum_{i=1}^{N} \frac{h_i}{v_{Si}} \tag{4.127}$$

假定水平场地的土层剪切模量 G 为常数,相应的剪切波速为 v_s,那么剪切波由土层传到表面所需的时间为

$$t = \frac{\sum_{i=1}^{N} h_i}{v_S} \tag{4.128}$$

则等效剪切波速为

$$v_S = \frac{\sum_{i=1}^{N} h_i}{\sum_{i=1}^{N} \dfrac{h_i}{v_{Si}}} = \frac{H}{\sum_{i=1}^{N} \dfrac{h_i}{v_{Si}}} \tag{4.129}$$

等价剪切模量为

$$G = \rho v_S^2 \tag{4.130}$$

与剪切模量相似,当水平场地包括 n 个土层时,在上述分析中应采用 n 个土层的某种平均阻尼比。考虑到每个土层厚度的影响,采用按土层厚度的加权平均阻尼比更为适宜。土层加权平均阻尼比为

$$\lambda = \frac{\sum_{i=1}^{n} \lambda_i h_i}{H} \tag{4.131}$$

式中,λ_i 为第 i 层土的阻尼比。

(2) 每层土剪切模量不同时,土的动剪切模量随其承受的有效静平均应力的增加而增加,且有效静平均应力随深度的增加而增加,即使同一土层其动剪切模量也不会是常数。在水平场地情况下,土所受的平均正应力 σ_0 为

$$\sigma_0 = \frac{1 + 2K_0}{3}\sigma_z = \frac{1 + 2K_0}{3}\gamma Z \tag{4.132}$$

土的动剪切模量与有效静平均应力的关系为

$$G = K_1 P_a \left(\frac{\sigma_0}{P_a}\right)^n \tag{4.133}$$

式中,K_1、n 为两个经验参数。将式(4.132)代入式(4.133),简化后得

$$G = K_z Z^n \tag{4.134}$$

式中,K_z 为经验参数。

4.6　土的非线性的近似考虑

如果在分析中采用等效线性化模型作为土的动力学模型,则可以近似地考虑土的动力非线性特性。按前述的等效线性化模型,土的剪切模量和阻尼比取决于土所受的动剪应变幅值。但是,在求解之前各土层所受的剪应变幅值是未知的。因此,可以先假定初始动剪应变幅值,并确定出与其相应的各土层的剪切模量 G 和阻尼比 λ。再按上述的方法求出等价剪切模量和平均阻尼比作为所要分析土层的剪切模量和阻尼比,并按上述方法进行土层的地震反应分析,求出各土层所受到的动剪应变的最大值及相应的等价剪应变幅值,一般取等价剪应变幅值等于最大剪应变的 65%。这样,可按等效线性化模型确定出与等价剪应变幅值相应的各土层的剪切模量及阻尼比,进而确定出下一次分析所要求的土层的等价剪切模量及平均阻尼比,并按上述方法再进行一次土层的地震反应分析。如此,按上述方法进行迭代分析,直至相邻两次分析结果的误差满足要求为止。通常,要求相邻两次分析的剪切模量的最大误差小于 10%。经验表明,假定的初始剪应变幅值可在 $10^{-4} \sim 10^{-3}$ 之间选取,并且迭代 3 ~ 4 次就可以满足误差要求。

4.7　边　界　条　件

场地地震反应分析的关键之一是人工边界的模拟,无论哪一种人工边界,均涉及自由场(包括输入地震波)的问题。对于二维场地模型,自由场只包括模型两侧节点的运动,自由场运动采用一维土层模型就可以解决。对于三维场地模型,其自由场则包括模型 4 个侧面节点的运动,这就要求首先求解 4 个侧面的二维模型的响应,因此在求解过程中相当麻烦。为便于计算,常常把三维场地模型的 4 个侧面简化为规则的、相同的单一或成层介质。

人工边界条件的处理方法有很多种,如透射人工边界方法、无穷元方法、一致传递边界方法、旁轴近似方法、黏性边界方法及远置人工边界方法等。为了模拟半无限地层,在水平岩层中沿着竖直方向设置虚拟传递面,以考虑表面波在远场地基内传播的功能。当采用数值方法进行土体地震反应分析时,总是要截取一定尺寸的土体进行分析。实际上,土体向两侧是无限延伸的,截取后在两侧形成了人为的边界。在分析中对两侧边界如何处理,对反应分析结果有重要的影响。下面介绍几种人工边界:

（1）自由边界。

将土体向两侧延伸到一定距离,两侧的边界取自由边界,但是实际上是不同的。在这种处理方法中,两侧以外的土体对截取的分析土体没有作用。实际上,这相当于假定两侧边界的地震运动与自由场地土层的地震运动相同。这种方法是广泛采用的方法。

（2）人工边界。

采取一定的方法使从截取土体内向两侧边界传播的地震波在两侧边界不发生反射,通常,把这样的边界称为人工边界。现在已建立了若干种人工边界,常见的人工边界有:

① 黏性边界。黏性边界是由 Lysmer、Kuhlemeyer、Ang 和 Newmark 等提出的在边界上具有能够吸收一定角度的物质波的边界条件,地震波由界面内通过界面向外传播后不再返回界面内。

② 传递边界。传递边界能够模拟几乎所有形式的物质波和表面波的影响,水平方向的土层可以采用弹簧和阻尼的频率函数表示。传递边界条件一般假设岩土各层在水平方向的属性是均匀的,所以即使结构物自身存在边界条件时也可以得到比较满意的结果。

4.8　场地地震反应分析的不确定性

场地地震反应分析结果是工程结构抗震设计及进行结构可靠性估计时需要考虑的重要地震动参数之一。但是在土层地震反应分析计算中,从地震动输入、计算模型的选择到土层参数均存在着很大的不确定性。

4.8.1　地震动输入的不确定性

地震动输入的不确定性主要来源于震源机制、传播途径和震源系数的不确定性。目前普遍使用的场地地震反应分析方法以拟合于均值反应谱或一致危险性反应谱的地震动时程作为基本输入,这样的地震危险性分析结果对场地反应分析影响极大。因此,地震危险性分析从潜在震源区的判定、地震活动性参数的估计到地震动衰减关系的建立均存在很大的不确定性。对此,许多学者提出了多种处理方法。尽管在某种程度上人们已经能够在概率意义上把握这种不确定性,但许多问题仍未解决。地震动输入的不确定性的另一个来源是人工合成地震波所带来的误差。

4.8.2　计算模型的不确定性

计算模型不确定性是由简化假设和未知边界条件产生的,场地上覆土层的分层及横向土性质的变化以及波速变化、分界面是否存在可以作为假想输入面的土层等,均对计算模型的建立有重要影响。目前用于场地地震反应分析的模型大致有等效线性模型、黏弹性模型和黏弹塑性模型等。

在破坏性地震作用下,土处于中到大变形阶段,在场地地震反应分析中会呈现明显的非线性性能。因此,为了考虑动力非线性性能,在土体地震反应分析中通常采用等效线性化模型或弹塑性模型。在前面,曾从两种模型的功能及在地震反应分析的应用方面对两种模型及相应的地震反应分析做了比较。

当采用等效线性化模型时,在一个时间过程中土体是一个不变的刚度体系,其刚度矩阵不随时间而改变;而当采用弹塑性模型时,土体是一个变刚度体系,其刚度矩阵随时间改变。这样,如果采用等效线性化模型,由于在整个地震过程中刚度矩阵不变,当输入的地震运动的卓越周期与土体的自振周期接近时,能有时间形成充分的共振反应。然而,采用弹塑性模型时,由于在这个地震过程中刚度矩阵在不断地改变,则没有时间形成充分的共振反应,这就是等效线性化模型地震反应分析结果通常大于弹塑性模型地震反应分析结果的原因。

4.8.3　场地介质参数的不确定性

场地介质参数的不确定性根据产生原因可以分为两类:一类是由岩土性质的空间变异性所引起的不确定性,另一类则是由取样、测试中的失真与量测误差所引起的不确定性。

就场地本身而言,场地地震反应分析结果主要取决于场地介质的剪切波速值、非线性动剪切模量和阻尼比特性、土层厚度及组合特性以及介质的密度、泊桑比等参数的实际值。然而,由于诸参数固有的空间变化性,它们均具有显著的随机性质。空间变化性只有考察样本数据才能定量化,而样本容量又受到实际情况和经济条件的限制,这种限制将导致统计的不确定性。另一方面,由于受试验条件、试验仪器和换算方法的局限,室内测定结果同其真实值相比误差较大。将室内共振柱试验和现场试验进行了对比,虽然测定的应变幅值均可达到 10^{-6} 量级,但室内试验结果较室外试验结果要低 30% ~ 50%。此外,土样扰动也是引起试验结果离散性的一个重要因素,如黄土等结构性较强的黏性土受土样扰动影响较大。由原状土和重塑土试样的对比试验可知,前者的 G_{max} 约为后者的 1.4 ~ 1.8 倍。其他土力学参数如密度、泊桑比等同样存在着不确定性。

由以上分析可知,无论由什么原因产生的不确定性,均会使各影响因素和分析结果以随机变量的形式出现。因此,只能应用概率的方法对不确定性加以定义、预测和估计。

思　考　题

1. 对某些局部范围内场地条件较为均匀简单的情况,基于何种假设可将场地介质模型简化为一维场地模型?

2. 在线性黏弹性模型下,如何将水平均匀土层的场地地震反应问题转化成土柱剪切振动问题?

3. 如何采用分离变量法求解水平均质土层的场地地震反应问题?

4. 如何将土坝的场地地震反应分析问题转化成一维剪切振动问题? 如何按分离变量法求解?

5. 一般情况下,土体动力数值模拟分析中土体的刚度、质量和阻尼是如何模拟的?

6. 一般情况下,土体动力数值模拟分析的求解方程是如何建立的?

7. 试述振型叠加法求解土体动力分析方程式的两个步骤。采用振型叠加法求解时对阻尼矩阵有何要求? 如何才能满足这种要求?

8. 瑞利阻尼的力学意义是什么? 在数值分析中对整个体系采用瑞利阻尼公式和对单元采用瑞利阻尼公式有何不同?

9. 试述采用有限离散变换法求解土体动力分析方程式的步骤。

10. 试说明传递函数的概念及如何确定传递函数。

11. 如果已知土体中任意点的地震运动,应采用哪种分析方法确定相应的基岩运动及土体的地震反应? 求解的关键步骤是什么?

12. 试述用等效线性化方法求解场地地震反应分析的步骤。非线性问题为什么可以等效为线性问题进行求解?

13. 最常用的边界条件有哪几种? 它们各自的特点是什么?

14. 当考虑土的剪切模量随深度发生变化时,方程是怎样建立的?

15. 场地地震反应分析的不确定性有哪些? 这几类不确定性是怎样考虑的?

参 考 文 献

[1] IDRISS I M, SEED H B. Seismic response of horizontal soil layers[J]. Journal of the Soil Mechanics and Foundation Division, 1968, 94(4):1003-1031.

[2] 张克绪,谢君斐. 土动力学[M].北京:地震出版社, 1989.

[3] 张克绪,凌贤长. 岩土地震工程及工程振动[M].北京:科学出版社, 2016.

[4] KRAMER S L. Geotechnical earthquake engineering: prentice-hall international series in civil engineering and engineering mechanics[M]. Prentice-Hall:New Jersey, 1996.

[5] SCHNABEL P B, LYSMER J, SEED H B. Shake:a computer program for earthquake response analysis of horizontally layered sites[R]. USA:Report No. EERC72-12, Earthquake Engineering Research Center, 1972.

[6] 吴世明. 土动力学[M].北京:中国建筑工业出版社,2000.

[7] KAUSEL E,ASSIMAKI D. Seismic simulation of inelastic soils via frequency-dependent moduli and damping[J]. Journal of Engineering Mechanics, 2002,128(1):34-40.

[8] 陈青生,高广运,何俊锋. 上海软土场地三维非线性地震反应分析[J].岩土力学, 2011,32(11):3461-3467.

[9] 陈清军,杨永胜. 土层随机地震反应分析中侧向边界的影响分析[J].岩土力学, 2011,32(11):3442-3447.

[10] 石玉成, 蔡红卫, 徐晖平.场地地震反应分析中的不确定性及其处理方法[J].西北地震学报,1999,21(3):242-247.

[11] 李启鹃. 黄土的动三轴和原位波速试验性状[C]// 汪闻韶.第三届土动力学学术会议论文集.上海:同济大学出版社,1990.

第5章　土地地震作用下的永久变形

5.1　概　　述

地震引起的永久变形是评价地震时地基和土工结构物性能的一个重要依据。在许多震害现场调查中均发现土体永久变形及伴随发生的震害实例,如1976年唐山地震时天津塘沽地区工人新村中3～5层楼房在八度地震作用下大多发生了30～50 cm的附加沉降,个别的楼房甚至发生了80～100 cm的附加沉降。这样的附加沉降引起了基础两侧土体隆起、墙体下沉和开裂。显然,这样的变形已超过了允许范围。早在20世纪60年代,Newmark就曾指出,用地震引起的永久变形来评价土坝的抗震性能比滑动安全系数更合适。

在岩土工程中,任何分析变形和稳定性的方法均必须与所分析的变形机制和类型相一致。区分地震引起的永久变形的机制对于建立适当的分析方法是十分必要的。按地震时的性能,土可分为两大类:第一类土,在地震时孔隙水压力没有明显变化,土体强度不产生明显的降低,这类土包括干砂、压实的黏土、密实的饱和砂土等;第二类土,在地震时孔隙水压力会明显地升高或抗剪强度会明显地降低,这类土包括松或中密的饱和砂土、软黏土等。地震时这两类土产生永久变形的机制是不同的,震害调查表明,在第一类土中地震引起的永久变形有如下两种主要机制。

1. 非饱和砂性土震密引起的沉降

当饱和砂性土处于比较松的状态时,受往返剪应变作用会震密,地基和土工结构物会产生附加的垂直沉降。由于这种永久变形是由体积剪缩引起的,变形后非饱和砂土更为密实了。这种机制下的永久变形一般对土体的稳定性没有不利的影响,但是在一些情况下,这种永久变形可能改变土体的受力状态。如图5.1所示,在土坝斜墙后面处于非饱和状态的砂土在地震作用下因土体剪缩可能产生较大的附加沉降,当地震时水库水位比较高时,加上地震时水库的涌浪,很可能发生漫顶,这是很危险的。

2. 地震时某些时段一部分土体相对另一部分土体产生有限滑动而积累起来的变形

在地震时,地震惯性力的作用使土体的滑动力或力矩增加。当滑动力或力矩大于滑动面上的抗滑力或力矩时,滑动面以上的土体要发生滑动。但是,地震惯性力的数值和方向是变化的,在整个地震过程中只有某些时段内的滑动面以上的土体才能滑动,因为这些时段所持续的时间很短,每次滑动的位移是有限的。图5.2所示为土堤在地震时产生的有限滑动示意图,Δ表示有限滑动引起的相对水平位移。有限滑动变形的数值表示土体在动荷作用下稳定性的程度。有限滑动变形越大,土体在动荷作用下的稳定性程度就越低。因此,为了保证土体的稳定性,有限滑动变形必须控制在允许的界限之内。

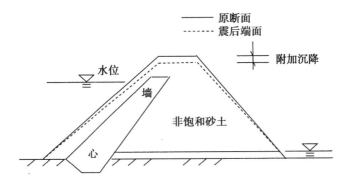

图 5.1　土坝防渗墙后非饱和砂土剪缩引起的附加沉降

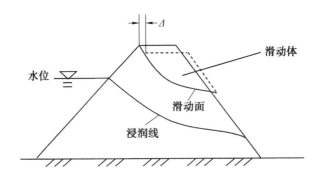

图 5.2　土堤在地震时产生的有限滑动示意图

震害调查还表明,对于第二类土,在体积不变条件下产生的偏应变是土体永久变形的原因。土体的永久变形取决于偏应变的分布和发展程度。由于这类土在地震时孔隙水压力明显升高,土骨架变软能使偏应变得到充分的发展。这种偏应变引起的永久变形取决于它在土体中存在的部位、范围和发展程度。

由上述变形机制分类总结可发现,非饱和砂性土震密引起的沉降与土体的稳定性没有直接关系,只要留有足够的超高或采取其他技术措施,非饱和砂性土震密就不会引起灾害性后果。沿滑动面的有限滑动是土体在地震时稳定性不足的表现,它应受到控制,要么不允许发生,要么限制滑动的位移。由偏应变引起的变形是土体剪切破坏发展程度的定量表示,也应受到限制。由于这两种变形与剪切破坏有关,因此应予以更多的注意。

5.2　非饱和砂性土震密引起的附加沉降计算

由前面所学的知识可知,循环正应力作用不能或只能使非饱和砂性土产生微小的体积变形,在动荷作用下的非饱和砂性土的体积变形主要是由动偏应力作用引起的。下面以自由水平地面下非饱和砂性土层的震密引起的附加沉降为例,说明这种附加沉降的计算方法。

考虑如图 5.3(a) 所示的非饱和砂性土层,计算的主要步骤如下:

(1) 确定非饱和砂性土层中任一点 i 的相对密度 D_r。

(2) 确定出静有效上覆压力及平均应力 σ_v 随深度的变化,如图 5.3(b) 所示,由 σ_v 可确定出相应的最大动剪切模量 G_{max}。

（3）考虑非饱和砂性土的动应力应变关系的非线性,采用等效线性化模型或弹塑性模型完成土层的动力反应分析,求出最大剪应变 $\gamma_{xy,\max}$ 随深度的变化,并将其转换成等价的等幅剪应变幅值 $\gamma_{xy,eq}$,如图 5.3(c) 所示。

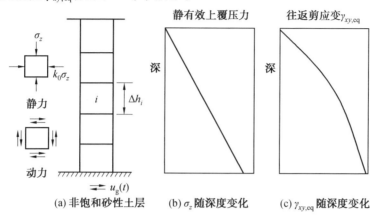

(a) 非饱和砂性土层　(b) σ_z 随深度变化　(c) $\gamma_{xy,eq}$ 随深度变化

图 5.3　由震密引起的水平地面附加沉降的计算

（4）确定一个等价往返作用次数 N_{eq},根据往返震密试验结果确定出当往返作用次数为 N_{eq} 时震密引起的垂直应变 ε_v 与往返剪应变幅值 γ 之间的关系,如图 5.4 所示。由图 5.4 可见,在指定的相对密度和作用次数下,由剪缩引起的垂直应变 ε_v 随剪应变幅值 γ 的增大而增大,界限剪应变的数值随相对密度增大而增大。

（5）根据相对密度 D_r 和等价剪应变幅值 $\gamma_{xy,eq}$,由图 5.4 确定出相应的震密引起的垂直应变 $\varepsilon_{v,i}$。

（6）用 S 表示非饱和砂性土层由土体震密引起的地面附加沉降,S 可按下式计算,即

$$S = \sum_{i=1}^{n} \varepsilon_{v,i} \Delta h_i \tag{5.1}$$

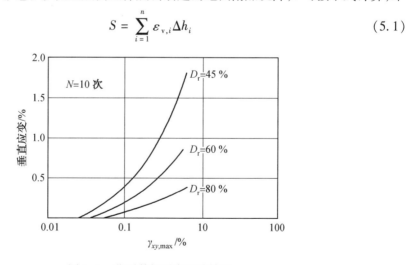

图 5.4　往返剪切震密试验结果

5.3　有限滑动引起的永久位移的计算

有限滑动位移的计算方法是以 Newmark 在 20 世纪 60 年代提出的屈服加速度概念为

基础的。Newmark 假定土体是刚塑性体,用圆弧法进行分析,基本方法是将可能的滑动体屈服加速度,做两次积分估算土坡的有限滑动位移。

位于坝坡上的滑块在未滑动以前,滑动安全系数 $F_S > 1$;在地震作用下,当滑块处于滑动临界状态时,$F_S = 1$,此时的地震动加速度称为屈服加速度 a_y。目前,一般采用静力法或拟静力法进行计算,即将地震惯性力作为地震荷载,因此,屈服加速度也可以用屈服地震系数 k_y 来表示。滑块开始滑动时,$F_S < 1$,此时滑块产生位移和速度。如果地震动有多个脉冲,第一个脉冲的加速度超过 k_y 后滑块开始滑动,产生速度和位移。当这个脉冲的加速度减小至小于屈服加速度 a_y 时,滑动速度减小,直至停止滑动。向下滑动的位移被认为是不可恢复的,所以位移是逐次累积的,即所谓的永久变形。但是,当地震加速度反向,且超过屈服加速度 a_y 时,滑块也不沿滑动面滑动。这样,在整个地震动作用过程中,只有半周期或负半周才能使滑块沿滑动面滑动。

5.3.1 屈服加速度概念

屈服加速度 a_y 是指使坝身沿某一滑动面向下滑动的安全系数 $F_S = 1$ 时的加速度,它与重力加速度的比值称为屈服地震系数 k_y。为了计算 k_y 的值,需要确定土的屈服强度。当地震动在土中所引起的应力超过这一屈服强度时,土就会产生永久变形。根据确定的屈服强度,即可用一般的圆弧滑动法计算出坝身沿某一滑动面向下滑动的安全系数 $F_S = 1$ 时的屈服加速度 a_y 或屈服地震系数 k_y。

5.3.2 等价地震系数的概念

将作用于滑动面上的剪切力 $Q(t)$ 的水平分量 $H(t)$ 与可能滑动面上的重力 W 之比定义为等价地震系数 $k_{av}(t)$,如图 5.5 所示,其值可表示为

$$k_{av}(t) = \frac{H(t)}{W} \tag{5.2}$$

$$H(t) = \int_0^l \tau(t)\cos\alpha \mathrm{d}l \tag{5.3}$$

式中,$\tau(t)$ 为作用于滑动面上的剪应力;α 为滑动面与水平面的夹角。

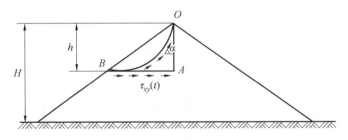

图 5.5 等价地震系数的概念

然而,在提出等价地震系数概念时,土坝的地震反应分析通常通过剪切楔形法进行,此方法只能给出水平面上的平均剪应力 $\tau_{xy}(t)$。为了应用楔形法的计算结果来确定等价地震系数,以 OAB 代替圆弧 OB 作为滑动面,有

$$H(t) = \tau_{xy}(t)\,\overline{AB}, \quad W = \gamma S_{OAB} = \frac{1}{2}\gamma\,\overline{AB}h$$

则式(5.2)可写为

$$k_{av}(t) = \frac{2\tau_{xy}(t)}{\gamma h} \tag{5.4}$$

式中,γ 为坝料的重度;h 为坝顶到滑动面出滑点的距离。

由此可见,等价地震系数 $k_{av}(t)$ 与坝顶到水平面 AB 的距离有关,即与到滑动面滑出点的距离有关,这样等价地震系数可以写为 $k_{av}(h,t)$。对于一个给定的 h,可由等价地震系数曲线确定其最大值,用 $k_{av,max}(h)$ 表示。当 $h = 0$ 时,$k_{av,max}(0)$ 即为坝顶等价地震系数的最大值。

5.3.3　有限滑动位移计算

根据 Newmark 的观点可知,当等价加速度在可能滑动体中产生的惯性力方向与滑动面上的剪切力的水平投影方向相同时,如果等价地震系数 $k_{av}(t) < k_y$,滑块不产生滑动;如果等价地震系数 $k_{av}(t) > k_y$,则滑块产生滑动,滑动方向与滑动面上静剪应力方向一致,滑动加速度的水平分量 $\ddot{u}(t)$ 等于等价地震系数 $k_{av}(t)$ 与屈服强度系数 k_y 之差乘以重力加速度 g,即

$$\ddot{u}(t) = \left[k_{av}(t) - k_y \right] g \tag{5.5}$$

在地震作用的整个过程内,只有半周期或负半周才能使滑块沿滑动面滑动。每次滑动的水平位移 δ_i 为

$$\delta_i = \iint \left[k_{av}(t) - k_y \right] g \mathrm{d}t \mathrm{d}t \tag{5.6}$$

现在分析一个滑动半周期内滑动位移的发展情况。在半周期内滑块的发展过程如图5.6 所示,设正半周期内产生了滑动。在 $t_0 \sim t_1$ 时间内,由于 $k_{av}(t) \leqslant k_y$,滑块不产生滑动;在 $t_1 \sim t_2$ 时间内,$k_{av}(t) > k_y$,滑块产生了滑动,并且滑动处于加速发展阶段;在 $t_2 \sim t_3$ 时间内,虽然 $k_{av}(t) \leqslant k_y$,但由于有初速度,滑动将继续发展,是滑动减速发展阶段,在达到 t_3 时刻滑动速度减为零。$t_0 \sim t_3$ 时刻的滑动速度和位移分别如图5.6(b) 和图5.6(c) 所示。

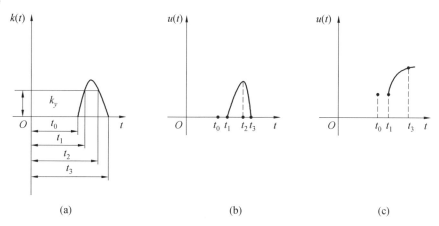

图5.6　在正半周期内滑块滑动的发展过程

综上所述,在整个地震滑动作用过程中,滑块滑动的总位移 δ 应该为每次滑动水平位移 δ_i 之和,即

$$\delta = \sum_{i=1}^{n} \delta_i \tag{5.7}$$

式中,n 为整个地震作用过程中滑块的滑动次数。

这里需要指明,当滑动体的滑出点,即 h 给定以后,滑动体及其滑动水平位移随圆弧的圆心位置而改变。为了求出最危险的滑动体,或者说最大的滑动水平位移,应该假设一系列圆心的位置然后进行计算比较。不难发现,当 h 取不同数值时,与其对应的最大滑动水平位移也将不同。因此,还需要假设一系列 h 的值并求出与其相对应的最大滑动水平位移。根据这些试算结果,就可以对坝体不同部位在地震作用下的永久变形有比较全面的了解。

5.4 由土单元偏应变引起的土体永久变形

概述中指出,由土单元偏应变引起的土体永久变形取决于地震引起的偏应变在土体中的部位、分布和发展程度。对于地震引起的偏应变,有两种不同的观点。

(1)地震应力的往返作用使土的静剪切变形模量降低,附加偏应变是在静应力作用下由于静剪切变形模量降低而产生的。基于这种观点,建立了软化计算模型。

(2)地震应力的往返作用可用等价的静荷载表示。这些静荷载作用于土单元结点上,使土单元产生的偏应变与地震应力往返作用引起的偏应变相等。因此,我们称之为等价结点力。基于这种观点,建立了等价结点力模型。

显然,按软化模型计算地震引起的附加变形时,需确定静剪切模量降低的数量,它取决于土单元在地震应力往返作用下所产生的附加偏应变的数值。而按等效结点力模型计算地震引起的附加变形时,需确定作用于土单元结点上的静等价结点力,它取决于土单元在地震应力往返作用下所产生的附加偏应变的一个近似值。因此,两种计算模型均必须先确定出土单元附加偏应变的一个近似值。由于这个附加偏应变是一个预先确定的近似值而不是实际值,因此,Seed 把这个近似的附加偏应变称为单元应变势。

5.4.1 土单元应变势的确定

土单元应变势要根据土的往返荷载试验结果和土单元所受的地震应力来确定。往返荷载试验通常是采用往返荷载三轴仪完成的。计算土单元偏应变的公式是按两段给定的,第一段适用于 $\lambda < \lambda_0$,形式为

$$\lg \frac{\varepsilon_{p,\lambda}}{\varepsilon_{p,\lambda,0}} = \frac{\lg(\lambda/\lambda_0)}{1 + b_1 \lg(\lambda/\lambda_0)} \tag{5.8}$$

第二段适用于 $\lambda > \lambda_0$,形式为

$$\lg \frac{\varepsilon_{p,\lambda}}{\varepsilon_{p,\lambda,0}} = \frac{\lg(\lambda/\lambda_0)}{1 - b_2 \lg(\lambda/\lambda_0)} \tag{5.9}$$

根据式(5.8),当 $t \to 0$ 时,$\lambda \to 0$,从而 $\lg(\lambda/\lambda_0) \to -\infty$,则有

$$\lg \frac{\varepsilon_{p,\lambda}}{\varepsilon_{p,\lambda,0}} = \frac{1}{b_1} \tag{5.10}$$

实际上,当 $t = 0$ 时,$\varepsilon_{a,p} = 0$。因此,应将 $t = 0$ 时刻的永久应变势修正为零。修正后,

当 $\lambda < \lambda_0$ 时,永久偏应变势应按下式计算,即

$$\varepsilon_{a,p} = \varepsilon_{a,p,0}\left(10^{\frac{\lg\frac{\lambda}{\lambda_0}}{1+b_1\lg\frac{\lambda}{\lambda_0}}} - 10^{\frac{1}{b_1}}\right) \tag{5.11}$$

当 $\lambda > \lambda_0$ 时,永久偏应变势应按下式计算,即

$$\varepsilon_{a,p} = \varepsilon_{a,p,0}\left(10^{\frac{\lg\frac{\lambda}{\lambda_0}}{1-b_2\lg\frac{\lambda}{\lambda_0}}} - 10^{\frac{1}{b_1}}\right) \tag{5.12}$$

按上述方法只能求出动荷作用所引起的总的永久偏应变,如果要确定在动荷作用过程中永久偏应变的发展,则可采用下述方法。

对式(5.11)取微分得

$$d\lg\frac{\varepsilon_{a,p}}{\varepsilon_{a,p,0}} = \frac{d\lg\frac{\lambda}{\lambda_0}}{\left(1+b_1\lg\frac{\lambda}{\lambda_0}\right)^2} \tag{5.13}$$

令 λ、$\varepsilon_{a,p}$ 分别为前一时刻的时间因数和永久偏应变,则

$$\begin{cases} \lambda = \lambda_1 + \Delta\lambda \\ \varepsilon_{a,p} = \varepsilon_{a,p,1} + \Delta\varepsilon_{a,p} \end{cases} \tag{5.14}$$

由此得

$$\begin{cases} \Delta\lg\frac{\lambda}{\lambda_0} = \lg\left(1+\frac{\Delta\lambda}{\lambda_1}\right) \\ \Delta\lg\frac{\varepsilon_{a,p}}{\varepsilon_{a,p,0}} = \lg\left(1+\frac{\varepsilon_{a,p}}{\varepsilon_{a,p,1}}\right) \end{cases} \tag{5.15}$$

将式(5.14)代入式(5.11)中,得

$$\begin{cases} \Delta\varepsilon_{a,p} = \varepsilon_{a,p,1}(10^{\Delta\bar{\lambda}_1} - 1) \\ \Delta\bar{\lambda}_1 = \dfrac{\lg\left(1+\dfrac{\Delta\lambda}{\lambda_1}\right)}{1+b_1\left[\lg\left(1+\dfrac{\Delta\lambda}{\lambda_1}\right)+\lg\dfrac{\lambda_1}{\lambda_0}\right]^2} \end{cases} \tag{5.16}$$

同理,由式(5.12)得

$$\begin{cases} \Delta\varepsilon_{a,p} = \varepsilon_{a,p,1}(10^{\Delta\bar{\lambda}_2} - 1) \\ \Delta\bar{\lambda}_2 = \dfrac{\lg\left(1+\dfrac{\Delta\lambda}{\lambda_1}\right)}{1-b_2\left[\lg\left(1+\dfrac{\Delta\lambda}{\lambda_1}\right)+\lg\dfrac{\lambda_1}{\lambda_0}\right]^2} \end{cases} \tag{5.17}$$

这样,可从第一次循环作用开始,求出每次作用引起的永久偏应变增量 $\Delta\varepsilon_{a,p}$,将它叠加起来就可求出 $\varepsilon_{a,p}$。下面来求第 i 次循环作用引起的永久偏应变增量 $\Delta\varepsilon_{a,p,i}$。设第 i 次循环作用的动剪应力比幅值为 $\bar{\alpha}_{a,p,i}$,相应的时间因数增量为 $\Delta\lambda_i$。由静剪应力比 $\alpha_{s,f}$ 和第 i 次循环作用的动剪应力比幅值 $\bar{\alpha}_{a,p,i}$ 可确定出相应的位置参数 $\lambda_{0,i}$、$\varepsilon_{a,p,0,i}$ 和形状参数 $b_{1,i}$、$b_{2,i}$。令

$$\varepsilon_{a,p,1}^1 = \varepsilon_{a,p,1} + \varepsilon_{a,p,0}10^{\frac{1}{b_1}} \tag{5.18}$$

如果 $\varepsilon_{a,p,1}^1 \leqslant \varepsilon_{a,p,0,i}$,将 $\varepsilon_{a,p,1}$ 代入式(5.11)左端,则可求出相应的等价的 λ_1 为

$$\lambda_1 = \lambda_0 \, 10^{\frac{\lg \frac{\varepsilon_{a,p,1}^1}{\varepsilon_{a,p,0,i}}}{1+b_2 \lg (\varepsilon_{a,p,1}^1/\varepsilon_{a,p,0,i})}} \qquad (5.19)$$

然后,将 λ_1 代入式(5.17),则可求出 $\Delta\varepsilon_{a,p,i}$。

由上述确定土单元应变势的方法可以看出,它只是根据所考虑的单元本身的应力条件确定出来的,没有考虑相邻单元间的相互影响。因此,它与相邻单元的应变是不相容的。

5.4.2 按软化模型计算土体的永久变形

根据软化模型的概念,地震引起的土体永久变形是按照降低了的土静模量计算的地震后的土体静变形与地震前土体静变形之差。

地震前土体静变形计算所取用的模量应按照固结排水三轴试验的应力 – 应变关系曲线确定。如前文所述,土的应力 – 应变关系是非线性的,通常用邓肯 – 张模型来表示,其中割线模量 E 为

$$E = \kappa_{p_a} \left(\frac{\sigma_3}{p_a} \right)^n \left[1 - \frac{R_f (1 - \sin\varphi)(\sigma_1 - \sigma_3)}{2c\cos\varphi + 2\sigma_3\sin\varphi} \right] \qquad (5.20)$$

式中,κ、n 为两个试验参数;R_f 为土的破坏比,由试验确定;c、φ 分别为土的黏聚力和摩擦角度,计算采用迭代法。此外,计算还需考虑土的自重、渗透力和边界荷载等外荷载的影响。

地震后土体静变形计算所采用的模量是在往返地震应力作用下降低了的模量。现分析一个土单元,图 5.7 所示为土单元地震前后的应力 – 应变曲线。假如 A 点表示地震前该单元的应力 – 应变状态,相应的偏应力为 $(\sigma_1 - \sigma_3)_A$,应变为 $\varepsilon_{a,A}$。假如地震后土体的应力不变,地震后该单元的偏应力仍为 $(\sigma_1 - \sigma_3)_A$,但应变增加的数值等于该单元的应变势。假如以 B 点表示地震后该单元的应力 – 应变状态,相应的偏应力为 $(\sigma_1 -$

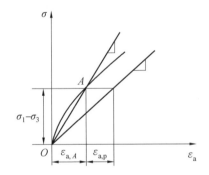

图 5.7　土单元地震前后的模量确定

$\sigma_3)_B = (\sigma_1 - \sigma_3)_A$,应变为 $\varepsilon_{a,B} = \varepsilon_{a,A} + \varepsilon_{p,\lambda}$。显然,地震后该单元的应力 – 应变关系曲线通过了 B 点。假如这条曲线仍可用邓肯 – 张模型来表示,并且参数 n、R_f、c、φ 与地震前相同,只有 κ 的取值与地震前不同。地震后 κ 的数值 κ_B 可按下述方法确定。如果以 E_A 表示地震前该单元的割线模量,则有

$$E_A = \frac{(\sigma_1 - \sigma_3)_A}{\varepsilon_{a,A}} \qquad (5.21)$$

以 E_B 表示地震后该单元的割线模量,则有

$$E_B = \frac{(\sigma_1 - \sigma_3)_A}{\varepsilon_{a,A} + \varepsilon_{p,\lambda}} \qquad (5.22)$$

由式(5.21)和式(5.22)可得

$$E_B = \frac{\varepsilon_{a,A}}{\varepsilon_{a,A} + \varepsilon_{p,\lambda}} E_A \qquad (5.23)$$

将式(5.20)代入式(5.23),且地震前后的 n、R_f、c、φ 及 $(\sigma_1 - \sigma_3)$ 不变,则可得

$$\kappa_B = \kappa_A \frac{\varepsilon_{a,A}}{\varepsilon_{a,A} + \varepsilon_{p,\lambda}} \qquad (5.24)$$

κ_B 确定后,地震后该单元的割线模量就可按式(5.20)求出。

由前文可知,土体永久位移是在体积不变条件下产生的,因此,地震前后两次计算求得的单元体应变应该相等。这个条件要求地震前后土的泊桑比应满足一定的关系。如果以 μ_A 表示地震前的泊桑比,μ_B 表示地震后的泊桑比,可得体积变形模量 κ_V 为

$$\kappa_V = \frac{E}{3(1 - 2\mu)} \qquad (5.25)$$

由 $\kappa_{V,A} = \kappa_{V,B}$($\kappa_{V,A}$、$\kappa_{V,B}$ 分别为地震前后的体应变)可得

$$\mu_B = \frac{1}{2}\left[1 - (1 - 2\mu_A)\frac{E_B}{E_A}\right] \qquad (5.26)$$

在地震后的静力分析中,考虑的外荷载与地震前的静力分析相同,包括土的自重、渗透力和边界荷载。地震前后的静力分析完成后,地震引起的土体永久变形就可以求得。

5.4.3　按等价结点力模型计算土体的永久变形

等价结点力模型的基本思路是地震动对土体变形的影响可用等价的静荷载表示。这些静荷载作用于单元结点上,使土单元产生的偏应变与地震往返应力作用引起的偏应变相等。因此,根据土单元的应变势确定作用于土单元的等价结点力和相应的模量是两个重要的问题。

1. 等价结点力的概念及内容

等价结点力的内容可概括为以下3点:① 动荷作用引起的土单元永久应变,可视为是由作用于土单元结点上的一组附加的静力引起的,就所引起的土单元永久应变而言,这组作用于土单元结点上的静力与动荷作用是等价的,因此将这组作用于土单元结点上的静力称为等价结点力。② 把作用于土单元结点上的等价结点力视为外荷载,在其作用下土体产生的变形即为动荷作用下偏应变引起的土体永久变形。③ 作用于土单元上的等价结点力可以由土单元永久应变势 $\varepsilon_{a,p}$ 确定。

由第三点可知,必须对与等价结点力相应的外荷载进行一次静力分析,在静力分析中所采用的土单元模量可由相应土单元的永久应变势 $\varepsilon_{a,p}$ 及动荷作用之前土单元在$(\sigma_1 - \sigma_3) - \varepsilon_a$ 关系线上的工作点确定。由第一点可知,还必须进行一次动荷作用之前土体的静力分析,确定土单元所受的主应力差 $(\sigma_1 - \sigma_3)$,进而确定动荷作用之前土单元在$(\sigma_1 - \sigma_3) - \varepsilon_a$ 关系线上的工作点。

2. 等价结点力的确定

前面曾指出,有时需将轴向永久应变势 $\varepsilon_{a,p}$ 变成永久剪应变势 γ_P,并给出了永久剪应变势的确定方法。首先,假定土体中每个单元的永久剪应变势 γ_P 为已知,表述土单元等价结点力的确定方法。通常认为,地震作用以水平剪切为主。因此,可以假定最大剪应变发生在水平方向上,即水平面是最大剪应力作用面。现在,考虑如图 5.8(a) 所示的矩形

土单元,与地震作用等价的静剪应力 $\tau_{xy,eq}$ 如图5.8(b)所示。等价静剪应力可按下式确定,即

$$\tau_{xy,eq} = G\gamma_P \tag{5.27}$$

式中,G 为相应的静剪切模量。式(5.27)只给出了等价剪应力的数值,作用方向并未给出。往返剪切试验结果表明,土样所产生的永久剪切变形的方向与土样所受的静剪应力方向一致,因此,等价剪应力的作用方向应与土单元水平面上的静剪应力方向一致。

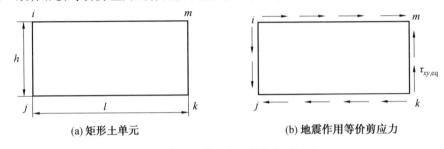

(a) 矩形土单元   (b) 地震作用等价剪应力

图5.8　作用于单元边上的等价剪应力 $\tau_{xy,eq}$

根据有限元法,作用于土单元四边上的等价剪应力可根据静力平衡的方法集中到4个结点上。设如图5.8(a)所示的矩形单元长为 l,宽为 h,如图5.9所示,集中到4个结点上的结点力的水平分量 F_x 和竖向分量 F_y 分别为

$$\begin{cases} F_x = \tau_{xy,eq} \dfrac{l}{2} \\[2mm] F_y = \tau_{xy,eq} \dfrac{h}{2} \end{cases} \tag{5.28}$$

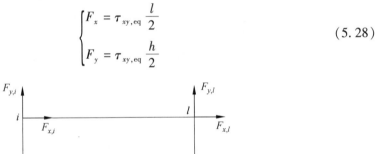

图5.9　矩形单元上的等价结点力

如果土单元不是矩形,而是如图5.10所示的任意四边形,则可虚构一个外接矩形。将土单元的等价剪应力作用在虚构的矩形边界上,则可确定出作用于4个结点上的结点力。下面,以确定作用于结点 i 上的结点力为例来说明结点力的确定方法。令四边形的局部结点按逆时针次序排列,与结点 i 相邻的结点为 l 和 j,l、i、j 3个结点的坐标分别为 (x_l, y_l)、(x_i, y_i)、(x_j, y_j)。从图5.10中将与结点 i 相邻的两边 li 和 ij 取出,并令结点力的水平分量和竖向分量的正向分别定为 x、y 方向,如图5.11所示。由力的平衡可得

$$\begin{cases} F_{x,i} = -\dfrac{1}{2}\tau_{xy,eq}(x_j - x_m) \\[2mm] F_{y,i} = \dfrac{1}{2}\tau_{xy,eq}(y_j - y_m) \end{cases} \tag{5.29}$$

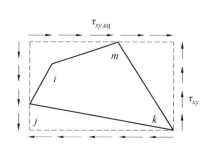 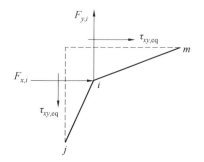

图 5.10　任意四边形的等价剪应力　　　图 5.11　任意四边形结点 i 上结点力的确定

3. 单元模量的确定

由于等价结点力是在静荷之上附加作用的,相应的模量应为增量切线模量或增量割线模量。下面介绍土单元的增量杨氏模量 E 及相应的剪切模量 G 的确定方法。

（1）像软化模型那样,根据土体静力分析确定出动荷作用之前土单元的主应力差,由 $(\sigma_1 - \sigma_3) - \varepsilon_a$ 关系线确定相应的工作点 A 及相应的引用轴向应变 $\varepsilon_{a,A}$,如图 5.12 所示。

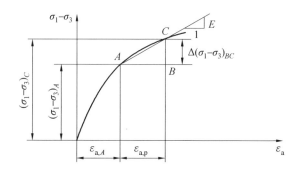

图 5.12　土单元增量割线模量 E 的确定

（2）将单元永久偏应变势叠加在 $\varepsilon_{a,A}$ 之上,得到 $(\sigma_1 - \sigma_3) - \varepsilon_a$ 关系线上 B 点的引用轴向应变 $\varepsilon_{a,B}$,即

$$\varepsilon_{a,B} = \varepsilon_{a,A} + \varepsilon_{a,p} \tag{5.30}$$

（3）按邓肯 - 张模型,按下式确定 C 点的主应力差 $(\sigma_1 - \sigma_3)_C$,即

$$(\sigma_1 - \sigma_3)_C = \cfrac{1}{\cfrac{1}{k_{pa}\left(\cfrac{\sigma_s}{p_a}\right)^n} + \cfrac{R_f(1 - \sin\varphi)\varepsilon_{a,B}}{2C\cos\varphi + 2\sigma_3\sin\varphi}} \tag{5.31}$$

（4）根据增量割线模量的定义（图 5.12）,则得

$$E = \frac{(\sigma_1 - \sigma_3)_C - (\sigma_1 - \sigma_3)_A}{\varepsilon_{a,p}} \tag{5.32}$$

（5）计算土单元等价剪应力 $\tau_{xy,eq}$ 所需要的剪切模量 G 时,可由式(5.32)计算出杨氏模量,再按下式确定 G,即

$$G = \frac{E}{2(1 + \nu)} \tag{5.33}$$

式中,泊桑比 ν 取 0.5。

4.土体永久变形的求解

将前面求得的作用于土单元结点上的等价结点力作为外荷载,进行一次土体静力分析就可求得土体的永久变形,求解方程式为

$$[K]\{\Delta r\} = \{\Delta R\} \qquad (5.34)$$

式中,$[K]$ 为土体系的总刚度矩阵,由单元刚度矩阵叠加而成,在计算土单元刚度矩阵时应采用式(5.32)确定的增量割线模量;$\{\Delta r\}$ 为由荷载向量增量 $\{\Delta R\}$ 作用引起的位移增量向量,即土体永久变形向量;$\{\Delta R\}$ 为由土单元等价结点力叠加而成的荷载增量向量,如图5.13(a)所示。一个结点周围通常有若干个土单元,每个土单元均在该结点上作用于一个等价结点力,因此,该结点上总的等价结点力应为这些单元在该结点上作用的等价结点力之和,即

$$\begin{cases} \Delta R_{x,i} = \sum_{k=1}^{n} F_{x,i,k} \\ \Delta R_{y,i} = \sum_{k=1}^{n} F_{y,i,k} \end{cases} \qquad (5.35)$$

式中,$\Delta R_{x,i}$、$\Delta R_{y,i}$ 分别为作用于结点 i 上的总结点力的水平分量和竖向分量;$F_{x,i,k}$、$F_{y,i,k}$ 分别为相邻的第 k 单元作用于结点 i 上的等价结点力的水平分量和竖向分量,如图5.13(b)所示;n 为结点周围的土单元个数。

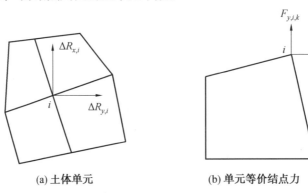

(a) 土体单元　　　　　(b) 单元等价结点力

图5.13　等价结点力的叠加

思　考　题

1.试说明在动荷作用下土体永久变形的机制及形式。

2.试说明屈服加速度的概念和确定土屈服加速度的条件。

3.如何根据土坡屈服加速度和等价刚体运动加速度时程计算土坡的有限滑动变形?这种方法的适用性是什么?

4.试说明在动荷作用下饱和土单元的永久应变势概念,以及如何确定饱和土体中土单元的永久应变势。

5.试述软化模型的概念以及如何确定软化后土的变形模量。

6.试述采用软化模型计算偏应变引起的土体永久变形的步骤及所要做的工作,并说

明该法的适用条件。

7. 试述等效结点力模型的概念和如何确定等价结点力。

8. 试述等效结点力模型计算偏应变引起的土体永久变形的步骤及所要做的工作。

9. 如何确定计算所需的土的杨氏模量？该法的适用条件是什么？

参 考 文 献

[1] 谢君斐,石兆吉,郁寿松,等. 液化危害性分析[J]. 地震工程与工程振动,1988,
1:61-77.

[2] NEWMARK N M. Effects of earthquake on dams and embankments[J].
Geotechnique, 1965, 2:139-160.

[3] SEED H B, SILVER M I. Settlement of dry sands during earthquakes[J]. Journal of
Soil Mech. and Found. Div. ASCE, 1972, 4: 381-397.

[4] SERFF N, SEED H B, MAKDISI F I, et al. Earthquake-induced deformation of earth
dams[R]. Berkeley: USA, Report NO. EERC76-4,1976.

[5] LEE K L, ALBAISA. Earthquake induced settlement in saturated sands[J]. ASCE,
1979, 100: GT4.

[6] 张克绪,李明宰,常向前. 地震引起的土坝永久变形分析[J]. 地震工程与工程振动,
1989,3(1): 91-100.

[7] 张克绪. 饱和非黏性土坝坡地震稳定性分析[J]. 岩土工程学报,1980,9(3):1-9.

第6章　土－结构动力相互作用

6.1　土－结构体系及其相互作用

在实际的工程问题中,土体通常以某种形式与某种结构连接在一起形成一个体系。概括地说,土体与结构之间有如下 3 种连接情况:

(1) 结构位于土体之上,如建筑物与地基土体之间的关系,如图 6.1(a) 所示。在这种情况下,地基土体起着支承建筑物保持其稳定的作用,而建筑物则通过与地基土体的接触面将上部荷载传递给地基土体。

(2) 结构位于土体的一侧,如挡土墙与墙后土体之间的关系,如图 6.1(b) 所示。在这种情况下,挡土墙起着在侧向支承墙后土体保持其稳定的作用,而墙后土体通过与墙的接触面将侧向压力传递给挡土墙。

(3) 结构位于土体之内,如地铁隧洞与周围土体之间的关系,如图 6.1(c) 所示。在这种情况下,隧洞起着支承周围土体保持其稳定的作用,而周围土体通过与隧洞的接触面将压力传递给隧洞。

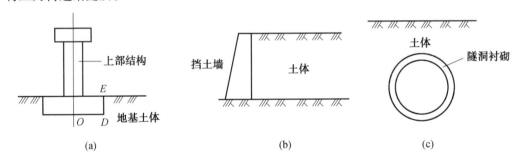

图 6.1　土与相邻结构的连接情况

由上述可见,无论土体与结构之间以哪种方式连接,它们之间均要通过接触面发生相互作用。土体与结构之间通过接触面发生的相互作用可概括为以下两点:

(1) 在接触面上土体与结构变形之间相互约束,并最后达到相互协调。通常,与结构相比,土体的刚度较小。在这种情况下,一方面结构对土体的变形具有约束作用,另一方面由于结构是变形体,在约束土体变形的同时也要顺从土体而发生一定的变形。最后,在接触面上土体与结构的变形达到相互协调。显然,相对而言,结构的刚度越大,结构对相邻土体变形的约束越大,而顺从土体发生的变形则越小。

(2) 在接触面上土体与结构之间发生力的相互传递。由于土体对结构的支承作用或结构对土体的支承作用,土体与结构之间一定要通过接触面发生力的传递。土体与结构之间力的传递是基本的,无论在计算分析中是否考虑土体与结构的相互作用,土体与结构之间这部分力的传递是必须考虑的。除此之外,在土体与结构之间通过接触面还存在一种附加力的传递,即由于土体与结构在接触面上变形协调而发生的附加力的传递。土体与结构之间这部分力的传递只有考虑土体与结构相互作用时才能考虑。综上所述,在土体与结构接触面上所传递的这部分力与土体、结构之间变形的约束程度有关,而土体与结构之间的变形约束程度与土体、结构之间的相对刚度有关。显然,土体与结构之间相对刚度之差越大,变形之间的约束也越大,则通过接触面传递的这部分力也越大。

与静力作用不同,在动荷作用下土体与结构的接触面还要传递由土体和结构运动而产生的惯性力。根据动力学知识,惯性力的大小与质量和刚度的分布有关。由于存在考虑相互作用和不考虑相互作用两种分析体系,两者的质量与刚度的分布不同,因此,在两种情况下通过接触面传递的惯性力也将不同。另外,考虑相互作用的分析体系通常比不考虑相互作用的分析体系要柔,考虑相互作用分析求得的体系变形要大。

综上所述,在静荷作用下由于刚度的不同,结构相对土体发生变形或土体相对结构发生变形,最后土体与结构变形达到协调,并在接触面上发生附加作用的现象,称为土－结构相互作用。除上述之外,在动荷作用下,土－结构的相互作用还包括土体与结构运动的惯性力通过接触面传递的现象。因此,无论是在静荷作用下还是在动荷作用下,土－结构相互作用均是通过两者的接触面发生的。相应地,土体与结构接触面的形式、性质对土－结构相互作用有重要的影响。

在此应指出,无论是在静荷作用下还是在动荷作用下,土－结构的相互作用是一个客观存在而无法改变的现象或事实。对于土－结构相互作用的问题,人们只有两个选择:考虑或不考虑相互作用,以及怎么考虑相互作用。

首先,关于考虑或不考虑相互作用的回答是肯定的。但是,如何考虑相互作用则应根据实际问题的复杂性及重要性而具体决定。在此应指出,关于土－结构相互作用可以在如下两个方面予以考虑:

(1)定性的考虑。定性的考虑是根据土－结构相互作用研究所获得的定性影响规律,在场地选择、结构形式、基础形式、构筑措施等方面予以考虑,尽可能地减小土－结构相互作用的不利影响及适当地利用土－结构相互作用的有利影响。

(2)定量的考虑。定量的考虑是在分析方法中考虑土－结构相互作用。考虑土－结构相互作用的分析结果,或者直接作为评估在动荷作用下土－结构体系性能的依据,或者作为不考虑土－结构相互作用动力分析结果的依据和补充。

通常,所谓的不考虑土－结构相互作用是指在分析方法上不考虑土－结构相互作用。在实际工作中,一个有经验的工程师在概念上和定性方面总是适当地考虑土－结构相互作用,同时在有关的设计规范的规定中也有所体现。但是,是否采用考虑相互作用的分析方法取决于如下两个因素:

(1)考虑土－结构相互作用的分析方法是很复杂的,即使是在分析中采用高速计算机计算的今天也是如此,在分析中采用计算机只是使考虑土－结构相互作用分析成为可能。

(2)已有的土－结构相互作用研究结果表明,考虑相互作用分析方法求得的结构所受的地震作用通常小于不考虑相互作用分析方法求得的。因此,通常不考虑土－结构相互作用分析方法所提供的结果是偏于保守和安全的。

考虑上述两个因素,一般工程采用不考虑土－结构相互作用的分析方法,只有重大工程才采用考虑土－结构相互作用的分析方法。

因此,可把动力问题分为源问题和场地反应问题两类。相应地,可把动力土－结构相互作用分为源问题中的土－结构相互作用和场地反应问题中的土－结构相互作用。比较而言,场地反应问题中的土－结构相互作用要比源问题中的土－结构相互作用更为复杂。但是,无论是源问题还是场地反应问题,要在分析方法中考虑土－结构相互作用必须基于以下两点:

(1)将土视为一种变形的力学介质。

(2)在体系的计算模型中必须包括与结构相邻的土体或表示土体作用的等价力学元件。

只有做到了这两点才能在分析中考虑土－结构相互作用,特别是在以下方面:

(1)在土－结构接触面上,土与结构变形之间的协调及相应的力的传递。

(2)土－结构相互作用体系中的质量和刚度分布。

(3)土体的材料耗能及体系的辐射耗能或几何耗能。

6.2 地震时土－结构相互作用机制及影响

6.2.1 土－结构相互作用机制

当将土体与结构作为一个体系时,地震时土体与结构之间的相互作用可分为运动相互作用和惯性相互作用两种机制。下面以图6.2所示的地基土体与其上的水塔在地震时的相互作用为例说明这两种相互作用机制。假定地震运动是从基岩向上传播的水平运动,C点为基岩与土层界面上的一点,该点的运动是指定的,即为控制运动,水塔的基础为埋置地面之下的刚性圆盘,O、D、E为基础与土体界面上3个代表性的点。

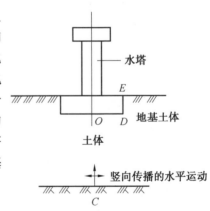

图 6.2　向上传播的水平运动及水塔地基土体体系

1.运动相互作用

图6.3(a)所示为在竖向传播的水平运动作用下自由表面场地土层体系。在这种情况下,土层各点只做水平运动。图6.3(a)中的虚线表示水塔的刚性圆盘基础与地基土体的界面。在土层情况为自由表面场地时,界面上的3个代表性点O、D、E也只做水平运动,并且由于场地土层的放大和滤波作用,不仅这3点的水平运动与基岩面上控制点C的水平运动不相同,而且E点的水平运动也与O、D两点的水平运动不同。图6.3(b)所示为在竖向传播的水平运动作用下在表面之下埋置无质量刚性圆盘的地基土层体系。当水平运动竖向传播到无质量刚性圆盘与土体的界面时,由于在界面上波产生散射,在这种作用下刚性圆盘上的3个代表性点的运动将不同于图6.3(a)所示的自由表面场地土层情况下相应的运动,其不同主要表现在以下两个方面:

（1）在图6.3（b）情况下,3个代表性点的水平运动与在图6.3（a）情况下相应的水平运动不相同。

（2）在图6.3（b）情况下,除水平运动外3个代表性点还可能发生转动,相应地引起了竖向运动。

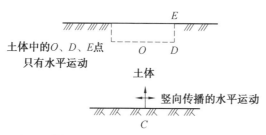

(a) 在竖向传播的水平运动作用下自由表面场地土层体系

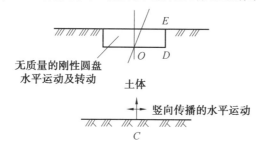

(b) 在竖向传播的水平运动作用下在表面之下埋置的无质量刚性圆盘的地基土层体系

图 6.3　在无质量刚性圆盘与土体界面发生的运动相互作用

综上所述,当运动以波的形式传播到结构与土体界面上时,由于波发生散射使界面上点的运动与自由表面场地土层中相应点的运动具有明显的不同,通常,把这种现象称为运动相互作用。对于如图 6.2 所示的水塔与地基土体的例子,其运动相互作用只与刚性圆盘的几何尺寸有关。如果基础不是刚性的,运动相互作用还应与圆盘基础的刚度有关。但是,运动相互作用与圆盘基础之上的水塔的质量和刚度无关。

2. 惯性相互作用

如图 6.4 所示,地震时水塔在刚性圆盘的水平运动及转动作用下发生运动。由于地基土体与水塔处在同一个体系之中,刚性圆盘基础及水塔运动的惯性力将通过接触面以基底剪力 Q 和弯矩 M 形式附加作用于地基土体,并在土体中引起附加运动和应力。下面,把基础及水塔运动的惯性力反馈作用于地基土体,并在土体中引起附加运动及应力的现象称为惯性相互作用。很明显,惯性相互作用取决于以下因素:

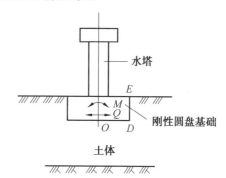

图 6.4　惯性力相互作用
Q— 惯性力形成的基底剪力;
M— 惯性力形成的基底弯矩

（1）无质量圆盘的运动。

（2）水塔的刚度,即上部结构的刚度。如果基础圆盘不是刚性时,还与其刚度有关。

（3）刚性圆盘和水塔的质量，即基础和上部结构的质量。

6.2.2　土 - 结构相互作用的影响

在常规的抗震设计中，一般采用不考虑土 - 结构相互作用的分析方法。常规的抗震设计分析方法沿建筑物基底面把地基土体与上部结构分成独立的两部分，按如下两步进行。

（1）如图 6.5（a）所示，根据地基土层条件确定场地类别，然后根据场地类别确定相应的地面加速度反应谱。如果想更好地考虑场地土层条件对地面运动的影响，则可对所考虑的场地土层进行地震反应分析，确定出相应的地面加速度时程和加速度反应谱。

（2）假定地基是刚性体，将上一步确定的地面运动加速度反应谱或时程作用于建筑物基底，进行上部结构抗震分析，如图 6.5（b）所示。

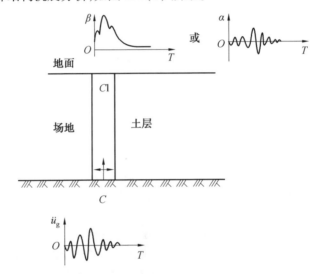

(a) 根据场地土层条件确定地面运动加速度$a(t)$或反应谱

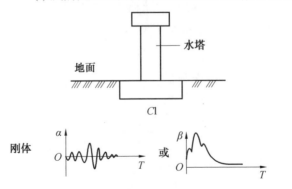

(b) 假定地基土体为刚体，将第一步确定的地面加速度反应谱或时程作用于建筑物基底面

图 6.5　常规抗震设计分析方法

显然，常规抗震设计方法通过第一步工作考虑了场地土层条件对地面运动的影响，但是并没有考虑土 - 结构相互作用的影响，因为：

（1）输入给建筑物基底的底层运动是自由场地地面运动，没有考虑运动相互作用的影响。

（2）在第二步上部结构抗震分析中,假定地基土是刚性的,没有考虑地基土体刚度及质量对上部结构地震反应的影响。

（3）在第二步上部结构抗震分析体系中没有包括地基土体或表示地基土体作用的等价力学元件,因此,无法将上部结构的惯性力反馈作用于地基土体或等价力学元件,即没有考虑惯性相互作用。

像上面指出的那样,常规抗震分析通常采用不考虑土体－结构相互作用的分析方法。因此,土体－结构相互作用的影响是一个受关注的问题。土－结构相互作用在定量上的影响决定于具体问题,在此只能在定性上来说明土－结构相互作用的影响。另外,土－结构相互作用的影响还与土体与结构之间的相对位置有关。目前,对建筑物与其地基土体的土－结构相互作用研究较多,下面仅就建筑物上部结构与其地基土体的相互作用来表述相互作用的定性影响。

为了简明,建筑物上部结构与其地基土体的相互作用的影响可以用如图 6.6 所示的例子说明。

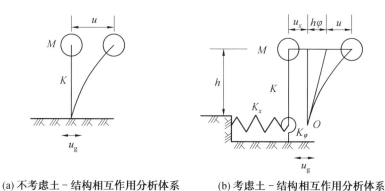

(a) 不考虑土－结构相互作用分析体系　　(b) 考虑土－结构相互作用分析体系

图 6.6　土－结构相互作用对体系自振周期的影响

1. 对分析体系振动特性的影响

当考虑土－结构相互作用时,将地基土体作为变形体包括在分析体系中。从抵抗水平变形就可看出,地基土体水平变形刚度与上部结构的水平变形刚度是串联的,因此,考虑土－结构相互作用的分析体系与不考虑土－结构相互作用的分析体系相比更柔了。因此,考虑土－结构相互作用分析体系的自振圆频率应低于不考虑土－结构相互作用分析体系的自振圆频率,相应地,其自振周期增大了。

在图 6.6 中,以一个单质点体系代表结构,设其质量为 M,抵抗水平变形刚度为 K,距基底高度为 h;以刚度为 K_x 的抗平移的等价弹簧和刚度为 K_φ 的抗摆动的等价弹簧表示地基土体的作用。不考虑土－结构相互作用的分析体系如图 6.6(a) 所示,地震动 $\ddot{u}_g(t)$ 从刚性基底输入。假如不考虑阻尼影响,不考虑土－结构相互作用分析体系的动力平衡方程为

$$M\ddot{u} + Ku = -M\ddot{u}_g$$

变形得

$$\ddot{u} + \frac{K}{M}u = -\ddot{u}_g \tag{6.1}$$

由结构动力学可知,不考虑土 – 结构相互作用分析体系的自振圆频率 ω 为

$$\omega = \sqrt{\frac{K}{M}} \tag{6.2}$$

当不考虑阻尼时,考虑土 – 结构相互作用分析体系如图 6.6(b) 所示。在这种情况下,质点 M 的运动由如下 3 部分组成:

① 基底运动 u_g。

② 基底的平移 u_x 和转动 $h\varphi$。

③ 质点 M 相对变形 u。

作用于质点 M 上的力包括:

① 质点 M 运动的惯性力 $M(\ddot{u}_g + \ddot{u}_x + h\ddot{\varphi} + \ddot{u})$。

② 弹性恢复力 Ku。

由质点 M 的水平向动力平衡得

$$M\ddot{u} + Ku = -M(\ddot{u}_g + \ddot{u}_x + h\ddot{\varphi}) \tag{6.3}$$

另外,为简化,假定基底 O 点的质量为零,由基底 O 点水平力和力矩的平衡分别得

$$Ku - K_x u_x = 0$$
$$Kuh - K_\varphi \varphi = 0$$

由此得

$$\begin{cases} u_x = \dfrac{K}{K_x} u \\ \varphi = \dfrac{K}{K_\varphi} hu \end{cases} \tag{6.4}$$

将式(6.4) 代入式(6.3) 得

$$M\left(1 + \frac{K}{K_x} + \frac{K}{K_\varphi} h^2\right) \ddot{u} + Ku = -M\ddot{u}_g$$

变形得

$$\ddot{u} + \frac{K}{M\left(1 + \dfrac{K}{K_x} + \dfrac{K}{K_\varphi} h^2\right)} u = -\frac{1}{1 + \dfrac{K}{K_x} + \dfrac{K}{K_\varphi} h^2} \ddot{u}_g \tag{6.5}$$

由结构动力学可知,考虑相互作用分析体系的自振圆频率 ω 为

$$\omega = \frac{1}{\sqrt{1 + \dfrac{K}{K_x} + \dfrac{K}{K_\varphi} h^2}} \sqrt{\frac{K}{M}} \tag{6.6}$$

与式(6.2) 相比,可见考虑土 – 结构相互作用体系的自振圆频率低于不考虑土 – 结构相互作用体系的自振圆频率,相应地,自振周期增大。由式(6.6) 可知,地基土体越软,即刚度系数 K_x 和 K_φ 越小,自振周期增大得就越多。对于多质点的结构,考虑土 – 结构相互作用分析体系的自振周期也要增大,只是不能像单质点结构这样做出简明的表述。

2. 对结构地震反应的影响

地震运动可视为是由一系列谐波组合而成的,其中的一个谐波圆频率为 p,幅值为 A,则由式(6.1) 不考虑土 – 结构相互作用的求解方程式可写成

$$\ddot{u} + \omega^2 u = -A\sin pt \tag{6.7}$$

式中，ω 为不考虑土 – 结构相互作用分析体系的自振圆频率，按式(6.2) 确定。式(6.7) 的稳态解为

$$u = -\frac{A}{p^2\left[\left(\dfrac{\omega}{p}\right)^2 - 1\right]}\sin pt \tag{6.8}$$

相似地，考虑土 – 结构相互作用的求解方程式即式(6.5) 可写成

$$\ddot{u} + \omega'^2 u = -\frac{A}{1 + \dfrac{K}{K_x} + \dfrac{K}{K_\varphi}h^2}\sin pt \tag{6.9}$$

式中，ω' 为考虑土 – 结构相互作用分析体系的自振圆频率，按式(6.6) 确定。式(6.9) 的稳态解为

$$u = -\frac{A}{1 + \dfrac{K}{K_x} + \dfrac{K}{K_\varphi}h^2}\frac{1}{p^2\left[\left(\dfrac{\omega'}{p}\right)^2 - 1\right]}\sin pt \tag{6.10}$$

设 α 为考虑土 – 结构相互作用与不考虑土 – 结构相互作用的质点位移之比，由式(6.10) 和式(6.8) 得

$$\alpha = \frac{1}{1 + \dfrac{K}{K_x} + \dfrac{K}{K_\varphi}h^2}\frac{\left(\dfrac{\omega}{p}\right)^2 - 1}{\left(\dfrac{\omega'}{p}\right)^2 - 1} \tag{6.11}$$

由于 $\omega' < \omega$，则

$$\frac{\left(\dfrac{\omega}{p}\right)^2 - 1}{\left(\dfrac{\omega'}{p}\right)^2 - 1} < 1$$

因此，由式(6.11) 可得 $\alpha < 1$。$\alpha < 1$ 表明，考虑土 – 结构相互作用的质点相对位移小于不考虑土 – 结构相互作用的质点相对位移。相似地，质点相对运动加速度也是如此。

与单质点体系相似，在通常情况下，多质点体系考虑土 – 结构相互作用分析得到的相邻结点的相对位移小于不考虑土 – 结构相互作用分析得到的。这表明，对于多质点体系，当考虑土 – 结构相互作用时连接相邻两个结点构件在地震时所受的剪力和弯矩要小于由不考虑土 – 结构相互作用分析得到的。正如前面所说，不考虑土 – 结构相互作用分析所提供的结果是偏于安全和保守的。

3. 对建筑物基底运动的影响

按前述的土 – 结构相互作用机制，土 – 结构相互作用对建筑物基底运动的影响取决于运动相互作用和惯性相互作用。对建筑物基底运动的影响包括对基底运动加速度最大值和基底运动加速度频率特性的影响两个方面。

（1）对基底运动加速度最大值的影响。

Seed 引进相互作用影响因数 I 来表示土 – 结构相互作用对基底运动加速度最大值的影响，相互作用影响因数 I 定义为

$$I = \frac{|\ddot{u}_{\max b,f} - \ddot{u}_{\max b}|}{|\ddot{u}_{\max b,f}|} \tag{6.12}$$

式中,$\ddot{u}_{\max b}$ 为由考虑土－结构相互作用分析体系求得的基底面上一个代表性点的运动最大加速度;$\ddot{u}_{\max b,f}$ 为由自由场地分析体系求得的相应点的运动最大加速度。由式(6.12)可见,无论 $\ddot{u}_{\max b}$ 小于还是大于 $\ddot{u}_{\max b,f}$,只要 I 越大就表示土－结构相互作用对基底运动的影响越大。

根据结构动力学知识可知,由自由场地分析体系求得的基底相应点的运动最大加速度 $\ddot{u}_{\max b,f}$ 只与场地土层的质量与刚度分布有关,而与土层之上的结构无关。但是由考虑土－结构相互作用分析体系求得的基底面上一点运动最大加速度 $\ddot{u}_{\max b}$ 不仅与土层的质量与刚度分布有关,还与结构的刚度与质量分布有关。这一点可由图6.6(b)中表示基底运动的点 O 的运动来说明。由图6.6(b)可知,基底面上点 O 的运动 u_b 可表示为

$$\ddot{u}_b = \ddot{u}_g + \ddot{u}_x \tag{6.13}$$

为简明,设输入的运动加速度 $\ddot{u}_g$ 为正弦波,则

$$\ddot{u}_g = A\sin pt \tag{6.14}$$

由式(6.4)得

$$\ddot{u}_x = \frac{K}{K_x}\ddot{u} \tag{6.15}$$

将式(6.10)代入式(6.15)得

$$\ddot{u}_x = \frac{A}{1 + \dfrac{K}{K_x} + \dfrac{K}{K_\varphi}h^2}\frac{K}{K_x}\frac{1}{\left(\dfrac{\omega}{p}\right)^2 - 1}\sin pt \tag{6.16}$$

将式(6.14)和式(6.16)代入式(6.13)得

$$\ddot{u}_b = A\left[1 + \frac{1}{1 + \dfrac{K}{K_x} + \dfrac{K}{K_\varphi}h^2}\frac{K}{K_x}\frac{1}{\left(\dfrac{\omega}{p}\right)^2 - 1}\right]\sin pt \tag{6.17}$$

式(6.17)表明,由考虑土－结构相互作用体系求得的基底运动加速度最大值不仅取决于地基土体的刚度 K_x、K_φ,还取决于结构的刚度,而质量分布的影响包括在 ω 之中。

(2)对基底运动加速度频率特性的影响。

前面已经指出,对于建筑物与地基土体,考虑土－结构相互作用的分析体系的刚度要变柔。相应地,基底面上一点的运动加速度的高频含量要被压低,而低频含量要被增大,加速度反应谱的卓越周期即反应谱最大峰值所对应的周期要增大。

6.3 地震作用下土－结构相互作用问题的分解

假定在分析中土采用线性黏弹性或等效线性化模型,结构采用线弹性模型。在这种假定下,叠加原理是适用的。下面表述如何利用叠加原理把地震作用下土－结构相互作用问题分解成场地反应问题和源问题。

以如图6.7所示的土－结构相互作用问题为例。图6.7(a)为考虑土－结构相互作用的分析体系,设基底运动加速度为 $\ddot{u}_g$,其方程式为

$$[M]\{\ddot{u}\} + [C]\{\dot{u}\} + [K]\{u\} = -\{E\}_x\ddot{u}_g(t) \tag{6.18}$$

式中,$[M]$、$[C]$、$[K]$ 分别为考虑相互作用分析体系的质量矩阵、阻尼矩阵和刚度矩阵;$\{u\}$、$\{\dot{u}\}$、$\{\ddot{u}\}$ 分别为体系中结点的相对位移、速度及加速度向量。如果从地表面将地基土体与上部结构切开分成上下两部分,地面以下部分的分析体系如图6.7(b) 所示,此分析体系与自由场地分析体系相同。图 6.7(b) 中虚线表示的是一个相应的无质量和无刚度的结构,令其每一点的运动与基岩运动 $u_g(t)$ 相同,则其相对位移为零。由于这个结构既无质量又无刚度,它对如图 6.7(b) 所示的自由场分析体系没有作用,自由场地分析体系的求解方程式不会改变,即

$$[M_f]\{\ddot{u}_f\} + [C_f]\{\dot{u}_f\} + [K_f]\{u_f\} = -\{E\}_{x_f}\ddot{u}_g(t) \tag{6.19}$$

式中,$[M_f]$、$[C_f]$、$[K_f]$ 分别为自由场地分析体系的质量矩阵、阻尼矩阵和刚度矩阵;$\{u_f\}$、$\{\dot{u}_f\}$、$\{\ddot{u}_f\}$ 分别为自由场地体系位移、速度及加速度向量。设考虑土 - 结构相互作用体系的每个结点的相对位移 u 等于自由场地体系的相应结点相对位移 u_f 与相互作用引起的相应结点的相对位移 u_i 之和,即

$$u = u_f + u_i \tag{6.20}$$

将式(6.20) 代入式(6.18) 得

$$[M]\{\ddot{u}_i\} + [C]\{\dot{u}_i\} + [K]\{u_i\} + [M]\{\ddot{u}_f\} + [C]\{\dot{u}_f\} + [K]\{u_f\} = -\{E\}_x\ddot{u}_g(t) \tag{6.21}$$

再将式(6.19) 减去式(6.21) 得

$$[M]\{\ddot{u}_i\} + [C]\{\dot{u}_i\} + [K]\{u_i\} = -([M] - [M_f])\{\ddot{u}_f\} - ([C] - [C_f])\{\dot{u}_f\} - ([K] - [K_f])\{u_f\} - (\{E\}_x - \{E\}_{x,f})\ddot{u}_g(t) \tag{6.22}$$

令

$$\begin{cases} \{Q_i\}_1 = -(\{E\}_x - \{E\}_{x,f})\ddot{u}_g(t) \\ \{Q_i\}_2 = -([M] - [M_f])\{\ddot{u}_f\} - ([C] - [C_f])\{\dot{u}_f\} - ([K] - [K_f])\{u_f\} \end{cases} \tag{6.23}$$

代入式(6.22) 得

$$[M]\{\ddot{u}_i\} + [C]\{\dot{u}_i\} + [K]\{u_i\} = \{Q_i\}_1 + \{Q_i\}_2 \tag{6.24}$$

式中,$\{Q_i\}_1 + \{Q_i\}_2$ 为荷载向量。由式(6.23) 可见,在 $\{Q_i\}_1$ 和 $\{Q_i\}_2$ 中只有与结构上结点相应的元素为非零元素,包括结构与自由场土层的公共结点,如图 6.7(c) 所示。这样,式(6.24) 就定义了一个源问题,求解式(6.21) 就可得到相互作用引起的相对位移 u_i。进而,由式(6.20) 可求得总相对位移 u。

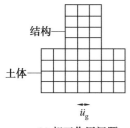

(a) 相互作用问题

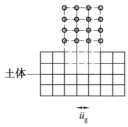

(b) 自由场地反应问题

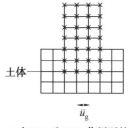

(c) 在$\{Q_i\}_1$和$\{Q_i\}_2$作用下的源问题

图 6.7　土 - 结构相互作用问题的分解

由式(6.18)可见,图 6.7(a)所示的土 – 结构相互作用问题相似于在激振力
$-\{E\}_x\ddot{u}_g(t)$ 作用下的源问题。因此,把图 6.7(a)所示的这类相互作用问题称为伪相互
作用问题。在实际问题中,这类伪相互作用问题通常按式(6.18)直接求解,而不将其分
解成场地反应问题和源问题求解。但是,上面所述的土 – 结构相互作用问题的分解可以
更深刻地理解土 – 结构相互作用的现象。

6.4　考虑土 – 结构相互作用的分析方法

土 – 结构相互作用问题极为广泛,考虑土 – 结构相互作用的分析途径分为两种主要
方法,即子结构分析方法和整体分析方法。

6.4.1　子结构分析方法

在子结构分析方法中,把土体和结构视为两个相互关联的独立体系,并将确定结构体
系对地震反应作为主要的求解目标,而将土体作为对结构地震反应有影响的一个体系,称
其为子结构。

严格的子结构分析方法将土体视为半空间连续介质,而将结构视为离散的构件集合
体,并包含如下 3 个分析步骤。

(1)考虑运动相互作用确定土 – 无质量的基础界面上各点的运动。如前所述,由于
波的散射在土 – 无质量的基础界面上各点的运动与自由场地土层中相应点的运动是不
同的,因此,将确定土 – 无质量基础界面上各点的运动称为散射分析。

(2)考虑惯性相互作用确定土 – 无质量基础界面上各点的力与变形的关系。如果以
复刚度表示力和变形的关系,则在这个关系中考虑了阻尼的影响,特别是辐射阻尼的影
响,并将复刚度系数称为阻抗系数。通常,作用于土 – 无质量基础界面上一点的力不仅
与该点的变形有关,还与界面的其他点的变形有关。因此,土 – 无质量基础界面上各点
的力与变形是交联的,它们之间是由一个表示土体对界面作用的阻抗或刚度矩阵连接起
来的,确定土体对界面作用的阻抗或刚度矩阵称为阻抗分析。直观上,可以把土体对界面
的作用以一组相互交联的弹簧表示。由阻抗分析确定出来的阻抗或刚度矩阵表示这组弹
簧对界面的作用以及各弹簧之间的关联作用。

(3)最后一步是进行结构的动力分析。为了考虑惯性相互作用,在结构动力分析中
必须将上述一组相互交联的弹簧与土 – 基础界面连接起来。这组相互交联的弹簧对土 –
基础界面的定量作用可由阻抗分析求得的阻抗或刚度矩阵确定。同时,为了考虑运动相
互作用,则必须将由散射分析确定出来的土 – 基础界面的运动施加于相互交联的弹簧的
另一端。在此应注意,散射分析确定出来的土 – 基础界面的运动不是考虑土 – 结构相互
作用界面的实际运动。考虑土 – 结构相互作用界面的实际运动还取决于惯性运动。因
此,如果将散射分析确定出来的土 – 基础界面的运动施加于土 – 结构界面上,则是错误
地认为界面的实际运动等于散射分析确定出来的土 – 基础界面的运动。这样,则不能考
虑惯性相互作用对土 – 结构界面运动的影响。按上述,以如图 6.8(a)所示的刚性基础的
水塔为例,其结构动力分析模型如图6.8(b)所示。在图6.8(b)中,将塔罐简化为一个具
有两个自由度的刚块:一个自由度为水平运动,以其质心的水平运动 u_1 表示;另一个自由

度为转动,以绕其质心的转角 φ_1 表示,刚块的质量为 M_1,绕其质心转动的质量惯性矩为 I_1,刚块地面上 A 点的水平位移按下式确定,即

$$u_A = u_1 + h_1\varphi_1 \tag{6.25}$$

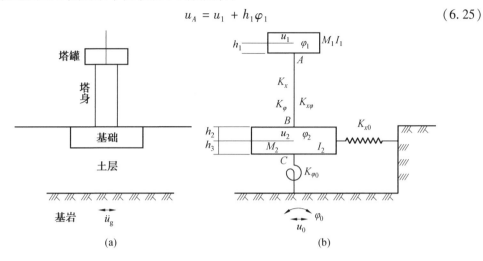

图 6.8　子结构分析方法最后的结构动力分析模型

　　塔身简化为一个梁构件,K_x、K_φ 及 $K_{x\varphi}$ 分别表示其剪切刚度系数、弯曲刚度系数和剪切弯曲交联刚度系数。水塔的基础也简化为一个具有两个自由度的刚块,其质心的水平运动用 u_2 表示,绕其质心的转动用 φ_2 表示,刚块的质量用 M_2 表示,绕其质心转动的质量惯性矩为 I_2,刚块顶面 B 点和底面 C 点的水平位移 u_B 和 u_C 分别按式(6.26)的第一式和第二式确定,即

$$\begin{cases} u_B = u_2 - h_2\varphi \\ u_C = u_2 + h_2\varphi \end{cases} \tag{6.26}$$

　　由阻抗分析确定出来的地基土体的水平运动的刚度系数、转动刚度系数分别为 k_{x0} 和 $k_{\varphi 0}$,并且假定忽略水平运动和转动的交联,令其刚度系数 $k_{x\varphi,0} = 0$。由散射分析得到的土体和刚性基础界面的水平位移和转动分别为 u_0、φ_0。与刚度系数 k_{x0} 和 $k_{\varphi 0}$ 相应的弹簧,其一端与刚性基础界面相连接,另一端与按 u_0、φ_0 运动的刚体相连接。

　　由如图 6.8(b) 所示的结构动力分析模型可见,该模型共有 4 个自由度,相应的运动分别为 u_1、φ_1、u_2、φ_2。同时,由分析模型可建立 4 个求解方程,即第一个刚块的水平向运动动力平衡方程和绕其质心转动的动力平衡方程式,即

$$\begin{cases} \sum X_1 = 0 \\ \sum M_1 = 0 \end{cases} \tag{6.27}$$

以及第二个刚块的水平向运动动力平衡方程和绕其质心转动的动力平衡方程式,即

$$\begin{cases} \sum X_2 = 0 \\ \sum M_2 = 0 \end{cases} \tag{6.28}$$

式中,X_1、M_1 和 X_2、M_2 分别为作用于第一个刚块和第二个刚块上的水平力及绕其质心的力矩。不难看出,由散射分析求得的界面点的运动,即图 6.8(b) 中,u_0、φ_0 作为输入运动,其作用包括在式(6.25) 中。

综上所述,子结构分析方法求解土－结构相互作用流程图如图6.9所示。由图6.9可见,散射分析和阻抗分析是子结构分析方法的两个关键步骤。无论是散射分析还是阻抗分析,其结果均与建筑物的基础形式有关。

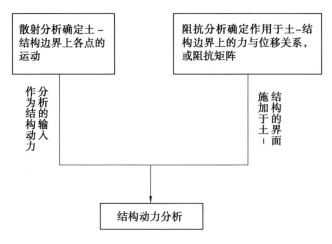

图6.9　子结构分析方法求解土－结构相互作用流程图

通常,建筑物的基础可分为刚性基础和柔性基础。下面按这两种情况做进一步讨论。

（1）在刚性基础情况下,散射分析所要确定的结果为无质量刚性基础底面的平移、转动及扭转。在平面情况下,如图6.10所示,则为刚性基础底面中心点的竖向位移、水平位移和绕中心点的转动。相应地,阻抗分析所要确定的结果为描述土体作用于刚性基础底面上的力、转动力矩、扭转力矩与其平移、转动及扭转之间的关系。设土体作用于刚性基础底面中心点上的竖向力 F_{z0}、水平力 F_{x0} 和力矩 M_0 与其竖向位移 w_0、水平位移 u_0 和绕中心点转动 φ_0 之间的关系为

$$\begin{Bmatrix} F_{z0} \\ F_{x0} \\ M_0 \end{Bmatrix} = \begin{Bmatrix} K_{11} & 0 & 0 \\ 0 & K_{22} & K_{23} \\ 0 & K_{32} & K_{33} \end{Bmatrix} \begin{Bmatrix} w_0 \\ u_0 \\ \varphi_0 \end{Bmatrix} \tag{6.29}$$

式(6.26)右端的矩阵即为此种情况下的阻抗矩阵,是一个 3×3 阶的矩阵。

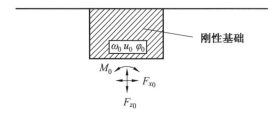

图6.10　刚性基础情况下散射分析和阻抗分析

（2）在柔性基础情况下,以平面问题为例,散射分析所要确定的结果为柔性无质量基础底面上每个结点的竖向位移和两个水平向的位移与作用于该点上的水平力和竖向力的关系。设 k 结点为柔性基础底面上的一点,如图6.11所示,则 k 结点的竖向位移为 $w_{0,k}$、水平位移为 $u_{0,k}$。设作用于 k 结点的竖向力为 $F_{z,0,k}$、水平力为 $F_{x,0,k}$,则描述柔性基础底面上

各结点作用力与其位移之间的关系可以写成

$$\{\boldsymbol{F}_0\} = [\boldsymbol{k}]_\text{S}\{\boldsymbol{r}_0\} \tag{6.30}$$

式中,$\{\boldsymbol{F}_0\}$ 为作用于柔性基础底面上的结点力向量,形式为

$$\{\boldsymbol{F}_0\} = \{F_{0,z,1} \quad F_{0,x,1} \quad \cdots \quad F_{0,z,k} \quad F_{0,x,k} \quad \cdots \quad F_{0,z,n} \quad F_{0,x,n}\}^\text{T} \tag{6.31}$$

$\{\boldsymbol{r}_0\}$ 为柔性基础底面上的结点位移向量,形式为

$$\{\boldsymbol{r}_0\} = \{w_{0,1} \quad u_{0,1} \quad \cdots \quad w_{0,k} \quad u_{0,k} \quad \cdots \quad w_{0,n} \quad u_{0,n}\}^\text{T} \tag{6.32}$$

$[\boldsymbol{k}]_\text{S}$ 为阻抗矩阵,是一个 2×2 阶的矩阵。其中,n 为柔性基础底面上的结点数目。

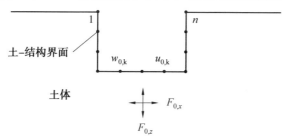

图 6.11　柔性基础情况下散射分析和阻抗分析剖面图

在此应指出,将土体视为带契口的半空间无限体,即使假定土为线弹性介质,但进行严格的散射分析和阻抗分析通常也是困难的。在实际应用中,散射分析和阻抗分析一般是采用有限元法完成的。因此,子结构分析方法必须进行两次有限元分析。

如果在子结构分析方法中不考虑散射对输入运动的影响,即不考虑运动相互作用,并将输入运动取为自由场地土层相应点的运动,这样的子结构分析方法称为只考虑惯性相互作用的子结构分析方法。因此,只需进行自由场地土层反应分析即可。众所周知,进行自由场地土层反应分析相对是容易的。

由于阻抗分析较为困难,在实际问题中表示土体对界面作用的交联弹簧的弹簧系数常常根据试验或经验确定。如果采用这样的做法,子结构分析方法与弹簧系数法相同。在弹簧系数法中,通常忽略弹簧之间的交联作用,认为土体作用于界面上一点的力只与该点的相应变形有关,而与界面上相邻点的变形无关。

6.4.2　整体分析方法

土 - 结构相互作用的整体分析方法也称直接分析方法。与上述分步完成的子结构分析方法不同,仅需进行一次分析就可完成,并同时确定出土体和结构的运动。

1. 分析体系及输入

地震作用下土 - 结构相互作用整体分析方法如图 6.12 所示。在地震作用下土 - 结构相互作用整体分析方法中,将指定的地震运动施加于土层之下的基岩或假想基岩的顶面上,如图 6.12(b) 所示。如果设计地震动是按土层与基岩界面提供的,则可将其直接施加于土层与基岩界面;如果设计地震动是按地面提供的,则应将地面设计地震动按自由场地反演到土层与基岩界面,再将其施加于土层与基岩界面,如图 6.12(a) 所示。

如前所述,土 - 结构相互作用问题可分解为场地反应问题和源问题。在源问题中,动荷载作用于结构。由源问题引起的土体运动主要是由表面波传播的,表面波的影响深

度大约为其波长的一半。土 – 结构相互作用整体分析方法通常采用数值分析方法,如有限元法。数值分析方法通常要从建筑物向两侧截取出有限土体参加分析,因此,参加分析的有限土体两侧是人为的侧向边界。实际上,土体在两侧是无限延伸的,源问题所引起的运动应通过侧向边界向两侧传播出去。但是,截取有限土体形成的人为侧向边界切断了运动向两侧传播的路径。因此,必须对人为的侧向边界做出适当的规定或处理,以减少所设置的侧向边界对分析结果的影响。

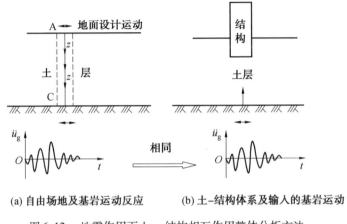

图 6.12　地震作用下土 – 结构相互作用整体分析方法

（1）当基岩只有水平运动输入时,令侧向边界上点的水平运动自由,竖向运动完全受约束;当从基岩只有竖向运动输入时,令侧向边界上点的竖向运动自由,水平向运动完全受约束。这相当于侧向边界之外的土体对侧向边界上的点没有动力作用,即相当于假定由源问题所引起的侧向边界之外土层各点的运动等于侧向边界上相同高度点的运动。实际上,由源问题所引起的侧向边界之外土层的各点运动要随远离侧向边界逐渐趋于零。因此,如果采用这种方法处理侧向边界,侧向边界应离建筑物远一些,应设在离建筑物边缘的距离为 2 ~ 3 倍以上的土断面深度处。

（2）采用传递边界,如黏性边界。当采用黏性边界时,则应在侧向边界上施加一组黏性的法向应力和切向应力,如图 6.13（a）所示,或在侧向边界上设置一组水平的和竖向的黏性阻尼器,如图 6.13（b）所示。作用于侧向边界单位面积上的黏性法向应力 σ_c 和切向应力 τ_c 按下式确定,即

$$\begin{cases} \sigma_c = c_\sigma(\dot{u} - \dot{u}_f) \\ \tau_c = c_\tau(\dot{w} - \dot{w}_f) \end{cases} \tag{6.33}$$

式中

$$\begin{cases} c_\sigma = \sqrt{\rho V_P} \\ c_\tau = \sqrt{\rho V_S} \end{cases} \tag{6.34}$$

式中,$\dot{u}$、$\dot{w}$ 为侧向边界上点的总的运动;$\dot{u}_f$、$\dot{w}_f$ 为与侧边界上高程相同的自由场土层相应点的运动。按式（6.33）,$(\dot{u} - \dot{u}_f)$ 和 $(\dot{w} - \dot{w}_f)$ 分别为源问题引起的运动速度。如前所述,只有这部分运动主要以表面波形式通过侧边界面向外传播出去。因此,在计算作用于侧向边界的黏性应力时,必须采用源问题引起的运动速度,而不应采用总速度。

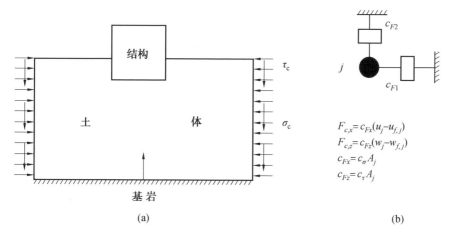

图 6.13　侧向黏性边界

严格地讲,土 - 结构相互作用体系是一个三维体系。原则上,可以建立一个三维土 - 结构分析体系进行分析。实际上,由于三维土 - 结构分析体系很庞大,尽管现在计算机的计算速度和容量已非 20 世纪 80 年代可比,但完成一个三维土 - 结构相互作用分析仍然很费时。考虑三维影响的近似方法如图 6.14 所示。图 6.14 中将土 - 结构相互作用问题简化成一个平面应变问题,取结构在第三个尺度上的宽度作为平面应变的计算宽度,但是要在平面的全部结点上设置水平和竖向阻尼器。这相当于将平面视为一个黏性边界,以模拟源振动问题所引起的运动在第三个方向上的传播。由于在第三个方向上传播的均是剪切运动,因此,所设置的阻尼器和黏性系数 $c_{F,x}$、$c_{F,z}$ 应按下式确定,即

$$c_{F,x} = c_{F,z} = 2A_j\sqrt{\rho V_S} \qquad (6.35)$$

式中,A_j 为结点 j 控制的面积;系数 2 表示前后两个面。

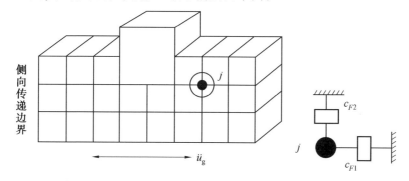

图 6.14　考虑三维影响的近似方法

2. 整体分析方法的求解方程

整体分析方法把土 - 结构相互作用问题作为一个伪相互作用问题,它的求解方程式与源问题的相似。相互作用体系可视为由结构部分、土体部分及它们连接的部分组成,连接部分可分为刚性基础和柔性基础两种情况。相应地,相互作用整体分析方法的求解方程式也由 3 部分组成。

（1）结构部分的动力平衡方程。

如果采用有限元法求解,如图 6.15 所示,结构的结点可分为与基础直接相邻的结点和内结点。内结点的动力平衡方程式与通常结构动力分析方程式相同。但与基础直接相邻的结点,在建立其动力平衡方程式时,除考虑相邻内结点的作用外,还要考虑基础的作用,即与其在同一单元基础上结点的作用。

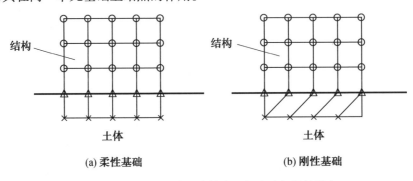

(a) 柔性基础   (b) 刚性基础

图 6.15　结构部分的内结点及与基础相邻的结点

（2）土体部分的动力平衡方程。

如果采用有限元法求解,如图 6.16 所示,土体的结点也可分为与基础直接相邻的结点和内结点。内结点的动力平衡方程式与通常土体的动力分析方程式相同。与上部结构相似,与基础直接相邻的结点,在建立其动力平衡方程式时除考虑相邻内结点的作用外,还要考虑基础的作用,即与其处在同一个单元的基础结点的作用。对它有作用的基础上的结点通常不止一个,如图 6.16 所示,对它有作用的基础上的结点为 3 个,如与基础相邻的结点 a,与其相邻基础上的结点 b、c、d 对它均有作用。

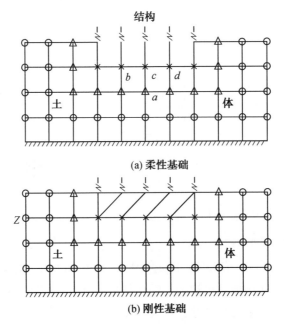

(a) 柔性基础

(b) 刚性基础

图 6.16　土体部分的内结点 ○、与基础相邻的土结点 △ 和基础面上结点 ×

（3）连接部分的动力平衡方程。

①柔性基础情况。

如果采用有限元法分析,以平面问题为例,柔性基础通常简化成杆梁单元的集合体。因此,柔性基础上的结点以杆梁单元相连接,每一个结点有 3 个自由度:轴向位移、切向位移及转角。相应地,作用于结点上有 3 个力:轴向力、切向力及弯矩。如图 6.17 所示,建立柔性基础上一个结点的动力平衡方程时,除要考虑该点自身的作用外,还要考虑与其在同一单元上的周围所有结点对它的作用。显然,这些作用是通过与该点相邻的单元发生的。以如图 6.17 所示的基础上结点 j 为例,结点 j 自身的作用是通过与其相邻的柔性基础单元①和②、结构单元③、土单元④和⑤发生的;结点 1 对结点 j 的作用是通过结构单元③发生的;结点 2 对结点 j 的作用是通过与其相邻的柔性基础单元①和土单元④发生的;结点 3 对结点 j 的作用是通过柔性基础单元②和土单元⑤发生的;结点 4 对结点 j 的作用是通过土单元④发生的;结点 5 对结点 j 的作用是通过与其相邻的土单元④和土单元⑤发生的;结点 6 对结点 j 的作用是通过土单元⑤发生的。考虑结点运动的惯性力及这些点的作用,可以得到结点 j 的 3 个动力平衡方程,即竖向、水平向及转动的动力平衡方程式。例如,柔性基础有 m 个结点,则可得到 $3 \times m$ 个动力平衡方程式。

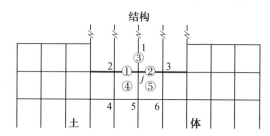

图 6.17　柔性基础上结点所受到的作用

②刚性基础情况。

如果采用有限元法分析,以平面问题为例,刚性基础有 3 个自由度,即质心的竖向位移 w_0、水平位移 u_0 及绕质心的转动 φ_0。相应地,可建立 3 个动力平衡方程式,即竖向运动平衡方程式、水平向运动平衡方程式及绕质心转动平衡方程式。如此看来,刚性基础情况似乎比柔性基础情况简单,其实并非如此。实际上,建立刚性基础质心的 3 个动力平衡方程式更为复杂。特别应注意,在刚性基础边界上的结点位移应与刚性基础质心的位移相协调,在建立刚性基础质心的 3 个动力平衡方程式之前,必须建立刚性基础边界上结点位移与刚性基础质心位移的关系式。

a. 刚性基础边界上结点的位移方程式。

刚性基础边界上的结点可视为刚性基础的从属结点。在平面问题中,位于刚性基础边界上的结点 j 也有 3 个自由度,即竖向位移 $w_{0,j}$、水平位移 $u_{0,j}$ 及转角 $\varphi_{0,j}$,但是它们必须与刚性基础质心的运动相容。如图 6.18 所示,刚性基础边界上结点 j 满足相容要求的位移分量按下式确定,即

$$\begin{cases} u_{0,j} = u_0 - \varphi_0(z_{0,j} - z_0) \\ w_{0,j} = w_0 + \varphi_0(x_{0,j} - x_0) \\ \varphi_{0,j} = \varphi_0 \end{cases} \tag{6.36}$$

式中,u_0、w_0、φ_0 分别为刚性基础质心的水平位移、竖向位移及绕质心的转角;x_0、z_0 分别为刚性基础质心的 x 坐标和 z 坐标;$x_{0,j}$、$z_{0,j}$ 分别为刚性基础边界上结点 j 的 x 坐标和 z 坐标。

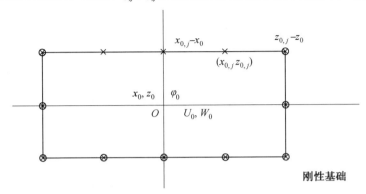

图 6.18　刚性基础边界上结点的运动

　　b. 刚性基础边界上结点所受的作用。

　　刚性基础边界上的结点可分为与结构单元相连接的结点和与土单元相连接的结点。当刚性边界上的结点 j 是与结构单元相连的结点时,如图 6.19(a) 所示,以结点 j 为例,它只受该点自身和与其在同一结构单元上的相邻结点的作用,并且结点 j 自身及结点 1 对结点 j 的作用是通过结构单元 ① 作用于结点 j 上的。

　　当刚性边界上结点 j 是与土单元相连接的结点时,如图 6.19(b) 所示,以结点 j 为例,它只受该点自身和与其在同一土单元上的相邻结点的作用,并且是通过与其相连的土单元发生作用的。结点 j 自身是通过土单元 ① 和 ② 作用于结点 j 的,结点 1 和结点 2 是通过土单元 ① 作用于结点 j 的,结点 3 是通过土单元 ① 和 ② 作用于结点 j 的,结点 4 和结点 5 是通过土单元 ② 作用于结点 j 的。

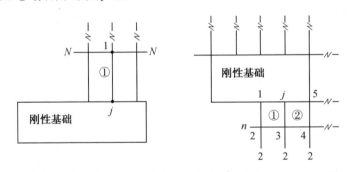

(a) 刚性边界上与结构相连接的结点　(b) 刚性边界上与土单元相连接的结点

图 6.19　刚性基础边界上结点所受的力

　　根据有限元法可以确定在刚性基础边界上每一个结点所受的竖向力、水平力及弯矩。考虑刚性基础的惯性力及其边界上每一个结点所受的力就可建立刚性基础水平运动、竖向运动及绕质心转动的 3 个方程式。在建立绕刚性基础质心转动方程式时,必须计入作用于刚性基础边界结点上的水平力和竖向力相对质心的力矩,如图 6.20 所示。作用于结点 j 上的水平力 $F_{0,x,j}$ 和竖向力 $F_{0,z,j}$ 相对刚性基础质心的力矩可按下式计算,即

$$\begin{cases} M_{0,x,j} = (z_{0,j} - z_0) F_{0,x,j} \\ M_{0,z,j} = (x_{0,j} - x_0) F_{0,z,j} \end{cases} \tag{6.37}$$

式中，$M_{0,x,j}$ 和 $M_{0,z,j}$ 分别为作用于结点 j 上的水平力 $F_{0,x,j}$ 和竖向力 $F_{0,z,j}$ 绕刚性基础质心的力矩。

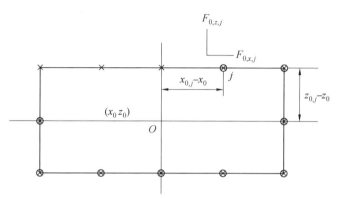

图 6.20　刚性边界上结点力绕质心的力矩

6.4.3　子结构分析方法及整体分析方法的综合比较

下面对两种分析方法进行综合比较。

（1）子结构分析方法是在叠加原理上建立的，而整体分析方法则没有利用叠加原理。

（2）由于子结构分析方法应用了叠加原理，只能进行线性分析，因此，必须假定结构和土的力学性能是线性的或等价线性化的。虽然整体分析方法通常也假定结构和土的力学性能是线性的或等价线性化的，但是整体分析方法可以进行非线性分析。

（3）子结构分析方法通常包括前面所述的 3 个分析步骤，而整体分析方法只有一个分析步骤。子结构分析方法中每一个步骤的分析体系比整体分析方法分析体系小。相应地，子结构分析方法所要求的计算存储信息量比整体分析方法少。现在，由于计算机技术的发展，计算机存储量并不是一个问题，因此子结构分析方法的优势相应地降低了。

（4）在子结构分析方法中，分步骤考虑运动相互作用和惯性相互作用，在概念上很清晰，但在分析上却较复杂。在整体分析方法中，包括了运动相互作用和惯性相互作用，虽然在概念上不像子结构分析方法那样清晰，但是在分析上却比较简单。

（5）在子结构分析方法中，由阻抗分析得到阻抗矩阵代替了土体的作用，真实的土体并不包括在分析体系中，因此，只能求得结构的运动，而不能求得土体的运动。因此，子结构分析方法只适用于分析土 – 结构相互作用对结构的影响，而不能分析对土体的影响。在整体分析方法中，真实土体包括在分析体系中，不仅能求出结构的运动还能求出土体的运动。如果不仅要考虑土 – 结构相互作用对结构的影响而且还要考虑土 – 结构相互作用对土体的影响时，则只能采用整体分析方法。土 – 结构相互作用对土体运动的影响正是岩土工程中的一个问题。因此，在岩土工程领域中研究土 – 结构相互作用问题通常采用整体分析方法。

6.5 土－结构相互作用分析中土体的理想化 —— 弹性半空间无限体

在土－结构相互作用分析中,考虑土体的作用是一个关键问题。下面将表述在土－结构相互作用分析中关于土体理想化的方法。通常,具有代表性的土体理想化方法可概括为3种,即均质弹性半空间无限体理论方法、弹床系数法和有限元方法。

本节将介绍均质弹性半空间无限体理论方法,其目的是按刚性基础和柔性基础两种情况确定地基土体的刚度矩阵或等价弹簧体系的弹簧系数,本节只介绍在柔性基础下地基土体的刚度矩阵的确定。

在此应指出,本节所确定的刚度矩阵是静力刚度矩阵。它是利用静力学均质半空间无限体理论的解答所确定,所得到的刚度矩阵与扰动力的频率无关,只是在计算时采用土的动模量值。

6.5.1 设置在半空间无限体表面上的柔性基础情况

假定柔性基础放置在均质弹性半空间表面上,根据静力学半空间无限体理论,可以确定出在半空间表面上一点施加单位的竖向力和水平力在半空间表面上任意点引起的竖向位移和水平位移。这些公式可从弹性力学教材或有关参考书中找到,由于很复杂,在此不具体给出。

设在半空间表面上 j 点作用一单位竖向力,根据布辛涅斯克解可确定出在 i 点引起的竖向位移 δw_{ij}^{zz}、x 方向水平位移 δu_{ij}^{zx} 和 y 方向水平位移 δv_{ij}^{zy}。当在半空间表面上 j 点 x 方向作用一单位水平力时,可确定出在半空间表面上 i 点引起的竖向位移 δw_{ij}^{zx}、x 方向水平位移 δu_{ij}^{xx} 和 y 方向水平位移 δv_{ij}^{yx};当在半空间表面上 j 点 y 方向作用一单位水平力时,可确定出在半空间表面上 i 点引起的竖向位移 δw_{ij}^{zy}、x 方向水平位移 δu_{ij}^{xy} 和 y 方向水平位移 δv_{ij}^{yy}。显然,这些位移要满足互等定理。

下面以平面问题为例,介绍确定柔性基础下土体刚度矩阵的方法。假定在半平面的表面上基底面宽度为 B,并将其分成 m 等份,其上共有 $m+1$ 个结点,如图 6.21 所示。在基底面上每个结点有两个自由度,即竖向位移及水平位移。设在每一个结点上作用一单位竖向力和水平力,在每一结点上将引起竖向位移 Δw 和 Δv,可将它们按序号排列成一个向量,即

$$\{\boldsymbol{\Delta}\} = \{\Delta w_1 \quad \Delta u_1 \quad \cdots \quad \Delta w_i \quad \Delta u_i \quad \cdots \quad \Delta w_{m+1} \quad \Delta u_{m+1}\}^{\mathrm{T}} \quad (6.38)$$

式中,Δw_i 及 Δu_i 可按下式确定,即

$$\begin{cases} \Delta w_i = \sum_{j=1}^{m+1} (\delta w_{ij}^{zz} + \delta u_{ij}^{zx}) \\ \Delta u_i = \sum_{j=1}^{m+1} (\delta u_{ij}^{xz} + \delta u_{ij}^{xx}) \end{cases} \quad (6.39)$$

式中,δw_{ij}^{zz}、δu_{ij}^{zx} 分别为结点 j 作用单位竖向力时在结点 i 引起的竖向位移和水平位移;δw_{ij}^{xz} 和 δu_{ij}^{xx} 分别为结点 j 作用单位水平力时在结点 i 引起的竖向位移和水平位移。因此,式(6.38)可写成如下的矩阵形式,即

$$\{\Delta\} = [\boldsymbol{\lambda}]\{\boldsymbol{I}\} \tag{6.40}$$

式中,$[\boldsymbol{\lambda}]$ 为柔度矩阵,为 $2(m+1) \times 2(m+1)$ 阶矩阵,其中第 $2i-1$ 行的元素为 λ_{ij}^{zz} 和 λ_{ij}^{zx},第 $2i$ 行的元素为 λ_{ij}^{xz} 和 λ_{ij}^{xx}。只要确定了 λ_{ij}^{zz} 和 λ_{ij}^{zx}、λ_{ij}^{xz} 和 λ_{ij}^{xx},柔度矩阵 $[\boldsymbol{\lambda}]$ 就确定了。

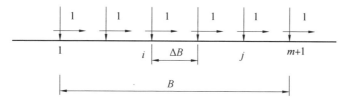

图 6.21　柔性基础底面上的结点及单位作用力

实际上,在结点 j 作用的单位力分布作用于以 j 点为中心、宽度为 ΔB 的子段内。因此,在计算柔度矩阵系数时必须考虑这一点,以保证算得的柔度矩阵系数的精度。以在结点 j 作用的单位竖向力为例,如图 6.22 所示,计算柔度矩阵系数的步骤如下:

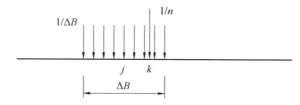

图 6.22　柔度矩阵系数的计算

（1）将宽度为 ΔB 的子段再分成几段,每段的宽度为 $\dfrac{\Delta B}{n}$。

（2）将作用于结点 j 的单位竖向力分布作用在 ΔB 上,单位宽度上的分布荷载为 $\dfrac{1}{\Delta B}$。

（3）设结点 k 为 ΔB 中第 k 个微段的中心点,将第 k 个微段作用的分布力集中作用在结点 k 上,其数值为 $\dfrac{1}{n}$。

（4）在 ΔB 段中的结点 k 处作用数值为 $\dfrac{1}{n}$ 的竖向集中力,在结点 i 处所引起的竖向位移为 $\dfrac{1}{n}\delta w_{i,j,k}^{zz}$,水平向位移为 $\dfrac{1}{n}\delta u_{i,j,k}^{xz}$。

（5）结点 j 作用单位力时在结点 i 处引起的竖向位移和水平位移分别是 ΔB 内 n 个微段中心点作用的竖向集中力 $\dfrac{1}{n}$ 在结点 i 处所引起的竖向位移和水平位移之和,由此得

$$\begin{cases} \lambda_{ij}^{zz} = \dfrac{1}{n}\displaystyle\sum_{k=1}^{n} \delta w_{x,j,k}^{zz} \\[2mm] \lambda_{ij}^{xz} = \dfrac{1}{n}\displaystyle\sum_{k=1}^{n} \delta u_{i,j,k}^{xz} \end{cases} \tag{6.41}$$

同样,可以确定出结点 j 作用单位水平力时在结点 i 处引起的竖向位移和水平位移分别为

$$\begin{cases} \lambda_{ij}^{zx} = \dfrac{1}{n}\sum_{k=1}^{n}\delta w_{i,j,k}^{zx} \\ \lambda_{ij}^{xx} = \dfrac{1}{n}\sum_{k=1}^{n}\delta u_{i,j,k}^{xx} \end{cases} \tag{6.42}$$

地基土体对柔性基础底面作用的柔度矩阵 $[\boldsymbol{\lambda}]$ 确定后,根据刚度矩阵与柔度矩阵之间的关系,可得地基土体对柔性基础底面作用的刚度矩阵 $[\boldsymbol{K}]$ 为

$$[\boldsymbol{K}] = [\boldsymbol{\lambda}]^{-1} \tag{6.43}$$

式中, $[\boldsymbol{\lambda}]^{-1}$ 为柔度矩阵的逆矩阵。

6.5.2　设置在半空间无限体内部的柔性基础情况

土与桩的界面是土体中典型的柔性土 - 结构界面。下面以桩为例,来说明这种情况下柔性土 - 结构界面刚度矩阵的确定方法。设桩长为 L,半径为 r,求周围土体对界面作用的刚度矩阵。设在竖向坐标轴上的一点 $(0,0,z_0)$ 作用一单位水平力,如图 6.23(a) 所示,则在桩 - 土界面上一点引起的水平位移可由门德林解求得,当泊桑比 $\upsilon = 0.5$ 时,有

$$\begin{aligned} u(r_0,\theta,z) = \frac{3}{8\pi E}\Bigg(& \frac{1}{\left[r_0^2 + (z - z_0)^2\right]^{\frac{1}{2}}} + \frac{1}{\left[r_0^2 + (z + z_0)^2\right]^{\frac{1}{2}}} + \frac{2z_0 z}{\left[r_0^2 + (z + z_0)^2\right]^{\frac{3}{2}}} + \\ & r_0^2\cos^2\theta\Bigg\{\frac{1}{\left[r_0^2 + (z - z_0)^2\right]^{\frac{3}{2}}} + \frac{1}{\left[r_0^2 + (z + z_0)^2\right]^{\frac{3}{2}}} - \frac{6z_0 z}{\left[r_0^2 + (z + z_0)^2\right]^{\frac{5}{2}}}\Bigg\}\Bigg) \end{aligned} \tag{6.44}$$

式中, $u(r_0,\theta,z)$ 为界面上坐标为 (r_0,θ,z) 点的水平位移; θ 为 OAB 平面与 xOy 平面的夹角。由式(6.44) 可见,深度为 z 的界面上各点的水平位移随 θ 的变化而变化。下面将对 $\mathrm{d}y$ 加权平均水平位移作为深度为 z 界面上点的水平位移。由图 6.23(b) 得

$$\bar{u}(r_0,z) = \frac{1}{r_0}\int_0^{r_0} u(r_0,\theta,z)\,\mathrm{d}y \tag{6.45}$$

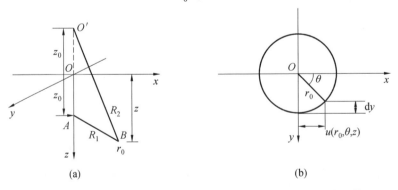

图 6.23　深度为 z 的桩 - 土界面上的水平位移及加权平均水平位移 $\bar{u}(r_0,z)$

由于 $\mathrm{d}y = r_0\cos\theta\mathrm{d}\theta$,代入式(6.45),完成积分得

$$\bar{u}(r_0,z) = \frac{3}{8\pi E}\left[\frac{1}{R_1} + \frac{1}{R_2} + \frac{2z_0 z}{R_2^3} + \frac{2}{3}r_0^2\left(\frac{1}{R_1^3} + \frac{1}{R_2^3} - \frac{2z_0 z}{R_2^5}\right)\right] \tag{6.46}$$

式中, $\bar{u}(r_0,z)$ 为深度为 z 的界面上点的水平位移, R_1 和 R_2 分别按下式确定,即

$$\begin{cases} R_1 = \left[r_0^2 + (z - z_0)^2 \right]^{\frac{1}{2}} \\ R_2 = \left[r_0^2 + (z + z_0)^2 \right]^{\frac{1}{2}} \end{cases} \tag{6.47}$$

像求柔性基础情况下地基土体的刚度矩阵那样,首先必须求出柔度矩阵。为此,将长 L 分成 m 段,每段长度 $\Delta l = \dfrac{L}{m}$,其上共有 $m + 1$ 个结点。为求柔度矩阵,在每个结点作用一个单位水平力,如图 6.24 所示。在这组单位水平力作用下,每个结点发生水平位移 $\Delta \bar{u}_i$,并将其排列成一个列向量 $\{\boldsymbol{\Delta}\}$,则有

$$\{\boldsymbol{\Delta}\} = \left\{ \Delta \bar{u}_1 \quad \cdots \quad \Delta \bar{u}_i \quad \cdots \quad \Delta \bar{u}_{m+1} \right\}^{\mathrm{T}} \tag{6.48}$$

式中,$\Delta \bar{u}_i$ 可按下式计算,即

$$\Delta \bar{u}_i = \sum_{j=1}^{m+1} \lambda_{ij} \tag{6.49}$$

式中,λ_{ij} 为结点 j 作用单位水平力时在结点 i 处引起的水平位移。这样,式(6.48) 可写成如下矩阵形式,即

$$\{\boldsymbol{\Delta}\} = [\boldsymbol{\lambda}]\{\boldsymbol{I}\} \tag{6.50}$$

式中,$[\boldsymbol{\lambda}]$ 为柔度矩阵,为 $(m + 1) \times (m + 1)$ 阶矩阵,其中第 i 行第 j 列的元素为 λ_{ij}。

实际上,作用于结点 j 上的单元力是分布作用于以 j 点为中心高度的 Δl 子段上的,其作用强度为 $\dfrac{1}{\Delta l}$。为了保证 λ_{ij} 的确定精度,需要将以结点 j 为中心、高度为 Δl 的子段再分成 n 个微段,每个微段上作用的力为 $\dfrac{1}{n}$,并令其集中作用于微段的中心点 k 上,如图 6.25 所示。令结点 k 作用集中力 $\dfrac{1}{n}$ 时在结点 i 处引起的平均水平位移用 $\bar{u}_{i,j,k}$ 表示,由式 (6.46) 得

$$\begin{cases} \delta \bar{u}_{i,j,k}(r_0, z_i) = \dfrac{1}{n} \dfrac{3}{8\pi E} \left[\dfrac{1}{R_1} + \dfrac{1}{R_2} + \dfrac{2z_{0,k} z_i}{R_2^3} + \dfrac{2}{3} r_0^2 \left(\dfrac{1}{R_1^3} + \dfrac{1}{R_2^3} - \dfrac{2z_{0,k} z_0}{R_2^5} \right) \right] \\ R_1 = \left[r_0^2 + (z_i - z_{0,k})^2 \right]^{\frac{1}{2}} \\ R_2 = \left[r_0^2 + (z_i - z_{0,k})^2 \right]^{\frac{1}{2}} \end{cases} \tag{6.51}$$

式中,z_i、$z_{0,k}$ 分别为结点 i 和结点 k 的 z 坐标。由此得

$$\lambda_{i,j} = \sum_{k=1}^{n} \delta \bar{u}_{i,j,k}(r_0, z_i) \tag{6.52}$$

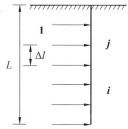
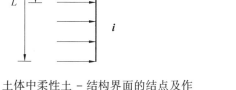

图 6.24　土体中柔性土 - 结构界面的结点及作用的单位水平力

图 6.25　柔度矩阵系数的计算

综上,式(6.50)中的柔度矩阵$[\lambda]$可确定出来。根据刚度矩阵$[K]$与柔度矩阵$[\lambda]$的关系,土体中柔性土-结构界面的刚度矩阵$[K]$可由式(6.48)确定出来。

6.6 土-结构相互作用分析中土体的理想化 —— 弹床系数法

弹床系数法是在文克尔假定的基础上建立的。文克尔假定是根据在小变形情况下直观的经验做出的。由于在文克尔假定下建立起来的土体模型的简单性,弹床系数法在许多工程问题中被采用。

文克尔假定如下:土体对土-结构接触面上一点的作用力只与该点的位移成正比,或者说,作用于土体上一点的力只使该点产生位移,而不能使相邻点产生位移。根据文克尔假定可将土体视为一个相互无交联的弹簧体系。土体对土-结构界面的作用以这个相互无交联的弹簧体系代替,其中每一个弹簧对界面的作用力与弹簧的变形成正比,这个比例系数称为弹床系数,它的力学意义是使土体一点发生单位变形时在该点单位面积上所要施加的力,其量纲为力/长度^3。

显然,土的弹床系数与如下因素有关。

(1)土的类型。

(2)土的物理状态。例如,砂土的密度、黏性土的含水量等。

(3)变形的大小。按文克尔假定,力和变形之间是线性关系,弹床系数与变形大小无关。实际上,力和变形之间是非线性的,如图6.26所示。当变形小时,弹床系数相当于图6.26所示曲线开始直线段的斜率。当变形增大时,弹床系数相当于曲线上一点割线的斜率,将随变形的增加而减小。

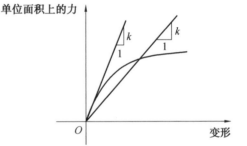

图6.26 土体内一点的单位面积上的力与位移的关系

(4)弹床系数与土-结构接触面是在土体表面还是在土体内部有关。如图6.27(a)所示为接触面位于土体表面,如图6.27(b)所示为接触面位于土体内部。

(5)弹床系数与土的位移形式或力的作用方向有关。例如,土体内水平力与水平位移之间的弹床系数与该点竖向力与竖向位移之间的弹床系数是不同的。

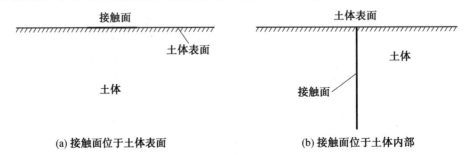

(a)接触面位于土体表面 (b)接触面位于土体内部

图6.27 接触面所处的部位

6.6.1　接触面位于土体表面时的弹床系数

1. 弹床系数的类型及定义

根据位移形式, 当作用点位于土体表面时, 其弹床系数有如下 4 种类型。

（1）均匀压缩弹床系数。

均匀压缩弹床系数是指当土 – 结构接触面发生均匀压缩时, 单位面积上的土反力与压缩变形之间的比例系数, 用 C_u 表示。因此, 单位面积上的土反力 p 与均匀压缩变形 w 之间的关系式为

$$p = C_u w \tag{6.53}$$

（2）均匀剪切弹床系数。

均匀剪切弹床系数是指当土 – 结构接触面沿与其平行方向发生均匀位移时, 单位面积上的剪力与位移之间的比例系数, 用 C_τ 表示。因此, 单位面积上的土反力 q 与沿接触面方向的位移 u 之间的关系式为

$$q = C_\tau u \tag{6.54}$$

（3）非均匀压缩弹床系数。

非均匀压缩弹床系数是指由接触面转动而产生压缩变形时, 单位面积上的土反力与压缩位移之间的比例系数, 用 C_φ 表示, 如图 6.28 所示。因此, 单位面积上的土反力 p_1 与压缩变形 w_1 之间的关系式为

$$p_1 = C_\varphi w_1 \tag{6.55}$$

式中

$$w_1 = \varphi x \tag{6.56}$$

其中, φ 为转角; x 为一点到转动中心的距离。将式 (6.56) 代入式 (6.55) 得

$$p_1 = C_\varphi \varphi x \tag{6.57}$$

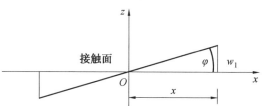

图 6.28　由接触面转动引起的非均匀压缩变形

（4）非均匀剪切弹床系数。

非均匀剪切弹床系数是指当接触面绕其中心扭转沿切向发生水平变形时, 单位面积上的土反力与沿切向的位移之间的比例系数, 用 C_ψ 表示, 如图 6.26 所示。因此, 单位面积上土的反力 q_1 与沿切向的位移 u_1 之间的关系式为

$$q_1 = C_\psi u_1 \tag{6.58}$$

式中

$$u_1 = \psi r \tag{6.59}$$

其中, ψ 为扭转角; r 为一点到扭转中心的距离。将式(6.59)代入式(6.58)得

$$q_1 = C_\psi \psi r \tag{6.60}$$

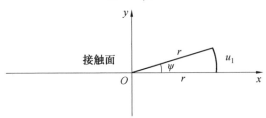

图6.29 由接触面扭转引起的非均匀剪切变形

2. 弹床系数的确定

由上可见,确定弹床系数是一个重要的问题。从比拟而言,均匀压缩弹床系数 C_u 类似土的杨氏模量 E,均匀剪切弹床系数 C_τ 类似于剪切模量 G。因此,巴尔坎认为,在 C_u 与 C_τ 之间应存在类似 E 与 G 的关系,并建议 C_u 与 C_τ 的关系式为

$$C_\tau = \frac{1}{2} C_u \tag{6.61}$$

而普拉卡什建议,两者关系如下,并为印度所采用,即

$$C_\tau = \frac{1}{1.73} C_u \tag{6.62}$$

此外,巴尔坎建议非均匀压缩弹床系数 C_φ 与均匀压缩弹床系数 C_u 之间的关系为

$$C_\varphi = 2 C_u \tag{6.63}$$

非均匀剪切弹床系数 C_ψ 与均匀压缩弹床系数 C_u 之间的关系为

$$C_\psi = 1.5 C_u \tag{6.64}$$

由此可见,均匀压缩弹床系数是最基本的,只要确定出均匀压缩弹床系数就可由上述式子确定出其他弹床系数。

确定均匀压缩弹床系数 C_u 的基本方法是进行压载板试验。巴尔坎根据静力反复压载板试验结果给出的不同类型土的均匀压缩弹床系数 C_u,见表6.1。除此之外,均匀压缩弹床系数 C_u 还可在有关的设计规范中查得。

根据布辛涅斯克解,均匀压缩弹床系数可按下式由土的杨氏模量 E 和泊桑比 v 计算,即

$$C_u = \frac{1.13 E}{(1 - \gamma^2) \sqrt{A}} \tag{6.65}$$

式中, A 为接触面面积。式(6.65)表明,均匀压缩弹床系数与接触面的面积有关,且与接触面面积 A 的平方根成反比。然而,试验表明, C_u 与接触面面积 A 的 n 次方根成反比, n 的值为 2 ~ 5。

表6.1给出的 C_u 值是由压载板面积为 10 m² 的压载试验确定的。如果实际的接触面面积大于 10 m²,则应根据 C_u 与接触面积 A 的关系予以修正。

表 6.1　不同类型土的均匀压缩弹床系数

土类	土　　名	静允许承载力 / $(\mathrm{kg \cdot cm^{-2}})$	弹床系数 C_u / $(\mathrm{kg \cdot cm^{-3}})$
Ⅰ	软弱土,包括处于塑化状态的黏土、含砂的粉质黏土、黏质和粉质砂土,还有 Ⅱ、Ⅲ 类中含有原生的粉质和泥炭薄层的土	< 1.5	< 3
Ⅱ	中等强度的土,包括接近塑限的黏土和含砂的粉质土、砂	> 1.5 ~ 3.5	> 3 ~ 5
Ⅲ	硬土,包括处于坚硬状态的黏土、含砂的黏土、砾石、砾砂、黄土和黄土质的土	> 3.5 ~ 5.0	> 5 ~ 10
Ⅳ	岩石	> 5.0	> 10

3. 刚性基础下的地基刚度

刚性基础有 4 个自由度,分别为竖向运动 W、水平运动 u、转动 φ 及扭转 ψ。相应地,刚性基础下的地基有均匀压缩刚度 K_z、水平变形刚度 K_x、转动刚度 K_φ 及扭转刚度 K_ψ。

（1）地基的均匀压缩刚度。

设作用于刚性基础中心上的压力为 P,在其作用下刚性基础发生的均匀压缩位移 W,按弹床系数法,作用于刚性基础底面单位面积上的土反力 $p = C_u W$。设刚性基础面积为 A,则总的反力为 $AC_u W$。由竖向力的平衡得

$$P = AC_u W \tag{6.66}$$

变形得

$$\frac{P}{W} = C_u A \tag{6.67}$$

根据地基均匀压缩刚度 K_z 的定义得

$$K_z = C_u A \tag{6.68}$$

（2）地基的水平变形刚度。

设作用于刚性基础上的水平力为 Q,在其作用下刚性基础发生的水平位移为 u,按弹床系数法,作用于刚性基础底面单位面积上的土反力 $q = C_\tau u$,总的反力为 $AC_\tau u$。由水平向力的平衡得

$$Q = AC_\tau u \tag{6.69}$$

变形得

$$\frac{Q}{u} = C_\tau A \tag{6.70}$$

根据地基水平变形刚度 K_x 的定义得

$$K_x = C_\tau A \tag{6.71}$$

（3）地基的转动刚度。

设作用于刚性基础上的转动力矩为 M_φ,在其作用下刚性地基发生转动,转角为 φ。

按弹床系数法,作用于刚性基础底面单位面积的土反力 $q_1 = C_\varphi x \varphi$,其对转动中心的力矩为 $C_\varphi x^2 \varphi$。根据力矩的平衡得

$$M_\varphi = \int_A C_\varphi x^2 \varphi \, \mathrm{d}A \qquad (6.72)$$

变形得

$$M_\varphi = C_\varphi \varphi \int_A x^2 \, \mathrm{d}A \qquad (6.73)$$

令

$$I = \int_A x^2 \, \mathrm{d}A \qquad (6.74)$$

式中,I 为接触面对转动中心的水平轴的面积矩,由此得

$$M_\varphi = C_\varphi \varphi I \qquad (6.75)$$

变形得

$$\frac{M_\varphi}{\varphi} = C_\varphi I \qquad (6.76)$$

由地基转动刚度定义得

$$K_\varphi = C_\varphi I \qquad (6.77)$$

(4)地基的扭转刚度。

设刚性地基上作用的扭转力矩为 M_ψ,在其作用下刚性基础发生扭转,扭转角为 ψ。按弹床系数法,作用于刚性基础底面上单位面积的切向反力 $q_1 = C_\psi r \psi$,其对扭转中心轴的力矩为 $C_\psi r^2 \psi$。根据扭转力矩的平衡得

$$M_\psi = \int_A C_\psi r^2 \psi \, \mathrm{d}A \qquad (6.78)$$

变形得

$$M_\psi = C_\psi \psi \int_A r^2 \, \mathrm{d}A \qquad (6.79)$$

令

$$J = \int_A r^2 \, \mathrm{d}A \qquad (6.80)$$

式中,J 为接触面对过扭转中心的竖向轴的极面积矩,由此得

$$M_\psi = C_\psi \psi J \qquad (6.81)$$

变形得

$$\frac{M_\psi}{\psi} = C_\psi J \qquad (6.82)$$

由地基扭转刚度定义得

$$K_\psi = C_\psi J \qquad (6.83)$$

6.6.2 接触面位于土体内部时的弹床系数

如图6.27(b)所示,接触面位于土体内部。在实际问题中,桩－土接触面是一个最有代表性的例子。在这种情况下,弹床系数定义为当桩的一点挠度为单位数值时,作用于该

点单位桩长上的土反力以 k 表示,其量纲为力／长度^2。因此,作用于单位桩长上土的反力 p 与桩的挠度 y 的关系式为

$$p = ky \tag{6.84}$$

通常,k 随深度的增加而增加,可表示成

$$k = k_h \left(\frac{Z}{L_S} \right)^n \tag{6.85}$$

式中,L_S 为桩长;Z 为一点在地面下的深度;k_h 为 $Z = L_S$ 处的弹床系数;n 为与土类有关的参数,砂性土 n 近似取 1.0,黏性土 n 近似取 0。当 n 取 1.0 时,有

$$k = \frac{k_h}{L_S} Z = n_h Z \tag{6.86}$$

式(6.86)与通常所谓的 M 法相似。

弹床系数随深度增加的主要原因是土的模量随上覆压力的增加而增加。另外,桩的挠度随深度的增加而减小,相应的割线弹床系数将增加。

确定弹床系数 k 值的基本方法是进行载荷试验,基于试验结果给出的经验数值见表 6.2。

表 6.2 k 或 n_h 的数值

土 类	k 或 n_h 的数值
颗粒状土	n_h 为 1.5 ~ 100 磅／英寸^{3}[①],并随相对密度按比例变化
正常固结的有机质黏土	n_h 为 0.4 ~ 3.0 磅／英寸^3
泥炭土	n_h 为 0.2 磅／英寸^3
黏性土	k 大约为 $67C_u$(C_u 为土的不排水剪切强度)

注:①1 磅／英寸^3 = 0.027 7 g/cm^3。

上述关于桩 - 土界面弹床系数的定义没有考虑桩径的影响。实际上,当桩径不同时,作用于单位桩长的土反力 p 应是不同的。现在普遍采用的 M 法则考虑了桩径的影响,将弹床系数定义为桩的挠度为单位数值时作用于桩 - 土界面单位面积上的土反力,其量纲为力／长度^3。在 M 法中,作用于单位桩 - 土接触面上的土反力 p 与桩的挠度 y 之间的关系为

$$\begin{cases} p = ky \\ k = MZ \end{cases} \tag{6.87}$$

显然,作用于单位桩长上的土反力 p_d 由下式确定,即

$$p_d = kdy \tag{6.88}$$

式中,d 为桩径。因此,式(6.88)中的 p_d 应与式(6.84)中的 p 相对应。

6.7 土 - 结构相互作用分析中土体的理想化 —— 有限元法

由前述可见,将土体简化成弹性半空间无限体和独立的弹簧体系进行土 - 结构相互作用分析,由于实际的土体没有包括在分析体系中,因此,不能求得实际土体的动力反应。震害调查资料表明,建筑物的破坏常常是由于与其相邻的软弱土体在动荷作用下失稳或产生较大变形引起的。在这种情况下,通过考虑相互作用的影响确定实际土体的动

力反应是十分必要的,并且通常采用有限元法。有限元法是将土体简化成有限单元集合体,其具有如下优点:

(1)在分析中实际土体包括在分析体系中,可用于如下目的:

①进行散射分析,确定土 - 结构界面的运动。

②进行阻抗分析,确定土体对界面作用的阻抗矩阵。

③考虑土 - 结构相互作用影响,采用整体分析方法确定土体的动力反应。

(2)可以考虑土体的成层非均匀性。

(3)可以考虑土的动力非线性性能,虽然现有的分析通常将土视为线弹性介质或等效线性化介质。

(4)便于处理土体的复杂几何边界。

(5)便于处理分析体系的复杂位移边界条件和力的边界条件。

假定土体为有限元集合体,采用整体法进行土 - 结构相互作用分析时,也要将结构视为有限元集合。土体部分的单元类型为平面或三维的实体单元,通常采用等参单元。然而,结构特别是上部结构形式多样,结构部分所采用的单元类型要根据具体问题而定。根据结构型式,分析其中每个构件的受力特点可以确定所要采用的结构单元类型。通常采用的结构单元及其适用性如下:

(1)压杆单元。压杆单元有两个结点,每个结点有一个自由度,即沿杆轴向的位移。其受力特点是轴向受压。通常将中心受力的柱子或桁架中的铰接杆件简化成压杆单元。

(2)梁单元。梁单元有两个结点,在单向受弯的情况下每个结点有 3 个自由度,即轴向位移、切向位移及转角;在双向受弯的情况下有 5 个自由度,即轴向位移、两个切向位移及两个转角。这种单元的受力特性是受压及弯曲。通常将梁构件简化成梁单元。

(3)板单元。板单元有多个结点,每个结点有 4 个自由度,即切向位移、两个转角和两个扭转角。这种单元的受力特点是剪切、弯曲及扭转。通常将板简化成板单元集合体。

(4)刚块单元。刚块单元有 6 个自由度,通常以其质心的 3 个平动、绕通过质心的两个轴的转动和通过质心另一个轴向扭转来表示。当结构构件的刚度特别大时,如刚性底板和楼板、桩承台、箱型基础等均可简化成刚块单元。

某些情况可能需要其他类型的单元来简化结构构件,在此不逐一列举。

土体和结构理想成有限元集合体之后,则要建立有限元集合体系的求解方程式。在建立有限元集合体系的求解方程式时,必须首先确定体系的自由度数目,然后建立与自由度数目相同的方程式。显然,每个实际问题的有限元集合体系不同,相应的自由度数目和求解方程式的数目也不同。下面以两个例子说明如何确定有限元集合体系的自由度数目及建立相应数目的求解方程式。

例6.1 如图 6.30 所示,上部结构是一个框架体系,将其简化成由梁单元相连接的刚块体系。其中,以梁单元模拟框架的柱子,在地震时承受弯曲和剪切作用,以刚块单元模拟现浇的楼板及框架的横梁。设基础为箱型基础,以刚块单元来模拟。土体在水平面方向的宽度取基础在该方向的宽度,用 B 表示。在平面内,地基土体划分成等参四边形单元,土体两侧边离基础足够远。为了叙述的简单性,在土体两侧边及出平面两侧面上均不设置黏性边界。另外,假定地震运动是由基岩顶面向上传播到地基土体的。

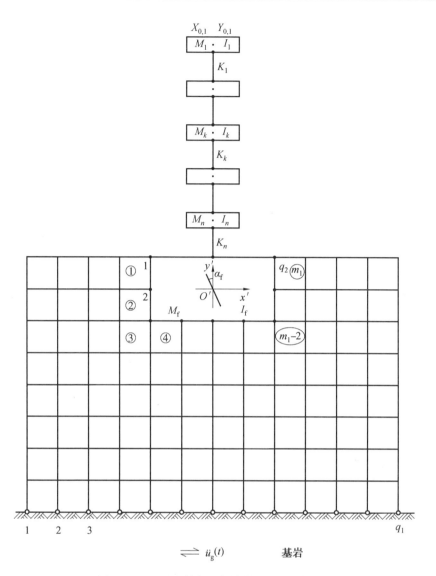

图 6.30　地基土体与上部结构的有限元体系

（1）单元类型及数目的确定。

按上述,共分为 3 种单元。

① 刚块单元。可分为两种类型。

a. 模拟现浇楼板的刚块单元。数量设为 n 个,其质点的坐标为 $(x_{0,k}, y_{0,k})$,质量为 M_k,对其质心的转动惯量为 I_k。

b. 模拟基础的刚块单元。数量为 1 个,其质点的坐标为 $(x_{0,f}, y_{0,f})$,质量为 M_f,对其质心的转动惯量为 I_f。

② 梁单元。连接刚块,其数目为 n 个。

③ 四边形等参单元。模拟土体,它可分为两种类型。

a. 与模拟基础的刚块单元相接的单元。这些单元的结点与基础刚块单元直接发生作用,数量设为 m_1 个。

b. 不与模拟基础的刚块单元相接的单元。这些单元的结点不与基础刚块单元直接发生作用,数量设为 m_2 个。

因此,模拟土体的四边形等参单元的数目 $m = m_1 + m_2$。

(2)结点的类型及数目的确定。

结点分为如下 5 类:

①固定结点。其相对位移为零。这些结点位于基岩顶面上,共有 q_1 个。

②位于楼板刚块边界上的梁单元结点。这些结点的运动从属刚块的运动,设共有 $2n$ 个。

③位于基础刚块边界上的土单元结点。这些结点的运动从属刚块的运动,设共有 q_2 个。

④两侧边界上的结点。这些结点的某个自由度将受约束,设共有 q_3 个。

⑤自由结点。除上述结点外均为自由结点,设共有 q_4 个。

(3)自由度数目。

自由度数目取决于结点的数目及结点的自由度个数。

①刚块以其质心作为一个结点,每个质心有 3 个自由度,即两个平动及一个转动。与刚块有关的结点数目为 $n + 1$,其自由度数目为 $3(n + 1)$。

②梁单元结点数目为 $2n$,每个结点自由度数目为 3,即两个平动和一个转动,其自由度数目为 $3 \times 2n$。

③位于基础刚块边界上的土结点数目为 q_2,每个结点有两个自由度,即两个方向平动,共有 $2q_2$ 个自由度。

④位于两侧边界上的结点及自由结点,数目为 $q_3 + q_4$,每个结点有两个自由度,即两个方向的平动,共有 $2(q_3 + q_4)$ 个自由度。应指出,这是将两侧边界上的结点作为自由结点看待,如其某个自由度受约束,再做后处理。

(4)求解方程式数目及方程式组成。

①如图 6.30 所示的土 - 结构相互作用整体分析体系的求解方程式数目应为 $3(n + 1) + 3 \times 2n + 2q_2 + 2(q_3 + q_4)$。

②方程式组成。

a. $(n + 1)$ 个刚块的运动方程。每个刚块有 3 个运动方程,即水平向动力平衡方程、竖向动力平衡方程及相对质心转动动力平衡方程。$(n + 1)$ 个刚块的运动方程总数为 $3(n + 1)$。

b. 从属刚块的梁单元结点运动方程。每个结点有 3 个自由度,即

$$\begin{cases} u = u_{0,k} - \alpha_k(y - y_{0,k}) \\ v = v_{0,k} + \alpha_k(x - x_{0,k}) \\ \alpha = \alpha_k \end{cases} \quad (6.89)$$

式中,u、v 和 α 分别为梁单元结点水平位移、竖向位移和转角;$u_{0,k}$、$v_{0,k}$、α_k 分别为所从属刚块质心的水平位移、竖向位移和绕其质心的转角;x、y 为梁单元结点的坐标。由于梁单元结点有 $2n$ 个,则方程式数目为 $3 \times 2n$。应指出,梁单元最下面的结点位于基础刚块之上,则其运动方程应将式(6.89)中的 $u_{0,k}$、$v_{0,k}$、α_k、$x_{0,k}$ 及 $y_{0,k}$ 换成 $u_{0,f}$、$v_{0,f}$、α_f、$x_{0,f}$ 及 $y_{0,f}$。

c. 从属基础刚块的土结点的运动方程。每个结点有两个自由度,即

$$\begin{cases} u = u_{0,f} - \alpha_f(y - y_{0,f}) \\ v = v_{0,f} + \alpha_f(x - x_{0,f}) \end{cases} \tag{6.90}$$

由于位于基础刚块上的土单元结点有 q_2 个,则方程式的数目为 $2q_2$。

d. 侧边界上的土单元结点和自由结点共有 $q_3 + q_4$ 个。每个结点有两个自由度,即两个方向的平动。每个结点可建立两个动力平衡方程,即水平向动力平衡方程和竖向动力平衡方程,则方程式数目为 $2(q_3 + q_4)$。

因此,这 4 部分方程式之和为 $3(n+1) + 3 \times 2n + 2q_2 + 2(q_3 + q_4)$,正好与待求的未知量的数目相等。

关于刚性块质心的 $3(n+1)$ 个方程可按结构动力法建立,侧向边界上土单元结点及自由结点的 $2(q_3 + q_4)$ 个方程可按有限元法建立。在此不做进一步表述。

例 6.2　图 6.31 所示为土体中方形隧洞的衬砌与周围土体的相互作用整体分析的有限元体系。设地震从基岩顶面输入,位于基岩顶面上的土单元结点数目为 q_1,其相对运动为零。在如图 6.31 所示的体系中,将衬砌视为梁单元集合体,设有 n 个梁单元,相应地有 n 个结点。每个结点有 3 个自由度,即两个平动和一个转动,共有 $3n$ 个自由度。设与梁单元相连接的土单元有 m_1 个,这些单元的结点与梁单元结点发生相互作用;不与梁单元相连接的土单元有 m_2 个。土单元的总数目 $m = m_1 + m_2$。另外,梁单元与土单元的公共结点数目应为 n,在计算梁单元结点及自由度数目时已计入,在计算土单元结点数目及自由度时不应再计入。设土体两侧边界上的土单元结点数目为 q_2,自由的土单元结点数目为 q_3,每个结点有两个自由度,即两个方向的平动,则这些结点的总自由度数目为 $2(q_2 + q_3)$。同样,在这里将土体两侧边界上的土单元结点视为自由结点,如果某个自由度受约束,再做后处理。因此,在如图 6.31 所示的体系中,总自由度数目为 $3n + 2(q_2 + q_3)$。

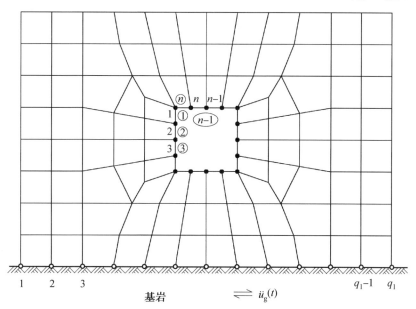

图 6.31　土体中方形隧洞的衬砌与周围土体的相互作用整体分析的有限元体系

显然,为了求解如图 6.31 所示体系的土 - 结构相互作用,需 $3n + 2(q_2 + q_3)$ 个方程式,这些方程式由如下两组方程组成。

(1) 梁单元结点的动力平衡方程。每个梁单元结点可建立 3 个动力平衡方程式,即水平向动力平衡方程式、竖向动力平衡方程式和转动平衡方程式。由于有 n 个梁单元结点,这组方程式共有 $3n$ 个。

(2) 两侧边界土单元结点及自由结点的动力平衡方程。每个土单元结点可建立两个动力平衡方程式,即水平向动力平衡方程式和竖向动力平衡方程式。由于有 $q_2 + q_3$ 个结点,这组方程式共有 $2(q_2 + q_3)$ 个。

将两组方程式个数相加,正好等于所需要的 $3n + 2(q_2 + q_3)$ 个方程式。

在图 6.31 中,将衬砌处理成梁单元有如下的优点:

(1) 可直接计算出衬砌内力,即轴向力、切向力及弯矩。

(2) 衬砌 - 土体体系的网格剖分较为方便,并且单元的尺寸较均匀、数目较小。

将衬砌处理成梁单元的缺点是梁单元与相接的土单元的变形不完全协调。只在两者的公共结点上梁单元与相接的土单元的变形是协调的。在理论上,这是不严密的,会在一定程度上影响计算精度。

为避免上述的缺点,可不将衬砌简化成梁单元,而像周围土体那样将其剖分成实体单元。在分析中,由衬砌剖分出的实体单元应采用与土不一样的物理力学参数。这样,虽然严格地满足了衬砌单元与相接的土单元的变形协调要求,但存在如下问题:

(1) 衬砌的内力不能直接确定,特别是弯矩,如要确定衬砌的弯矩,必须做补充的计算,并要求将衬砌断面分多个层进行剖分。

(2) 将衬砌断面分多个层进行剖分,每个层很薄,相应剖分得到的实体单元尺寸很小。这样处理不便于体系的网格剖分,剖分出的单元尺寸不均匀,并且数目也较多。

6.8 地震时单桩与周围土体的相互作用

6.8.1 地震时单桩的受力机制

地震时单桩的受力机制与地震时桩与周围土的相互作用密切相关。前面曾指出土 - 结构相互作用包括运动相互作用和惯性相互作用两种机制,作为土 - 结构相互作用的情况之一,地震时桩与周围土的相互作用包括以下 3 种机制:

(1) 由于桩和周围土体的刚度和质量不同,在地震时两者产生协调运动而发生的相互作用。例如,当桩顶是自由时,桩 - 土之间的作用力就属于运动相互作用机制。

(2) 通常,桩通过承台与上部结构相连接,地震时上部结构的惯性力通过承台作用于桩顶,并使桩发生变形。周围土体约束桩变形,在桩 - 土之间发生相互作用。桩 - 土之间的这种相互作用应属于惯性相互作用机制。

(3) 当地震时土体发生永久变形,土体对桩的推动作用及桩对土体永久变形的约束作用,并使桩承受附加的内力。

在常规的抗震设计中,通常只考虑上述第二种桩的受力机制,即惯性相互作用机制。在桩的抗震计算时,把地震时上部结构运动产生的剪力和弯矩作为静力施加于桩顶,然后作为一个静力问题进行桩 – 土体系分析。在分析时假定远离桩轴的土体是不动的,桩的侧向变形 u 即为桩相对土体的变形。假如采用了弹簧系数法进行分析,令 k 为弹性系数,则土对桩单位侧面积的作用力 p 为

$$p = ku \qquad (6.91)$$

式中,u 为将上部结构惯性力产生的剪力和弯矩视为静力并作用于桩顶而产生的桩侧向变形。显然,在桩的常规抗震设计分析中没有考虑由上述第一种机制而产生的桩土之间的作用力。

6.8.2　动力分析中桩土之间作用力的确定

在动力分析中,不仅桩在运动而且周围土体也在运动,并随对桩轴线的距离增加而加剧,土体的运动越来越接近自由场的土体运动。这意味着,如果不存在桩土相互作用,在桩轴线处土的运动与自由场的土体运动相同。在图 6.32 中,OA 表示考虑相互作用时桩的运动位移,OA' 表示自由场土体的运动位移,OA'' 表示基岩的刚体运动位移。由图 6.32 可见,桩土相对位移应为同一点桩与自由场土体的位移差,即点 A 的桩土相对位移为

$$u_{\mathrm{p,s},i} = u_i - u_{\mathrm{f},i} \qquad (6.92)$$

式中,$u_{\mathrm{p,s},i}$ 为第 i 点桩土相对位移;u_i 为考虑桩土相互作用时第 i 点桩的运动位移;$u_{\mathrm{f},i}$ 为自由场时第 i 点土的运动位移。显然,土对桩的作用力取决于桩土的相对位移。如果采用弹床系数法,则土对桩的作用力为

$$p_i = k u_{\mathrm{p,s},i} \qquad (6.93)$$

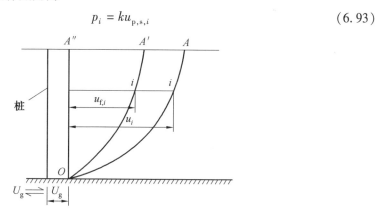

图 6.32　地震时桩土位移差

将式(6.92)代入式(6.93)得

$$p_i = k(u_i - u_{\mathrm{f},i}) \qquad (6.94)$$

除此之外,地震时桩土相互作用分析可按前述的土 – 结构相互作用分析方法进行,不再重复表述。

6.9 土－结构接触面单元及两侧相对变形

6.9.1 接触面相对变形机制

1. 接触面及相邻土层的变形和受力特点

前面关于土－结构相互作用分析的表述,均假定在界面两侧土与结构没有发生不连续的变形,即在界面上土的位移与结构的位移是相等的。在某些情况下,沿界面土与结构可能发生相对变形,如沿界面土与结构发生相对滑动或沿界面法线方向土与结构发生脱离。实际上,由于界面两侧的刚度相差悬殊,在土体一侧与界面相邻的薄层内的应力和应变的分布是很复杂的,一般具有如下特点:

(1) 沿界面的位移在界面法线方向上的变化梯度很大,即在这个薄层内沿界面的剪应变很大。

(2) 由于沿界面的剪应变很大,界面内土的力学性能将呈现明显的非线性。

(3) 由于与结构相接触,受结构材料的影响,在薄层内土的物理力学性质,如含水量和密度与薄层外土显著不同,在薄层内土的物理力学性质很难测定。

(4) 与界面相接触的土薄层的厚度难以界定,甚至缺少确定土薄层厚度的准则。

(5) 接触面的破坏或是表现为接触面两侧土与结构的不连续变形过大,即发生于接触面;或是表现为在土体一侧的薄层发生剪切破坏,即发生在土薄层中。一般来说,当土比较密实时,可能呈第一种破坏形式;当土比较软弱时,可能呈现第二种表现形式。

2. 接触面两侧相对变形的机制及类型

综上所述,接触面两侧相对变形可归纳为以下 3 种机制和类型:

(1) 沿接触面土体和结构发生切向滑动变形和法向压缩或脱离变形,这种变形是不连续的。

(2) 在土体一侧与接触面相邻的薄层内发生剪切变形或拉压变形,这种变形在接触面法向的梯度非常大,但仍是连续的。

(3) 由上述两种相对变形组合而成的变形类型。

6.9.2 Goodman 单元

综上所述,测试和模拟土与结构界面的力学性能是很困难的。现在,为大多数研究人员认同并在实际中得到广泛采用的接触单元为 Goodman 单元。

1. 接触面的理想化

按 Goodman 单元法,将土与结构的界面视为一条无厚度的裂缝,土与结构沿裂缝可以发生相对滑动。因此,界面上的一个结点可用界面两侧相对的两个结点表示。相对的两个结点可以发生相对滑动和脱离,其相对滑动和脱离的数值与界面的力学性能有关。但是,这两个相对的结点具有相同的坐标,即相应界面上的结点坐标。显然,Goodman 单元可以模拟上述第一类相对变形机制。

2. 接触面单元及其刚度矩阵

（1）接触面的剖分。

以平面问题为例，如图 6.33（a）所示，AB 为土与结构的一个接触面。现将其剖分成 N 段，则得到 N 个接触面单元。从其中取出一个单元，如图 6.33（b）所示。

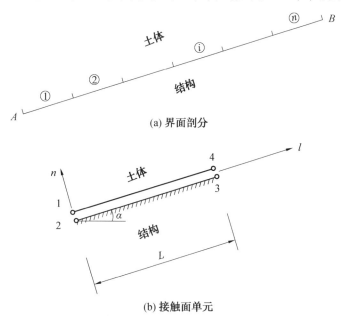

(a) 界面剖分

(b) 接触面单元

图 6.33　接触面剖分及接触面单元局部坐标

（2）接触面单元的位移函数及相对位移。

在接触面单元局部坐标中推导接触面单元的刚度矩阵。在平面情况下，接触面单元有 4 个结点。在土体一侧的两个结点的局部编号为 1、4，在结构一侧的两个结点的局部编号为 2、3。局部坐标 l 方向取沿接触面方向，局部坐标 n 方向取接触面法线方向，局部坐标原点取局部编号为 1 或 2 的点。从 l 到 n 符合右手螺旋法则，设 l 方向与水平线夹角为 α。按前述，1 点与 2 点的坐标相同，3 点与 4 点的坐标相同。

令在局部坐标中 l 方向的位移为 u，n 方向的位移为 v，则 4 个结点在 l 方向和 n 方向的位移分别为 u_1、v_1，u_2、v_2，u_3、v_3，u_4、v_4，并可排列成一个向量，即

$$\{\boldsymbol{r}\}_e = \{u_1 \quad v_1 \quad u_2 \quad v_2 \quad u_3 \quad v_3 \quad u_4 \quad v_4\}^{\mathrm{T}} \tag{6.95}$$

设在结构一侧 l 方向的位移函数为

$$u = a + bl \tag{6.96}$$

将结点 2 和结点 3 的局部坐标代入式（6.96）得

$$u_2 = a$$
$$u_3 = a + bL$$

由此得

$$u = u_2 + \frac{u_3 - u_2}{L}l \tag{6.97}$$

变形得

$$u = \left(1 - \frac{l}{L}\right) u_2 + \frac{l}{L} u_3 \tag{6.98}$$

同理,可得土体一侧 l 方向的位移表达式为

$$u = \left(1 - \frac{l}{L}\right) u_1 + \frac{l}{L} u_4 \tag{6.99}$$

由式(6.98)和式(6.99)得在 l 方向土相对结构的位移 Δu 为

$$\Delta u = \left(1 - \frac{l}{L}\right) u_1 - \left(1 - \frac{l}{L}\right) u_2 - \frac{l}{L} u_3 + \frac{l}{L} u_4 \tag{6.100}$$

同理,可得在 n 方向上土相对结构的位移 Δv 为

$$\Delta v = \left(1 - \frac{l}{L}\right) v_1 - \left(1 - \frac{l}{L}\right) v_2 - \frac{l}{L} v_3 + \frac{l}{L} v_4 \tag{6.101}$$

令

$$\begin{cases} N_1 = 1 - \dfrac{l}{L} \\ N_2 = \dfrac{l}{L} \end{cases} \tag{6.102}$$

则

$$[\boldsymbol{N}] = \begin{bmatrix} N_1 & 0 & -N_1 & 0 & -N_2 & 0 & N_2 & 0 \\ 0 & N_1 & 0 & -N_1 & 0 & -N_2 & 0 & N_2 \end{bmatrix} \tag{6.103}$$

式中,$[\boldsymbol{N}]$ 为相对位移型函数矩阵,由此得

$$\begin{Bmatrix} \Delta u \\ \Delta v \end{Bmatrix} = [\boldsymbol{N}]\{\boldsymbol{r}\}_e \tag{6.104}$$

(3) 接触面的应力与相对位移关系。

设接触面的应力与相对位移不发生耦联。这样,剪应力 τ 只与沿接触面切向的相对位移 Δu 有关,而与沿接触面法向的相对位移 Δv 无关;正应力 σ 只与沿接触面法向的相对位移 Δv 有关,而与沿接触面切向的相对位移 Δu 无关。因此,接触面上的应力与相对位移的关系可表示为

$$\begin{Bmatrix} \tau \\ \sigma \end{Bmatrix} = \begin{bmatrix} k_\tau & 0 \\ 0 & k_\sigma \end{bmatrix} \begin{Bmatrix} \Delta u \\ \Delta w \end{Bmatrix} \tag{6.105}$$

式中,k_τ 和 k_σ 分别为接触面剪切变形刚度系数和压缩变形刚度系数。

(4) Goodman 单元的刚度矩阵。

如图 6.34 所示,$F_{l,i}$ 和 $F_{n,i}(i=1,2,3,4)$ 分别表示作用于 Goodman 单元结点上 l 方向和 n 方向的结点力,u_i 和 $v_i(i=1,2,3,4)$ 分别表示 Goodman 单元结点在 l 方向和 n 方向上的位移。将 $F_{l,i}$、$F_{n,i}(i=1,2,3,4)$ 排列成一个向量以 $\{F\}$ 表示,则有

$$\{\boldsymbol{F}\} = \{F_{l,1} \quad F_{n,1} \quad F_{l,2} \quad F_{n,2} \quad F_{l,3} \quad F_{n,3} \quad F_{l,4} \quad F_{n,4}\}^T \tag{6.106}$$

利用虚位原理可得

$$\{\boldsymbol{F}\} = [\boldsymbol{k}]_e\{\boldsymbol{r}\}_e \tag{6.107}$$

$$[\boldsymbol{k}]_e = \int_0^L [\boldsymbol{N}]^T \begin{bmatrix} k_\tau & 0 \\ n & k_n \end{bmatrix} [\boldsymbol{N}]\mathrm{d}l \tag{6.108}$$

根据单元刚度矩阵定义,式(6.107)定义的$[k]_e$即为在局部坐标 $l - n$ 下的 Goodman 单元刚度矩阵。

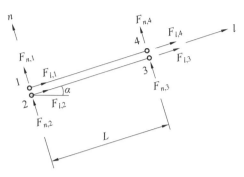

图 6.34　作用于单元上的结点力

在实际问题中,需建立在总坐标下的求解方程式。因此,必须将局部坐标下定义的刚度矩阵转换成总坐标下的刚度矩阵。这只需引进坐标转换矩阵就可完成,不需进一步表述。

(5) 接触面的变形刚度系数。

前面引进了两个接触面变形刚度系数 k_τ 和 k_σ,这两个刚度系数应由试验来确定。下面分别对 k_τ 和 k_σ 的确定作以简要的表述。

① 变形刚度系数 k_τ 的确定。

测定变形刚度系数 k_τ 的试验分为两种类型,即拉拔试验和沿接触面的直剪试验。但应指出,现在的试验多是在静力下进行的,而为确定动力下的变形刚度系数 k_τ 的试验还很少见报道。如果要确定动力下的变形刚度系数 k_τ 必须进行循环拉拔试验或沿接触面的循环直剪试验。

变形刚度系数 k_τ 应根据试验测得的剪应力 τ 与相对变形 Δu 之间的关系线确定。静力试验测得的 $\tau - \Delta u$ 关系线为如图 6.35 所示的曲线。因此,割线变形刚度系数随相对变形 Δu 的增大而降低。与土的应力 - 应变关系曲线相似,$\tau - \Delta u$ 关系线可近似地用双曲线拟合,即

$$\tau = \frac{\Delta u}{a + b\Delta u} \tag{6.109}$$

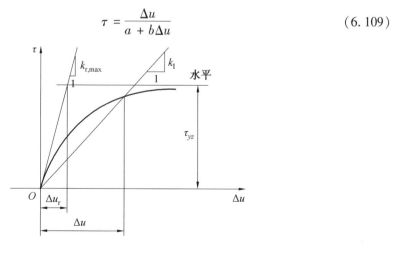

图 6.35　$\tau - \Delta u$ 关系线及 k_τ 的确定

由图 6.35 得割线变形刚度系数 k_τ 为

$$k_\tau = \frac{\tau}{\Delta u} = \frac{1}{a + b\Delta u} \qquad (6.110)$$

进而可得

$$k_\tau = k_{\tau,\max} \frac{1}{1 + \dfrac{\Delta u}{\Delta u_r}} \qquad (6.111)$$

式中, $k_{\tau,\max}$ 为最大刚度系数; Δu_r 为参考相对变形。 $k_{\tau,\max}$ 和 Δu_r 分别如图 6.35 所示, 这两个参数均可由试验确定, 不需赘述。

② 变形刚度系数 k_σ 的确定。

前面曾指出, Goodman 单元是一个无厚度的单元, 为避免在接触面发生压入现象, 要求变形刚度系数 k_σ 取一个很大的数值, 通常取比变形刚度系数 k_τ 大一个数量级的数值。

在此应指出一点, 由接触面力学性能试验所测得的相对变形既包括第一类相对变形, 也包括第二类相对变形, 并且很难将两者定量地区分开来。当采用 Goodman 单元时, 试验测得的相对变形均视为第一类相对变形。虽然 Goodman 单元只能模拟第一类相对变形, 但在确定接触面力学性能时包括了第二类相对变形的影响。

3. 接触面单元在土 – 结构相互作用分析中的应用

下面以在桩顶竖向动力荷载作用下桩与周围土体的相互作用分析为例, 说明接触面单元的应用。设桩断面为圆形, 半径为 r, 桩体为均质材料, 土层为水平成层的均质材料。按上述情况, 在桩顶竖向荷载作用下桩与周围土体的动力分析可简化成轴对称问题。假如采用有限元法进行分析, 则可将桩和土体剖分成空心圆柱单元。为考虑沿界面桩土可能发生相对变形, 在界面设置 Goodman 接触单元。设 r 为径向, z 为竖向, 则在 $r - z$ 平面内剖分的网格及接触面上的 Goodman 单元如图 6.36 所示。

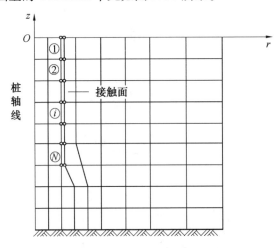

图 6.36　$r - z$ 平面内剖分的网格及接触面上的 Goodman 单元

在图 6.36 中, 接触面左侧为桩体及其剖分的网格, 接触面右侧为土体及剖分的网格。设接触面从上到下剖分成 N 段, 则得到 N 个半径为 r_0 的圆筒形 Goodman 单元, 其内侧与桩相连接, 外侧与土相连接, 如图 6.37 所示。

按前述规定,接触面单元的局部坐标 l 取竖直向下,n 坐标取水平向右,则 α 角等于 $-90°$,如图 6.38 所示。设在局部坐标 l 方向的位移为 u,局部坐标 n 方向的位移为 v,可推导相对位移 Δu 和 Δv,其表达式与式(6.104)完全相同。以下的推导与前述相同,但是在利用虚位移原理求接触单元刚度矩阵时,式(6.108)的积分应改为对半径为 r_0 的圆筒面积进行积分,即

$$[\boldsymbol{k}]_e = r_0 \int_0^{2\pi} \int_0^L [\boldsymbol{N}]^{\mathrm{T}} \begin{bmatrix} k_\tau & 0 \\ n & k_n \end{bmatrix} [\boldsymbol{N}] \mathrm{d}l \mathrm{d}\theta \tag{6.112}$$

按式(6.112)计算出局部坐标下的刚度矩阵后,再将其转换成总坐标下的刚度矩阵。

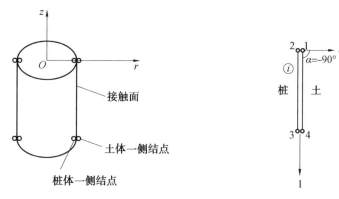

图 6.37　筒形接触面单元　　　　图 6.38　接触面单元局部坐标

当总坐标下的接触面单元刚度矩阵确定后,其余的问题只是在建立求解方程时考虑接触面的影响。具体来说,在建立位于接触面单元上桩一侧结点的动力平衡方程式时除要考虑与其相连接的桩单元结点的作用外,还要考虑与其相连的接触面单元结点的作用,如图 6.39(a)所示。同样,在建立位于接触面单元上土一侧结点的动力平衡方程时,除要考虑与其相连的土单元结点的作用外,还要考虑与其相连接的接触面单元结点的作用,如图 6.39(b)所示。这可在叠加体系总刚度矩阵和阻尼矩阵时完成,细节不需赘述。

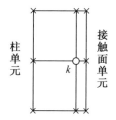
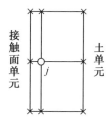

○ 结点 k　　　　　　　　　　　　○ 结点 j
× 除 k 点外,对结点 k 有作用的结点　　× 除结点 j 外,对结点 j 有作用的结点

(a)桩一侧接触面上的结点 k　　　　　(b)土一侧接触面上的结点 j

图 6.39　接触面单元上的结点与桩一侧或土一侧单元结点的作用

6.9.3　薄层单元

薄层单元是由 Desai 等提出的,可以模拟上述第二类相对变形。如果采用薄层单元

确定模型接触面的相对变形,必须确定如下两个问题:

(1) 在土体中与接触面相邻的薄层厚度。

(2) 测定薄层中土的力学性能。

显然,第一个问题具有很大的不确定性,第二个问题在技术上有很大困难。由于上述的原因,相对 Goodman 单元,较少采用薄层单元。因此,在此不做进一步表述。

思 考 题

1. 试述不考虑土 - 结构相互作用的动力分析方法与考虑土 - 结构相互作用动力分析方法的区别。

2. 地震时土体 - 结构相互作用有哪两种类型?它们的机制是什么?

3. 土 - 结构相互作用有哪些影响?如何将地震时土 - 结构相互作用问题分解成场地反应问题和源问题?

4. 试述子结构法的基本概念。采用子结构法分析土 - 结构相互作用有哪几个步骤?每一个步骤所需解决的是什么问题?子结构法的适用条件是什么?

5. 试述如何建立土 - 结构相互作用整体分析方法的土 - 结构体系的分析模型,其求解方程式包括哪几部分的方程式,整体分析方法的优点有哪些。

6. 试述在土 - 结构相互作用分析中将土体简化成弹簧时弹簧系数的概念,当将地基土体简化成弹簧时有哪几种弹簧系数,采用弹簧系数法如何确定刚性基础的地基刚度。

7. 当土与结构接触面在土体内部时,如采用 M 法,请说明如何确定土对结构作用的弹簧系数。

8. 试说明在土 - 结构相互作用分析中,将土体视为半空间无限体时如何利用布辛涅斯克解和门德林解确定以结构接触面上的力和位移表示的土体刚度矩阵,以及将土视为半空间无限体的适用条件是什么。

9. 试说明在土 - 结构相互作用分析中,将土体视为有限元集合体时如何确定土体的刚度矩阵。如果采用子结构法,如何进一步确定土以结构接触面上的力和位移表示的土体刚度矩阵?

10. 地震时单桩与周围土体之间存在哪些机制不同的相互作用力?在常规桩的抗震分析中只考虑了哪种机制的相互作用?

11. 地震时单桩与周围土体之间的相互作用力与静力有何不同?在两种情况下确定单桩与周围土体之间的作用力有何不同?

12. 试说明土 - 结构接触面两侧相对变形的机制和类型,以及 Goodman 单元的建立途径。

参 考 文 献

[1] 伊德里斯. 地震工程和土动力问题译文集[M]. 谢君斐,等,译. 北京:地震出版社,1985.

[2] PENZIEN J, SCHEFFEY C F, PARMELEE R A. Seismic analysis of bridges on long

pile[J]. Journal of the Engineering Mechanics Division, 1964, 90(3): 223-254.

[3] BARKEN D D. Dynamics of bases and foundations[M]. New York: McGraw-Hill Book Co., 1962.

[4] 普拉卡什. 土动力学[M]. 北京: 水利电力出版社, 1984.

[5] DESAI C S, ZAMMAN M M, LIGHTNER J G, et al. Thin-layer element for interfaces and joints[J]. International Journal for Numerical and Analytical Methods in Geomechanics, 1984, 8(1): 19-43.

[6] J. P. 瓦尔夫. 土 – 结构动力相互作用[M]. 吴世明, 等译. 北京: 地震出版社, 1989.

[7] 房营光. 岩土介质与结构动力相互作用理论与应用[M]. 北京: 科学出版社, 2005.

第7章 埋地管道系统的地震响应与抗震设计

7.1 概　　述

对于埋地管道,地震带来的危险性可能来自地震波的传播和永久性地面变形。例如,1985年米开肯地震给墨西哥城的管道造成的破坏是由多种危险因素形成的;1906年旧金山地震中约有一半的管道破裂发生在液化引起的侧向扩流区,而另一半则发生在波传播的主要区域。也就是说,永久地面变形(PGD)损伤通常发生在孤立地区,但是管道的损伤率高,而波动引起的破坏发生的区域大,但管道损伤率较低。波动引起危害的特征在于行波效应引起的地面瞬态应变和曲率。PGD(如滑坡、液化引起的横向扩流和地面沉降)的特征有PGD带的数量、几何形状和空间范围。跨断层PGD灾害的特征是断层的永久水平偏移和垂直偏移,以及管道与断层的交叉角度。

地下管线遭受震害的实例有很多。例如,1964年阿拉斯加的安克雷奇市地震造成天然气管道断裂200余处、安克雷奇输水管道断裂100处,其中断裂带内的天然气管线破裂,管道的损坏主要是由于滑坡和地表开裂造成的;1971年圣费尔南多地震造成1 400个管道系统断裂,圣费尔南多市因此失去了水、煤气和污水处理设施,在范诺曼水库上游东岸和西岸,液化引起的横向扩流破坏了水、气和石油传输线;1987年厄瓜多尔地震毁坏了横贯厄瓜多尔的管道(直径660 mm),这是历史上单根管道破坏最严重的一次,管道的重建花费了大约8.5亿美元。

对于埋地管道,通常使用地震破坏情况与一些地面运动量之间的经验相关关系。1975年,Katayama等发展了第一种关系式,主要用于分段铸铁管道,如图7.1所示为管道的损伤和地面加速度峰值的关系图。这个关系包括波传播和管道破坏数据,如果地面运动加速度峰值加倍,则管道破坏率将增加100倍。

结果表明,安克雷奇市是最早将波传播与PGD对管道破坏的影响区分开的。在波传播方面,安克雷奇市(1983)总结了美国几次地震的管道破裂率与修正震级之间的关系,并对6种不同的管道材料建立了关系式。Eguchi(1991)修正了此关系,得到了如图7.2所示的双线性曲线,其中AC表示石棉水泥、CONC表示混凝土、CI表示铸铁、PVC表示聚氯乙烯、WSCJ表示焊接钢制密封接头、WSGWJ表示焊接钢制气体焊接接头、WSAWJ(A,B)表示焊接钢制电弧焊接接头(A级,B级)、WSAWJ(X)表示焊接钢制电弧焊接接头(X级)、DI表示球墨铸铁、PE表示聚乙烯。若MMI ≤ 8,说明破坏率增长快;若MMI > 8,则说明增长较慢。

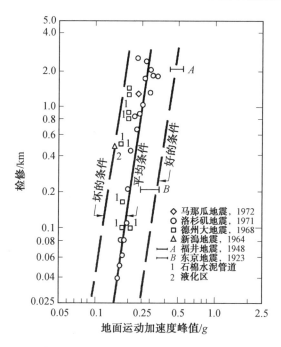

图 7.1　每千米管道修理中的管道损坏与地面加速度峰值

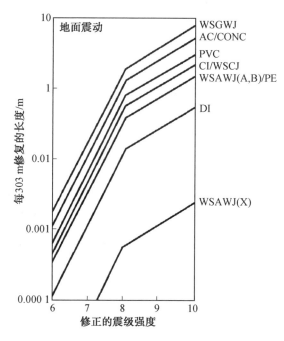

图 7.2　波传播管损伤与修正震级强度的关系

　　根据当地土体条件和断层的形式,PGD 存在两种类型:一种类型 PGD 指的是局部相对位移,如发生在断层面或在滑坡的边缘;另一种类型 PGD 是大面积的空间永久位移。如图 7.3 所示为管道损伤和永久地面位移之间的双线性曲线拟合关系函数,数据来自

1906 年旧金山地震和 1989 年洛马普列塔地震。曲线的初始部分(PGD < 5 in(13 cm))是基于 1906 年旧金山地震和在 1989 年洛马普列塔地震(垂直沉降)期间的管道损伤,而曲线后面的部分(PGD > 5 in(13 cm))是基于 1906 年旧金山地震(侧向扩流)。管道破坏率是 PGD 的非线性函数,绝大部分是相对小的地面位移产生初始管道破裂。在较大的地面位移处,破坏率增大,但增大的速率较小。这种非线性的原因是假定损伤起始于 PGD 的低量级,将原始管网分成较短的段,这些段相对自由地随周围土体移动,然后发生相对较大的位移,从而在剩余的完整段上造成进一步的破坏。

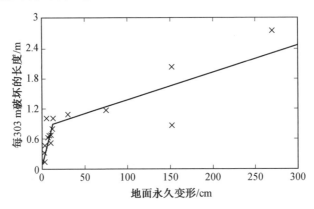

图 7.3　铸铁水管的经验损伤与空间分布 PGD

　　根据现有的空间分布 PGD 的经验公式,第 7.5 节和第 7.6 节重点介绍管道对横向 PGD 和纵向 PGD 响应的差异,7.8 节将提出分段管道响应的理论模型。而 PGD 无缝钢管的破坏,无法由观察到的破坏确定经验关系。

　　基于铸铁管道的破坏率与永久地面位移的关系以及 Hamada 等描述的安克雷奇市的钢管和铸铁管道的破坏率的比较,建立了伪经验关系。Hamada(1989)比较了 1983 年日本名古屋地震中的铸铁管断裂和钢质燃气管断裂,得出铸铁管的破坏率是钢管的 2 ~ 3 倍。根据 1971 年圣费尔南多地震和 1972 年马那瓜地震的调查数据,Eguchi(1983)得出结论:在断层区域,气焊钢管的破坏是铸铁的 30%,而在滑坡中是 61%,在液化中是 70%。基于这些调查,假定气焊钢管的破坏率是铸铁钢管的一半。同样,电弧焊钢管的破坏率占铸铁钢管的 12.5%。对于钢管和各种其他材料,Porter 等的伪经验关系如图 7.4 所示。

　　对于大面积的 PGD,包括地面沉降和侧向扩流,前面的关系式不能用于预测局部突然发生的 PGD 对管道的损坏情况,而 Eguchi(1983)给出了局部突发 PGD 对管道的破坏率与 PGD 之间的关系,如图 7.5 所示。它基于 1971 年圣费尔南多地震对管道造成的破坏,主要适用于破坏长度为 91 m 内的管道。铸铁(CI)管道每 300 m 的破坏率对于突然发生的 PGD 为每 25 cm 约为 1.5 cm,对于 2.5 m 约为 4.0 cm。这些经验关系是目前最普遍应用的,并且适合于评估整个系统性能,而它们本身不适合于单个组件的破坏分析。

　　近几十年来,人们对管道系统性能进行了大量的研究。Isoyama 和 Katayama(1982)、Liu 和 Hou(1991)、Sato 和 Shinozuka(1991)、Honegger 和 Eguchi(1992)、Markov 等做出了显著贡献。本节简要讨论埋地管道各部件的性能(每单位长度的破坏)的关系。

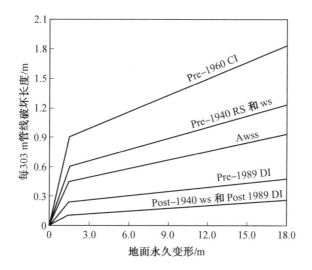

图 7.4   Porter 等的伪经验关系

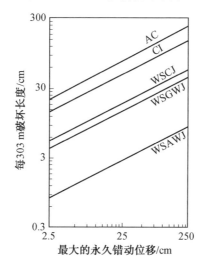

图 7.5   埋地管道的易损性关系

7.2   地面永久变形的危害

地面永久变形(PGD)的主要形式是断层、滑坡、沉陷和土体液化引起的侧向扩流。埋地管道在 PGD 作用下是否失效取决于 PGD 的形式和空间范围。

如前所述,埋地管道对 PGD 的响应受地面变形模式的影响,即永久地面位移沿横向扩流区的宽度或长度的变化。Hamada 等研究(1986)表明,1964 年新潟地震和 1983 年新竹地震的液化情况提供了大量所观测到的纵向 PGD 的信息。在 1983 年日本名古屋地震中观察到的 5 条纵向 PGD 线,如图 7.6 所示。在图 7.6 中,垂直线的高度与观察到的水平 PGD 成比例。

观察到大约20% 的图案(27 个中有 6 个) 具有与图7.6(a) 相同的形状。也就是说,它们在横向扩流区的整个长度上表现出相对均匀的 PGD 运动。

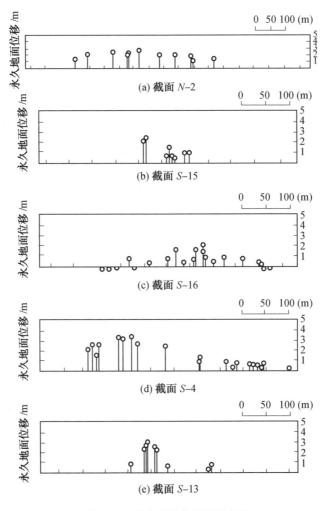

图 7.6　观察到的永久地面变形

地表沉陷可能是由干砂的致密化、黏土的固结或液化土的固结引起的。其中,液化土的固结引起的地面沉降更重要,因为它可以导致更大的地面运动,对埋地管道系统的破坏更严重。

7.3　管道的失效模型和失效准则

本节将介绍地震作用下埋地管道的失效模式。无腐蚀连续管道(如带焊接接头的钢管)的主要失效模式是轴向拉伸破坏、轴向压缩导致的局部屈曲和弯曲破坏。如果埋藏深度较浅,连续管线在压缩过程中也会出现梁式屈曲现象。插入接头和螺栓式接头的无腐蚀分段管道的失效模式为接头处轴向拔出、接头处压碎和远离接头的管段出现弯曲裂缝。对于这些失效模式,给出了以下叙述的相应失效准则。

7.3.1　连续管道的破坏准则

埋深大于 1 m 的无腐蚀连续管道的主要失效形式是拉伸破坏和局部屈曲破坏,埋深小于 1 m 的埋地管道(即浅沟安装)将经历梁式屈曲破坏行为。在地震后的开挖过程中,当释放压缩管道的应变时,也会出现梁式屈曲破坏。

1. 拉伸破坏

当在张拉力下管道发生应变时,电弧焊对接接头的无腐蚀钢管具有延展性,并能够在断裂前与拉伸屈服应变建立联系。另外,有焊缝的老钢管在断裂前往往不能承受较大的拉伸应变。此外,钢管中的焊接滑动接头不如对接焊接接头的性能好。1994 年的 Northridge 地震提供了这些情况差异。根据 T. O'Rourke 和 M. O'Rourke(1995)的说法,沿 4 根均不是对接的弧焊钢管管道,在纵向 PGD 作用下发生拉伸破坏,然而,3 个具有可滑动接头的气焊管在相同的 PGD 作用下发生了拉伸破坏。

与拉伸破坏相关的应变通常远高于 4%(Newmark 和 Hall,1975)。通常使用 4% 的极限拉伸值,超过该极限拉伸值则认为管道发生拉伸破坏。

屈服后性能的分析方法需要描述应力 – 应变行为。最广泛使用的模型之一是 Ramberg Osgood(1943)提出的模型,即

$$\varepsilon = \frac{\sigma}{E}\left[1 + \frac{n}{1 + r}\left(\frac{\sigma}{\sigma_y}\right)^r\right] \tag{7.1}$$

式中,ε 为工程应变;σ 为单轴拉应力;E 为初始杨氏模量,σ_y 为表面屈服应力;n 和 r 为 Ramberg Osgood 参数。低碳钢和 X 级钢的 σ_y、n 和 r 的常用值见表 7.1。

表 7.1　低碳钢和 X 级钢的 σ_y、n 和 r 的常用值

	低碳钢	X – 42	X – 52	X – 60	X – 70
σ_y/MPa	227	310	358	413	517
n	10	15	9	10	5.5
r	100	32	10	12	16.6

2. 局部屈曲破坏

屈曲是指结构失稳状态,其中压缩的元件经历从稳定状态到不稳定状态的突然变化。局部屈曲(起皱)包括管壁的局部不稳定。在壳体局部起皱后,由地面变形或波传播引起的所有进一步的几何变形均趋向于起皱处,由此产生的管壁大曲率往往导致管壁开裂和泄漏,这是钢管常见的破坏形式。1985 年,Michoacan 地震中波的传播对墨西哥城的一条输水管造成了局部屈曲破坏。1991 年,哥斯达黎加地震中发生的永久地面变形对炼油厂管线也造成了局部屈曲破坏,如图 7.7 所示。1994 年,Northridge 地震对给排水和天然气管道也造成了局部屈曲破坏。

基于先前对薄壁圆柱体的试验,Hall 和 Newmark(1977)提出,管道中的压缩起皱通常开始于理论极限应变值的 $\frac{1}{4} \sim \frac{1}{3}$ 范围内,即

$$E_{\text{theory}} = 0.6 \cdot \frac{t}{R} \tag{7.2}$$

式中,t 是管壁厚度;R 是管半径。因此,就破坏准则而言,起皱发生在以下范围内的应变处,即

$$0.15 \cdot \frac{t}{R} \leq \varepsilon_{\text{cr}} \leq 0.20 \cdot \frac{t}{R} \tag{7.3}$$

图 7.7 哥斯达黎加地震对哥斯达黎加炼油厂管线造成的局部屈曲破坏

这种假定的屈曲应变被认为适合于薄壁管,但对于厚壁管偏于保守。目前,由于单管屈曲的大弯曲情况,认为横跨屈曲区的纵向压缩变形的附加变形可导致管壁撕裂,但是这尚未得到很好的验证。

3. 梁式屈曲

管道的梁式屈曲类似于细长柱的欧拉屈曲,其中柱形管道经历横向向上位移,相对运动分散在长距离上,管道压缩应变不大,因此,在压缩区域中管道的梁式屈曲被认为比局部屈曲情况更好些,因为管壁拉裂的可能性减小。

在以上情况中已经观察到管道的屈曲,如在 1932—1959 年,跨越布埃纳维斯塔逆断层(Howard,1968)累积了 360 mm(14 in) 的位移。这种地面运动导致输油管道具有很大压缩应力。例如,石油管道埋深为 0.15 ~ 0.30 m(6 ~ 12 in),直径为 51 ~ 406 mm(2 ~ 16 in),处于松散到中等承载力土体中,管道由于压缩向上隆起而抬离地面。又如,发生在 1979 年的 Imperial Valley 地震,有 2 条高压管道,直径为 219 mm (8.6 in) 和 273 mm(10.7 in),穿越 Imperial 断层所处的主要地点。地震发生后没有观察到局部屈曲或梁式屈曲的证据。然而地震后,在检查管道期间挖掉上覆土层后发现两根管道以梁式屈曲模式为主(Mcnorgan,1989)。

与拉伸破坏、局部屈曲以及相关的管壁拉裂相反,管道在梁式屈曲后不会"失效"。管道的梁式屈曲可以更好地描述为使用性问题,因为管道可以继续运营而不中断传输。从这个意义上讲,很难在管道材料性能方面建立一个严格的梁式屈曲破坏准则。它的发生取决于几个因素,如管道的弯曲刚度、埋深和初始缺陷。

埋地管道的梁式屈曲一直是许多分析研究的主题,Marek 和 Daniels(1971)首次提出了梁式屈曲的解析解,他们研究了承受温度连续升高的起重机轨道的变形行为。Hobbs(1981)采用 Marek 和 Daniels 模型来解决海底管道的屈曲问题。Hobbs 考虑了由温度变化或内部压力引起的压缩荷载,这种压缩荷载可能在初始缺陷的存在下引起梁屈曲,其研究的梁式屈曲模型如图 7.8 所示。其中,w 是每单位长度的管道质量,L_b 是弯曲的长度,L_s 是紧邻弯曲区的长度,该弯曲处相对于周围土体滑动。

屈曲载荷与屈曲长度 L_b 和最大屈曲幅值 y_0 的关系,如图 7.9 所示。由图可知,屈曲载荷是屈曲长度的非线性函数,对于某一屈曲长度 L_{bm},屈曲载荷在 B 点达到最小值。

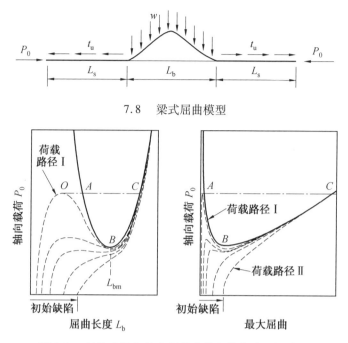

7.8　梁式屈曲模型

图 7.9　缺陷水平与竖向屈曲载荷和荷载路径的关系

由于上抬阻力和土体的摩擦,屈曲载荷随着屈曲长度的增加而增加。高于点 B 处的任何载荷,均有两个可能的屈曲长度和振幅,如图 7.9 中点 A 和点 C 处的值,A 点的情况不确定,在恒定的轴向载荷下,管道最终将趋向于 C 点。对于初始小缺陷的情况,在压缩载荷在点 O 并达到最大值之后的荷载路径 I 中显示了管道的屈曲和后屈曲曲线。荷载路径 II 在这种情况下,缺陷被逐渐放大。

Meyersohn(1991) 通过 Hobbs 程序扩展到受纵向 PGD 影响的埋地管道的梁式屈曲问题,克服了这一困难。图 7.10 所示为屈曲前和屈曲后轴向压缩力的分布。管道受应力部分的长度与地面位移的大小直接相关。一旦管道中的轴向力 P 等于或超过某个值(P_{max}),就会发生梁式屈曲,然后摩擦力在管道的上升长度上被释放。摩擦力的方向并不固定,并非全部是管道两侧的部分,也存在图 7.10(b) 中的反向摩擦区,从而减小一些轴向应力。力 P_0 表示恢复平衡后的最大轴向力。

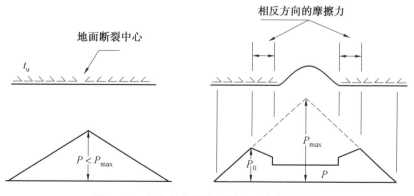

图 7.10　屈曲前和屈曲后轴向压缩力的分布

在浅埋和回填松散土体的管道中,更容易发生梁式屈曲。也就是说,梁式屈曲的载荷是覆盖层深度的函数。如果管道埋入足够的深度,就会在梁式屈曲前产生局部屈曲。基于这个概念,Meyersohn(1991)通过将梁式屈曲的最小应力等于局部屈曲应力来确定临界覆盖深度。任何埋设深度比临界埋深小的管道在局部屈曲前均会经历梁式屈曲。反之,如果埋管深度大于临界深度,则只会经历局部屈曲。图 7.11 所示为 B 级和 X - 60 级钢管的临界覆盖深度,阴影区域对应于不同的回填压实程度。可以看出,X - 60 级钢管的临界覆盖深度大于 B 级钢管的,即管道相对坚固,与梁式屈曲相比,壳体起皱的可能性更小。然而 Meyersohn(1991)指出,t/D 通常小于或大约等于 0.02。因此,从图 7.11 可以看出,由于临界覆盖深度小于正常情况埋深,埋地管道发生梁式屈曲的可能性很小。

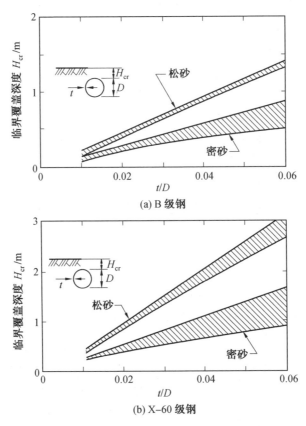

图 7.11 B 级和 X - 60 级钢管的临界覆盖深度

4. 对接焊缝连接破坏

电弧焊对接钢管的破坏准则基于前面所讨论的管材强度。然而,对于具有滑移接头、铆接接头或乙炔气焊接头的钢管,由于其强度小于管材,因此,其破坏准则应基于这些接头的强度。许多这样的钢质管道在以往地震中均有在接头处遭到破坏的实例,如在 1971 年圣费尔南多地震中,Granada Trunk 管线(直径 1 260 mm)在其焊接的滑动接头处破坏(T. O' Rourke 和 Tawfik,1983)。图 7.12 所示为 Granada Trunk 管线内部焊接的滑动接头图示,其中 t 是管壁厚度。

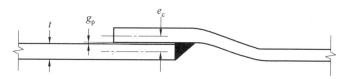

图 7.12　Granada Trunk 管线内部焊接的滑动接头图示

Tawfik 和 T. O'Roukes(1985)、Muncarz 等(1987)、Brockenbrough(1990)分析了滑动接头的强度。对于直径为 2.74 m 的管道内焊,Moncarz 等采用非弹性有限元模型计算出接头效率(接头强度与管道强度的比值)为 0.4。而对于相同类型的节点,Brockenbrough 计算出的接头效率为 0.35,比 Moncarz 的结果稍低(低 12.5%)。图 7.13 所示为用 Brockenbrough 模型给出的内焊缝插入接头的接头效率,注意,当在插入接头之间不存在间隙时,最大效率为0.41,并且接头效率是间隙大小的递减函数。然而,对于大多数管道,当管道直径较小时,很难在管道的内部进行焊接,所以可以使用具有外焊缝的角接接头。图 7.14 所示为带有外焊缝的滑动接头。

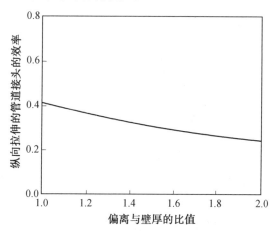

图 7.13　Brockenbrough 模型给出的内焊缝插入接头的接头效率

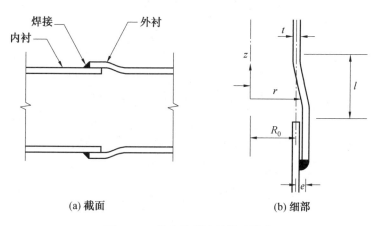

(a) 截面　　　　　　　　(b) 细部

图 7.14　带有外焊缝的滑动接头

图 7.14(b) 中,t 是壁厚,R_0 是管道半径,e 是管壁偏移的距离(接头的偏移),l 是插入弯曲部分的长度。使用非弹性壳模型,Tawfik 和 T. O'Rourke(1985) 计算了接头效率,如图 7.15 所示,在分析中考虑了两种失效模式,模式 I 指在焊接连接附近屈服,模式 II 指在曲线上的塑性流动,两者均发生在焊接接头的端部。当插入的归一化长度 $l/R_0 > 0.30$ 时,模式 I 起支配作用,接头效率约为 0.29。

由图 7.13 和图 7.15 可知,具有内焊缝的滑动接头的接头效率通常大于外焊缝的接头效率,推测这是因为具有内焊缝的接头,其接头焊缝的偏心距相对于管半径的比值比外焊缝的小。

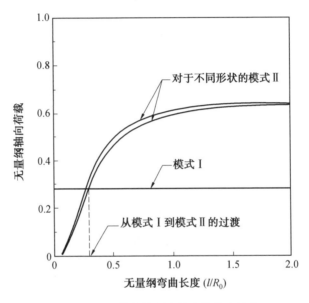

图 7.15　外焊缝插入接头的接头效率

7.3.2　分段管道的破坏准则

对于分段管道,特别是大直径、壁厚较大的管道,观测到的地震作用下管道的破坏往往是管道接头处的破坏。例如,在 1976 年唐山地震中,Sun 和 Shien(1983) 观测到大约 80% 的管道破坏与接头有关。M. O'Rourke 和 Ballantyne(1992) 在 1991 年哥斯达黎加地震中确定了分段管道的 6 种破坏机制,如图 7.16 所示。对于 Limon 地区的 CI 和 DI 运输管道,52% 的修复是由于接头处的拔出[图 7.16(f)],42% 的修复是由于管段的断裂[图 7.16(a)]。

由于接缝或填缝处材料的剪切强度远小于管道的抗拉强度,因此,轴向拉拔与接缝处的相对旋转相结合,是拉伸应变区域中常见的失效机制。在地面的压缩应变区,插入接头和螺栓接头的破坏是混凝土管道中常见的破坏机制。对于小直径分段管道,地面的扭转可以导致管道的环向弯曲破坏,如 1989 年 Loma Prieta 地震后,T. O'Rourke 等观察到(1991 年)在码头地区,小直径[100 ~ 200 mm(4 ~ 8 in)]铸铁管道 80% 以上的破坏是靠近接头的管段中发生圆形裂纹。

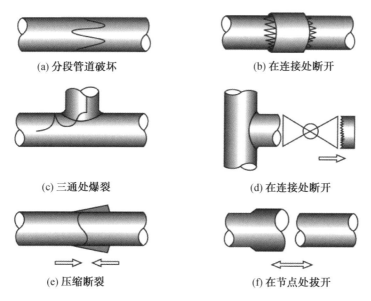

 (a) 分段管道破坏   (b) 在连接处断开

 (c) 三通处爆裂   (d) 在连接处断开

 (e) 压缩断裂   (f) 在节点处拔开

图 7.16　分段管道的 6 种破坏机制

1. 轴向拔出

  对于各种类型的分段管道,在破坏准则方面虽然没有像连续管道那样得到很好的研究,但是 El Hmadi 和 M. O'Rourke(1989)总结了关于节点拔出破坏可用的事实依据。具体而言,根据 Prior(1935)的试验,El Hmadi 和 M. O'Rourke(1989)建立了连接处泄漏的累积分布函数,如图 7.17 所示,该分布标准化的节点轴向位移 U_j^u/d_p 的函数,其中 U_j^u 是节点开口大小,d_p 是节点深度。

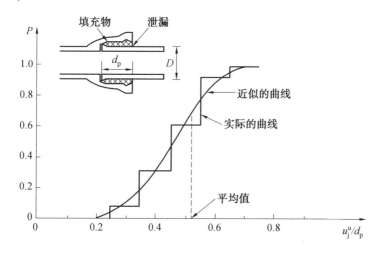

图 7.17　对于管道连接处泄漏的累积分布函数

  如图 7.17 所示,与接头泄漏相对应的接头开口的平均值为 $0.52d_p$,变化率为 10%。因此,El Hmadi 和 M. O'Rourke 建议将分段管道相应接头插深的 50% 作为具有"刚性"接头的拔出破坏极限位移。对于具有橡胶垫圈的球墨铸铁管,可使用由Singhal(1983)提出的关于接头在拔出时的极限轴向拉伸力的半经验关系。

Bouabid和M.O'Rourke(1994)对橡胶垫片接头的混凝土圆筒管的试验表明,在中等内压下,导致泄漏的接头相对位移大约相当于接头插深的一半。因此,对于许多类型的分段管道破坏准则,接头深度的一半可以作为此种接头的极限位移。

2. 钟形和插销连接的破坏

Ayala和M.O'Rourke(1989)指出,1985年Michoacan地震引发的墨西哥城的大部分混凝土圆筒管破坏是由于接头压碎造成的。然而基于钟形接头和插销接头破坏的试验以及相应的破坏准则目前尚未建立。

根据Bouabid和M.O'Rourke在1993年的管道轴向压缩试验发现,带橡胶垫片接头的钢筋混凝土圆筒管接头破坏可以从混凝土内侧保护层或混凝土外侧保护层开始。也就是说,当外加荷载接近极限值时,在混凝土衬砌的端部开始形成环向裂缝,混凝土衬砌开裂后,截面成为钢接头与钢管筒体的焊接界面,这两种元件之间存在的偏心会在这个焊接区域附近引起凹陷(甚至局部屈曲)。这种破坏行为最终将导致泄漏或截面破裂。因此,Bouabid和M.O'Rourke(1994)以及Krathy和Salvadori(1978)都提出了混凝土管道的破坏准则,即节点处混凝土芯的极限压缩力 F_{cr} 为

$$F_{cr} = \sigma_{comp} \cdot A_{core} \tag{7.4}$$

式中,σ_{comp} 是混凝土的抗压强度;A_{core} 是混凝土核心区域面积,对于普通混凝土管,A_{core} 是截面面积;而对于管中钢筋,则需要增加钢筋的面积。

3. 环向弯曲失效和节点扭转

当分段管道受到由横向永久地面运动或地震动引起的弯矩时,管道弯曲由接头处的旋转和管段中的挠曲或它们的组合来形成,它们的相对贡献取决于接头旋转动和管段弯曲刚度。对于具有Tyton接头或FLEX接头的DI管等柔性管道系统,只有在超过接头旋转能力(通常分别为4°和15°)之后,管段中的应力才开始显著增加。另外,对于刚性的分段管道系统,如具有水泥接头的铸铁管,管道弯曲从一开始就由接头旋转和分段挠曲组合而成。

在破坏准则方面,将分段管道接头的节点旋转失效准则建立在制造管道时制造商用于管道铺设目的的允许角偏移的1.1~1.5倍,典型的制造商对各种管接头允许角偏移的推荐值见表7.2。对于铸铁或石棉水泥管,管段中的圆形弯曲裂纹是主要的失效形式。另外,对于受地面变形影响的混凝土管道,由于前面提到的节点环向偏心,裂纹通常出现在钟形和插口端部。

对于圆形弯曲裂纹,可以采用材料的极限拉伸或压缩应变作为破坏准则。在这方面,El Hmadi和M.O'Rourke(1989)列出了CI和DI管材料的相关性能指标,见表7.3。

表 7.2　制造商对各种管接头的推荐允许角偏移

D/cm	铸铁	推进式	机械推式	预应力混凝土	混凝土
10	4° ±00′	5°	8° ±18′		
15	3° ±30′	5°	7° ±07′		
20	3° ±14′	4°	5° ±21′		
25		4°	5° ±21′		
30	3° ±00′	4°	5° ±21′		
35		3°	3° ±35′		
40	2° ±41′	3°	3° ±35′		2° ±19′
45		3°	3° ±00′		2° ±04′
50	2° ±09′	3°	3° ±00′		1° ±52′
60	1° ±47′	2°	2° ±23′		1° ±34′
67.5		2°	2° ±23′		1° ±24′
75	1° ±26′	2°	2° ±23′	1° ±44′	1° ±15′
82.5		1° ±30′		1° ±35′	1° ±09′
90		1° ±30′	2° ±05′	1° ±28′	1° ±03′
105		1° ±30′	2° ±00′	1° ±16′	1° ±03′
120		1° ±30′	2° ±00′	1° ±06′	1° ±03′
150		1° ±30′		0° ±56′	
180		1° ±30′		0° ±56′	

表 7.3　常用管道材料的力学性能

项目	铸铁	球墨铸铁	混凝土	PVC	高密度聚乙烯
屈服应变 /(×10⁻³)	1 ~ 3.0	1.75 ~ 2.17	0.1 ~ 1.3	17 ~ 22	22 ~ 25
极限应变 /(×10⁻³)	5 ~ 40	100	0.25 ~ 3.0	50 ~ >100	50 ~ >100
屈服应力 /ksi	14 ~ 42	42 ~ 52	0.32 ~ 4.0	5 ~ 6.5	2.2 ~ 2.5
初始模量 /ksi	14 000	24 000	3 000	290 ~ 560	100 ~ 120

7.4　管道－土相互作用

　　由于管道－土界面的相互作用,埋地管道在地震中受力导致的变形称为管道－土相互作用,也就是说,土体运动会引起管道的变形。为了分析此相互作用,任何地面变形均可以分解为纵向分量(平行于管轴的土体运动)和横向分量(垂直于管轴的土体运动),这两种类型的管道－土相互作用均在本节中讨论。在横向上,相互作用包括水平和垂直于轴的相对变形,对于垂直方向上的运动,必须区分向上和向下的管道运动,因为这两种情况下的相互作用力不同。最后,需要区分位于非液化土体的管道和位于液化土中的管道,因为在这两种情况下管道的受力有很大差异。

7.4.1 非液化土的性质

对于位于非液化土体的管道,基于实验学者已经建立了管道 – 土相互作用的基本关系。例如,Trautmann 和 T. O' Rourke(1983)建立了水平横向荷载 – 变形关系,如图 7.18 所示。

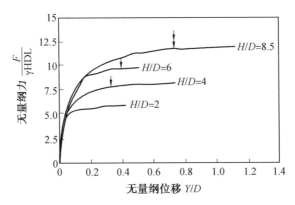

图 7.18　管道 – 土相互作用的横向荷载 – 变形关系

ASCE 生命线地震工程技术委员会以及气体和液体燃料生命线委员会(1984),提出了如图 7.19 所示的理想弹塑性模型,此弹塑性模型完全由两个参数来表征。

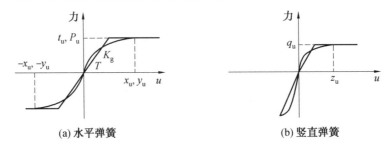

(a) 水平弹簧　　　　　　　　　　(b) 竖直弹簧

图 7.19　理想的管道 – 土相互作用的荷载 – 位移关系

图中,t_u、p_u、q_u 分别为在水平轴向、水平横向和垂直横向上的反力,每单位长度最大的弹性变形为 x_u、y_u、z_u。等效土弹簧系数定义为单位面积上的力,它的大小为最大阻力与最大弹性变形一半的比值,如对于水平轴向(纵向)情况,为 $2t_u/x_u$。该弹簧系数仅适用于小于最大变形的情况,当 x_u、y_u、z_u 大于最大变形时将保持恒定。

1. 纵向运动

平行于管轴的相对运动在管道 – 土界面处产生纵向(水平轴向)力。对于弹塑性模型,ASCE 准则为砂土和黏土提供了以下关系。

对于砂土,有

$$t_u = \frac{\pi}{2} D \bar{\gamma} H (1 + k_0) \tan k\varphi \tag{7.5}$$

$$x_u = (2.54 \sim 5.08) \times 10^{-3} \text{ m} \tag{7.6}$$

对于黏土,有

$$t_u = \pi D \alpha S_u \tag{7.7}$$

$$x_u = 0.2 \sim 0.4 \text{in} = (5.08 \sim 10.16) \times 10^{-3} \text{ m} \tag{7.8}$$

式中,D 是管道直径;S_u 是周围土体的不排水抗剪强度;α 是随 S_u 变化的经验黏滞系数;$\bar{\gamma}$ 是土体的有效单位质量;H 是管道中心线的深度;φ 是砂土的摩擦角;k_0 是侧向土压力系数,正常固结的无黏性土 k_0 值为 0.35 ~ 0.47;对于管道周围土体回填和压实的情况,k_0 值会稍微大一些。T. O' Rourke 等(1985) 为了管道的保守计算,建议 $k = 1.0$,k 是取决于管道外表面特性和硬度的因数,对于具有水泥涂层的混凝土管、钢或铸铁管,$k = 1.0$;对于粗钢,k 为 0.7 ~ 1.0;而对于光滑钢或具有光滑、相对较硬涂层的管,k 为 0.5 ~ 0.7。ASCE 推荐了如图 7.20 所示的黏滞系数和土体的不排水抗剪强度之间的关系,由图可知,黏滞系数随土体的不排水抗剪强度的增大而减小。

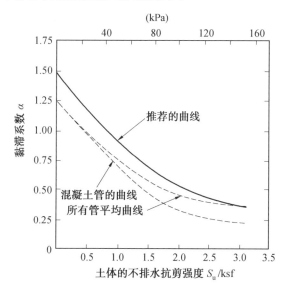

图 7.20　黏滞系数和土体的不排水抗剪强度之间的关系

2. 水平横向位移

水平面内垂直于管轴的相对运动在管道 – 土界面处产生水平横向力。对于弹塑性模型,ASCE 为砂土和黏土提供了以下关系。

对于砂土,有

$$p_u = \bar{\gamma} H N_{qh} D \tag{7.9}$$

$$y_u = \begin{cases} (0.07 \sim 0.10)(H + D/2) & （松砂） \\ (0.03 \sim 0.05)(H + D/2) & （中密度砂） \\ (0.02 \sim 0.03)(H + D/2) & （高密度砂） \end{cases} \tag{7.10}$$

对于黏土,有

$$p_u = S_u N_{ch} D \tag{7.11}$$

$$y_u = (0.03 \sim 0.05)(H + D/2) \tag{7.12}$$

式中,N_{qh}、N_{ch} 分别是砂土和黏土的水平承载力系数。砂土的深径比与水平承载力系数的关系如图 7.21 所示。当 $\varphi = 30°$ 时,$N_{ch} = N_{qh}$。

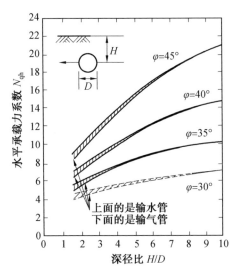

图 7.21　砂土的深径比与水平承载力系数的关系

3.垂直于水平面的横向运动 —— 方向向上

管道在垂直于管轴向上运动时,在管道 – 土界面处将产生横向力。对于弹塑性模型,ASCE 准则为砂土和黏土提供了以下关系。

对于砂土,有

$$q_u = \bar{\gamma} H N_{qv} D \qquad (7.13)$$
$$z_u = (0.01 \sim 0.015) H \qquad (7.14)$$

对于黏土,有

$$q_u = S_u N_{cv} D \qquad (7.15)$$
$$z_u = (0.1 \sim 0.2) H \qquad (7.16)$$

式中,N_{qv} 是砂土的竖向抬升系数;N_{cv} 是黏土的竖向抬升系数。图 7.22 和图 7.23 中 N_{qv}、N_{cv} 分别表示为深度与直径之比的函数。

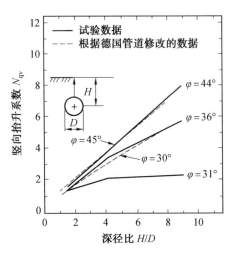

图 7.22　砂土的竖向抬升系数与深径比的关系

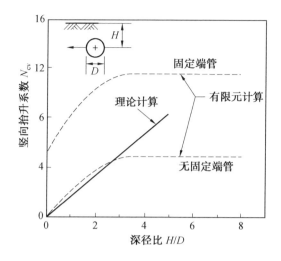

图 7.23　黏土的竖向抬升系数与深径比的关系

4. 垂直于水平面的横向运动 —— 方向向下

垂直于管轴线向下运动,在垂直平面上将产生管道 - 土界面的侧向力。对于弹塑性模型,ASCE 准则为砂土和黏土提供了以下关系。

对于砂土,有

$$q_u = \bar{\gamma} H N_q D + \frac{1}{2} \gamma D^2 N_y \tag{7.17}$$

$$z_u = (0.10 \sim 0.15) D \tag{7.18}$$

对于黏土,有

$$q_u = S_u N_c D \tag{7.19}$$

$$z_u = (0.10 \sim 0.15) D \tag{7.20}$$

式中,γ 为砂土的容重;N_q 和 N_y 为基于砂土的水平条形基础的竖向承载力系数;N_c 为基于黏土的水平条形基础的承载力系数。ASCE 建议可以从图 7.24 中获得这 3 个系数。

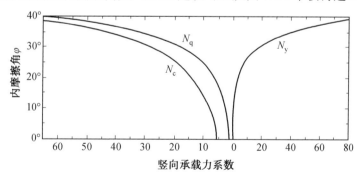

图 7.24　竖向承载力系数与土体内摩擦角的关系

7.4.2　土弹簧的等效刚度

如前所述,只要相对位移小于最大弹性变形 x_u,在管道 - 土界面处的相互作用变形可以称为弹性变形。在这种情况下,管道响应可以通过“弹性地基梁”来分析确定。这些分析仅适用于小到中等程度的地面变形,如对于直径0.3 m(12 in)的管道,在中等致密砂中($\rho = 1\ 831\ \text{kg/m}^3$,$y = 0.112\ \text{kPa}$,$\varphi = 35°$),$H = 1.2\ \text{m}$(3.9 ft),纵向、水平横向、垂直横向向上和垂直横向向下的最大弹性变形为 3.831 m(0.15 in)、0.04 m(1.6 in)、0.018 m(0.71 in)和0.038 m(1.5 in)。下面的叙述中,将这些弹簧系数的关系与 ASCE 中推荐的公式进行比较。

1. 轴向位移

对于轴向土弹簧系数,《高压燃气管道抗震设计规范》(日本,1982)建议土弹簧系数与管径成正比。M. O'Rourke(1978)认为土弹簧系数是土体有效剪切模量的两倍。表 7.4 提供了中等致密砂($\varphi = 35°$,$y = 0.18\ \text{kPa}$,$\rho = 1\ 792\ \text{kg/m}^3$)和埋深为 1.2 m(3.9 ft)直径分别为0.15 m(6 in)、0.30 m(12 in)和0.61 m(24 in)的管道中确定轴向土弹簧系数的3种方法的比较。

表7.4　轴向土弹簧刚度比较

来　源	公式	刚度 /($\text{kg} \cdot \text{cm}^{-2}$)			注　释
		$d = 0.15\ \text{m}$	$d = 0.3\ \text{m}$	$d = 0.61\ \text{m}$	
日本燃气协会	$\pi D k_0$	28.3	56.5	113	$k_0 = 0.6\ \text{kgf/cm}^3$
M. O'Rourke 和 Wang	$2G_S$	60.2	60.2	60.2	$G_S = 66.3 \sqrt{\gamma H \dfrac{1 + 2k_0}{3}}$
ASCE 建议	$\dfrac{t_u}{x_u/2}$	27.9	59.1	131	$x_u = 3.8 \times 10^{-3}$　$k_0 = 0.6, k = 0.9$

如表 7.4 所示,对于直径为 0.3 m 的管道,3 种方法均符合实际。然而,由于 M. O'Rourke 和 Wang 的方法不依赖于管道直径,因此,它明显放大了大直径管道的轴向弹簧刚度,而减小了小直径管道的轴向弹簧刚度,而 ASCE 建议的等效轴向土弹簧刚度与日本燃气协会对 3 种管径的轴向土弹簧刚度相近。

2. 在水平面内垂直于管轴的横向运动

对于水平面的横向运动,Audibert 和 Nyman(1977)提出了 3 个土体弹簧系数。

图 7.25 用于将管道 – 土相互作用看作弹塑性系统。也就是说,K_{L1} 和 K_{L2} 分别用于管道 – 土界面相对位移为小位移和中位移的情形。K_{L3} 适用于相对位移等于或大于 y_u 的情

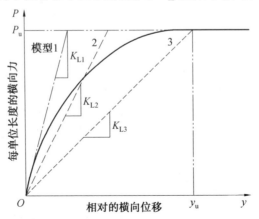

图 7.25　不同相对运动的土体弹簧常数

形。类似地,Thomas(1978)建议对于较大的横向地面运动,土体弹簧系数 K_L 为

$$K_L = 2.7 \cdot \frac{p_u}{y_u} \tag{7.21}$$

对于小型地面运动,如由波传播引起的运动,El Hmadi 和 M. O'Rourke(1989)建议土体弹簧系数为

$$K_L = 6.67 \cdot \frac{p_u}{y_u} \tag{7.22}$$

这两个系数与基于 ASCE 推荐的公式具有相同的交互曲线。式(7.22)对应于图7.25中相互作用曲线的初始斜率,因此,即使对于波传播情况,这个方程对于相互作用力的计算也是保守的。

3. 垂直方向运动

考虑弹性地基上的无限长梁,Vesic(1961)利用管道向下运动的 Winkler 假设建立了土体弹簧系数,由此提出的垂直弹簧刚度为

$$K_v = 0.65 \left(\frac{E_S D^4}{E_P I_P} \right)^{\frac{1}{12}} \cdot \frac{E_S}{1 - \mu_S^2} \tag{7.23}$$

式中,E_S 为土体弹性模量,$E_S = 2(1 + \mu_S) G_S$;μ_S 为土体的泊桑比;G_S 为土的剪切模量;$E_P I_P$ 为管道的抗弯刚度。

对于直径为 30 cm(12 in)和壁厚为 0.76 cm(0.3 in)的钢管,G_S 为 3.2 ~ 60 MPa,式(7.23)的垂直刚度为 4 ~ 26 MPa。使用式(7.17)和式(7.18),假设砂土为中等密砂($\varphi = 35°, \gamma = 0.18$ kPa,$K_v = 1\ 792$ kg/m³),埋深为 1.2 m,ASCE 准则给出土体弹簧系数为 1.4×10^7 N/m²,这个值大约是式(7.23)计算值的平均值。

7.4.3　液化土

对于位于液化区的管道,Suzuki 等(1988)、Miyajima 和 Kitaura(1989)已经表明,管道的响应对等效土体弹簧的刚度非常敏感。本小节将讨论液化土中管道 – 土弹簧的等效刚度。

将试验数据与基于弹性地基梁的解析解相结合,Takada 等(1987)提出液化土体中管道的等效土体弹簧系数,结果表明,等效刚度为非液化土的 1/3 000 ~ 1/1 000。

Miyajima 和 Kitaura(1991)进行了模型试验,表明弹簧刚度与液化土中的有效应力有关,也就是说,土弹簧系数与有效应力呈正相关关系,因此,土弹簧系数与超孔隙水压力呈负相关关系。

对于饱和砂土,T. O'Rukes 等(1994)针对受横向地面位移影响的管道或桩提出了折减系数 R_f,即

$$R_f = \frac{N_{qh}}{k_c} \cdot \frac{1}{0.005\ 5(N_1)_{60}} \tag{7.24}$$

式中,k_c 是不排水土的抗剪强度;$(N_1)_{60}$ 是修正的 SPT 值。

由非液化土的刚度除以折减系数即可计算出管道 – 土界面处的弹簧刚度。结果表明,非液化土的等效刚度为 1/100 ~ 5/100。因此,液化土中管道的纵向和横向刚度均约为非液化土的 3%。

对于上述方法,液化土或多或少被处理为非常软的固体,液化土也可以看作黏性流体。对于该模型,管道 – 土界面处的相互作用力随管与周围土之间的相对运动速度而变

化。Sato 等(1994)指出对每单位长度的管道施加的横向力为

$$F = \frac{4\pi\eta V}{2.002 - \lg Re} \tag{7.25}$$

式中,η 是液化土的黏滞系数;V 是管道相对于液化土的速度;Re 为雷诺数,$Re = \rho V D / \eta$,其中,ρ 为液化土的密度。

基于模型试验,Sato 等(1994)建立了黏滞系数与液化强度系数 F_L 之间的关系,如图7.26 所示。

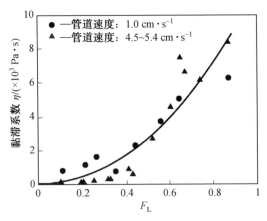

图 7.26　黏滞系数与液化强度系数的关系

日本的道路协会(1990)将液化强度系数 F_L 定义为

$$F_L = \frac{0.0042 D_r}{(a_{max}/g) \cdot (\sigma_v / \sigma'_v)} \tag{7.26}$$

式中,D_r 为土的相对密度;a_{max} 为地基的最大加速度;σ_v 为覆盖总压力,σ'_v 为有效覆盖压力。

将液化土体假设为流体存在两个问题,首先,土体的速度通常是未知的,它是土体相对于管道的速度;其次,当液化土停止流动时(即 $v = 0$),式(7.25)表明在管道－土界面处没有弹簧恢复力,这违反客观情况。

7.5　在纵向 PGD 下连续管道的响应

在纵向 PGD 下,无腐蚀的连续管道可能在焊接接头处被破坏,或者可能在压缩区局部弯曲(起皱),也可能在拉伸区断裂。当埋置深度很浅时,管道与7.3 节讨论的像梁一样发生弯曲。

本节提出了两种不同的埋地管道纵向 PGD 响应模型:第一个模型假设管道是线弹性的,该模型通常适用于具有滑动接头的埋地管道;第二个模型假设管道遵循式(7.1)中给出的 Ramberg Osgood 型应力 – 应变关系,该模型通常适用于具有弧焊对接接头的管道,因为当管道超出线弹性范围时,通常出现局部屈曲或拉伸断裂破坏,并给出了导致局部屈曲破坏的条件以及拉伸断裂的条件,最后讨论了柔性伸缩缝的作用。

7.5.1　弹性管道模型

如前所述,在地面变形模式中,纵向 PGD 对连续管道具有一定的影响。为了便于分

析,M. O'Rourke 和 Nordberg(1992)已经给出了理想化的 5 个模式,块模式、斜坡模式、斜坡块模式、对称脊模式和不对称脊模式分别如图 7.27(a)、(b)、(c)、(d)和(e)所示,这些模式以弹性管材为假定,采用土与管界面的弹塑性或刚塑性力 – 变形关系,分析了埋地钢管道对 3 种理想纵向 PGD 模式(斜坡模式、块模式和对称脊模式)的响应。用等效应变归一化,将 3 种模式的最大管应变 ε 绘制为 PGD 归一化长度的函数,如图 7.28 所示。PGD 区的长度为归一化嵌入长度 L_{em},嵌入长度 L_{em} 定义为由恒定滑移力 t_u 作用于该长度引起的管道应变等于等效地面应变的长度,其中块模式在弹性管道中将产生最大的应变。对于 PGD 的块模式,弹性管中的应变为

$$\varepsilon = \begin{cases} \dfrac{\alpha L}{2L_{em}}, & L < 4L_{em} \\[4mm] \dfrac{\alpha L}{\sqrt{LL_{em}}}, & L > 4L_{em} \end{cases} \tag{7.27}$$

其中

$$L_{em} = \frac{\alpha EA}{t_u} \tag{7.28}$$

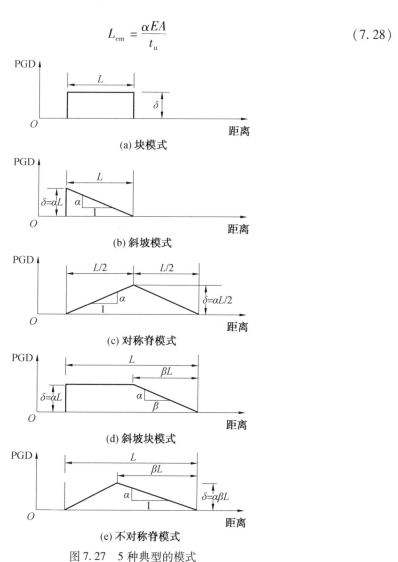

(a) 块模式

(b) 斜坡模式

(c) 对称脊模式

(d) 斜坡块模式

(e) 不对称脊模式

图 7.27 5 种典型的模式

Flores-Berrones 和 M.O'Rourke(1992)将具有弹塑性弹簧管道模型(即管道 – 土界面处任何非零相对位移的最大阻力 t_u)扩展到斜坡块模式和非对称脊模式。将图 7.27 中的 5 个理想化模式中最合适的模式应用于 Hamada 等(1986)提出的 27 个观察模式中,确定了管道峰值应变。他们发现,理想化的块模式[即式(7.27)]对所有 27 个观测模式给出了合理管道响应估计,如图 7.29 中所示。根据式(7.27)的值绘制了具有理想化 PGD 块模式的两个弹性管的最大应变图,其中管道#1 的 $\varphi = 27°$、$H = 0.9$ m、$t = 1.9$ cm,管道#2 的 $\varphi = 35°$、$H = 1.8$ m、$t = 1.27$ cm,计算出的最大应变为块模式的。

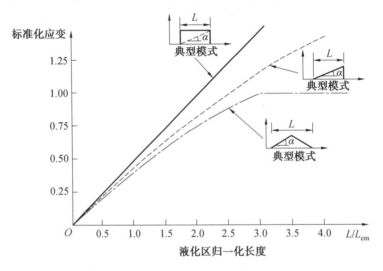

图 7.28　PGD 3 种理想模式的归一化管应变与横向扩展区归一化长度的函数关系

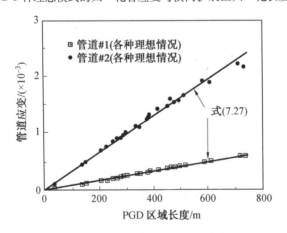

图 7.29　两种弹性管的最大应变

7.5.2　非弹性管道模型

如前所述,为了预防普通埋深和弧焊接头的管道局部屈曲,管道稳定性计算需要使用非弹性模型。由于块模式似乎是最适合于弹性管道的模型,M.O'Rourke 等(1995)假定块模式用于确定由于纵向 PGD 在管道中导致局部屈曲破坏的情况,该模式具有更接近的 Ramberg Osgood 材料模型,如图 7.27(a)所示,理想化的块模式对应于长度为 L 的大块土体。PGD 区域两侧的土体位移为零,而区域内的土体位移为常数 δ。

考虑两种埋地管道纵向 PGD 的模式:在模式 Ⅰ 中,地面移动量 δ 很大,管道应变由 PGD 区域的长度 L 控制;在模式 Ⅱ 中,L 较大,管道应变由 δ 控制。

模式 Ⅰ 中管道轴向位移、力和应变的分布情况如图 7.30 所示,模式 Ⅱ 中管道轴向位移、力和应变的分布情况如图 7.31 所示,t_u 是管道 – 土界面每单位长度的摩擦力,L_u 是 t_u 作用的有效长度。

由图 7.30 和图 7.31 可知,管中超过管段 AB 的力与距 A 点的距离呈线性关系。

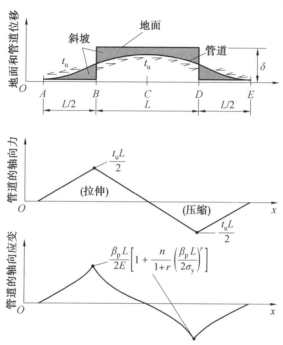

图 7.30　模式 Ⅰ 中管道轴向位移、力和应变的分布情况

根据 Ramberg Osgood 模型,管道的应变和位移分别为

$$\varepsilon(x) = \frac{\beta_p x}{E} \left[1 + \frac{n}{1+r} \left(\frac{\beta_p x}{\sigma_y} \right)^r \right] \tag{7.29}$$

$$\delta(x) = \frac{\beta_p x^2}{E} \left[1 + \frac{2}{2+r} \cdot \frac{n}{1+r} \cdot \left(\frac{\beta_p x}{\sigma_y} \right)^r \right] \tag{7.30}$$

式中,n 和 r 为 Ramberg Osgood 参数;E 是钢的弹性模量;σ_y 是有效屈服应力;β_p 是管道埋深参数,定义如下。

对于砂土($c = 0$),管道埋深参数 β_ρ 定义为

$$\beta_p = \frac{\mu \gamma H}{t} \tag{7.31}$$

式中,摩擦系数 μ 可以通过下式来计算,即

$$\mu = \tan(k\varphi) \tag{7.32}$$

对于黏土,管道埋深参数 β_p 可以表示为

$$\beta_p = \frac{\alpha S_u}{t} \tag{7.33}$$

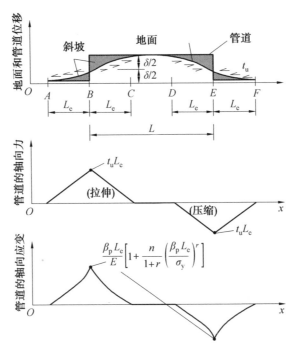

图7.31　模式 Ⅱ 中管道轴向位移、力和应变的分布情况

7.5.3　弯管和三通的影响

直管在纵向 PGD 作用下的响应在7.5.1节和7.5.2节中已经讨论,如果弯头位于纵向 PGD 区域的边缘附近且在边缘外,则由于弯矩的诱发,可能产生较大的管应力。这里考虑在水平面内90°弯曲的情况。纵向 PGD 使弯头沿地面运动方向运动,弯头的运动被沿着横向分支(即垂直于地面运动方向的分支)的横向土体弹簧抵抗。在横向分支上的土体荷载将导致弯头处的弯矩 M 以及集中力 F(纵向分支上的轴向力和横向分支上的相应剪力),类似于图7.30 和图7.31 中的模型,这里考虑两种情况,如图7.32 所示。

在两种情况下,弯头均位于距压缩区域的 L_0 处(即地面运动朝向弯头的方向)。在情况 Ⅰ 中,PGD 区域的长度 L 很小,并且管道响应由 PGD 区域的长度控制,如图7.32(a) 所示;在情况 Ⅱ 中,PGD 区域的长度很大,并且管道响应由 PGD 区域的位移 δ 控制,如图7.32(b) 所示。

在随后的分析中,假定管是弹性的,沿纵向分支的单位长度轴向力被视为 t_u。假设沿纵向和横向分支的土弹簧是弹性的,弯管的弹性地基梁模型如图7.33 所示,下面给出了施加位移 δ' 与产生的力 F 之间的关系,即

$$\delta' = \frac{1}{2\lambda^3 EI}(F - \lambda M) \tag{7.34}$$

其中

$$\lambda = \sqrt[4]{\frac{k}{4EI}} \tag{7.35}$$

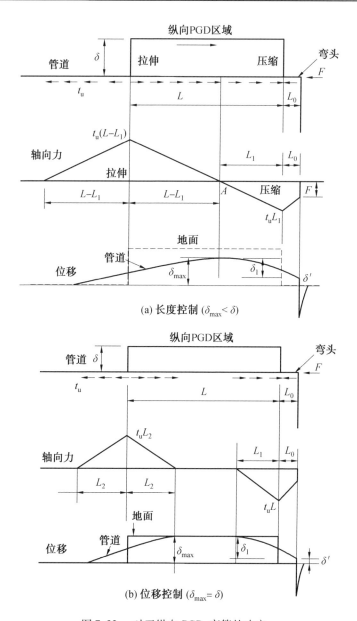

(a) 长度控制 ($\delta_{max} < \delta$)

(b) 位移控制 ($\delta_{max} = \delta$)

图 7.32 对于纵向 PGD, 弯管的响应

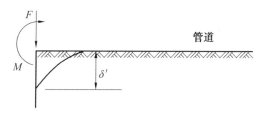

图 7.33 弯管的弹性地基梁模型

对于在弯头处施加的位移 δ', 所得到的力矩 M 和力 F 之间的关系由以下公式给出, 即

$$M = \frac{F}{3\lambda} \tag{7.36}$$

对于弯头处的给定力 F，在压缩边缘附近的纵向分支的平衡要求为

$$F = (L_1 + L_0)t_u \tag{7.37}$$

式中，L_1 为从 PGD 区域的压缩边缘到 PGD 区域内的轴向管应力为零点的距离[图 7.32(a) 中的点 A]。对于 L 较小的情况(图 7.32(a) 中的情况 I)，管道响应由 PGD 区域的长度控制。管道的最大位移小于地面位移,考虑压缩边缘附近的管道变形为

$$\delta_{max} = \delta' + \delta_1 \tag{7.38}$$

式中，δ' 由式(7.34)和式(7.36)给出,并且有

$$\delta_1 = \frac{FL_0}{AE} + \frac{t_u L_0^2}{2AE} + \frac{t_u L_1^2}{2AE} \tag{7.39}$$

式中，δ_1 是在 A 点和弯头处应变引起的位移。

考虑边界为拉力附近的管道变形,即 A 点左侧的管道应变为

$$\delta_{max} = \frac{t_u(L - L_1)^2}{AE} \tag{7.40}$$

因此

$$\frac{t_u(L - L_1)^2}{AE} = \frac{F}{3EI\lambda^3} + \frac{FL_0}{AE} + \frac{t_u L_0^2}{2AE} + \frac{t_u L_1^2}{2AE} \tag{7.41}$$

对于管道较长的情况(图 7.32(b) 中的情况 II)，管道响应由最大地面位移控制,即

$$\delta_{max} = \delta = \delta' + \delta_1 \tag{7.42}$$

或者

$$\delta = \frac{F}{3EI\lambda^3} + \frac{FL_0}{AE} + \frac{t_u L_0^2}{2AE} + \frac{t_u L_1^2}{2AE} \tag{7.43}$$

通过同时求解式(7.37)和式(7.41)(情况 I)或式(7.37)和式(7.43)(情况 II)，可以得到弯头处的力 F 和有效长度 L_1，然后可以通过式(7.36)计算得到力矩。当弯头位于压缩边缘附近时,弯头处的最大管应力为

$$\sigma = \frac{F}{A} \pm \frac{MD}{2I} \tag{7.44}$$

当弯头位于 PGD 区域之外,但接近拉力边缘时,应用相同的关系,此时弯头处的力 F 将是张力。

7.6　连续管道对横向 PGD 的响应

如前所述,横向 PGD 是指垂直于管轴的永久地面运动。当受到横向 PGD 作用时,连续的管道将伸长和弯曲,因为它试图适应横向地面运动。管道的破坏模式取决于轴向张力(由于弧长效应而拉伸)和弯曲应变的相对量。也就是说,如果轴向拉伸应变低,由于过度弯曲,管壁在压缩时可能发生屈曲。另外,如果轴向张力很大,由于轴向张力和弯曲的联合作用,管道在拉伸时可能破裂。T. O'Rourke 和 Tawfik(1983)描述了 1971 年圣费尔南多事件以来由于 PGD 导致的连续管道破坏的实例,事件中 PGD 的横向分量约为 1.7 m。记录表明,靠近土体运动的东向边界的 3 次修补的是拉伸破坏,而靠近西向边界的 2 次修补的是压缩破坏。除了主要的横向运动外,还有朝西向的小轴向运动。

和纵向 PGD 类似,管道对横向 PGD 的响应一般取决于 PGD 的位移 δ、PGD 区域的宽度以及地面变形模式。图 7.34 给出了本书所考虑的两种类型的横向 PGD 的示意图,管道应变是 PGD 区域的位移和宽度的函数。

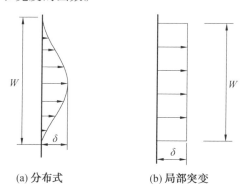

(a) 分布式　　　　　(b) 局部突变

图 7.34　横向 PGD 模式

另一种类型的横向 PGD 发生的条件是管道直接埋在液化土体中。除了由于液化土的横向扩流而在水平方向上产生的管道变形之外,它还可能由于浮力(垂直方向上的横向变形)而抬升。这种机制在过去的地震中造成了管道损坏,如 Suzuki(1988) 和 Takada(1991) 提到,在 1964 年新潟地震期间,由于浮力效应,一些带有修检孔的管道被抬离地面。

本节将详细讨论管道对空间分布横向 PGD 的响应,总结横向 PGD 的各种理想化分析方法,然后讨论管道对空间分布横向 PGD 响应的解析模型和数值模型,分别给出非液化土和液化土中管道的情况。此外,还对浮力的影响进行讨论。

7.6.1　横向 PGD 空间分布的理想化

管线对横向 PGD 空间分布的响应首先需要考虑地面变形模式,即沿 PGD 区域宽度的地面位移变化,不同的研究人员在分析中使用了不同的模式。

T. O'Rourke(1988) 用 beta 概率密度函数近似模拟土体变形,即

$$y(x) = \delta \left(\frac{s}{s_m}\right)^{r'-1} \left(\frac{1-s}{1-s_m}\right)^{\tau-r'-1}, \quad 0 < s < 1 \tag{7.45}$$

式中,s 为被宽度 W 归一化的 PGD 区域的两个边缘之间的距离;s_m 为从 PGD 区域的边缘到最大横向地面位移 δ 位置的归一化距离;r' 和 τ 为分布参数。在分析中,使用以下值: $s_m = 0.5$,$r' = 2.5$ 和 $\tau = 5.0$。图 7.35 为理想的土体 PGD 变形模式。

Suzuki 等(1988) 和 Kobayashi 等(1989) 用余弦函数为底数的指数形式表示土体的变形,即

$$y(x) = \delta \cdot \left(\cos\frac{\pi x}{W}\right)^n \tag{7.46}$$

式中,x 为距 PGD 区域中心的非归一化距离。

M. O'Rourke(1989) 对于空间分布的横向 PGD 采用以下函数,即

$$y(x) = \frac{\delta}{2}\left(1 - \cos\frac{2\pi x}{W}\right) \tag{7.47}$$

式中,x 为距 PGD 区域边缘的非归一化距离。

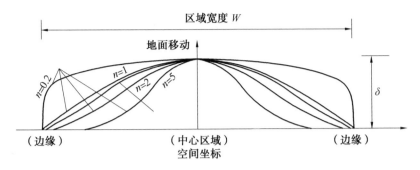

图 7.35   空间分布的横向 PGD 假定的模式

7.6.2   非液化土的情况

管道通常埋在地表以下大约 1.0 m(3 ft)处,通常地下水位和液化土层的上表面均位于管道底部之下。下面将介绍和比较各种分析方法和非线性有限元方法的结果。

1. 有限元模型

有限元方法能够明确地考虑管道 – 土在横向和纵向相互作用下的非线性特性以及管材料的非线性应力 – 应变关系。T. O'Rourke(1988)、Suzuki(1988)和 Kobayashi 等(1989)以及 Liu 和 M. O'Rourke(1997)已经使用有限元方法评价埋地管道对空间分布横向 PGD 的响应。这里只给出 T. O'Rourke 的假设和数值结果。

T. O'Rourke(1988)采用式(7.45)中给出的 beta 概率密度函数模拟土体变形,图7.36 所示为对于 T. O'Rourke 模型土体和管道的参数设计。

如图 7.36 所示,L_a 为从 PGD 区域边缘到 PGD 区域之外的原状土体中假定锚点的距离。T. O'Rourke(1988)模型中锚点位于弯曲应变小于 1×10^{-5} 的位置。

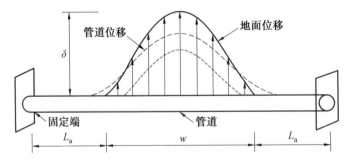

图 7.36   对于 T. O'Rourke 模型土体和管道的参数设计

直径为 0.61 m、壁厚为 0.009 5 m 和埋深 H 为 1.5 m 的 X – 60 管在不同宽度 PGD 区域的最大地面位移与最大拉伸应变的关系,如图 7.37 所示。对于考虑的 3 个宽度,由图7.37 可知,对于任何给定的 δ 值,10 m 宽度产生的管中拉伸应变最大。

图 7.38 给出了最大压缩应变与最大地面位移的函数,PGD 区域宽度为 30 m,土体密度为 18.8 ~ 20.4 kN/m³,土内摩擦角为 35° ~ 45°。当 $d < 0.5$ m 时,管道响应无差异;当 $d = 1.5$ m 时,仅 30% 有差异。基于这些结果,T. O'Rourke(1988)得出结论:PGD 区域的宽度对管道应变大小的影响比土体性质的影响更大。

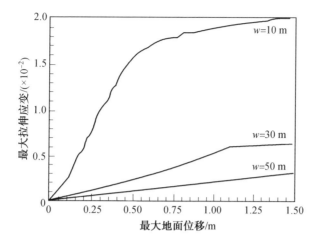

图 7.37　不同宽度的 PGD 区域最大拉伸应变与最大地面位移的关系

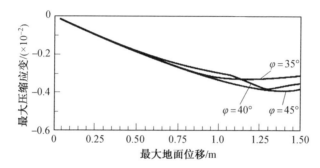

图 7.38　不同土体内摩擦角下最大压缩应变与最大地面位移的关系

由图 7.37 和图 7.38 可知,宽度为 30 m(98 ft) 和 $\delta = 1.5$ m(5 ft) 的最大拉伸应变和压缩应变分别为 0.61×10^{-2} 和 0.32×10^{-2}。这表明,在 T. O'Rourke(1988) 模型中,轴向管应变是显著的。

2. 解析方法

运用 Miyajima(1989) 的模型,将在一个空间分布的横向 PGD 上的管道作为弹性地基上的模型,如图 7.39 所示,管道的平衡方程为

$$EI \frac{\mathrm{d}^4 y_1}{\mathrm{d}x^4} + K_1 y_1 = K_1 \delta \left(1 - \sin \frac{\pi x}{W} \right), \quad 0 < x < \frac{W}{2} \tag{7.48}$$

$$EI \frac{\mathrm{d}^4 y_2}{\mathrm{d}x^4} + K_1 y_1 = 0, \quad x \geqslant \frac{W}{2} \tag{7.49}$$

式中,y_1 和 y_2 分别为 PGD 区内外的横向管道位移;K_1 和 K_2 分别为 PGD 区内外等效的侧向土弹簧系数;EI 为管截面的弯曲刚度。等效土体弹簧系数 K_1 和 K_2 是基于日本燃气协会(1982) 的数据,其中考虑了非线性特性。

Miyajima 和 Kitaura 的方程提出了一个清晰的力学模型,并用改进的传递矩阵法求解。在液化层上方($K_1 = K_2$),对于直径为 40 cm 及钢管壁厚为 0.6 cm 的最大弯曲应力与宽度值的关系,如图 7.40 所示,最大弯曲应变为 PGD 区域宽度 w 与地面位移 δ 的函数。

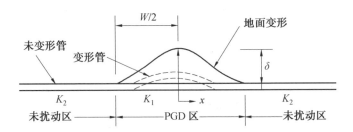

图 7.39　受空间分布横向 PGD 影响的管道分析模型

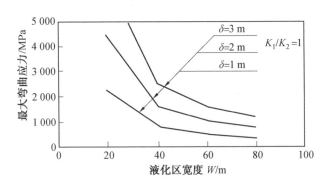

图 7.40　地基 PGD 区最大弯曲应力与宽度值的关系

可以直观地看到,管道应力与地面位移 δ 是正相关的关系。对于给定的 δ 值,对于 Miyajima 和 Kitaura 考虑的宽度范围,应力与 PGD 宽度 W 呈负相关关系,但由于使用小变形弯曲理论,该理论没有考虑由于弧长效应引起的轴向应变。

7.6.3　液化土中的管线

如前所述,液化土层的顶部通常位于管道的下方。然而,当管道被埋在诸如河床或海床的饱和砂土中时,管道周围的土体可能在强烈地震动期间液化。在这种情况下,管道可能随着液化土向下流动,或由于浮力向上移动而产生横向变形。例如,Suzuki(1988)和 Takada(1991)提出在 1964 年新潟地震期间,由于浮力和由纵向永久地面变形引起的压缩荷载,带有检查孔的煤气管(直径 150 mm)和污水管被抬离地面。

1. 横向运动

当管道被液化土包围时,由于液化土向下流动,管道可能横向移动。使用与图 7.36 所示相同的模型,研究了液化土包围的埋地管道在空间分布的横向 PGD 作用下的响应。液化土的存在可以用假定被液化土包围的管道侧向土体系数(K_1)和非液化土体的对应值(K_2)来模拟。图 7.41 给出了管应变峰值与 PGD、δ 的关系,PGD 区域的宽度为 30 m。

正如所预料的,非液化土体($K_1/K_2 = 1, W = 30$ m)的管道峰值应变在所有情况下均大于液化土的管道峰值应变。作为近似研究,$\delta \geqslant 1.5$ m 的管道应变与土体的折减系数成正比。

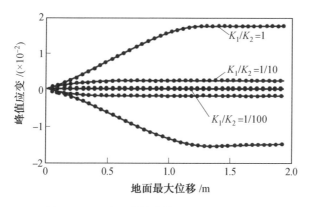

图 7.41 3 种土弹簧常数的最大应变比较

液化土的等效土体弹簧系数与非液化土的比为 1/3 000 ~ 1/1 000,而其他学者则认为与非液化土的比为 1/100 ~ 5/100。因此,对于相同的 PGD 强度和 PGD 区域宽度,被液化土包围的管道不太可能受到横向 PGD 空间扰动的破坏。因此,出于设计目的,有理由假定受空间分布横向 PGD 影响的管道位于非液化土体中。

2. 垂直运动

如果紧邻埋地管道的土体液化,管道可能由于浮力而上升,关于这种反应已经进行了很多研究。Takada(1987) 进行了一系列室内试验,并将试验值与解析值相结合,估算了液化土弹簧系数。Yeh 和 Wang(1985) 利用简化的梁柱模型对管道的动力(即地震动和浮力效应) 响应进行了分析,他们的结论是,当周围土体液化时,动态的位移响应相对较小。

使用直径为 2 cm 的聚乙烯管道,Cai(1992) 进行了一系列室内试验,得到了由于土体液化引起的管道响应。液化土中埋地管道的模型系统如图 7.42 所示,图 7.42(a) 中的模型是无检修孔的管道,而图 7.42(b) 中的模型是有检修孔的管道。在这两种模型中,管道的末端可以是固定的、弹性约束的或者是自由的。模型管的长度为 1.5 m,原型长度为 50 m,原型直径为 83 cm。在这个试验中,由于液化前后模拟的地表通常是平整的,因此,只能观察到振动和上升响应。也就是说,管道的横向响应不发生。对于弹性约束的情况,研究发现,由于振动引起的动态应变小于由于上升引起的静态应变的 10%,因此,在估计管道的最大上升应变时振动动态应变可以忽略。当引入检修孔时,向上的轴向压力响应较大。对于弹性约束的端部,管道一直上抬直到靠近 PGD 区域中心的部分管道露出地面。然而,当使用非液化土层(厚度为 60 mm) 作为覆盖层时,管道最后停留在非液化层和液化层的交界面处。

用有限元法分析由于浮力效应引起的管道应变,在分析中,考虑液化区外管道 - 土界面处的钢质材料非线性相互作用力,在液化区内作用于管道的每单位长度的上升力 P_{uplift} 可以表示为

$$P_{\text{uplift}} = \frac{1}{4}\pi D^2 (\gamma_{\text{soil}} - \gamma_{\text{contents}}) - \pi D t \gamma_{\text{pipe}} \tag{7.50}$$

式中,γ_{soil}、γ_{pipe}、γ_{contents} 分别为液化土、管道和整个管道(包含水、气体等) 的容重。当管道的一部分位于地面时,提升力将减小。

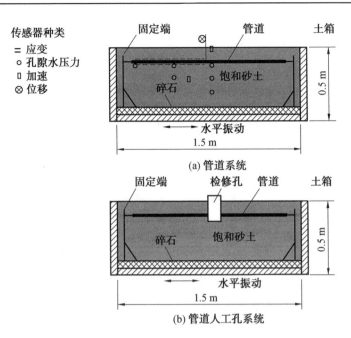

(a) 管道系统

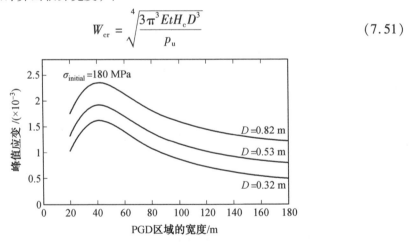

(b) 管道人工孔系统

图 7.42　液化土中埋地管道的模型系统

PGD 区域的宽度与峰值应变的关系如图 7.43 所示,最大管应变出现在液化区的一定宽度 W 处。对于小于 W 的宽度,管应变随宽度的增大而增大,当 $\delta = H_c$(从地表到管道顶部的深度)时,可以计算出临界宽度,即

$$W_{cr} = \sqrt[4]{\frac{3\pi^3 EtH_c D^3}{p_u}} \tag{7.51}$$

图 7.43　PGD 区域的宽度与峰值应变的关系

对于 $H_c = 1.2$ m、$D = 0.61$ m 和 $p_u = 1.031\ 0$ N/m,式(7.51)中液化区的临界宽度估算为 47 m,略大于图 7.43 观察到的 42 m 的临界宽度。

事实上,式(7.50)中给出的单位长度浮力大约是被液化土包围的侧向管道 – 土相互作用的 10%。也就是说,它相当于图 7.41 中 $K_1/K_2 = 1/10$ 的曲线。对于图 7.41 中的 PGD 区宽度 $\geqslant 30$ m 和 $D = 0.61$ m(24 in),管峰值应变约为 0.2%,而对于图 7.43 中的 $D = 0.53$ m(21 in),管峰值应变为 0.19%。由于峰值应变小于拉伸破坏和局部临界应变,尽管当液化区宽度较大时,管道也可能被抬离地面,但不太可能由于浮力而损坏。

7.7 跨过大断层的地下管线

在研究横跨阿拉斯加的油管时,Newmark 和 Hall(1975) 提出了考虑管道承受大位移的非线性变形的设计分析方法。横跨断层管道的位移如图 7.44 所示,设在断层两边各有长为 L 的一段管道在 A、B 两点支承于地面,断层错动位移为 D,断层与管道间的夹角为 φ。由于断层错移,AB 线段长度的改变量为

$$\Delta(2L) = D\cos\varphi \quad 或 \quad \varepsilon = \frac{\Delta(2L)}{2L} = \frac{D}{2L}\cos\varphi$$

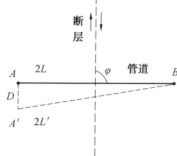

图 7.44 横跨断层管道的位移

但是,即使在 $\varphi = 90°$ 时,管道长度仍有变化量 $\Delta(2L)$,即

$$(2L')^2 = (2L)^2 + D^2$$

$$\left(\frac{2L'}{2L}\right)^2 = \left[1 + \frac{\Delta(2L)}{2L}\right]^2 = 1 + 2\varepsilon + \varepsilon^2 = 1 + \left(\frac{D}{2L}\right)^2$$

$$\varepsilon + \frac{1}{2}\varepsilon^2 = \frac{1}{2}\left(\frac{D}{2L}\right)^2$$

由此得,当断层与管道斜交时,管道的平均应变 ε 为

$$\varepsilon + \frac{1}{2}\varepsilon^2 = \frac{1}{2}\left(\frac{D}{2L}\right)^2 + \frac{D}{2L}\cos\varphi \tag{7.52}$$

将式(7.52) 中的第一次近似值 $\varepsilon = \frac{D}{2L}\cos\varphi$ 代入式(7.52) 左边的 $\frac{1}{2}\varepsilon^2$ 中,则最后得横跨断层长为 $2L$ 管道的平均应变为

$$\varepsilon = \frac{D}{2L}\cos\varphi + \frac{1}{2}\left(\frac{D}{2L}\right)^2\sin^2\varphi \tag{7.53}$$

式(7.53) 可以用来求得管道中需要的平均应变,也可以从式(7.52) 求解具有平均应变能力 ε 的管道容许值 $D/2L$,从而求得最小支承长度 $2L$。

根据上述结果,在进一步研究之后,得到关于地下钢管道的下述几点结论:

① 管道外壁的摩擦力越小,承受断层错动的能力越强,即使在饱和松散土体中也不能认为管道是浮于液化土中的,因为一旦水排除之后,将出现很大摩擦力的危险情况。

② 钢材等级越低,其塑性越大,故管道的变形能力越强。

③ 对于所研究的钢管而言,若断层错动不超过 3 m,则管道可以垂直跨过断层,覆盖

层不得超过 2.4 m,假若断层方向不定,在采用特殊措施后,覆盖层厚度不得超过 3 m,这种情况要保持到断层两边各 60 m 以上,而且在水平与竖直面中要有弯曲率不大的弯管,且不得有锚固点。

7.8　分段管线对于 PGD 的反应

本节将讨论分段管道在 PGD 作用下的响应。分段管道通常具有钟形和插接接头,并且可以由铸铁、球墨铸铁、钢、混凝土或石棉水泥制成。分段管道有 3 种主要的破坏模式:接头处的轴向拉拔、钟形接头和插销接头的破碎以及远离接头的管段中的圆形弯曲裂纹破坏。

与连续管道的响应类似,给定埋地分段管道的行为在 PGD 下(如纵向或横向)地面移动量 δ、PGD 区域的范围就可以得到区域内地面移动模式函数。本节讨论分段管道对纵向和横向 PGD 的响应以及破坏偏移量的响应。

7.8.1　纵向 PGD

与连续管道一样,纵向 PGD 在分段管道中引起轴向效应,特别是管段的轴向应变和节点处的相对轴向位移。然而与连续管道的响应相反,由于管接头的强度通常小于管本身的强度,因此,受纵向 PGD 影响的分段管道的破坏通常发生在管接头处。接头是否破坏取决于接头的强度和变形能力以及 PGD 的特性。

一个特别重要的特征是纵向 PGD 的模式,这里详细地考虑了两种类型的模式:一种是对于分布式变形情况(理想化脊线图案);另一种是突然变形情况(理想块模式),相对运动仅存在于 PGD 区域的边缘,并且边缘处地面应变为零。

1.分布式变形

分段管道在纵向 PGD 分布式变形模式下的响应类似于分段管道在波传播下的响应,因为空间分布的 PGD 导致地面变形。也就是说,脊、不对称脊和斜坡模式在整个 PGD 区段上产生不均匀的地面应变,其中脊模式的地面应变为

$$\varepsilon_g = \frac{2\delta}{L} \tag{7.54}$$

通过假设管段是刚性的,并且所有的纵向 PGD 均由接头的延伸或收缩来调节,则接头处的平均相对位移可由地面应变乘以管段长度 L_0 给出,即

$$\Delta u_{avg} = \frac{2\delta L_0}{L} \tag{7.55}$$

虽然式(7.55)代表了平均行为,但是由于接头刚度的变化,均匀应变的接头位移在不同接头之间将有所变化。也就是说,相对柔性的接头预计会发生比相邻的较刚性接头更大的节点位移。受均匀地面应变的分段管道的平均节理位移和变化系数见表 7.5,El Hmadi 和 M. O'Rourke(1989)用接头刚度的实际变化确定了不同直径的含铅铸铁管、带橡胶衬垫接头(DI)的球墨铸铁管的接头平均位移 Δx(cm)和变化系数 μ(百分比)的地面应变函数。表 7.5 中的值假定所有类型的管段长度 L_0 为 6.0 m。

表 7.5　受均匀地面应变的分段管道的平均节理位移和变化系数

地面应变	CI D = 40 cm		CI D = 76 cm		CI D = 122 cm		DI D = 40 ~ 122 cm	
	Δx	μ	Δx	μ	Δx	μ	Δx	μ
0.001(1/1 000)	0.54	64	0.56	54	0.58	52	0.59	2
0.002(1/500)	1.14	56	1.17	49	1.17	43	1.19	2
0.005(1/200)	2.92	39	2.95	24	2.97	14	3.00	1
0.007(1/150)	4.12	26	4.16	19	4.16	16	4.19	1

可以看到 CI 和 DI 管道的平均值大约等于式(7.55)中给出的值(即 $\varepsilon_g L_0$)。由表 7.5 可知,与 CI 接头相比,DI 接头的 μ 非常小,这是因为 DI 接头比 CI 接头更具柔性。因此,在 PGD 的长度上,DI 管道的连接开口相对稳定。

为了测量纵向 PGD 的分布式变形模式对分段管道的影响,M. O'Rourke 等计算了预期的连接开口,并总结 1983 年 Nihonkai Chubu 地震后 Noshiro 市观察到的纵向 PGD 模式。由分布式纵向 PGD 引起的最小地表应变为 0.008,相应的接头开口为 5 cm,其大于典型的分段管道的接头能力,如前所述分段接头相对位移通常以相对总位移的一半进行计算。因此,一般分段管道是易破坏的,在跨越潜在的纵向 PGD 区域时,应该考虑使用连续管道,或分段管道但需配有特殊接头(具有大的膨胀能力和抗拔出能力)。

7.8.2　横向 PGD

在考虑受横向 PGD 影响的分段管道响应时,必须区分空间分布的横向 PGD 和局部的横向 PGD,局部 PGD 是断层错动(交叉角 90°)的特殊情况。

对于空间分布横向 PGD 的分段管道,破坏模式包括管段中的圆形裂纹和由于弯曲而压碎的钟形接头和插销接头的破坏,以及由于轴向伸长(即弧长效应)而在接头处拉出。如图 7.35 所示的跨越 PGD 区宽度的地面运动假定为正弦变化,M. O'Rourke 和 Nordberg(1991)研究了由于节点旋转和分段管道的轴向拉伸引起的最大节点开口。图 7.45 所示为受横向 PGD 影响的分段管道的平面图,其中 Δx_t 和 $\Delta \theta$ 是相邻段之间的节点拉伸位移和节点相对旋转角度。

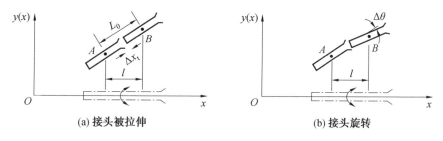

(a) 接头被拉伸　　　　　　　　　　(b) 接头旋转

图 7.45　受横向 PGD 影响的分段管道的平面图

假设管段是完全刚性的($EA \rightarrow \infty$,$EI \rightarrow \infty$),并且刚性管段中点的侧向位移与该点的空间分布 PGD 完全匹配,则它们在接头处产生的相对轴向位移为

$$\Delta x_{\mathrm{t}} = \frac{L_0}{2}\left(\frac{\pi \delta}{W}\sin\frac{2\pi x}{W}\right)^2 \tag{7.56}$$

式中,x 为距 PGD 区边缘的距离;L_0 为管段长度。

在 $x = W/4$ 和 $3W/4$ 附近,节点轴向位移最大,因此,在远离 PGD 区域中心的位置 $W/4$ 处最有可能出现纯接头拔出破坏模式,此时轴向峰值位移为

$$\Delta x_{\mathrm{t}} = \frac{L_0}{2}\left(\frac{\pi \delta}{W}\right)^2 \tag{7.57}$$

假设刚性管段的倾斜角度与管段中点处的地面倾斜角度精确匹配,则由于接头旋转引起的接头开口 Δx_{t} 为

$$\Delta x_{\mathrm{t}} = \begin{cases} \dfrac{\pi^2 \delta D L_0}{W^2}\cos\dfrac{2\pi x}{W}, & \Delta x_{\mathrm{t}} \geqslant \Delta \theta \cdot \dfrac{D}{2} \\[4mm] \dfrac{2\pi^2 \delta D L_0}{W^2}\cos\dfrac{2\pi x}{W}, & \Delta x_{\mathrm{t}} < \Delta \theta \cdot \dfrac{D}{2} \end{cases} \tag{7.58}$$

式中,D 为管径。

式(7.58)在 $x = 0$、$W/2$ 和 W 处最大。因此,在 PGD 区域的边缘和中间点更容易出现纯节点旋转破坏和弯曲圆形裂纹。

由于横向 PGD 的影响,节点一侧的总最大开口 Δx 是轴向拉伸加上旋转效应的和。如前所述,轴向和旋转分量在不同点处分别有最大值。结合这些效应,得到的最大接头开口为

$$\Delta x_{\mathrm{t}} = \begin{cases} \dfrac{\pi^2 \delta D L_0}{W^2}\cos\dfrac{2\pi x}{W}, & \Delta x_{\mathrm{t}} > \Delta \theta \cdot \dfrac{D}{2} \\[4mm] \dfrac{2\pi^2 \delta D L_0}{W^2}\cos\dfrac{2\pi x}{W}, & \text{其他} \end{cases} \tag{7.59}$$

图 7.46 所示为受空间分布横向 PGD 影响的分段管道的最大接头开口。由图 7.46 可知,最大接头开口是 δ/W 和 D/δ 的递增函数。

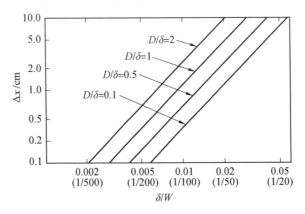

图 7.46　受空间分布横向 PGD 影响的分段管道的最大接头开口

考虑 1964 年 Niigata 地震和 1983 年 Nihonkai Chubu 地震（Suzuki 和 Masuda，1991）期间观察到的横向 PGD 的空间分布，δ/W 观测值为 $0.001 \sim 0.01$，其中 0.003 为常见值；地面位移量在 $0.2 \sim 2.0$ m 之间，1.0 m 为典型值。因此，由图 7.46 可以看出，对于管径为 4.0 m（即 $D/\delta = 2$）或更小的管道，相应的最大接头开口（$\delta/W = 0.01$ 和 $\delta = 2.0$ m）为 2.5 cm 或更小。因此，空间分布横向 PGD 影响的分段管道，由于轴向运动，这些接头处显著泄漏或拔出破坏不太可能发生。

7.9　管道的抗震设计

许多上下水管道的抗震设计包括下述原则要求（Wang 和 O'Rourke，1977）。

（1）管线应尽量远离地震断层线，至少不应平行于断层的可能变形最大的走向。因此，在设计时，要注意可能错位的断层位置及变位方向，从而选择地下管线的布局设计。在必须跨越断层的地点，要注意管道与断层斜交，以减少管道中的剪切作用。

（2）尽可能避免在陡坡上修建管线。

（3）在分水系统中，布置多回路，使用更多的小管道代替单一的大管道，以避免单一管道破坏导致整个输水系统破坏。

（4）选择富有延性的管道材料，如钢、延性铁、铜或塑料，使其能承受更大的变形。

（5）在强地震活动区，应考虑采用柔性接头，如橡胶垫和球座型接头，对于滑动管道接头应采用特别长的约束套管。

（6）在主要管道跨过活动断层处，考虑采用特殊的柔性伸缩接头，设计中要容许大的地震运动。

如前所述，地下管道的抗震设计与地上结构完全不同，管道中的惯性力已直接由周围土体所承担，不再是控制管道的设计因素，地基变形才是控制地下管道的设计因素。为此，设计的步骤应该是：① 根据工程的重要性，选择此工程所采用的危险性大小。② 根据所选定的危险性设计地震动的最大速度和最大加速度。③ 利用简化的静力法估计管道的最大应变和最大管道节点相对位移，为此，需要知道管道所在地地基波的传播速度。④ 若要更详细的分析，可以采用准静力法，需要知道地基的弹簧系数。⑤ 将上两步骤得到的管道应具有的变形能力与管道所能达到的变形能力相对比，从而确定适当的设计方案。

思　考　题

1. 地面的永久变形都有哪些危害？
2. 连续管道的破坏准则都包括什么？分段管道的破坏形式具体有哪些？
3. 管土相互作用的计算中，液化土和非液化土对计算有什么影响？
4. 地震作用下，横向的地面大位移对管道的破坏是如何表现的？
5. 地震作用下，纵向的地面大位移对管道的破坏是如何表现的？与横向地面大位移相比有何异同点？

    6. 分段管道对地面大位移的响应分哪几类，都是如何计算的？

    7. 跨断层的地下管线的计算方法是怎样的？

    8. 管道的抗震设计需要注意什么？具体的步骤包括什么？

参 考 文 献

[1] AKIYOSHI T, FUCHIDA K, SHIRINASHIHAMA S, et al. Effectiveness of anti-liquefaction techniques for buried pipelines[J]. Journal of Pressure Vessel Technology, 1994, 116: 261-266.

[2] ANDO H, SATO S, AND TAKAGI N. Seismic observation of a pipeline buried at the heterogeneous ground[C]. Balkema, Rotterdam, Proceedings of the Tenth World Conference on Earthquake Engineering, 1992: 5563-5567.

[3] BARENBERG M E. Correlation of pipeline damage with ground motions[J]. Journal of Geotechnical Engineering, 114, 6: 706-711.

[4] CAI J, LIU X, HOU Z, et al. Experimental research on the liquefaction response of oil supply pipeline[C]. Beijing: Proceedings of the Second International Symposium on Structural Technique of Pipeline Engineering, 1992.

[5] HOWARD J H. Recent deformation at Buena vista hills, California[J]. American Journal of Science, 1998, 266: 737-757.

[6] KACHADOORIAN R. Earthquake: correlation between pipeline damage and geologic environment[J]. Journal of the American Water Works Association, 1997, 3: 165-167.

[7] MCCAFFREY M A, O'ROURKE T. Buried pipeline response to reverse faulting during the 1971 San Fernando earthquake[J]. Earthquake Behavior and Safety of Oil and Gas Storage Facilities, 1993, 77: 151-159.

[8] NEWMARK N M. Effects of earthquakes on dams and embankments[J]. Geotechnique, 1995, 15(2): 139-160.

[9] O'ROURKE M, WANG R L. Earthquake response of buried pipelines[C]. Pasadena: Proceedings of the Special Conference on Earthquake Engineering and Soil Dynamics, 1995: 720-731.

[10] O'ROURKE M, CASTRO G, HOSSAIN I. Horizontal soil strain due to seismic waves[J]. Journal of Geotechnical Engineering, 1994, 110(9): 1173-1187.

[11] O'ROURKE M, NORDBERG C. Behavior of buried pipelines subject to permanent ground deformation[C]. Madrid: Tenth World Conference on Earthquake Engineering, 1992.

[12] RAMBERG W, OSGOOD W. Description of stress-strain curves by three

parameters[J]. National Advisory Committee for Aeronautics, 2003, 902: 28.

[13] SUN S, SHIEN L. Analysis of seismic damage to buried pipelines in Tangshan earthquake[J]. Earthquake Behavior and Safety of Oil and Gas Storage Facilities, 1993, 21: 365-367.

第8章 地下结构的地震反应与抗震设计

地下结构是指建造在岩层或土层中的建筑。由于处在一定厚度的岩层或土层中,地下结构具有良好的防护性能、热稳定性和密闭性,以及综合的经济、社会和环境效益。进入21世纪,随着城市建设向更高更深方向的迅速发展,地下建筑的开发利用已成为提高城市容量、缓解城市交通、改善城市环境的重要手段。同时,随着地下建筑工程的快速发展,提高其抗震性能是当今工程建设的重要研究方向。本章简要说明地下结构地震反应的特点,详细介绍目前常见的地下结构抗震设计方法,并以隧道为例对抗震方法进行分析说明,为地下结构设计人员提供理论设计依据。

地下建筑种类繁多,建筑功能和抗震设防要求各不相同。本章适用于地下车库、过街通道、地下变电站和地下空间综合体等单建式地下建筑,以及地下铁道、城市公路隧道等交通运输类工程。

8.1 地下结构的地震反应

8.1.1 地下建筑结构的震害现象

地下结构和地面结构的地震反应存在明显的区别。当发生地震时,地面结构的地震反应主要以其本身的动力反应为主,而地下结构因为被土体约束,会与周围的土体发生动态相互作用,从而使地下结构产生破坏。

如我国唐山于1978年发生的7.8级大地震中,一些地下通道、煤矿巷道和人防工程产生了轻微的破坏(图8.1),在9度区的天津宁河县和汉沽区,地下人防工程尤其是通道部分普遍出现有规律的1~3 cm环向裂缝,少数出现纵向裂缝,在接头转角处多发生断裂并有所错动而造成漏水,个别底部有喷砂冒水和局部倒塌现象(图8.2)。在8度区的天津塘沽地区,地下人防工程基本完好,但不少通道也出现许多环向裂缝,工程主体的裂缝多发生在丁字接头、拐角、出入口、不同结构的交接入口和断面变化部位。

在1906年美国旧金山发生的8.3级地震中,横穿圣安德烈斯断层的两座隧道受到严重损坏,其中奈特一号隧洞水平错动1.37 m。1923年,日本关东地区发生8.3级地震,城市地下管网损坏严重(图8.3)。东京附近距震中较近的24座隧道产生了严重损坏,损坏主要是由地震振动引起的,隧道未穿越断层,破坏情况主要为拱部和边墙坍落、衬砌裂缝和变形错动,以及洞门砖石墙碎裂。

图 8.1　唐山地震中开滦煤矿巷道暗顶剥落及架线梁弯曲

图 8.2　唐山地震中宁河县某一地下通道接头及墙角破坏现象

图 8.3　关东地震时地下隧道不同破坏部位

1971 年 2 月 9 日,美国洛杉矶市近郊圣费尔南多发生 6.6 级地震,距震中 20 km 处的乔什帕·杰恩给水厂的地下贮水池严重损坏,侧壁下部最大移动 60 cm,上端支柱破坏,洛杉矶市和圣费尔南多市的输配水管道绝大部分均损坏,穿越西尔玛断裂层的圣佛南部隧道累计垂直位移 2.29 m,另有两座隧道出现了非破坏性的裂缝。1985 年墨西哥地震中,建在软弱地基上的地铁侧墙与地表结构相交部位发生分离破坏现象。值得一提的是,在 1995 年日本发生的阪神地震中首次出现地铁主体结构破坏的现象(图 8.4),新干线也有两个隧道严重破坏,其中六甲隧道在新大阪站和新神户站约 16.5 km 之间,裂缝长达 8 km。因此,近三十年来,随着地下结构建设的日益增多,人们对地下结构抗震问题的认识也在不断加深。

 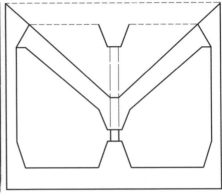

(a) 地铁车站破坏照片 　　　　　　　　(b) 柱顶结构设计

图 8.4　阪神地震中大开地铁车站中柱震损现象

除此之外,地下商业街的震害主要是与电气、空调、给排水和防灾的设备有关的破坏,主体构造一般不会受到破坏,而地下停车场的震害集中于停车场主体与吸排气塔、楼梯间的接合部位附近。这是由于刚度的差异造成不同的动态反应,从而在二者的接合部位发生相对位移。

8.1.2　地下结构地震反应的特点

地震波由基岩经软土层传至结构物,引起结构运动和变形并且部分地震波经反射进入土层,对其产生反作用。因此,地下结构地震反应的特点如下。

(1) 周围地基土壤显著影响着地下结构的振动变形,地下结构的动力反应表现出的自振特性现象一般不明显。

(2) 地下结构基本不会引起周围地基的振动,即地下结构的尺寸要远远小于地震的波长。

(3) 地震波的入射方向严重影响着地下结构的振动形态,地震波的入射方向发生较小偏移或者改变时,可能会引起地下结构各点变形和应力的较大变化。

(4) 地下结构在振动中各点的相位差与地面结构相比十分明显。

(5) 地下结构在振动中的主要应变一般与地震所产生位移场的大小有密切关系,而与地震加速度大小关系较小。

(6) 地下结构的地震反应与其填埋深浅变化的关系不大,这与地面结构不同。

(7) 地下结构和地面结构与地基的相互作用,均会影响其动力反应,但影响的方式和程度则存在明显差异。

8.1.3　地下结构震害机理分析

结合前人研究资料和现场调查,地震中地下空间结构的震害主要发生的部位如下。

（1）地下空间结构与地面结构的交界处,如隧道洞口的进出口部位。

（2）结构断面形状和刚度发生突变的部位,如两洞相交或平洞与竖井的相交部位或隧洞的转弯部位。

（3）结构周围岩土特性发生突变的部位,岩体比较软弱或节理、裂纹、地形变化比较大的部位,结构与断层、软弱带相交的部位等。

地下结构震害形式的差异与地震强度、震源距、地震波的特性、地震力的作用方向、地质条件、衬砌条件、隧道与围岩的相对刚度、施工方法、施工的难易程度以及施工过程中是否出现塌方等有密切关系。地震造成的地下结构破坏形式分为以下两种类型。

1. 地基失效、围岩失稳引起的破坏

由于地基沉陷、液化、围岩失稳等原因而导致结构开裂、倾斜、下沉或者使结构破坏导致结构不能正常使用。

2. 地震惯性力引起的破坏

地震惯性力引起的破坏主要是指由地震引起的强烈地层运动,使结构产生惯性力并附加于结构静荷载之上,最终导致总应力超过材料强度而达到破坏状态。

第一种类型的破坏多数发生在岩性变化较大、断层破碎带、浅埋地段或隧道结构刚度远大于地层刚度的围岩中;第二种类型的破坏多数发生在洞口附近,这时地震惯性力的作用表现得比较明显。有时在地下结构的洞口附近和浅埋地段可能会受到上述两种类型的双重破坏作用。

8.2　地下结构抗震设计方法

地震波对地下结构主要产生 3 种荷载方式:结构纵轴的轴向拉力、结构纵轴的弯矩和结构横断面剪切力。

地下结构抗震设计计算的理论分析方法按分析对象的空间考虑情况,可大致分为横断面抗震计算方法、纵向抗震计算方法和三维有限元整体动力计算法,每种分类又可进一步细分。下面将对横断面抗震计算方法、纵向抗震计算方法和三维有限元整体动力计算法中的动力时程分析法做详细介绍。

8.2.1　横断面抗震计算方法

1. 等效静力法

等效静力法是将结构物在地震中由于地震加速度而产生的惯性力看作地震荷载,将其施加在结构物上,计算结构整体的应力、变形等,进而判断结构的安全性和稳定性。地震荷载只针对结构体有质量的部位,将荷载大小等同于各部位的质量乘以地震加速度来进行求解。

地上结构使用该方法进行抗震设计时,在响应加速度与基底加速度大致相等即结构较为刚性的情况下,可以直接采用该方法;但对于较柔的结构物,其固有周期较长,或者越往上其振动越剧烈,这时可考虑各部分的响应特征不同,设定不同的响应加速度。这种方法称为修正等效静力法。在地下结构中,对于纵向尺寸远大于横向尺寸的线形结构,其横断面抗震计算也用到了该方法。地震荷载则包含了地下结构的惯性力、上覆土的惯性力和地震时的动土压力以及内部动水压力等(图8.5)。对于大深度的地下结构,地震加速度在深度方向的分布往往决定了计算结果,因此,如何考虑地层中加速度的分布也是一个值得关注的问题。

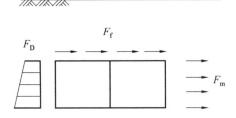

图 8.5　地下结构等效静力法

F_D— 动土压力;F_f— 上覆土的摩擦力;F_m— 地下结构的惯性力

等效静力法从本质上适合于地震荷载中惯性力部分占支配作用的结构,如绝大多数的地上结构。而对于地下结构,以下两种情况下可采用等效静力法:当地下结构的重量比周围地层重量大许多时,此时结构自重的惯性力就起支配作用;当刚度比较大时,此时结构的响应加速度基本上和周围地层地震加速度相等。地下结构比较柔软时,不同部位响应明显不同,可采用修正等效静力法,对不同部位采用不同的加速度。

将等效静力法用于地下结构时,作为结构物承受的荷载,除自身的惯性力以外,外荷载的惯性力、地震时的土压力等也有必要进行考虑。

地震时土压力多采用 Mononobe – Okabe 公式进行计算,该公式以库仑主动土压力公式为基础,并考虑到水平地震烈度 k_h 及竖向地震烈度 k_v 对其进行修正。对质量为 W 的滑移土体,在水平、铅直方向各自加上 $k_h M$、$k_v M$ 荷载。在挡土墙的竖向高度为 H、背面土体倾斜角为 α、壁后相对于水平的倾角为 β、背后均布荷载为 q、土体内部摩擦角为 φ、土体和挡墙间的摩擦角为 δ 的情况下(图8.6),动土压力为

$$p_{AE} = \frac{1}{2}(1 - k_v)\left(\gamma + N\frac{2q}{H}\right) H^2 \frac{K_{AE}}{\sin \alpha \sin \delta} \tag{8.1}$$

$$N = \frac{\sin \alpha}{\sin(\alpha + \beta)} \tag{8.2}$$

$$K_{AE} = \frac{\sin^2(\alpha - \theta_0 + \varphi)\cos \delta}{\cos \theta_0 \sin \alpha \sin(\alpha - \theta_0 + \delta)\left[1 + \sqrt{\dfrac{\sin(\varphi + \delta)\sin(\varphi - \beta - \theta_0)}{\sin(\alpha - \theta_0 - \delta)\sin(\alpha + \beta)}}\right]^2} \tag{8.3}$$

$$\theta_0 = \arctan \frac{k_h}{1 - k_v} \tag{8.4}$$

与库仑土压力进行比较后可以看出,土的内部摩擦角只是在表面上减小了 θ_0。$\tan \theta_0$ 为合成烈度,$\tan \theta_0 = k_h/(1 - k_v)$。

式(8.1)是从挡土墙的结构形式推导过来的,使用时应当慎重。

2. BART 隧道抗震设计方法

BART 隧道抗震设计方法即自由场变形法。美国 BART 的抗震设计细则中要求对横断面上因相对位移所引起的剪切变形进行验算,该方法适用于隧道横断面刚度与地层接近的情况。

基岩上覆盖层中任一点的剪切角(图 8.7)为

$$\frac{y_S}{h} = 0.8\,\frac{H}{v_z} \tag{8.5}$$

式中, y_S 为所研究点地层的水平位移; h 为所研究点距基岩的高度; H 为覆盖层厚度; v_z 为横波在地层中的传播速度。

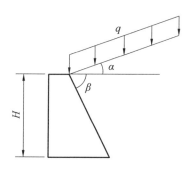

图 8.6　动土压力计算示意图

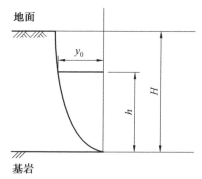

图 8.7　表土层中的剪切位移

关于 v_z ,紧密的粒状土取 300 m/s,粉砂取 150 m/s,普通黏土取 60 m/s,软黏土取 30 m/s。 如果基岩上的土为层状土,则 v_z 取结构周围所接触土层的 v 与全部土层按厚度加权平均的较小值。

钢筋混凝土结构拐角处所能承受的最大弹性转角近似按下式估算,即

$$\alpha = \frac{1}{1\,000}\left(\frac{L_f}{5t_f} + \frac{L_w}{5t_w}\right) \tag{8.6}$$

式中, L_f 、 L_w 分别为转动约束点之间板和墙的净长度; t_f 、 t_w 分别为板和墙的厚度。

将 α 与 $\frac{y_S}{h}$ 进行比较,若 $\alpha > \frac{y_S}{h}$,则说明剪切变形满足要求,不需要特殊的抗震措施;若 $\alpha < \frac{y_S}{h}$,则在拐角处刚度最小的构件会产生塑性变形,拐角处所能承受的最大弹塑性转角可近似按下式估算,即

$$\theta = 0.001 \times \left(1.4 + \frac{L}{t}\right) \tag{8.7}$$

式中, L 、 t 分别为刚度最小构件的净长度和厚度。

3. 反应位移法

地下结构在地震中的响应规律与地上结构有着很大的不同,其中主要是地下结构不会产生比周围地层更为强烈的振动。这主要有两个原因:一是地下结构的外观换算密度通常比周围地层小,从而使得作用在其上的惯性力也较小;二是即使地下结构物的振动在瞬时比周围地层剧烈,但由于其受到周围土体的包围,振动会受到约束,很快收敛,并与地

层的振动保持一致。目前实施的有关地下结构地震时的响应观测以及模型振动试验等也均清楚地表明:地下结构在地震时跟随周围地层一起运动。因此,可以认为地下结构地震时的响应特点为其加速度、速度与位移等与周围地层基本上保持相等,地层与结构物成为一体而发生振动。天然地层在地震时,其振动特性、位移、应变等会随位置和深度的不同而有所不同,从而会对处于其中的地下结构产生影响。一般来说,这种不同部位的位移差会以强制位移的形式作用在结构上,从而使得地下结构中产生应力和变形。

反应位移法的主要原理就是认为地下结构在地震时的响应主要取决于周围地层的运动,将地层在地震时产生的位移差通过地基弹簧以静荷载的形式作用在结构物上,从而求得结构物的应力等。土层动力反应位移的最大值可通过输入地震波的动力有限元计算确定。

反应位移法需要用到地基弹簧这种力学单元,弹簧的弹性模量对抗震计算结果影响很大,因此,确定弹簧的弹性模量十分重要。另外,施加地震荷载的方法也至关重要。

反应位移法考虑了地下结构响应的特点,能够较为真实地反映其受力特征,得到了广泛应用,主要考虑了地震作用(如地层变形、周围地层的剪力及结构惯性力)和非地震作用(土压、水压、自重等),计算时则主要考虑了地层变形、周围地层的剪力、结构本身的惯性力。城市轨道交通结构抗震设计规范给出了经典反应位移法计算示意图(图8.8),下面简要说明反应位移法的计算步骤。

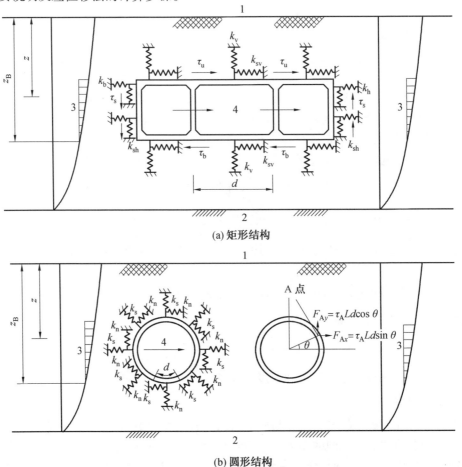

(a) 矩形结构

(b) 圆形结构

图8.8　横向地震反应计算的反应位移法

（1）计算地层变形大小。

① 根据《城市轨道交通结构抗震设计规范》中的计算方法，同一时刻，沿土层深度方向的土层位移（图 8.9）为

$$u(z) = \frac{1}{2} u_{\max} \cdot \cos \frac{\pi z}{2H} \tag{8.8}$$

式中，$u_{\max}$ 为场地地表最大位移；H 为设计地震作用基准面的深度。

② 根据日本相关资料中的计算方法，同一时刻，沿土层深度方向的土层位移（图 8.10）为

$$u_z = \frac{2}{\pi^2} \cdot S_v \cdot T_S \cdot \cos \frac{\pi z}{2H} \tag{8.9}$$

式中，u_z 为距地表面 z 处地层的水平位移幅值；S_v 为震动基准面的速度反应谱；T_S 为地层的固有周期；H 为地表面至震动基准面深度。

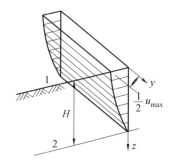 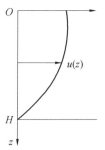

图 8.9 土层位移沿深度变化规律 | 图 8.10 土层位移
1— 地表面；2— 设计地震作用基准面

（2）地层变形的等效荷载。

地震时，地层变形所引起的地震土压力为

$$p(z) = K_h \left[u(z) - u(z_B) \right] \tag{8.10}$$

式中，$p(z)$ 为从地表到深度 z 处单位面积所受的地震土压力；K_h 为地震时单位面积的水平向地基弹簧系数；$u(z)$ 为距地表面深度为 z 处的地层变形；$u(z_B)$ 为距地表面深度为 z_B 处的地层变形；z_B 为地下结构底面距地表面的深度。

K_h 又称为基床系数，是捷克工程师 Winkler 于 1986 年提出的关于计算地基沉降的一个重要概念。假设基础底面任一点所受的压力与地基在该点的沉降成正比，即 $p = K_h s$。其中，p 为基底压力，s 为沉降量，K_h 表示引起单位沉降量时作用在基底单位面积上压力的大小。基床系数与土的性质、基础或地下结构的尺寸密切相关。基床系数并不是土的性质指标，而是与试验承压板尺寸和刚度密切相关的计算参数。地基弹簧系数的确定是否合理对反应位移法计算结果的影响很大。

（3）地基弹簧系数的确定。

根据《城市轨道交通结构抗震设计规范》，地基弹簧刚度可按下式计算，即

$$k = K_h L d \tag{8.11}$$

式中，k 为压缩或剪切地基弹簧刚度，N/m；K_h 为基床系数，N/m³；L 为垂直于结构横向的计算长度，m；d 为土层沿隧道与地下车站纵向的计算长度，m，一般取单位长度。

地基弹簧系数还可根据有关文献给出的相应经验公式进行计算,日本铁路抗震设计规范给出了如下计算方法。

① 顶板及底板下土层的竖直弹簧系数为

$$k_v = 1.7E_0 B_v^{-0.75} \tag{8.12}$$

② 顶板及底板下土层的剪切弹簧系数为

$$k_{vs} = \frac{k_v}{3} \tag{8.13}$$

③ 侧面土层的水平弹簧系数为

$$k_h = 1.7E_0 B_h^{-0.75}$$

④ 侧面土层的剪切弹簧系数为

$$k_{hs} = \frac{k_h}{3} \tag{8.14}$$

式中,E_0 为土层的动剪切模量;B_v 为底板的宽度;B_h 为侧墙高度。

若想求得更为准确的地基弹簧系数,还可采用有限元法。建立土层有限元模型,除去结构位置处的土体,将模型侧面和底面边界固定,在孔洞的各个方向施加均布荷载 q,计算各种荷载条件下的变形 δ,得到地基反力系数 $K_h = q/\delta$。

(4)周围地层的剪力。

主要考虑的是结构顶板上表面与地层接触处所作用的剪切力。《建筑抗震设计规范》与《地铁抗震设计规范》中给出了计算的经验公式,即

$$\tau = \frac{G}{\pi H_1} \cdot S_v \cdot T_S \tag{8.15}$$

式中,τ 为顶板上表面的剪应力;G 为地层的动剪切模量;S_v 为震动基准面的速度反应谱;T_S 为顶板以上地层的固有周期;H_1 为顶板上方地层的厚度。

日本相应规范也给出了经验公式,即

$$\tau = \frac{G}{\pi H} \cdot S_v \cdot T_S \cdot \sin\frac{\pi H_1}{2H} \tag{8.16}$$

式中,H_1 为顶板上方地层的厚度;H 为地表面到基准面的距离。

(5)结构本身的惯性力。

惯性力可用结构的质量乘以最大加速度来计算,作为集中力作用于结构的形心上,然后建立结构有限元模型,将上述确定的 3 种地震作用施加在结构上,计算结构的内力及变形。

尽管反应位移法的提出到目前已有四十多年的历史,并在地下结构抗震中得到广泛的应用,但由于地下结构的复杂性,目前尚未有严格统一的设计计算标准。实际应用中尚需把握该方法的主要思想,对具体问题灵活处理。

4. 平面有限元整体动力计算法

平面有限元整体动力计算法是将地层、结构以合适的力学模型离散化,形成网格体系,然后对整个体系输入设计地震动,计算整个体系每时每刻的响应,从而得到结构的应力和变形时程。从本质上讲,就是将地层、结构的质量、刚度和阻尼等各种特性公式化,在地震动作用下,求解运动方程,得出结构物的响应。

与等效静力法、反应位移法等静力分析方法相比较,有限元动力分析能较为详细地反映周围地层的动力特性,从而使计算结果更为精确。然而,缺点是动力解析时生成动力分析的模型需要大量的特殊数据,花费大量的时间,而分析程序也未达到普及的程度,计算人员较少,计算时需花费大量的验算时间和费用等。

8.2.2　纵向抗震计算方法

纵向抗震计算方法分为自由场变形法和土 – 结构相互作用法,其中自由场变形法包括 BART 方法和质点 – 弹簧模型,土 – 结构相互作用法包括反应位移法、节段长度试算法和设计反应谱法。

1. BART 隧道抗震设计方法

BART 全称为美国旧金山海峡区快速运输系统(Bay Area Rapid Transit),BART 隧道抗震设计方法假定隧道周围土的刚度比隧道本身的刚度大,所以土在地震力作用下产生变形,将迫使隧道也产生相同的变形,并且不考虑土和结构之间的相互作用。设计要求隧道结构有足够的延性和变形能力来吸收由于地震作用而施加于隧道结构的变形。

当隧道位于较硬地层中时,隧道衬砌结构可考虑为自由变形结构(如同没有地下结构时的地层位移),由纵向水平弯曲和伸缩变形合成的最大应变为

$$\varepsilon = 5.2 \frac{A}{L} \qquad (8.17)$$

式中,L 为临界波长,一般取为地下结构横向宽度的 6 倍;A 为振幅,与波长有关,可按相关资料查询得到。

当 $\varepsilon < 0.1\%$ 时,变形属于弹性范围,不需特殊的抗震措施;当 $\varepsilon \geqslant 0.1\%$ 时,需要特殊的抗震措施,如采用柔性接缝来吸收掉响应的变形能(变性能 $= \varepsilon \times$ 接缝间距)。

BART 隧道抗震设计方法尚有不足之处,它只求出地震波传播时地震波特性不变的情况下隧道中产生的应力和应变,没有考虑到沿隧道轴向地基的不均匀性,而使地震力可能发生变化的情况。

2. 质点 – 弹簧模型

质点 – 弹簧模型由日本学者于 1976 年提出,用于东京港沉管隧道的抗震设计,主要是弥补 BART 隧道抗震设计方法的不足。

基本假定如下:

(1)围岩是由单一的表土层和其下方的坚硬基岩组成,其自振特性不受隧道存在的影响。

(2)表土层的剪切振动基本振型对隧道在地震中产生的应变起主导作用。

(3)隧道的自身惯性力对其动力性态的影响很小,可忽略。

(4)隧道变形可根据围岩变形计算确定,并视隧道为一弹性地基梁。

质点 – 弹簧模型将表土层沿隧道纵向划分成一系列垂直于隧道轴线的单元,每一节单元均用与其自振周期相同的质点 – 弹簧代替(图 8.11)。

设 M_{ei} 为第 i 节表土层单元的基本振型换算质量,即

$$M_{ei} = \frac{\left(\int_0^{h_i} m_i(z) \varphi_i(z) \, \mathrm{d}z \right)^2}{\int_0^{h_i} m_i(z) \varphi_i^2(z) \, \mathrm{d}z} \tag{8.18}$$

式中,h_i 为第 i 节表土层单元的深度;z 为所讨论点至地面的深度;$m_i(z)$ 为深度 z 处表土层单元单位深度的质量;$\varphi_i(z)$ 为第 i 节表土层单元的剪切振型。

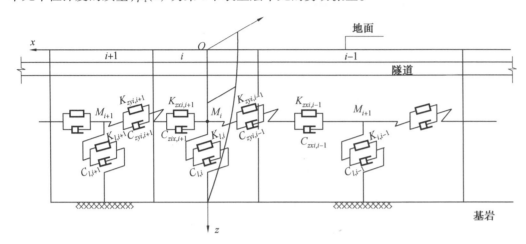

图 8.11　质点 – 弹簧计算模型

连接质量 M_{ei} 与基岩的弹簧系数可按下式计算,使单质点 – 弹簧体系的周期等于原表土层的卓越周期,即

$$K_{ei} = M_{ei} \left(\frac{2\pi}{T_i} \right)^2 = M_{ei} \omega_i^2 \tag{8.19}$$

式中,T_i 为第 i 节表土层单元的剪切振动自振周期;ω_i 为第 i 节表土层单元的剪切振动自振频率。

两相邻质点 i 和 $i+1$ 被弹簧 $S_{2x}(i, i+1)$ 和 $S_{2y}(i, i+1)$ 连接,其中 S_{2x} 模拟抵抗相邻单元轴向位移的弹簧,S_{2y} 模拟抵抗相邻单元剪切位移的弹簧,其弹簧系数按下式计算,即

$$K_{2x}(i, i+1) = \frac{1}{L_{i,i+1}} \int_0^{h_i} E_i f_{xi}(z) \, \mathrm{d}z$$

$$K_{2y}(i, i+1) = \frac{1}{L_{i,i+1}} \int_0^{h_i} E_i f_{yi}(z) \, \mathrm{d}z$$

式中,$L_{i,i+1}$ 为 M_{ei} 和 $M_{e(i+1)}$ 之间的距离;E_i、G_i 分别为表土层单元在深度 z 处的弹性模量和剪切模量;$f_{xi}(z)$、$f_{yi}(z)$ 为第 i 节表土层单元质量中心处产生单位位移时第 i 节表土层在深度 z 处沿 x 方向和 y 方向的位移。

$f_{xi}(z)$、$f_{yi}(z)$ 按下式计算,即

$$f_i(z) = \frac{\int_0^{h_i} m_i(z) \, \mathrm{d}z}{\int_0^{h_i} \varphi_i(z) \, \mathrm{d}z} \varphi_i(z) \tag{8.20}$$

整个质点 – 弹簧体系的运动方程为

$$[M]\{\ddot{u}\} + [C]\{\dot{u}\} + [K]\{u\} = -[\overline{M}]\{I_x\}\{\ddot{u}_g\} - [\overline{M}]\{I_y\}\{\ddot{u}_g\} \tag{8.21}$$

式中,$[M]$ 为由换算质量 M_{ei} 集合而成的总质量矩阵;$[C]$ 为体系总阻尼矩阵,若采用瑞利阻尼,则 $[C] = \alpha[M] + \beta[K]$;$[K]$ 为由 K_{1i} 和 K_{2xi} 或由 K_{1i} 和 K_{2yi} 集合而成的总刚度矩阵;$[\overline{M}]$ 为由各节点间管段质量 $\overline{M}_i$ 集合而成的总质量矩阵,$\overline{M}_i = \beta_i M_{ei}$,其中 β_i 为 M_{ei} 与节段质量之比,简称相关因子;$\{I_x\}$ 为 $\{I_x\} = [1,0,1,0,\cdots,1,0]^T$,对应于地震波从纵向入射情况;$\{I_y\}$ 为 $\{I_y\} = [0,1,0,1,\cdots,0,1]^T$,对应于地震波从横向入射情况;$\{\ddot{u}_g\}$ 为基岩面的地震加速度。

求解上述动力方程即可得到各换算质点的位移,据此可算出隧道纵轴水平面上的土层位移,然后视隧道为一弹性地基梁,其动力方程可分别按轴向和横向列出。

轴向动力方程为

$$EA \frac{\mathrm{d}^2 \overline{u}_x(t)}{\mathrm{d}x^2} - K_x[\overline{u}_x(t) - u_{gx}(t)] = 0 \tag{8.22}$$

横向动力方程为

$$EI \frac{\mathrm{d}^4 \overline{u}_y(t)}{\mathrm{d}y^4} - K_y[\overline{u}_y(t) - u_{gy}(t)] = 0 \tag{8.23}$$

式中,$\overline{u}_x(t)$、$\overline{u}_y(t)$ 为隧道纵向和横向位移;$u_{gx}(t)$、$u_{gy}(t)$ 为土层在隧道纵轴水平面上 x、y 方向的位移,在此可视为弹性地基梁上的已知强制位移;K_x、K_y 为土层纵向和横向的弹性抗力系数;EA、EI 分别为隧道轴向抗压刚度和抗弯刚度。

求解以上轴向和横向动力方程,可得沉管隧道轴向和横向位移为

$$\overline{u}_x(t) = Ae^{\beta_x x} + Be^{-\beta_x x} + u_{gx}(t) \tag{8.24}$$

$$\overline{u}_y(t) = e^{\beta_y x}(\overline{A}\cos\beta_y x + \overline{B}\sin\beta_y x) + e^{-\beta_y x}(C\cos\beta_y x + D\sin\beta_y x) + u_{gy}(t) \tag{8.25}$$

式中,A、B、C、D、$\overline{A}$、$\overline{B}$ 为积分常数,可利用边界条件求得;β_x、β_y 分别按列式子计算,即

$$\beta_x = \left(\frac{K_x}{EA}\right)^{\frac{1}{2}} \tag{8.26}$$

$$\beta_y = \left(\frac{K_y}{4EI}\right)^{\frac{1}{4}} \tag{8.27}$$

其轴向内力和弯矩分别为

$$N = EA \frac{}{\mathrm{d}x} \tag{8.28}$$

$$M = -EI \frac{\mathrm{d}^2 \overline{u}_y}{\mathrm{d}y^2} \tag{8.29}$$

自由场变形法没有考虑土 – 结构之间的相互作用,认为地下结构的变形与周围地层变形相同;而土 – 结构相互作用法认为地下结构的变形不完全等同于周围地层变形,而存在相互作用。

3. 反应位移法(纵向)

刚度较大而密度小于地层的地下结构,其纵向变形取决于隧道周围地层的位移,包括沿隧道纵轴水平面和竖直面。地震作用下,隧道衬砌结构随地层位移而产生沿其纵轴水平和竖直面成正弦波式的横向变形(横波传播方向与隧道纵轴平行时),以及沿隧道纵轴的挤压变形(横波传播方向与隧道纵轴垂直时),而任一方向传播的横波均可以分解为纵向和横向的波,具体步骤如下。

（1）建立计算模型。

将隧道衬砌结构模型等效为支承在地基弹簧上的梁,地层位移通过地基弹簧施加到隧道结构上(图8.12)。

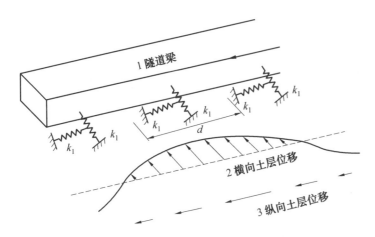

图8.12　纵向地震反应计算的反应位移法

（2）确定地层位移。

将隧道所在位置地基土的水平位移假设为沿隧道轴向呈正弦波形式分布(图8.13),位移值大小可按下式计算,即

$$u(x,z) = u_{max}(z) \cdot \sin\frac{2\pi x}{L} \tag{8.30}$$

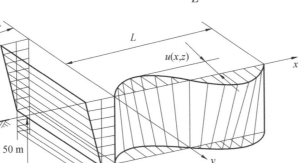

图8.13　土层的水平峰值位移沿深度变化规律

u_{max} — 地表的水平位移峰值

式中,$u(x,z)$为坐标(x,z)处地震时的土层水平位移;$u_{max}(z)$为地震时深度z处土层的水平位移峰值,其沿深度变化采用直线规律表达,地表下50 m及其以下部分的峰值位移可取地表的1/2,不足50 m处的峰值位移可按深度做线性插值确定;x为沿隧道轴向的长度;L为土层变形的波长,即强迫位移的波长,m,其可按下式计算,即

$$L = \frac{2L_1 L_2}{L_1 + L_2} \tag{8.31}$$

$$L_1 = T_S \cdot V_{SD} \tag{8.32}$$

$$L_2 = T_S \cdot V_{SDB} \tag{8.33}$$

式中，L_1 为表面土层变形的波长，m；L_2 为基岩变形的波长，m；V_{SD} 为表面土层的平均剪切波速，m/s；V_{SDB} 为基岩的平均剪切波速，m/s；T_S 为考虑土层地震应变水平的土层场地特征周期。

（3）变形和内力的求解。

基于弹性地基梁理论，引入变形传递系数后可通过解析方法计算隧道纵向地震反应。隧道轴向拉压最大变形为

$$X = \alpha_x \cdot u(c) \tag{8.34}$$

$$\alpha_x = \frac{1}{1 + \left(\dfrac{2\pi}{\lambda_x L'}\right)^2} \tag{8.35}$$

$$\lambda_x = \sqrt{\frac{K_1}{EA}} \tag{8.36}$$

式中，α_x 为变形传递系数；$u(c)$ 为隧道纵轴位置处的土层位移；L' 为地震波与隧道纵轴呈 45° 角入射时沿隧道轴线的表观波长，$L' = \sqrt{2}L$，L 为地震波长；K_1 为土层的轴向弹性抗力系数；EA 为隧道轴向抗压刚度。

根据隧道轴向拉压最大变形，可得最大轴向力为

$$N_{max} = \frac{2\pi X}{L'} EA \tag{8.37}$$

隧道沿纵轴的横向水平弯曲变形最大值为

$$Y = \alpha_y \cdot u(c) \tag{8.38}$$

$$\alpha_y = \frac{1}{1 + \left(\dfrac{2\pi}{\lambda_y L'}\right)^2} \tag{8.39}$$

$$\lambda_y = \sqrt[4]{\frac{K_1}{EI}} \tag{8.40}$$

式中，EI 为隧道轴向抗弯刚度。

根据隧道横向水平最大弯曲变形，可得最大弯矩为

$$M_{max} = \frac{4\pi^2 Y}{L^2} EI \tag{8.41}$$

8.2.3　动力时程分析法

动力时程分析法属于三维有限元整体动力计算法，起源于 20 世纪 60 年代，具体分为频域分析法和时程分析法两种，是一种直接求解结构体系的动力微分方程从而获得结构地震响应的方法。其基本原理为：将地震运动视为一个随时间而变化的过程，并将地下建筑结构和周围岩土体介质视为共同受力变形的整体，通过直接输入地震加速度记录，在满足变形协调条件的前提下分别计算结构物和岩土体介质在各时刻的位移、速度、加速度，以及应变和内力，验算场地的稳定性和进行结构截面设计。

由于地震波的随机性较大且复杂，并且结构的非线性和结构矩阵的时效性等，想获得理论解析解是几乎不可能的。随着计算机的技术水平提高，数值求解成为一种比较好的

方法,尤其是需要按空间结构模型分析时可采用这一方法。从工程应用角度看,地下建筑结构的线性和非线性时程分析至少有以下几个方面是值得关注的。

1. 计算区域及边界条件

根据软土地区的研究成果,时程分析法网格划分时,侧向边界宜取离相邻结构边墙至少3倍结构宽度处,底部边界取基岩表面,或经时程分析试算结构趋于稳定的深度处,上部边界取至地表,计算的边界条件,侧面边界可采用自由场边界,底部边界离结构底面较远时可取为输入地震加速度时程的固定边界,地表为自由变形边界。

2. 地面以下地震作用的大小

地面下设计基本地震加速度值随深度增加而逐渐减小是公认的,取值各国有不同的规定。一般在基岩面取地表规定值的1/2,基岩至地表按深度由线性内插。确定我国《水工建筑物抗震设计规范》规定地表为基岩面时,基岩面下50 m及其以下部位的设计地震加速度代表值可取为地表规定值的1/2,不足50 m处可按深度由线性插值确定。对于进行地震安全性评价的场地,则可根据具体情况按一维或多维的模型进行分析后确认其减小的规律。

3. 地下结构的重力

地下建筑结构静力设计时,水、土压力是主要荷载,故在确定地下结构的重力荷载的代表值时,应包含水、土压力的标准值。

4. 土层的计算参数

根据软土地区的研究成果,软土的动力特性可采用 Davidenk 模型表述,动剪变模量 G、阻尼比 λ 与动剪应变 γ_d 之间满足关系式

$$\frac{G}{G_{\max}} = 1 - \left[\frac{\left(\frac{\gamma_d}{\gamma_0}\right)^{2B}}{1 + \left(\frac{\gamma_d}{\gamma_0}\right)^{2B}} \right]^{A} \quad (8.42)$$

$$\frac{\lambda}{\lambda_{\max}} = \left(1 - \frac{G}{G_{\max}} \right)^{B} \quad (8.43)$$

式中,$G_{\max}$ 为最大动剪变模量;γ_0 为参考变量;$\lambda_{\max}$ 为最大阻尼比。

8.3　山区隧道抗震设计

8.3.1　隧道的震害特点

地下隧道属于几何线性结构,在地震荷载的作用下,由于周围介质的存在,其动态反应特性呈现出如下趋势。

(1)地下隧道的振动变形受周围介质的约束作用明显,结构的动力反应一般不明显。

(2)在地震荷载作用下,当地下隧道结构存在明显惯性或周围介质与结构间的刚度失配时,结构会产生过度变形而破坏。

（3）地下隧道震害多发生在地质条件有较大变化的区域,相反如果地质条件均匀,即便震级较大结构也较安全。

（4）地下隧道若穿过地质不良地带也易遭震害。

（5）结构断面形状及刚度发生明显变化的部位,如隧道进出口等部位均为抗震的薄弱环节。

（6）地下隧道的破坏形式主要是弯曲裂缝、竖向裂缝、混凝土脱落和钢筋外露等。

8.3.2　隧道破坏的主要类型

隧道在地震作用下的破坏形式主要有两种:一种是周围地层失稳造成围岩变位,隧道产生较大的变形而破坏,特别是建造在断层破碎带的隧道,衬砌将发生较大的剪切移位而引起破坏,该类破坏为山区隧道的主要破坏形式,时常发生在岩性变化较大的断层破碎带以及浅埋地段处;另一种则是强烈地层运动在结构中产生惯性力而引起的破坏,该类破坏多发生在洞口,造成洞口边仰坡地表开裂、洞口落石以及洞门墙体开裂等震害。山区隧道在地震作用下最易破坏地方有两处:一处是地质条件有较大变化的区域,如土质由软质向硬质过渡区域;另一处是隧道断面形状发生明显变化的位置,如隧道的进出口和转弯处。下面对这两种情况做更加详细的划分,具体可分为如下 4 种情况。

1. 衬砌的剪切移位

当隧道建在断层破碎带上时,常常会发生剪切移位破坏。在台湾 9·21 地震中,位于断层带上的一座输水隧道就发生了这种破坏。由于断层的移位,该输水隧道在进水口下游 180 m 处发生了剪切滑移(图 8.14),整个隧道发生严重破坏。

2. 边坡破坏造成的隧道坍塌

边坡破坏造成的隧道坍塌如图 8.15 所示。

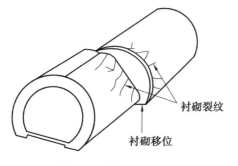

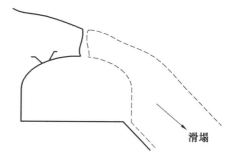

图 8.14　衬砌剪切破坏　　　　　图 8.15　边坡破坏造成的隧道坍塌

3. 衬砌开裂

在地震中,衬砌开裂是最常发生的现象,这种形式的衬砌破坏又可分为纵向裂损[图 8.16(a)]、横向裂损[图 8.16(b)]、斜向裂损[图 8.16(c)]、斜向裂损进一步发展所致的环向裂损[图 8.16(d)]、底板裂损[图 8.16(e)]以及沿着孔口如电缆槽、避车洞或避人洞发生的裂损[图 8.16(f)]。

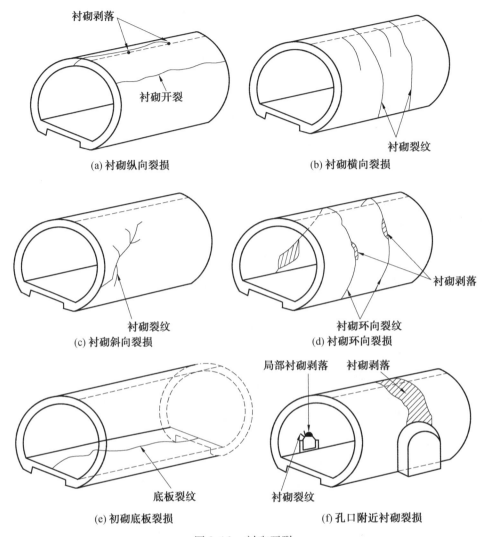

图 8.16 衬砌开裂

4. 边墙开裂

边墙开裂是由边墙显著的向内变形造成的隧道破坏。这种变形可以造成边墙衬砌的大量开裂,甚至导致边墙的倒塌(图 8.17)。

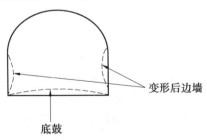

图 8.17 边墙变形开裂

8.3.3　常用隧道抗震设计方法

隧道工程是地下建筑工程中的一种重要形式。目前我国山区隧道的抗震设计方法主要有地震系数法、反应位移法和动力时程分析法。

1. 地震系数法

地震系数法最先应用到地面结构的抗震计算，随后该方法被引入地下结构及隧道结构的抗震计算中，该方法根据地震峰值加速度确定地震系数进行结构抗震计算和验算。我国《铁路工程抗震设计规范》（GB 50111—2009）和《公路工程抗震设计规范》（JTJ 044—19889）中明确规定隧道结构上的设计水平地震作用应采用地震系数法计算，并且水平地震作用需与恒载和活载组合。

采用地震系数法计算隧道衬砌地震力主要包括衬砌自重的水平地震力、洞顶土柱的水平地震力以及侧向土压力增量，隧道地震作用荷载示意图如图 8.18 所示。

洞顶土柱水平地震力为

$$F_2 = \eta_c \cdot K_h \cdot P \tag{8.44}$$

洞顶垂直土压力为

$$P = \frac{\gamma}{2}\left[(h_1 + h_2)B - (\lambda_1 h_1^2 + \lambda_2 h_2^2)\tan\theta_0\right] \tag{8.45}$$

地震时内侧土压力增量为

$$e_{1i} = \gamma h_i V\lambda_1 \tag{8.46}$$

外侧土压力增量为

$$e_{2i} = \gamma h_i V\lambda_2 \tag{8.47}$$

式中，γ 为围岩的重度；λ_1 和 λ_2 为内、外侧地震时侧压力系数；B 为山区隧道的跨度；θ_0 为土柱两侧的摩擦角。

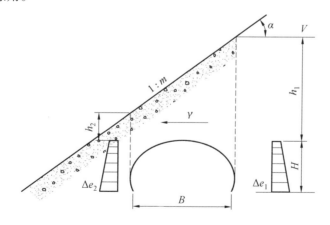

图 8.18　隧道地震作用荷载示意图

2. 反应位移法

反应位移法的基本思想是由于地下结构受地层约束不发生共振响应，隧道结构在振动过程中产生的惯性力对结构影响较小。

反应位移法基于弹簧 – 梁模型进行计算分析，并仅在一维土层进行地震反应分析，采用弹簧单元模拟结构刚度与土层刚度之间的相互作用。反应位移法计算隧道地震力的核心是:隧道结构在弹簧约束作用下,天然地层强制位移差和天然地层剪切力共同作用下结构的地震响应,其理论模型如图 8.8 所示。反应位移法在计算山区隧道地震力时,主要考虑了隧道结构的惯性力、结构的剪切力和地基相对位移。

(1)隧道结构的惯性力。

隧道结构的惯性力可以通过单元的质量与地层加速度的乘积来表示,结构的惯性力为 $f_i = m_i \cdot \ddot{\mu}_i$,其中 f_i 为山区隧道结构第 i 个单元上作用的惯性力,m_i 为山区隧道结构第 i 个单元的质量,$\ddot{\mu}_i$ 为山区隧道结构第 i 个单元上的峰值加速度值。

(2)隧道结构的剪切力。

隧道结构的剪切力分布在结构各点上,可以将其分解为切线和法线两个方向,切线方向剪切力 $F_{AX} = \tau_A \cdot L \cdot \sin \theta$,法线方向剪切力 $F_{AY} = \tau_A \cdot L \cdot \cos \theta$。

(3)地基相对位移。

地基相对位移与表层土体特征周期、设计地震速度以及场地设计地震加速度有一定的关系,地基相对位移为

$$f(z) = \frac{z}{\pi^2} S_v T_g K_n \cos \frac{HZ}{2H} \tag{8.48}$$

式中,z 为地表至计算点之间的距离;S_v 为地震的速度反应谱;K_n 为设计地震系数;H 为地基表层厚度。

3.动力时程分析法

动力时程分析法可以模拟整个山区隧道结构在地震作用下每个时刻的地震响应情况,可以处理各种非线性行为,但同时也存在一定的缺点,如计算量较大、耗时较久、对计算机的运算能力及储存要求较高,并且隧道的地震响应是某一条地震波的计算结果,不同地震波计算结果差异较大,因此,在选择地震动输入时需要对地震波进行适当调整。目前可以进行隧道动力时程分析的软件有 ANSYS、FLAC3D 和 ABAQUS 等软件,采用动力时程分析求解动力微分方程的数值计算方法有中心差分法、线性加速度法、Newmark - β 法和 Wilson - θ 法等。

8.4　地下结构抗震措施

由于地震的随机性,一定条件下合理的结构设计可以充分发挥地下结构的承载潜力。目前我国对地下结构的抗震构造措施研究还不多,在实际的设计中主要参照相同类型的地面建筑结构的抗震构造,但由于地下和地上结构在地震中的动力响应有些许不同,因此,地下空间结构较为准确的定量抗震计算还没有达到科学的水平,但应在定性的抗震减震技术手段上做出合理的选择,以确保地下结构良好的抗震性能。

8.4.1　地下结构抗震设计原则

地下结构相对于地上结构具有良好的抗震性能,但是为了适应今后普遍的地下空间开发,必须加强对地下结构抗震设计的研究,就目前学者所提出的抗震建议,地下结构的抗震设计主要有以下几个原则 。

1.地下结构的场地要求

地下结构建设场地的地形、地质条件对地下建筑结构的抗震性能均有直接或间接的影响,因此,地下建筑宜建造在密实、均匀、稳定的地基上,不宜选在断层破碎带、不稳定地块的边缘等潜在危险地带,应避开河岸陡坡、不稳定山坡等不良工程地质场地,对于不稳定的持力层,应采取加固措施进行改造,这样做有利于结构在经受地震作用时保持较高的稳定性。

2.地下结构的抗震设防目标

地下结构种类较多,抗震能力和使用功能也各不相同,其抗震设防的要求也不同。以单建式地下建筑结构为例,主要考虑 3 点要求:单建式地下建筑结构在附近房屋倒塌后,仍常有继续服役的必要,其使用功能的重要性高于高层建筑地下室;地下结构一般不宜带裂缝工作,尤其是在地下水位较高的场合,其整体性要求高于地面建筑;地下空间通常是不可再生的资源,损坏后一般不能推倒重来,需要原地复建。

3.地下空间结构构件抗震设计要求

地震作用对地下结构的强度和刚度问题提出了要求,在地震作用下,结构构件除应具备足够的强度外,还应具备良好的变形能力和耗能能力。砌体结构构件应采取结构措施,以加强结构构件之间的节点连接和结构的整体性,并改善结构的总体变形。混凝土构件应合理选择截面,配置纵向钢筋和箍筋。构件节点承载力不应低于其连接构件承载力,以避免节点先于连接构件破坏,应使结构构件与周围岩土介质之间紧密接触,注意结构构件的防腐蚀和耐久性。

8.4.2　隧道抗震措施

目前隧道的减震措施一般有以下 3 种:第一种措施是改变隧道结构本身的性能,该措施主要是通过改变隧道结构的质量、强度、刚度及阻尼等动力特性来减轻隧道衬砌的受力;第二种措施是设置减震层和抗震缝,该方法通过在隧道衬砌与围岩之间设置或回填一些减震材料、减震装置等;第三种措施是锚杆加固或注浆加固围岩,改变围岩的力学指标等。隧道注浆加固围岩可以起到一定的减震作用,特别对于软弱围岩的山区隧道,可以大面积注浆加固围岩。到目前为止,有关山区隧道的减震措施和技术研究还不是很完善,各种措施的减震效果还不是很理想,有待进一步深入探索与完善。

1.减震层

减震层一般设置在围岩和衬砌结构之间,在地震作用下,设置减震层的山区隧道地震响应明显小于未设置的。减震层的减震原理是通过阻止围岩的变形传递到衬砌结构上,利用减震层减小衬砌结构的地震响应。因此,一般减震层的刚度要小于围岩的刚度,并且减震层要具有一定的耗能阻尼特性,以便通过减震层耗散和吸收地震能量。同时,减震层在隧道静力作用和地震动力作用下也需要满足结构的强度和刚度要求。

2.抗震缝

山区隧道沿线的地质情况一般差异较大,软岩和硬岩分布在整个狭长的隧道结构中,在罕遇地震作用下,软硬岩交界处容易发生较大的变形。因此,在隧道这些相对变形较大的位置可以设置抗震缝,通过设置环向抗震缝可以满足地震作用下的变形要求,从而减轻结构的开裂等震害。抗震缝在整个隧道结构中可以设置多条,除了设置在软硬岩分界处外,还可以设置在深浅埋隧道分界处以及隧道结构断面尺寸变化处。

3. 结构刚度调整

可以通过调整结构的相对刚度大小为山区隧道提供减震措施,一般来说可以采用柔性结构和延性结构材料。柔性结构可以减小结构的刚度,衬砌结构的地震响应会变小,但衬砌结构的位移响应可能会超限,因此,还需要控制结构的相对位移变形。在山区隧道中,某些构件可以采用延性较好的构件,地震作用时这些构件可以率先进入弹塑性状态,耗散和吸收地震能量,从而减小隧道结构的地震响应。虽然延性构件在地震中发挥了减震作用,但也不可避免地会发生一定的损伤,震后修复也存在一定的困难。因此,延性构件的采用仍然存在一定的局限性,设计时需要综合考虑。

8.4.3　其他类型的地下结构抗震措施

钢筋混凝土地下建筑宜采用现浇结构,需要设置部分装配式构件时,应使其有可靠的连接,地下钢筋混凝土框架结构构件的尺寸常大于同类地面结构的构件。当地下钢筋混凝土结构按抗震等级提出结构要求时,应根据"强柱弱梁"的设计概念采取适当加强框架柱的措施。地下建筑的顶板、底板和楼板宜采用梁板结构,当采用板柱抗震墙结构时,柱上板带中应设构造暗梁,其构造要求与同类地面结构的相应构件相同,对地下连续墙的复合墙体,顶板、底板及各层楼板的负弯矩钢筋至少应有50%锚入地下连续墙,锚入长度按受力情况计算确定。正弯矩钢筋需锚入内衬,且均不小于规定的锚固长度。

思 考 题

1. 分析地下建筑结构的震害机理及影响因素,并进行总结。
2. 结合具体隧道破坏实例分析隧道震害的特点有哪些。
3. 简述各抗震设计计算方法的适用条件以及各自的优缺点。
4. 试分析反应位移法中计算地层变形大小的目的,并总结其在横、纵断面设计中各自的步骤。
5. 查找相应规范,总结盾构隧道抗震设计计算要点。
6. 结合国内外隧道抗震设计的现状,总结抗震设计还有哪些方法,并分析各种抗震设计方法的适用性。
7. 结合相应的力学机理,分析不同隧道的破坏现象是如何发生的。
8. 对于"强柱弱梁"的设计理念,在地下结构中的实用性与上部结构相比是否仍理想?

参 考 文 献

[1] 中华人民共和国住房和城乡建设部. 城市轨道交通结构抗震设计规范[S]. 北京: 中国电力出版社, 2014.

［2］郑永来,杨林德,李文艺. 地下结构抗震［M］.上海：同济大学出版社, 2011.

［3］禹海涛,袁勇,张中杰,等. 反应位移法在复杂地下结构抗震中的应用［J］. 地下空间与工程学报. 2011, 7(5)：857-862.

［4］桂国庆. 建筑结构抗震设计［M］.重庆：重庆大学出版社, 2012.

［5］潘鹏,张耀庭. 建筑结构抗震设计理论与方法［M］.北京：科学出版社, 2017.

［6］杜修力,王刚,路德春. 日本阪神地震中大开地铁车站地震破坏机理分析［J］.防灾减灾工程学报. 2016, 36(2)：165-171.

［7］沈昆,张理,贾毅. 山岭隧道抗震设计与减震措施研究［J］.公路交通科技(应用技术版). 2017, 13(9)：204-207.

［8］周云,张文芳,宗兰. 土木工程抗震设计［M］.北京:科学出版社,2011.

第9章　边坡工程地震反应分析与抗震设计

边坡是指岩体、土体在自然重力作用或人为作用下形成的具有一定倾斜度的临空面。依照它的地层岩性，可以分为岩质边坡和土质边坡；依照它的年份，可以分为永久性边坡和临时性边坡；依照它的成因，可以分为人工边坡和自然边坡。边坡稳定性问题一直是岩土工程研究的重要课题之一。

大量的震害调查结果表明，地震诱发的边坡失稳滑动是主要的地震地质灾害类型之一。据统计，当地震大于4.7级时即可诱发地震滑坡。我国山地面积占国土面积的2/3，这客观导致了大量自然边坡的存在。另外，我国处于环太平洋地震带和欧亚地震带之间，属于地震多发国家，地震带来的边坡失稳等次生灾害给国家带来了巨大的人员伤亡和经济损失。例如，1933年四川叠溪7.5级地震造成大量滑坡，形成许多堰塞湖，其中叠涩台地和教场坝滑坡阻塞岷江，形成4个大的堰塞湖，不久湖坝决口，导致2 500人丧生；1973年四川炉霍境内7.9级地震触发了各种规模滑坡137处，滑坡面积达90 km²，死亡2 175人；1999年台湾集集地震（震级7.3）诱发多处滑坡，其中最大滑坡影响面积约5 km²，体积为120×10^6 m³，地震诱发的滑坡造成多处交通中断；2008年5月12日汶川、北川地区8级大地震是新中国成立以来破坏性最大、波及范围最广的一次地震，造成的直接经济损失为8 451亿元人民币，共造成69 227人遇难，374 640人受伤，17 942人失踪，成为我国历史上惨痛的记忆，同时地震形成了大量的堰塞湖和滑坡体，给后续的救援工作和人民的财产安全构成了巨大的威胁。国外也有大量的地震滑坡实例：1989年美国Loma Prieta地震，触发边坡破坏（滑坡）1 300处，影响范围达到15 000 km²，造成的经济损失高达60亿美元；1973年5月31日秘鲁地震，绝大多数人员伤亡是滑坡和崩塌引起的。

在土木工程、地震工程和环境工程中，岩土地震边坡的稳定性是研究的重点，而研究的关键又是岩土地震稳定性分析方法。主要研究内容有4点：地震作用对岩土边坡的影响，即计算地震荷载；边坡发生失稳的位置及其机理的讨论，即分析地震边坡稳定性的主要内容；边坡是否会在地震作用下发生失稳，即边坡失稳的判别依据；岩土边坡失稳后将产生何种变形，即计算永久位移。在这4个问题的研究中，前提是如何考虑地震荷载、怎样确定破坏面的位置和形状；重点是如何确定边坡失稳及怎样计算永久性位移。地震荷载对土质边坡的作用主要体现在：当地震发生时，循环荷载与地震荷载引起的惯性力共同作用，会降低岩土边坡的抗剪能力，从而导致岩土边坡失稳。具体实践中，不同的研究者对岩土地震边坡稳定性的评价方法有不同的分类。例如，Kramer从失稳的机理出发将地震边坡失稳划分为惯性失稳和弱化失稳；刘立平等将地震边波失稳分为惯性失稳和衰减失稳两大类，并进一步将惯性失稳法分为Newmark滑块法、概率分析法及有限元方法等，把流动破坏分析法和变形破坏分析法统一称为衰减失稳的分析方法；祁生文在地震边坡稳定性评价方法上做了大量的工作，并归纳总结为有限滑动位移法、拟静力法、剪切楔法、概率分析方法和数值方法等。目前，国内外普遍采用上述几种分类方法。

　　根据岩土参数的变化性,岩土地震边坡稳定性评价方法包括确定法和概率法;依照边坡稳定性计算中处理地震荷载作用的方式来看,又可将评价方法分为拟静力法、滑块分析法、数值模拟和试验法 4 类。

9.1　拟　静　力　法

　　早在 19 世纪 20 年代,拟静力法就开始应用于地震边坡稳定性分析中,因为此法简便实用,所以被大量推广,至今仍在实际工程中广泛应用。其原理是将地震作用简化为横向或纵向的恒定加速度作用,作用点集中在潜在不稳定体的质心上,方向与边坡潜在失稳方向相同,再依照极限平衡原理,把所有集中在潜在滑动体上的力在滑动面上建立局部坐标,进行力的分解,采用安全系数的计算公式得出这个滑动面上的安全系数。拟静力法是静力稳定性分析法的延伸结果,二者的本质大致相同。安全系数与地震荷载大小、破坏面形状和位置及边坡抗剪强度大小相关。在拟静力分析中,对地震荷载大小的计算,即对拟静力因子的取值研究较多。破坏面的具体形状和位置常根据边坡地质条件采用经验值,也可参考其他工程来确定。为方便计算,一般将破坏面简化为直线形、圆形或非圆形等,边坡的抗剪强度值采用室内试验或原位试验测定。

　　关于地震拟静力因子的研究如下。泰尔扎吉于 1950 年首次提出:一般情况下的地震拟静力因子 R_h 为 0.1,对结构物安全构成破坏的地震拟静力因子 R_h 为 0.2,对结构物形成灾害的地震拟静力因子 R_h 为 0.5。Seed 针对地震频发地区的多座大坝制定了拟静力设计准则:当安全系数定为 1.0 ~ 1.5 时,R_h 宜为 0.10 ~ 0.12,同时,柔性土质大坝在 R_h = 0.1 ~ 0.15 的拟静力因子作用下的变形要比低于 0.75g 最大加速度作用下的变形大。马尔库桑关注了地震动特性对大坝的影响,建议取最大加速度的 1/3 ~ 1/2 作为大坝的拟静力因子。Hynes-GriFFn 和 Franklin 经计算得出安全系数大于 1.0 的土坝,如果 R_h 采用 0.5a_{max}/g,则不会产生任何危险变形。

　　由于已给出的拟静力因子足以满足工程要求,目前也尚无更有效的方法来确定合适的设计拟静力因子,因此,拟静力因子的经验值仍被广泛地应用于实际工程中。

　　正是由于拟静力法的实用性强,计算精度要求也能够满足实际工程的要求,因此广泛应用于实际地震边坡的稳定评价方面,并得到大部分工程技术人员的认可,也形成了许多有价值的成果,最终纳入有关规范。国内外大量研究工作者针对等效荷载法做了深度研究,并得到了丰硕的研究成果:1966 年,Seed 将土体划分为许多土条,每个土条滑弧面的静应力采用力的多边形法计算,综合考虑惯性力因素的影响,最后利用多边形法计算出地震边坡的安全系数;Leshchinsky 等将拟静力法应用到数值方法上,并建立典型边坡模型来讨论稳定性情况,在此基础上,编程提取了潜在滑动面上的正应力分布值,推导出一个最小安全系数以评价边坡稳定性,最后还对简单的地震边坡稳定性评价提出了一个设计表,在非地震情况下,此表与泰勒表相同;Bray 等通过等效荷载法和波传播理论分析了含软弱夹层的垃圾场,并给出了评价垃圾场稳定性的步骤;曾富宝以泰勒的摩擦圆法为基础,提出了土摩擦角受地震荷载作用后土坡稳定性的计算方法,得到的图表与泰勒表相似;Ling 等运用等效荷载法计算了地震作用下岩体沿纹理面的永久滑移距离,并开展了地震稳定性分析;Siyahi 将等效荷载法运用到正常固结土边坡地震稳定性研究中,分析出不同剪切强度下的安全系数,并探讨了可能导致剪切强度降低的因素;奥西里奥等在加固边坡的地震稳定性研究中采用等效荷载法,考虑了多种破坏模式并通过极限理论,提出了地震荷载屈服强度的公式、加固力的计算公式及有关地震荷载屈服强度的具体表达式;Biondi 等采用拟静力法研究了孔隙水压力在地震发生时和发生后对饱和无黏性土边坡稳定性的影响,并把相关的公式和计算步骤提供给读者。Siadr 利用屈服设计理论的等效荷载法和运动学法推导了破裂岩体边坡稳定性的上限系数公式,此公式以岩体边坡的平移失稳为主,综合考虑了边坡坡角、地震系数和材料强度 3 个因素的共同影响,探讨了不同破裂面摩擦角的稳定系数的上限,并给出相应图表;姚爱军等采用 Sarma 分析模型,针对复杂岩质边坡,更深一步地探讨了这种边坡地震时的敏感特性,这种方法考虑周全,同时考虑了滑面问题、坡面加固力问题、地震和地下水的作用问题;周圆等以遗传算法和毕肖普法为研究基础,提出了确定地震作用下潜在滑动面位置及相应的最小安全系数的方法,计算了在固定出逸点的情况下,安全系数在有无地震作用下的大小,并绘制了分布详图,结论表明,地震扩大了安全系数低值区,但不影响安全系数分布情况。尽管等效荷载法应用十分普遍,但还是有很多缺点,主要表现在:考虑因素过于简单化,只考虑了水平地震动。Ling 等在研究地震边坡稳定和位移时,考虑地震荷载时将水平和竖直加速度同时作用在地震边坡上,分析结果表明,水平加速度增加到一定程度后,竖直加速度对稳定性和位移有着不容忽视的影响。

9.1.1 计算原理

拟静力法实际上就是将大小和方向均随时间变化的地震力看成一个随时间不变的静荷载施加在坡体上,它的原理是将地震荷载简化为作用在滑动体重心的水平和竖直方向的惯性力(水平和竖直方向惯性力的大小为相应的地震系数乘以滑动体的重力),然后视为静力荷载作用下的边坡稳定性问题,根据极限平衡理论求解出边坡稳定安全系数。拟静力法简化图如图 9.1 所示,其抗震安全系数 F_S 为

$$F_S = \frac{sR}{WL_1 + k_h WL_2} \tag{9.1}$$

式中,s 为剪切强度引起的阻力;W 为楔体的重量;k_h 为水平平均地震加速度系数。

通过式(9.1)对不同可能破坏面进行分析,得出安全系数 F_S 的最小值,如果 F_S 的最小值大于1,则表明土体稳定。

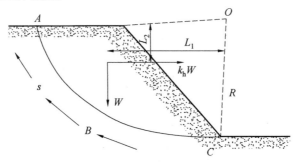

图9.1 拟静力法简化图

9.1.2　水平加速系数的简化方法

1966 年,Seed 和 Martin 提出了水平加速度系数 k_h 的简化方法,如图 9.2 所示的加速度系数 k_h 计算简图中,横截面为三角形的坝体,考虑其任意一个楔体 OAC 上的惯性力。

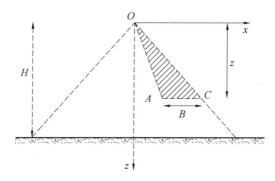

图 9.2　加速度系数 k_h 计算简图

在距离坝顶为 z 处的位移为

$$u(z,t) = \sum_{n=1}^{\infty} \frac{2 J_0 \beta_h \left(\frac{z}{H} \right)}{\omega_n \beta_h J_0 \beta_h} V_n(t) \tag{9.2}$$

而剪应变的分布为

$$\frac{\partial u}{\partial z}(z,t) = \sum_{n=1}^{\infty} \frac{2 J_1 \beta_h \left(\frac{z}{H} \right)}{\omega_n H J_1 \beta_h} V_n(t) \tag{9.3}$$

作用在楔体底部的剪切力 $F(z,t)$ 为

$$F(z,t) = \tau(z,t) B \tag{9.4}$$

且有

$$F(z,t) = (楔形体的质量) \cdot \ddot{u}(z,t)_{av} = \frac{1}{2} \rho B z \ddot{u}(t)_{av} \tag{9.5}$$

式中,$\ddot{u}(t)_{av}$ 为水平向平均地震加速度;ρ 为土楔的密度。

根据式(9.2) ~ (9.4) 可以得到

$$\ddot{u}(z,t)_{av} = \sum_{n=1}^{\infty} \frac{2 G J_1 \beta_h \left(\frac{z}{H} \right)}{\rho \omega_n z H J_1 \beta_h} V_n(t) \tag{9.6}$$

最终得到水平向平均加速度系数为

$$k_h(z,t) = \frac{\ddot{u}(z,t)_{av}}{g} = \sum_{n=1}^{\infty} \frac{2 G J_1 \beta_h \left(\frac{z}{H} \right)}{g \rho \omega_n z H J_1 \beta_h} V_n(t) \tag{9.7}$$

9.1.3　方法优缺点

这种方法简单实用,可以直接将动力荷载简化为静力荷载,因此在边坡的动力分析中得到了广泛的应用,积累了大量的工程经验。但拟静力法同时也存在几个先天性的缺陷:①拟静力法将方向和大小均变化的地震力简化为一个固定的惯性力,方法的精确度在于加速度函数的选取，这样不能真实地反映边坡在地震力作用下的真实反应；②拟静力法既没有考虑地震的特性，如振动频率、次数和地震持续时间等因素，又没有考虑边坡自身材料的动力性质和阻尼性质等，因此无法反映边坡在地震时的反应特性；③拟静力法假定边坡为动力加速度和加速度保持一致的绝对刚性体，而边坡是变形体，绝非刚性体。

9.2　滑块分析法

1965 年，Newmark 在第五届朗肯讲座上提出了用有限滑动位移替代安全系数判定边坡稳定的方法，先设定最大容许位移量，如果计算的位移值比容许值小，则边坡是安全的。他认为地震引起的变形决定了堤坝的稳定性，而非最小安全系数；直接导致地震变形的并非应力最大值，而是应力时程的变化。通过滑块平衡分析法，能计算出地震发生时滑动土体相对于固定土体可能引起的位移。先根据每个单波计算出一个振动加速度（此加速度为最开始引起土体残留位移的加速度），再计算出地震对滑动土块引起的等效最大加速度，将它与开始引起残留位移的屈服加速度（坝身沿着潜在滑动面的安全系数恰好等于 1 的加速度值）比较，在地震加速度大于屈服加速度的范围内，土体会产生残留变形。采用积分的方法，对这个范围的两个加速度曲线二次积分得到位移曲线，两个位移曲线中间的面积就是单波作用后产生的残留变形。若将地震过程中多个波动引起的残留变形叠加，便会得到滑动土块在整个地震过程中产生的残留位移。当土体产生残留位移量低于容许的位移量时，即可以认为是稳定的，否则则为不稳定的。此法的关键是屈服加速度和等效加速度的确定。

基于有限滑动位移法的原理，王思敬提出了边坡块体滑动的动力学方法。他采用试验的方法，对运动起始摩擦力和运动摩擦力给出了明确的概念，并在振动台上通过试验测得花岗岩光滑节理面的运动速度和动摩擦系数的相关数据，并拟合了二者的关系，进一步得到边坡土体滑动的动力学方程，进而求得每个时间间隔上的块体速度、加速度及位移。以上述理论为基础，张菊明、薛守义、王思敬又分别推导了层状山体和楔形体的三维动力反应方程式。

应当注意的是，Newmark 方法的使用前提是边坡材料在地震时，强度较稳定，不会明显降低。黄建梁采用分条法建立了预测坡体的速度、加速度和位移变化的方法，以刚体力学原理和 Sarma 法为研究基础，建立了一种与水平和竖直地震加速度相关的计算公式，研究了怎样确定地震动加速度变化过程的问题、地震边坡的抗滑强度在地震荷载前后过程中下降的问题以及动荷载下孔隙水压力的动响应规律问题。祁生林等在剩余推力法的基础上，综合考虑 Newmark 滑块位移法，分析了孔隙水压力受动力作用的影响及变化情况，针对最常见的边坡失稳，主要通过地震边坡永久位移的大小来判定边坡的稳定性，考虑的角度单一，方法也简便。刘忠玉等分析了饱和黄土在地震荷载作用下孔压变化规律和液化状态，探讨了地震边坡永久位移的大小与孔隙水压力的关系，分析结果可以得出，考虑孔隙水压力的作用时，永久位移的计算结果大于采用 Newmark 法分析的结果。而黄建梁、祁生林等所提出的方法中，怎么样更好地考虑孔隙水压还有待进一步探讨。

9.2.1　计算原理

Newmark 滑块分析法是 1965 年 Newmark 在第五届朗肯讲座上提出的,当时主要是针对坝体边坡提出的。他指出边坡稳定与否取决于地震时引起的变形,而非最小安全系数。他认为与地震有关的是应力时程变化,而并不是应力的最大值。地震为短暂作用的变向荷载,惯性力只是在很短的时间内产生,即使惯性力可能足够大,而使安全系数在很短的时间内小于 1,引起边坡产生永久变形,但当加速度减小甚至方向相反时,位移会停止。这样一系列作用在边坡上的数值大但时间短的惯性力将使边坡体产生累计位移。地震运动停止后,如果土体的强度没有显著降低,边坡将不会产生进一步的严重位移。滑块分析法的基本思想表明边坡稳定性分析的最主要参量是地震作用下边坡的永久变形。

9.2.2　计算方法

滑块位移的计算方法是以 Newmark 提出的屈服加速度 k_c 概念为基础的。这种方法的主要思想就是假设土体为刚塑性体,在地震过程中,滑块受到的加速度与所受地震力有关,滑块上的抵抗能力用临界加速度表示。当滑动体的加速度超过临界加速度时,滑动体开始滑动;当加速度减小甚至方向相反时,滑动停止。根据这一思想,可以对加速度超过屈服加速度的部分进行二次积分从而求出滑动位移(图 9.3)。

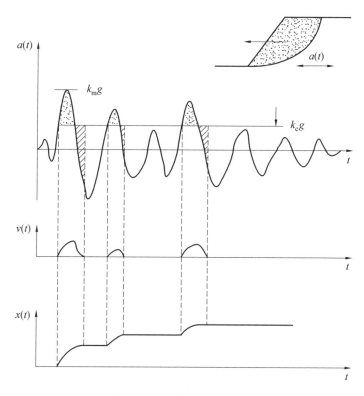

图 9.3　Newmark 滑块分析法简图

Newmark 滑块分析法计算过程如下。

临界加速度与滑坡方向平行,有

$$k_c = (SF - 1)\sin\beta \tag{9.8}$$

临界加速度为水平方向,有

$$k_c = (SF - 1)\tan\beta \tag{9.9}$$

累计位移的计算过程和表达式为

$$D = \int_0^L \int_0^L [a(t) - k_c g] \mathrm{d}t^2 \tag{9.10}$$

式中,$a(t)$ 为地震波加速度时程;g 为重力加速度。

Newmark 滑块分析法实际上是边坡在地震过程中产生的瞬时失稳次数和时间累计的一种程度。因此,虽然其计算的是动滑移变形,但本书依然将其在安全系数中进行介绍。

9.2.3 方法优缺点

1. Newmark 滑块分析法的优点

认识到瞬间的失稳并不代表完全破坏,并提出了永久变形作为评价边坡稳定性的标准;由于分析中所采用的加速度时程是根据动力反应分析得到的,因此,它可以大致反映边坡的地震特性;概念明确、计算简便,在工程中应用广泛。

2. Newmark 滑块分析法的缺点

Newmark 滑块分析法没有考虑竖向地震的作用,当水平加速度较大时,竖向加速度作用对边坡抗震性能和滑动位移的影响不容忽视,黄诚等认为,在地震反应分析中,考虑竖向和水平地震的联合作用更为合理,并提出了最大地震作用效应耦合模式才是最危险的耦合模式,并给出了一种竖向加速度的算法;Newmark 滑块分析法基于刚塑性的假设与实际情况并不吻合;Newmark 滑块分析法中假设屈服加速度在地震过程中是一个不变的常量,而实际状态下随材料的软化和液化,材料的强度会随之下降,同样其屈服加速度也会随之降低。

9.3 有限元数值分析法

基于弹塑性本构模型的有限元数值分析法最为完善,可解决建立复杂应力条件下土的动力非线性本构关系的难题,而土体应力变形分析恰恰就存在这些困难问题,因此很适宜用有限元法。目前常用的数值分析方法包括有限元法、差分法和离散单元法等,这里最为常用的是有限元法。采用有限元法分析土体或坝体的地震动力响应时,可以用线弹性模型、等价黏弹性模型或者弹塑性模型表示土的动力非线性性质,并将这些本构模型与有限元法相结合,发展相应的计算土体地震反应的分析方法。土体的本构模型、计算方法也不断被学者们加以改进。具体而言,计算功能已从最早的线性总应力方法逐步发展为基于非线性有限元基础上的有效应力动力分析方法和采用复杂弹塑性模型并考虑土体与水耦合作用的动力分析方法,从只能分析一维问题发展到能够分析二维、三维问题,从只能分析饱和土体发展到能够分析多相非饱和土体。Clough 和 Chopra(1966)首先将有限元引入土石坝二维平面应变分析。Seed 等(1969)对 Sheffield 坝进行了二维动力分析。1981 年,Mejia 和 Seed 把总应力动力反应分析法推广到三维空间问题,提出了三维动力反应分析的总应力法,计算了奥罗维尔坝的地震反应,分析比较了峡谷几何形状及单元划分对动力反应的影响。1985 年,徐志英、周健又提出了三维排水有效应力动力反应分析法,并计算了某些尾矿坝的动力问题和液化问题。河海大学的钱家欢、殷宗泽、顾淦臣、刘汉龙、迟世春等于 20 世纪 80 年代开始陆续开发了二维、三维等效线性模式的地震动力反应分析程序。有限元数值分析方法的优点就是部分考虑边坡土体的非均质性和不连续性,能够给出土体应力、应变的大小和分布,弥补了极限平衡法中将滑动体视为刚体而过于简化的缺点,使我们能够近似地从应力应变去分析边坡的变形破坏机制,并深入分析土的自振特性和土体各部分的动力反应。有限元法是边坡动力分析中的重要方法。

有限元法在分析边坡动力稳定性时的一个主要任务就是得到边坡在地震中的加速度、位移、应力和应变场反应,然后结合拟静力法或滑块分析法等评价边坡的地震稳定性,并根据动力有限元时程法或强度折减法计算安全系数。当有限元法用于计算安全系数时,有以下几种做法。

9.3.1 拟静力有限元法

拟静力有限元法分为不进行动力计算和进行动力计算两种方法。不进行动力计算的拟静力有限元法的思路、地震荷载的处理和拟静力法一致,所以具有拟静力法相似的缺点。但与有限元法结合后,它可以模拟真实土体的应力应变关系,同时满足静力平衡条件和位移协调条件,可以脱离边坡形状和材料均匀性的限制。

在边坡抗震分析中,为了增加地震系数选取的可靠度,可以在进行拟静力有限元分析前进行动力有限元分析,得到边坡的地震加速度反应,然后按式(9.11) 求得某一可能滑动体范围内的平均地震系数,即

$$k_{av}(t) = \frac{\int \ddot{u}_a(t)\rho \mathrm{d}S}{\int \rho g \mathrm{d}S} \tag{9.11}$$

式中,$\ddot{u}_a(t)$ 是动力有限元计算得到的水平或竖向加速度反应。式(9.11) 中的面积分可以近似由各单元的相应数值叠加而成,即

$$k_{av}(t) = \frac{\sum_{i=1}^{n} \ddot{u}_{a,i}(t) A_i}{Ag} \tag{9.12}$$

式中,i 表示滑动面范围内的第 i 个单元;n 表示滑动面内的单元总数;A 表示滑动面的总面积。

按上式求得水平或竖向地震系数后,将对应的地震惯性力作为外荷载施加到滑动体上,有两种计算安全系数的方式:① 按条分法进行计算,此时各土条上的地震系数按照土条条块实际所在的单元确定相应的地震系数。② 按考虑了地震惯性力的有限元法求解出应力场,再搜索滑裂面,根据滑弧上的应力状态求解安全系数。

由于平均地震系数在每个离散时刻点均能确定,因此,最后可得到边坡安全系数随时间变化的时程曲线。这种方法改善了地震系数的可靠度,体现了地震动的强度、持续时间和频谱特性对边坡动力反应的影响,较符合实际。如果在动力有限元分析时进行液化判别,还能体现土体材料强度下降对边坡稳定性的影响。

9.3.2　动力有限元时程法

刘汉龙、费康等提出了边坡地震稳定性的时程分析法,在进行地震响应的动力有限元分析时,可以直接得到土体内不同时刻的动应力场。因此,可直接根据应力场求解安全系数,而不用推求平均地震系数。该方法的具体步骤如下:由静力计算得到各单元的σ_{xs}、σ_{ys}、σ_{xys},由动力计算得到每个时刻的动应力σ_{xd}、σ_{yd}、σ_{xyd},然后求出滑弧通过的各单元滑动面上的静正应力σ_{si}、静剪应力τ_{si}、动正应力σ_{di}和动剪应力τ_{di},则作用在滑弧上的正应力为$\sigma_i = \sigma_{si} + \sigma_{di}$,剪应力为$\tau_i = \tau_{si} + \tau_{di}$。滑弧通过单元$i$的长度为$l_i$,该单元的抗剪强度为$\tau_{fi}$,作用在滑弧上的剪应力为$\tau_i$,则整个滑弧的抗滑安全系数为$F_s = \dfrac{\sum \tau_{fi} l_i}{\sum \tau_i l_i}$。通过计算给出具体的圆心坐标$(x, y)$和半径$R$的可能范围,然后采用0.618优选法求出各时刻最危险滑弧的位置和相应的最小安全系数,即

$$\sigma_{si} = \frac{\sigma_{xs} + \sigma_{ys}}{2} + \sqrt{\left(\frac{\sigma_{xs} - \sigma_{ys}}{2}\right)^2} + \cos\left(2\alpha - \arctan\frac{2\tau_{xys}}{\sigma_{xs} - \sigma_{ys}}\right) \qquad (9.13)$$

$$\tau_{si} = \sqrt{\left(\frac{\sigma_{xs} - \sigma_{ys}}{2}\right)^2} + \sin\left(2\alpha - \arctan\frac{2\tau_{xys}}{\sigma_{xs} - \sigma_{ys}}\right) \qquad (9.14)$$

$$\sigma_{di} = \frac{\sigma_{xd} + \sigma_{yd}}{2} + \sqrt{\left(\frac{\sigma_{xd} - \sigma_{yd}}{2}\right)^2} + \cos\left(2\alpha - \arctan\frac{2\tau_{xyd}}{\sigma_{xd} - \sigma_{yd}}\right) \qquad (9.15)$$

$$\tau_{di} = \sqrt{\left(\frac{\sigma_{xd} - \sigma_{yd}}{2}\right)^2} + \sin\left(2\alpha - \arctan\frac{2\tau_{xyd}}{\sigma_{xd} - \sigma_{yd}}\right) \qquad (9.16)$$

式中,α为滑动面与水平方向的夹角(图9.4)。

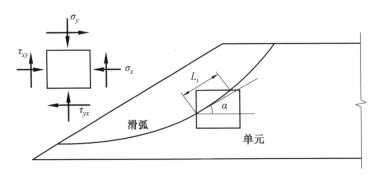

图9.4　根据应力场求解安全系数

9.3.3　强度折减法

Zienkiewicz等于1975年首次在土工弹塑性有限元分析中提出抗剪强度折减系数的概念。所谓强度折减法,就是在外荷载不变的条件下逐渐降低土体的抗剪强度,直到坡体达到破坏或临界稳定状态,定义安全系数为土体的实际剪切强度参数与临界状态时对应折减后的强度参数的比值。当假定边坡内所有土体抗剪强度的发挥程度相同时,这种抗剪强度折减系数相当于传统意义上的边坡整体稳定安全系数F_s,又称为强度储备安全系

数,与极限平衡法中所给出的稳定安全系数在概念上是一致的。折减后的抗剪强度参数可分别表示为

$$c_{\mathrm{m}} = \frac{c}{F_{\mathrm{r}}} \tag{9.17}$$

$$\varphi_{\mathrm{m}} = \arctan \frac{\tan \varphi}{F_{\mathrm{r}}} \tag{9.18}$$

式中,c 和 φ 是土体能够提供的抗剪强度;c_{m} 和 φ_{m} 是维持平衡所需要的或土体实际发挥作用的抗剪强度;F_{r} 是强度折减系数。

国内外很多学者利用强度折减法对边坡的安全系数进行了分析。强度折减法的关键就是如何判断边坡的临界状态,对临界状态的判别方法不同可能导致数值分析所得到的安全系数的差异。目前,在静力计算方面,判断边坡临界状态的方法主要有两类:一类主要是根据坡体内变量的变化特征对临界状态进行判断,一般而言,当坡体的稳定状态逐步变化或者从一种稳定状态过渡到另一种潜在不稳定状态时,坡体内的应力分布和变形会出现一些比较明显的变化,如应力塑性区的不断扩展以及位移变化率的不断增加等,具体做法有根据边坡的变形特征进行判断,如剪应变法、关键点的位移法等,根据边坡的应力分布状态进行判断,如以坡体内是否存在连通的塑性区为判断原则等;另一类判断方法主要与所采用的数值计算技术的收敛判断准则有关,即以数值计算是否收敛作为判断的原则,如何选取一个具有物理意义或具有工程风险决策含义的评价指标来表征整个地震动作用过程中边坡的稳定性程度具有非常重要的意义。强度折减法的思想可以很方便地借鉴到动力边坡稳定性分析中。

9.4　永久变形计算

9.4.1　滑动体位移分析方法

在前面章节中已经介绍过 Newmark 滑动分析法在计算稳定安全系数时的适用性,除安全系数评价边坡抗震稳定性外,也有学者提出用地震所引起的永久变形进行评价。Newmark 从惯性力作用在边坡潜在滑动体上引起运动或停止的规律出发,建立了估算滑动体相对于坝体产生瞬时失稳时的分离位移的分析模型,并将由此计算得到的滑动体地震滑移量作为土石坝的地震永久变形。之后,许多学者对 Newmark 模型进行了改进和发展,主要包括:考虑振动孔隙水压力影响的滑动体计算与考虑竖向地震加速度影响的滑动体计算;采用极限分析原理、变分法等确定边坡的临界破坏机制和计算相应的滑动体位移。栗茂田等采用剪切条模型进行堤坝动力分析以确定堤坝的地震响应,基于对数螺旋面破坏机制及由此所确定的屈服加速度系数,运用 Newmark 计算模型进行分析,考虑土的强度参数、滑坡体最大深度与堤坝高度之比等因素对滑坡体的屈服地震加速度与平均地震加速度之比沿深度分布的影响,建立了堤坝地震滑移量的经验估算模型。

9.4.2　整体变形分析法

整体变形分析法是假设土体变形为连续介质,采用有限单元法进行动力计算,并结合

试验研究发展而来的一种方法。从永久变形的机理来看,这类方法包括:① 软化模量法。这种方法认为地震作用下静剪切模量的降低是导致地震永久变形的主要因素,地震永久变形等于降低剪切模量所得的静应变和地震前的静应变之差,它根据所采用的应力应变关系的不同又可以分为线性修正模量法和非线性修正模量法,比较典型的软化模量法有 Serff 方法和 Lee 方法。② 等效节点力法。这种方法认为地震对变形的影响可以用一组作用在单元节点上的等价节点力表示,地震永久变形就等于等价节点力作用产生的附加变形。③ 张克绪法。这种方法根据动三轴试验结果,给出了永久偏应变的表达式,在确定坝体内单元的地震永久变形时考虑了试验土样和坝体内单元的不同影响,采用等效节点力模型计算坝体的永久变形。

9.5　边坡地震动力反应分析方法

无论采用安全系数还是永久变形来评价边坡抗震稳定性,都需要真实反映地震效应,即对边坡在地震作用下的动力反应进行分析。边坡动力分析经历了剪切楔法、总应力动力分析法、有效应力动力分析法 3 个研究阶段。

9.5.1　剪切楔法

剪切楔法将边坡看作底部嵌固在基岩上的三角形变截面梁,根据边坡体水平微分条上力的平衡条件建立运动方程。如图 9.5 所示,设边坡高为 H,边坡体密度为 ρ,上、下游边坡坡度分别为 $1:m_1$ 和 $1:m_2$,合计坡率为 m,基岩地震运动的水平位移为 $\delta_g(t)$。在 y 深度处取厚度为 dy 的微分体进行分析,微分体顶面的剪应力为 τ,底面的剪应力为 $\tau + d\tau$,则微分体上的惯性力为

$$F_f = my\rho \frac{\partial^2 \delta}{\partial t^2}dy + my\rho \frac{\partial^2 \delta_g}{\partial t^2}dy \tag{9.19}$$

微分体上的阻尼力为

$$F_D = cmydy \frac{\partial \delta}{\partial t} \tag{9.20}$$

微分体顶面的剪力为

$$Q = \tau my = G\gamma my = Gmy \frac{\partial \delta}{\partial y} \tag{9.21}$$

微分体底面的剪力为

$$\dot{Q} = Q + \frac{\partial}{\partial y}\left(Gmy \frac{\partial \delta}{\partial y}\right) dy \tag{9.22}$$

根据平衡条件,可建立坝体剪切运动的控制微分方程为

$$\frac{G}{\rho}\left(\frac{\partial^2 \delta}{\partial y^2} + \frac{1}{y} \frac{\partial \delta}{\partial y}\right) - \frac{c}{\rho} \frac{\partial \delta}{\partial t} = \frac{\partial^2 \delta_g}{\partial t^2} \tag{9.23}$$

式中,δ 是相对于基岩的水平剪切位移;c 是单位体积阻尼系数。通常利用分量变量法求解,通过振型叠加原理给出边坡的动位移、加速度等地震响应。

于跃、张艳峰等利用剪切楔法对 Hardfill 坝自振特性和动力反应进行了分析,并利用

剪切楔法推导了 Hardfill 坝梯形断面的运动微分方程、坝体自振频率和振型的计算公式。计算结果与有限元法相比较,误差范围在 10% 以内,较为精确。

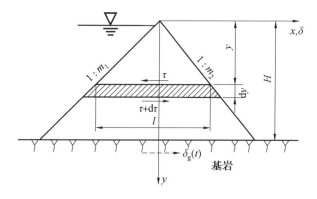

图 9.5　剪切楔示意图

9.5.2　总应力动力分析法

总应力动力分析法在边坡地震动反应分析中曾得到广泛应用,其是指在动力分析中不考虑地震作用下孔隙水压力上升对土性质的影响,并逐渐由早期的将剪切模量 G 和阻尼比 λ 看作是不变的常数(即把刚度矩阵 $[K]$ 和阻尼矩阵 $[C]$ 看作常数)的线性动力总应力分析法,发展到将剪切模量 G 和阻尼比 λ 看作是与土体的剪应变幅值 γ 有关的非线性动力总应力分析方法。这种非线性动力总应力分析法是基于等效黏弹性模型进行分析的,通过迭代还可以反映非线性的影响,也是目前工程上主要应用的分析方法。但这种方法也存在较明显的缺陷,如其认为分析中土体是按照静、动力不连续的,因此不能直接计算地震所产生的动孔压和模拟孔压对土体地震反应的影响,也不能直接计算土体的地震永久性变形。

9.5.3　有效应力动力分析法

有效应力动力分析法是由芬恩在 1976 年首先提出来的,开始仅用于一维场地计算,多年来这一思想被推广到二维、三维土石坝计算。所谓有效应力动力分析,是指在地震反应分析过程中,考虑了振动孔隙水压力变化过程对土体动力特性的影响。与总应力动力分析法相比,它不仅更加合理地考虑了动力作用过程中土的动力性质的改变,而且还能预测动力反应过程中孔隙水压力的变化、土体液化及震陷的可能性等影响,从而提高了计算精度。目前,按照分析中是否考虑排水(孔隙水压力消散与扩散),可将土石坝的动力有效应力分析法分为不排水动力有效应力分析法和排水动力有效应力分析法两类。

1. 不排水动力有效应力分析法

不排水动力有效应力分析法是假定计算区域是个封闭系统,在动荷载作用下孔隙水压力不向外排出,并在计算过程中不考虑孔压的消散和扩散作用,只考虑孔隙水压力不断增大、有效应力不断降低对土体的剪切模量和阻尼比的影响。

2. 排水动力有效应力分析法

在排水条件下,由于孔隙水的渗流作用,饱和土在动力荷载作用下,不仅土中所含的孔隙水要发生变化,而且土中孔隙水的应力也要发生消散和扩散,因此,在进行有效应力动力分析时,不仅要考虑孔隙水压力的增大,而且还要考虑孔隙水应力的消散和扩散。目前,在利用有效应力动力分析法进行土石坝动力分析时,考虑孔隙水应力消散和扩散作用的残余孔隙水应力的常见理论主要有两种:一种是基于太沙基理论,太沙基理论仅对一维状况下是精确的,对二维和三维问题无法精确反映孔隙水应力的消散和扩散,它的应用具有一定局限性;另一种是基于 Biot 固结理论,这种理论是从比较严格的固结机理出发的,能够精确地反映二维、三维情况下孔隙水应力变化和土骨架变形之间的关系,因此,在有效应力动力分析中,常采用 Biot 固结理论求解残余孔隙水应力。对于平面问题的 Biot 固结方程的推导如下。

基于有效应力的平衡方程为

$$
\begin{cases}
\dfrac{\partial \tau_{xz}}{\partial x} + \dfrac{\partial \sigma'_z}{\partial x} + \dfrac{\partial u}{\partial z} = -\gamma \\[3mm]
\dfrac{\partial \sigma'_x}{\partial x} + \dfrac{\partial \tau_{xz}}{\partial z} + \dfrac{\partial u}{\partial x} = 0
\end{cases}
\tag{9.24}
$$

式中,$\dfrac{\partial u}{\partial x}$、$\dfrac{\partial u}{\partial z}$ 为单位渗透力。

本构方程为

$$\{\boldsymbol{\sigma'}\} = [\boldsymbol{D}]\{\boldsymbol{\varepsilon}\} \tag{9.25}$$

再利用几何方程将应变表示成位移式,在小变形假设下,几何方程为

$$\{\boldsymbol{\varepsilon}\} = -[\partial]\{\boldsymbol{\omega}\} \tag{9.26}$$

式中,$\{\boldsymbol{\omega}\}$ 为位移分量,$\{\boldsymbol{\omega}\} = \begin{pmatrix} \omega_x \\ \omega_z \end{pmatrix}$。

连续性方程为

$$\frac{\partial \varepsilon_v}{\partial t} = -\frac{K}{\gamma_\omega} \nabla^2 u \tag{9.27}$$

式中,∇^2 为拉普拉斯算子,$\nabla^2 = \dfrac{\partial^2}{\partial x^2} + \dfrac{\partial^2}{\partial z^2}$;$K$ 为渗透系数。

固结方程:将上式整理,就可以得出以位移和孔隙水应力表示的平衡方程,即

$$-[\partial]^{\mathrm{T}}[\boldsymbol{D}][\partial]\{\boldsymbol{\omega}\} + [\partial]^{\mathrm{T}}\{\boldsymbol{M}\}u = \{\boldsymbol{f}\} \tag{9.28}$$

式中,$\{\boldsymbol{M}\} = [1,1,0]^{\mathrm{T}}$;$\{\boldsymbol{f}\} = [f_x, f_z]^{\mathrm{T}}$。

展开得二维变形问题的固结方程为

$$
\begin{cases}
-G\nabla^2 \omega_x + \dfrac{G}{1-2\nu}\dfrac{\partial \varepsilon_v}{\partial x} + \dfrac{\partial u}{\partial x} = 0 \\[3mm]
-G\nabla^2 \omega_z + \dfrac{G}{1-2\nu}\dfrac{\partial \varepsilon_v}{\partial z} + \dfrac{\partial u}{\partial z} = 0
\end{cases}
\tag{9.29}
$$

9.6 试 验 法

试验能够真实地反映边坡土体从稳定到失稳破坏滑动的整个过程以及边坡体逐渐破坏的机理,这些试验模型都是在满足相似定律的条件下真实边坡的缩影。边坡动力试验

主要分为振动台试验和离心机试验两种。

9.6.1　振动台试验

徐光兴等(2008)采用 1∶10 比例的边坡振动台试验,输入不同的地震动类型,讨论了在地震动下边坡土体的动力响应规律,并进行动力参数分析。其研究成果表明:当地震动次数逐渐增大时,边坡模型的自振频率逐渐降低,阻尼比增大;边坡土体从坡底到坡顶对地震波具有放大作用;边坡土体对高频率地震波有滤波作用,而对低频率地震波存在放大效应;当地震动输入频率和边坡模型的自振频率接近时,这种放大与滤波效应更加明显。通过振动台物理试验,许强(2009,2010)研究了强震下边坡土体失稳破坏的过程和机理,并系统讨论了地震动作用方向、边坡坡体形态等因素对边坡地震动反应的影响。陈新民等(2010)设计并进行了大型的边坡振动台试验,通过模拟地震动特性,研究边坡动力特征以及边坡体在地震动下的稳定性。Bathurst、Wartman、Anastasopoulos 和 Zarnani 等通过振动台试验,分析地震下边坡位移情况。王思敬院士进行了边坡振动台试验,取得了丰硕的成果。

① 建立了边坡块体在地震动下的动力微分方程,通过积分求解,得出边坡滑动块体的动力学特征。

② 对边坡动力稳定准则进行讨论,指出传统的动态稳定评价方法的局限性,并解释了当基岩加速度大于极限加速度时,不一定导致边坡土体产生动力失稳破坏,但可能产生一定的永久位移。

③ 通过对边坡岩土体的三维动力学分析,建立了三维边坡块体滑动的动力学方程。

9.6.2　离心机试验

于玉贞等(2007)应用 50 倍重力加速度进行边坡动力离心机试验,研究了砂土边坡在地震动下的稳定性,并在离心机中不同位置安装加速度传感器,记录加速度时程,进行反应谱分析。高长胜等通过离心机试验,研究在 3 种不同加载速度下的超固结高岭土大坝的破坏机制,并研究模型尺寸与引起破坏时间之间的关系。

9.6.3　足尺模型试验

国内外学者为研究原型尺寸支挡结构的抗震性能开展了足尺模型试验。Fukuoka 和 Imamur 对足尺挡土墙模型及现场实际挡土墙分别在地震期间进行了土压力量测的试验研究,研究发现墙后土压力的分布并非像 M − O 方法假设的随着深度呈线性分布,试验测得的地震土压力比 M − O 方法计算的土压力大,最大动土压力要比静土压力大 20% 左右。Aliev 等开展了两组挡墙足尺试验,用炸药当作震源来进行激振,量测了挡墙静、动土压力的大小,试验发现在岩石基础上建造的挡墙由于爆炸而破坏,而建在砂土柔性基础上的挡墙未被破坏。我国吴从师等开展了爆破地震作用下重力式挡土墙足尺模型试验,研究了加速度阀值系数对于挡土墙参数的敏感性,确定了挡土墙开始产生位移时的地面振动加速度阀值。

9.7　概率分析法

在地震边坡稳定性分析中存在诸多随机性因素,如地震强度、震中位置、边坡材料的抗剪强度等。要想准确阐述抗震设计中的灾害水平,就需合理地综合考虑这些参数的随机性,由此可见,地震边坡稳定性概率分析方法研究的必要性。整体来说,国内外在这方面的研究工作起步较晚,成果也鲜见。

至于概率分析法,国内对其研究的学者还比较少,但也取得了少许有价值的成果。Lin 等把坡体视为刚体,并假设强地震动为高斯过程,得到了滑块失效的概率。对于边坡和大坝的地震稳定性分析方法,Halatchev 专门给出了他研究得出的概率分析法。邵龙潭等选择加速度功率谱来研究地震动的随机性,提出了土石坝边坡在随机地震作用前提下的稳定性分析法,并处理了随机地震荷载动应力。Ai-Homoud 建立了一种三维稳定性分析模型,用于研究在地震荷载作用下边坡和堤坝的稳定性概率,并编写了 PTDDSSA 电算程序,结果表明震级和震源距离对地震引发的破坏程度、位移大小、安全系数影响很大。黄腾威在毕肖普法基础上研究了土坡在正常使用年限内长期抗震稳定性的可靠度问题,考虑到一些不确定因素(如地震烈度、地震发生时间、土体弹性模量、土体内摩擦角),提出了土坡稳定性可靠度的度量标准。徐建平等提出了土坡永久变形的随机反应分析法,并给出了其危险性分析的具体计算公式。唐洪祥等通过有限元法,研究了在正弦波作用下坝体边坡的稳定情况,然后对土石坝边坡稳定性进行了分析,并在地震动力作用下对坝体边坡潜在滑裂面位置及稳定性的因素也做了详尽探讨,且重点指出在正弦波作用下模型坝边坡的最危险滑动面位置,同时也分析了地震动力作用下土石坝边坡的最危险滑动面位置,研究结果发现,二者的位置有所不同。贾超等在土坡可靠度风险分析中将地震效应看成水平地震加速度来研究分析,在动力作用下探讨了土坡静力与动力安全系数之间的关系,并用安全系数作为土坡可靠度的评价指标,假设地震加速度为随机变化值,得出在地震效应下土坡失效概率的数学公式。

思　考　题

1. 为什么要研究边坡工程地震反应？在实际工程中有什么指导作用？

2. 边坡工程地震反应分析方法有哪几种？每一种是基于什么原则提出的？

3. 拟静力法和拟静力有限元法有什么区别与联系？

4. 试推导拟静力法中 $k_n(z,t)$ 的表达式,并说明式中 $u(z,t)_{av}$ 有何含义。

5. 试说明总应力动力分析法与有效应力动力分析法的异同,有效应力动力分析法中考虑排水与否有何影响。

参　考　文　献

[1] 吴世明. 土动力学[M]. 北京:中国建筑工业出版社. 2000.

[2] SEED H B, MARTIN G R. The seismic coefficient of earth dam design[J]. Soil

Mech. Found Div., ASCE, 1966(SM3):25-58.

[3] NEWMARK N M. Effects of earthquakes on dams and embankments[J]. Geotechnique, 1965, 15(2): 139-160.

[4] 黄诚,王安明,任伟中. 水平向与竖向地震动的时间耦合模式对边坡动力安全系数的影响[J]. 岩土力学,2010,31(11):3404-3410.

[5] SEED H B. The generation and dissipation of por water pressures during soil liquefaction [R]. Berkley: No. EERC75-76,1975.

[6] ZIENKIEWICZ O C, HUMPHESON C, LEWIS R W. Associated and non-associated visco-plasticity and plasticity in soil mechanics[J].Geotechnique, 1975, 25(4): 671- 689.

[7] 郑颖人,赵尚毅.有限元强度折减法在土坡与岩坡中的应用[J]. 岩石力学与工程学报, 2004(19):3381-3388.

[8] 钱家欢,殷宗泽. 土工原理与计算[M]. 北京:中国水利水电出版社,1980.

[9] SEED H B. Dynamic analysis of the slide in the lower San Fernando dam during the earthquake of Februry 9, 1971[J]. Jr. of the Geotech. Engrg. Div., ASCE, 1975, 101: 45-56.

[10] SEED H B, LEE K L, IDRISS I M, et al. The slides in the San Fernando dams during the earthquake of February 9, 1971[J]. Journal of Geotechnical and Geoenvironmental Engineering, 1975, 101:651-688.

第10章　岩土地震工程中的试验技术

10.1　概　　述

本章将介绍岩土地震工程研究中常用的试验技术。试验包括室内试验和现场试验：室内试验可分为土性试验和模型试验，现场试验可分为原位土性试验及现场荷载试验。

室内土性试验、现场荷载试验、原位土性试验的主要工作内容是测试土的变形、强度及耗能性能。测试资料的用处是多方面的，特别值得指出的是，这些资料是研究或选择土动力学模型及确定模型参数所必需的依据。室内试验包括直接剪切试验、三轴压缩试验、无侧限抗压强度试验、离心机试验动三轴、共振柱等；原位试验包括十字板剪切试验静力触探、动力触探等。

原位土性试验及现场荷载试验的作用可以归纳为如下两点。

（1）了解所研究体系的工作机制、破坏过程及形式，为理论分析引进必要的假定和对分析体系做必要的简化提供依据。

（2）有些试验，特别是现场荷载试验，可以直接测试所研究体系的变形、承载和耗能特性，所确定的刚度和承载力可用于实际工程的计算中。

试验技术在土动力学方面的研究上也应用广泛。土动三轴仪已作为常规土动力试验仪器装备在各大土工实验室，现在许多国家和地区的土工试验规程中都有土动力试验方法的规定。

土动力特性室内试验是将土的试样按照要求的湿度、密度、结构和应力状态制备于一定的试样容器之中，然后施加不同形式和不同强度的振动荷载作用，再量测出在振动作用下试样的应力和应变，从而对土性和有关指标的变化规律做出定性和定量的判断。最早进行土动力特性室内试验的时间可追溯到20世纪30年代（钱鸿缙等，1980）。20世纪40年代，Casagrande和Shannon（1948）设计了一种摆式加荷试验装置（图10.1），用以进行快速瞬态加荷试验，但这种试验装置不能确切地模拟实际状况，主要表现在两个方面：① 没有考虑动荷载与静荷载的叠加。② 瞬时荷载的作用仅相当于地震的第一个脉冲，不能模拟实际地震时土样在多次循环荷载作用下的特性。

为了克服上述缺点，Seed等（1959）和黄文熙（1961）分别研制出两种不同类型的振动三轴仪。Seed等研制的振动三轴仪采用气压系统对土样施加动荷载（图10.2）；而黄文熙研制的振动三轴仪是将试样容器置于振动台上，利用试样上端重量块的惯性而对土样产生轴向振动荷载（图10.3）。

1966年以后，动三轴试验在国外得到了迅速的发展。美国主要采用电－气式振动三轴仪，而日本则主要采用电－磁或电－液式振动三轴仪。

动三轴试验虽可模拟地震施加循环荷载作用，但其应力条件与土的现场地震应力条件有差异。实际地震时,土的变形大部分是由自下而上传递的剪切波引起的,若地表为水平面,则水平面上的法向应力保持不变,这时只产生循环剪应力,而动三轴试验只能近似模拟这种应力状态。

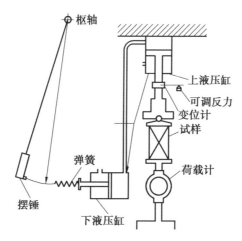

图 10.1　摆式加荷试验装置

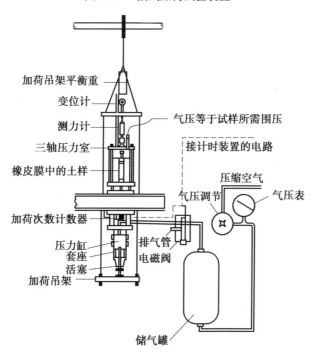

图 10.2　气压式振动三轴仪

Roscce(1953)单剪仪逐渐得到了研究者们的重视。这种仪器经 Peacock 和 Seed(1968)、Finn 等(1971)对荷载传递系统、试样制备和加荷方法以及边界条件等方面改进后,试样更加接近于现场土的应力状态。振动盒式单剪仪在试样容器内装入一个封闭于橡皮膜内的方形试样,其上施加垂直应力后,容器的一对拥壁在交变剪力作用下做往复运动,以观测土样的动力特性,它对研究地震作用下动剪应力和动剪应变的变化规律较为适宜。振动盒式单剪仪的缺点是:试样成型比较困难,应力分布不均,侧压无法控制,侧壁摩擦的影响难以估计。因此,有人采用了圆形试样,或将侧壁的刚性限制改为柔性薄膜(即将均匀应变条件改为均匀应力条件),或采用多层薄金属片叠成的侧壁进行试验,虽有所改进,但仍然不能完全摆脱上述的缺点。

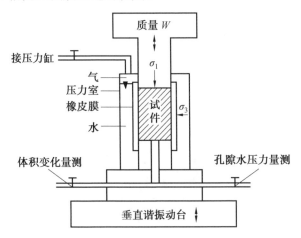

图 10.3　振动台式单向振动三轴仪

后来又出现了扭转式单剪仪,其动剪应力由在圆形试样表面上施加扭矩的方式实现。这种仪器起初采用了柱状试样,为使径向应力均匀分布而改为空心圆柱试样。它除了可以控制施加的动剪应力外,还可控制内外的侧压力,且试样内的剪应力比较均匀,原则上实现了纯剪条件。进一步的发展又将空心柱试样由原来的内外等高改为不等高,可使试样内各点的剪应变相等,以得到均匀剪应力。

总体来说,振动单剪仪能够较好地模拟现场应力条件,但试样制备难度大,所以目前国内外主要还是采用操作比较容易的振动三轴仪。

由于动三轴试验很难测出在低应变(小于 10^{-4})时土样的动力性质,从 20 世纪 60 年代开始,共振柱技术因其可研究土样在 $10^{-6} \sim 10^{-3}$ 应变范围内土的动力性质而被广泛地应用于测定土的动模量和阻尼比指标。共振柱试验可将现场波速试验和动三轴试验的结果连接起来,得到完整的曲线。

近年来,为了获得更加接近于实际条件的试验结果,大型振动台试验得到了较多的应用。安置在振动台上的砂箱可模拟各种不同类型的地基条件,如坝基、桩基和可液化地基等,试验可获得非常直观且多方面的资料。为了更好地模拟原型地基,离心模型试验也已引入测定土的动力性质(王钟琦等,1980)实际应用中。

土动力学的理论基本上是在试验结果的基础上发展起来的,反之,土动力学理论的进一步发展又对试验测试提出了更高的要求,并促进试验技术的不断完善,在这种相互促进的过程中,土动力学这门学科逐渐走向成熟。本章首先介绍各种动力试验的基本原理,如动三轴试验、振动剪切试验、共振柱试验和振动台试验,以及室外试验,包括静力触探试验、标准贯入试验、动力旁压试验及原型观测等。

10.2　动三轴试验

动三轴试验是从静三轴试验发展而来的,它利用与静三轴试验相似的轴向应力条件,通过对试样施加模拟的动主应力,同时测得试样在承受施加的动荷载作用下所表现的动态反应。这种反应是多方面的,最基本和最主要的是动应力(或动主应力比)与相应的动应变的关系($\sigma_d - \varepsilon_d$ 或 $\sigma_1/\sigma_3 - \varepsilon_d$),以及动应力与相应的孔隙压力的变化关系($\sigma_d - u_d$)。根据这几方面的指标相对关系,可以推求出岩土的各项动弹性参数及黏弹性参数,以及试样在模拟某种实际振动的动应力作用下表现的性状,如饱和砂土的振动液化等。

10.2.1 动三轴试验的基本分类

动三轴试验的设备为动三轴仪。动三轴仪按其激振方式的不同,可分为电磁式、机械(惯性)式和气动式等。尽管激振方式不同,但其工作原理和结构基本类似。动三轴试验按试验方法的不同可分为两种,即单向激振和双向激振。

1. 单向激振

单向激振三轴试验又称为常侧压动三轴试验,它是将试样所受的水平轴向应力保持静态恒定,通过周期性地改变竖向轴压的大小,使土样在轴向上经受循环变化的大主应力,从而在土样内部相应地产生循环变化的正应力与剪应力。

通常所施加的周围压力 σ_0 是根据土层的天然实际应力状态给定的,如可采用平均主应力 $\sigma_0 = \dfrac{1}{3}(\sigma_1 + 2\sigma_3)$,以便使土样能在近似模拟天然应力条件的前提下进行试验,这一要求与静三轴试验基本相同。动应力的施加也需最大限度地模拟实际地基可能承受的动荷载。例如,通常为了模拟地震作用,可根据与基本烈度相当的加速度或预期地震最大加速度,以及土层自重和建筑物附加荷重,计算相当的动应力。此动荷载是以半波峰幅值施加于土样上的,因此,土样在每一循环荷载下所受的应力如图 10.4 所示。在施加以 σ_d 为幅值的循环荷载后,土样内 45° 斜面上产生的正应力为 $\sigma_0 \pm \sigma_d/2$,同一斜面上的动剪应力值为正负交替的 $\sigma_d/2$。因此,在模拟天然土处于较低约束压力时,必须施加很小的 σ_0 值。而当需试验在较大的轴向动应力 σ_d 下土的强度特性或液化性状时,就会出现 $\sigma_0 - \sigma_d < 0$ 的情况,这意味着必须使土样承受真正的负压力(张力)。而在实际试验中,如果一方面要求土样的两端能自由地和及时地排水,另一方面又需与土样上帽、活塞杆与底座刚性地连接在一起以传递张力,这几乎是不可能的。因此,用单向激振三轴仪进行较大应力比下的液化试验是难以做到的。

2. 双向激振

双向激振三轴试验也称为变侧压动三轴试验,是针对单向激振动三轴试验的不足之处而设计的,其试验应力状态如图 10.5 所示。其初始应力状态仍是以恢复试样的天然应力条件为准则,在施加动荷载时,则是控制竖直轴向应力与水平轴向应力同时变化,但二者以 180° 相位差交替地施加动荷载。二者施加以 $\sigma_d/2$ 为幅值的动荷载后,土样内 45° 斜面上产生的正应力始终维持 σ_d 不变,而动剪应力值为正负交替的 $\sigma_d/2$,从而可以在不受应力比 σ_1/σ_3 局限的条件下,模拟液化土层所受的地震剪应力作用。

图 10.6 所示为常侧压及变侧压动三轴仪结构的综合示意图,全套为双向激振式动三轴仪,如不使用 2、7、8、19 项装置及相应仪表,则为单向激振式动三轴仪。

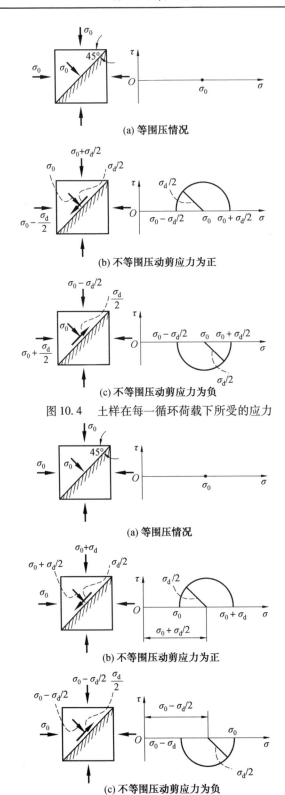

σ0
45°
τ
O
σ
(a) 等围压情况
σ0+σd/2
σd/2
σ0 − σd/2
σ0 + σd/2
(b) 不等围压动剪应力为正
σ0 − σd/2
σ0 + σd/2
(c) 不等围压动剪应力为负

图 10.4　土样在每一循环荷载下所受的应力

σ0
45°
τ
O
σ
(a) 等围压情况
σ0+σd
σ0 + σd/2
σd/2
σ0 + σd
(b) 不等围压动剪应力为正
σ0 − σd/2
σ0 − σd
(c) 不等围压动剪应力为负

图 10.5　双向激振三轴试验应力状态

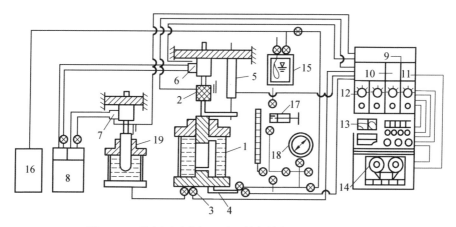

图 10.6　常侧压及变侧压动三轴仪结构的综合示意图

1— 三轴室;2— 轴向动应力传感器;3— 侧压传感器;4— 孔压传感器;5— 动应变计;6— 轴向动应力伺服阀;7— 饱压伺服阀;8— 液压源油泵;9— 功率放大器;10— 自动控制单元;11— 反馈电路系统;12— 应力应变信号放大器;13— 示波仪;14— 数据磁带记录器;15— 真空水源瓶;16— 真空源;17,18— 孔压量测系统;19— 侧压源(动侧压发生器)

10.2.2　试验条件的选择

土动力特性指标的大小取决于一定的土性条件、动力条件、应力条件和排水条件。因此,当需要为解决某一具体问题而提供土的动力特性指标时,就应该从上述 4 个方面尽可能地模拟实际情况。

1.土性条件

土性条件主要是模拟所研究土体实际的粒度、含水量、密实度和结构。对于原状土样,只需注意不使其在制样过程中受到扰动即可;对于制备土样,则主要注意含水量和密实度。如果是饱和砂土,所要模拟的主要土性条件就是密实度,即按砂土在地基内的实际密实度或砂土在坝体内的填筑密实度来控制。如果实际密实度在一定范围内变化,则应控制几种代表性的状态。当没有直接实测的密实资料时,可以按野外标准贯入的击数所对应的相对密实度来控制试样的密实度。在粒度、含水量和密实度相同情况下,不同试样制备方法而引起土结构的不同,对土的动力特性有极大影响,因此,对于某些重要工程,需花费很大的代价来获得未扰动的原状土样。

2.动力条件

动力条件主要是模拟动力作用的波形、方向、频幅和持续的时间。对于地震来说,如果按照 Seed 等(1971) 的方法,则可以将地震随机变化的波形简化为一种等效的谐波作用,谐波的幅值剪应力 $\tau_e = 0.65\tau_{max}$(τ_{max} 为地震随机变化波形下的最大剪应力),谐波的等效循环数按地震的震级确定(6.5 级、7 级、7.5 级、8 级时分别为 8 次、12 次、20 次和 30 次),频率为 1 ~ 2 Hz,地震方向按水平剪切波考虑。这种方法是目前在振动三轴试验中所用的主要方法。

3.应力条件

应力条件主要是模拟土在静、动条件下实际所处的应力状态。在动三轴试验中常用

σ_1 和 σ_3 及其变化来表示,地震前的固结应力用 σ_{1c} 和 σ_{3c} 来表示,地震时的应力用 σ_{1e} 和 σ_{3e} 来表示,以下分析两种情况。

(1)水平地面情况。

对于水平地面情况,由于地震作用以水平剪切波向上传播,因此,在任一深度 z 的水平面上,地震前作用的应力 $\sigma_c = \sigma_0 = \gamma z$, $\tau_c = 0$;地震时, $\sigma_c = \sigma_0$, $\tau_c = \pm\tau_d$。如前所述,这种应力状态在三轴试验中可以用均等固结时 45° 面上的应力来模拟,即当 $\sigma_{1c} = \sigma_{3c} = \sigma_0$ 时,45° 面上的法向应力 $\sigma_c = \sigma_0$,切向应力 $\sigma_c = 0$。施加动荷载后, $\sigma_{1e} = \sigma_{1c} \pm \sigma_d/2$, $\sigma_{3e} = \sigma_{3c} \mp \sigma_d/2$,45° 面上的法向应力 $\sigma_e = \sigma_0$, $\tau_e = \tau_d = \pm\sigma_d/2$ 可模拟地震作用,这种应力状态可直接从双向激振动三轴试验中获得。在某些情况下,也可以利用单向激振三轴仪,代之以等效的外加应力状态(后面将分析这种情况)。

(2)倾斜地面情况。

对于倾斜地面情况,在地面上任一深度 z 处的水平面上,地震前作用的应力 $\sigma_c = \sigma_0 = \gamma z$, $\tau_c = 0$;地震时, $\sigma_c = \sigma_0$, $\tau_c = \tau_0 \pm \tau_d$。这种应力状态在动三轴试验中应以偏压固结时的 45° 面上的应力变化来模拟。

动荷施加前, $\sigma_{1c} > \sigma_{3c}$,此时有

$$\sigma_c = \sigma_0 = \frac{\sigma_{1c} + \sigma_{3c}}{2} \tag{10.1}$$

$$\tau_c = \tau_0 = \frac{\sigma_{1c} - \sigma_{3c}}{2} \tag{10.2}$$

动荷施加后,有

$$\sigma_{1e} = \sigma_{1c} \pm \frac{\sigma_d}{2}, \quad \sigma_{3e} = \sigma_{3c} \mp \frac{\sigma_d}{2} \tag{10.3}$$

此时有

$$\sigma_e = \sigma_0, \quad \tau_e = \tau_d = \pm\frac{\sigma_d}{2} \tag{10.4}$$

这种应力状态容易用双向激振的三轴仪来实现。

4. 排水条件

主要模拟由于土的不同排水边界对于地震作用下孔压发展实际速率的影响,可以通过在孔压管路上安装一个允许部分排水的砂管,然后用改变砂管长度和砂土渗透系数的方法来控制排水条件。不过,在目前仪器设备条件下,考虑到地震作用的短暂性和试验成果应用上的安全性,振动三轴试验仍多在不排水条件下进行。

10.2.3 试验的基本步骤

在动三轴试验之前,首先应拟定好试验方案,调试标定好仪器设备。这两个环节既是试验的依据,又是试验的基础,是决定试验结果可靠性的基本前提。动三轴试验的基本操作步骤包括试样制备、施加静荷、振动测试 3 个环节。

1. 试样制备

目的是制备粒度、密度、饱和度和均匀性都符合要求的圆柱试样。为此,首先应使孔压管路完全充水以排除空气,然后在试样的底座上套扎乳胶膜筒,安上对开试模,并将乳

胶膜套在试模壁上,由试模的吸嘴抽气,使乳胶膜紧贴于试模内壁,形成一个符合试样尺寸要求的空腔。此时,可按一定的制样方法(制样方法很多,且对试验结果影响很大,具体试验时,可根据实际土层情况选择适宜的制样方法),使空腔内的试样达到要求的密度、饱和度和均匀性,最后将试样的上活塞杆同乳胶膜连扎在一起,降低排水管50 cm,给试样以一定的负压后即可使试样脱膜,脱膜后量出试样的高度和上、中、下部的直径,再安装试样容器筒,接着向试样容器通入 980 N/m² 的侧压,消除负压,使排水管内的水面与试样中点同高,试样制备工作即告结束。

2. 施加静荷

在试样的侧向和轴向按照要求控制的应力状态施加一定的侧向压力 σ_{3c} 和轴向压力 σ_{1c},由于现用仪器的活塞面积与试样面积相符,因此,侧压和轴压需独立施加。在等压固结情况下,侧压施加的同时尚需在轴向施加一个与侧压相等的压力(应考虑活塞系统自重和仪器摩擦的影响)。当试验要求在偏压固结情况下进行时,则在侧压施加后将轴压增至要求的数值。

3. 振动测试

振动测试是指对试样施加动应力并记录试验结果。首先应选择好准备施加的动荷波形、频幅和振动次数,其次将放大器、记录仪通道打开,随即开动动荷,并在记录仪上观察并记录试验的结果。

试验的终止时刻视试验的目的而定。当测定模量和阻尼指标时,应在振动次数达到控制数目时终止试验;当测定强度和液化指标时,则应在试样内孔压的增长达到侧向压力,或轴向应变达到某一预定值时终止试验。当动荷过小,试样不可能达到上述的孔压和应变数值时,可根据需要终止试验,此时可将该次试验视为预备性试验,再重新制样后,在增大的动荷下继续试验。

10.2.4　试验成果整理与应用

1. 模量

动三轴试验测定的是动弹性模量 E_d,动剪切模量 G_d 可以通过它与 E_d 之间的关系换算得出。试验表明,具有一定黏滞性或塑性的岩土试样,其动弹性模量 E_d 是随着许多因素而变化的,最主要的影响因素是主应力量级、主应力比和预固结应力条件及固结度等,动弹性模量的含义及测求过程远较静弹性模量复杂。

(1)动弹性模量的基本含义。

图 10.7 反映了某一级动应力 σ_d 作用下,土试样相应的动应力与动应变的关系,如果试样是理想的弹性体,则动应力 σ_d 与动应变 ε_d 的两条波形线必然在时间上是同步对应的。但对于土样,实际上并非理想弹性体,因此,它的动应力 σ_d 与相应的动应变 ε_d 波形并不在时间上同步,而是动应变波形线较动应力波形线有一定的时间滞后。如果把每一周期的振动波形按照同一时刻的 σ_d 与 ε_d 值一一对应地描绘在 $\sigma_d - \varepsilon_d$ 坐标系中,则可得到如图10.7(b)所示的滞回曲线。定义此滞回环的平均斜率为动弹性模量 E_d,即

$$E_d = \frac{\sigma_{dmax}}{\varepsilon_{dmax}} \tag{10.5}$$

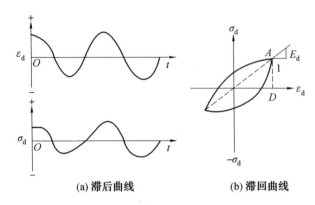

(a) 滞后曲线   (b) 滞回曲线

图 10.7　应变滞后与滞回曲线

（2）振动次数的影响。

上述动弹性模量 E_d 是在一个周期振动下所得滞回曲线上获得的，但随着振动周数 n 的增加，土样结构强度趋于破坏，从而应变值随之增大。因此，每一周振动 $\sigma_d - \varepsilon_d$ 滞回环并不重合（图10.8）。一般来说，动弹性模量（E_{d-1}、E_{d-2}）随着振动次数的增加而减小，因此，动弹性模量与振次密切相关。

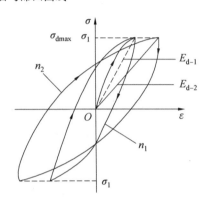

图 10.8　随着振次增加滞回环的变化规律

（3）动应力 σ_d 大小的影响。

以上所述的动弹性模量 E_d 都是在一个给定的动应力 σ_d 下求得的。如果改变了给定的 σ_d 值，则又将得出另一套数据及滞回环线族。在给定振次（例如10次）情况下，每一个动应力 σ_d 将对应一个滞回环，这样在多个动应力（$\sigma_{d1}, \sigma_{d2}, \cdots, \sigma_{dn}$）作用下，分别得到对应的动应变（$\varepsilon_{d1}, \varepsilon_{d2}, \cdots, \varepsilon_{dn}$）和相应的动弹性模量（$E_{d1}, E_{d2}, \cdots, E_{dn}$）。通过这些数据可以绘出 $\sigma_d - \varepsilon_d$ 和 $E_d - \varepsilon_d$ 关系曲线，如图 10.9 所示。

$\sigma_d - \varepsilon_d$ 曲线特征可用双曲线模型来描述，即

$$\sigma_d = \frac{\varepsilon_d}{a + b\varepsilon_d} \tag{10.6}$$

式中，a、b 为试验常数。

由式（10.6）可得

$$E_d = \frac{\sigma_d}{\varepsilon_d} = \frac{1}{a + b\varepsilon_d} \tag{10.7}$$

即有

$$\frac{1}{E_d} = a + b\varepsilon_d \tag{10.8}$$

式（10.8）表明，通过一组数据进行回归统计分析，可以得到试验常数 a、b，这样就得到 E_d 与 ε_d 之间的关系（式（10.7））。实际应用时，可根据工程实际允许的应变限值 ε_d，通过式（10.7）得到 E_d。

（4）固结应力条件的影响。

如图 10.9 所示的 $\sigma_d - \varepsilon_d$ 曲线,在不同的平均有效固结主应力 σ'_m($\sigma'_m = \frac{1}{3}(\sigma'_{1c} + \sigma'_{3c})$) 下将会不同,因此,试验常数 a、b 与 σ'_m 有关。试验表明,对于不同的 σ'_m,可得到

$$E_0 = k\,(\sigma'_m)^n \tag{10.9}$$

式中,E_0 为动弹性模量的最大值,$E_0 = \frac{1}{a}$;k、n 为试验常数。

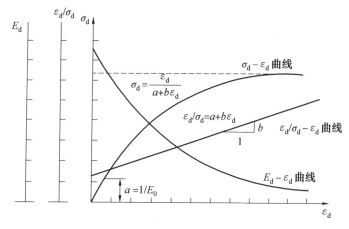

图 10.9　$\sigma_d - \varepsilon_d$ 和 $E_d - \varepsilon_d$ 关系曲线

由于式（10.9）中 E_0 和 $(\sigma'_m)^n$ 的因次不同,k 将是一个有因次的系数,而且它的因次又取决于 n 值的大小,这就给实际应用带来了困难。因此,式（10.9）可采用类似静模量的表达式,即

$$E_0 = kp_0 \left(\frac{\sigma'_m}{p_0}\right)^n \tag{10.10}$$

式中,p_0 为大气压力,这样 k 就是一个无因次的参数;k 和 n 值可通过绘制 $\lg E_0 - \lg \dfrac{\sigma'_m}{p_0}$ 曲线直接得到。与动弹性模量 E_d 相应的动剪切模量可按下式计算,即

$$G_d = \frac{E_d}{2(1 + \nu)} \tag{10.11}$$

式中,ν 为泊桑比,饱和砂土可取 0.5。

2. 阻尼比

图 10.7 的滞回曲线已说明土的黏滞性对应力应变关系的影响,这种影响的大小可以从滞回环的形状来衡量。如果黏滞性越大,环的形状就越趋于宽厚;反之,则趋于扁薄。这种黏滞性实质上是一种阻尼作用,试验表明,其大小与动力作用的速率成正比。因此,它又可以说是一种速度阻尼。

根据 Hardin 等的研究,上述阻尼作用可用等效滞回阻尼比 D 来表征,其值可从滞回曲线求得（图 10.10）,即

$$D = \frac{A_L}{4\pi A_T} \tag{10.12}$$

式中,A_{L} 为滞回曲线所包围的面积;A_{T} 为图中影线部分三角形所示的面积。

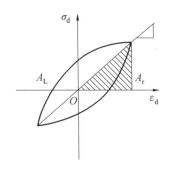

图 10.10　滞回曲线与阻尼比

如上所述,土的动应力、动应变关系是随振动次数及动应变的幅值而变化的。因此,当根据应力 – 应变滞回曲线确定阻尼比 D 值时,也应与动弹性模量相对应。对于动应变幅值较大的情况,在应力作用一周时,将有残余应变产生,使得滞回曲线并不闭合,而且它的形状会与椭圆曲线相差甚远。此时,阻尼比的计算尚无合理的方法,需做进一步研究。

3. 强度指标

动强度是指土试样在动荷作用下达到破坏时所对应的动应力值。然而,如何定义"破坏"的标准需根据动强度试验的目的与对象而定,通常的法则是以某一极限(破坏)应变值为准(如采用 5% 作为"破坏"应变值)。与动弹性模量一样,土的动强度的测求过程也远比静强度的复杂。

(1) 某一围压下动强度的求算。

制备不少于 3 个相同的试样,在同一压力下固结,然后在 3 个大小不等的动应力 σ_{d1}、σ_{d2}、σ_{d3} 下分别测得相应的应变值。由于动强度是根据总的应变量达到极限破坏而定义的,因此,测量应变值应包括可逆的与不可逆的全部应变在内。此项总应变值 ε 又与振动次数(周数)n 有关,因此,首先可将测得的数据绘成如图 10.11(a) 所示的 $\varepsilon \sim \lg n$ 曲线族,然后在各曲线上按统一选定的极限应变值 ε_{e} 求得相应的动应力与振次 n 的对应关系,并绘制在图 10.11(b) 中。此曲线在有限的 n 值范围内可近似地看作一条直线。因此,只要给定振次,就可从图 10.11(b) 求得相应的动强度 σ_{de}。

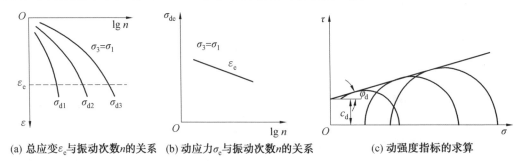

(a) 总应变 ε_{e} 与振动次数 n 的关系　(b) 动应力 σ_{e} 与振动次数 n 的关系　　(c) 动强度指标的求算

图 10.11　某围压($\sigma_3 = \sigma_1$)下动强度的求算

(2) 动强度指标 c_{d}、φ_{d} 的求算。

以上是在某一围压下($\sigma_3 = \sigma_1$)求出的极限动应力与振次之间的关系。如果在 3 个不同的围压下分别进行上述试验,并得到 3 条 $\sigma_{\mathrm{de}} - \lg n$ 曲线,在给定振次 n_{f} 下,可求得相应的 3 个动应力 σ_{de},并可绘出如图 10.11(c) 所示的 3 个摩尔圆,则 c_{d}、φ_{d} 即为所求动强度指标。

10.3　振动剪切试验

对实际地基来说,土的振动变形大部分是由下卧层向上传递的剪切波引起的。对于地表为水平的土层,地震前在地下某一深度的水平面上只作用垂直应力 σ_0,而初始剪应力为零。由于地震作用,在水平面上附加一往复剪应力,而垂直应力 σ_0 仍保持不变。当地面为倾斜面或有建筑物时,则地面某一深度水平面上不仅有初始垂直应力 σ_0,而且也存在初始剪应力 τ_0。

为了在实验室内真实地模拟实际地基的这种应力条件,20 世纪 70 年代以来,相继发展了多种振动剪切试验设备,大致上可分为两类:一类是振动(盒式)单剪仪,另一类是振动扭剪试验仪。本节对振动(盒式)单剪试验和振动扭剪试验做一般介绍。

10.3.1　振动单剪试验

振动单剪试验是以其特点命名的。它是利用一种特制的剪切容器,使土样各点所受的剪应变基本上是均匀的,从而使其剪应力也基本均匀。这是一种理想的简单剪切情况,实质上接近于纯剪作用。

1. 试验仪器

振动单剪仪的试样容器为刚框式单剪容器,试样为方形,试样两侧由刚性板约束。上盖板与下底板的对角线由铰链连接,这样在固结时可向下移动,但不能张开,剪切时的剪切变形与侧板一致,如图 10.12(a)所示。试样包以橡皮膜,保证完全不排水,可以测量孔隙水压力。第一代的振动单剪仪就是在 Roscoe(1953)单剪仪的基础上研制出来的,它由 4 块刚性金属板铰接而成,当其进行相对旋转时,刚性框板的原有矩形空间截面(内装试样,即试样的纵向竖截面)就会改变为左右倾斜的菱形截面,如图 10.12(b)所示,这样就在试样内产生了等角度的剪应变,由此对应的剪应力基本上是均匀的。

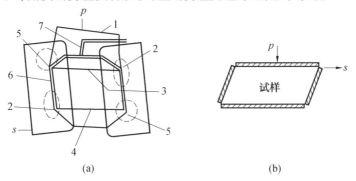

(a)　　　　　　　　　　　　(b)

图 10.12　刚框式单剪容器结构示意图

1— 土样帽;2— 可动芯棒;3— 顶部铁板;4— 底部铁板;
5— 固定芯棒;6— 橡皮膜;7— 孔隙水压计

振动单剪仪的激振部分与动三轴仪的基本相同,可分为电磁式、电液式和气动式等。振动荷载的波形一般为正弦波,频率为 1 ~ 2 Hz。

2. 试验方法及成果

（1）液化试验。

用振动单剪仪进行液化试验的方法是首先使试样在要求的应力条件下完成固结，然后对试样施加一等幅值的往复振动剪应力 τ_d，随着振动次数的增大，试样内的孔隙压力和应变不断发展，当试样内孔隙水压力等于作用于试样上的有效垂直压力 σ_v 时，试样发生液化，达到液化所需的振动次数称为液化周数。同一密度、同一固结应力状态下的一组试样，在不同的振动剪应力 τ_d 作用下，达到液化的周数是不相同的，这样就可以得到动剪应力比（剪应力与垂直固结压力之比）与液化周数的关系曲线，称为抗液化强度线，在对数坐标下，这条曲线可近似地看作直线，如图 10.13 所示。实际应用时，可按地震震级所对应的等效循环作用次数 $\bar{N}$ 求出相应的抗液化应力比 $(\tau_d/\sigma_v)_{\bar{N}}$。

振动单剪试验优于动三轴试验之处，主要在于它所提供的动力作用条件更接近于天然土层受地震作用而产生液化的过程。因此，振动单剪仪自发展以来，一直是以液化试验为主要功能的。

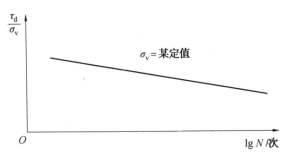

图 10.13　抗液化强度线

（2）测定土的模量和阻尼。

用振动单剪仪测定土的模量和阻尼的方法是：首先使试样在要求的垂直应力 σ_v 及初始剪应力 τ_0 条件（模拟实际地基）下固结，然后对试样分级施加振动荷载，测定试样在各级动荷载作用下的剪应力与剪应变幅值曲线，做出某一振次下的滞回曲线，直接求得剪切模量及阻尼比，其方法与动三轴试验基本相同，在此不再赘述。

10.3.2　振动扭剪试验

尽管单剪仪能很好地模拟地震时现场的应力状态，但由于它既不能直接测量又不能控制循环加荷过程中的侧向压力，因此，不可能用这种仪器仔细地研究初始固结对液化势的影响。另外，由于地震时土层中应力状态可能会发生变化，因此，对侧向压力的控制和研究就变得更为重要（王钟琦等，1979）。考察一个在水平面下深度 H 处的饱和砂单元体，地震之前，单元体上通常受到垂直和水平的有效应力分别为 $\gamma'H$ 和 $k_0\gamma'H$，其中，γ' 是土的浸水容重。当砂达到完全液化状态时，每个砂粒均悬浮在水中，此时，单元体上显然受到水平和垂直方向均相等的围压 $\gamma'H$。在导致液化的过程中，孔压增加到 $\gamma'H$，垂直有效应力和水平有效应力分别减少 $\gamma'H$ 和 $k_0\gamma'H$。这时，值得指出的是水平方向的总应力增加了 $(1-k_0)\gamma'H$，而垂直方向的总应力没有改变。换句话说，初始在偏应力下非均等固结的土单元，现在转化到均匀压缩状态，这意味着用 $k=\dfrac{\sigma_3}{\sigma_1}$ 定义的主应力比，在地震过程

中必然从初始 k_0 值渐渐增加到 $k = 1$。

　　显然,单剪仪不能模拟上述应力状态变化的过程。为了能在循环加荷前和加荷过程中测量和控制侧向应力,学者试图把动三轴试验和振动单剪试验的优点结合起来,设计了扭转剪切仪。

　　早期的振动扭剪试验的试样与动三轴试验一样,是一个实心圆柱。对试样施加静态应力 σ_1 和 σ_3 后,在试样上施加往复扭力,从而在试样的横截面上产生往复的剪应力。由于试样是实心圆柱体,试样内的剪应力和剪应变是不均匀的,试样横截面上靠近边缘的剪应力最大,中心处为零。为了克服这一缺点,Hardin 等(1972) 研究了试样为空心圆柱的扭剪仪。试样内外均用橡皮膜包着,构成内外两个压力室,可独立施加力。这样,在施加往复扭力后,试样环形横截面上的剪应力可认为基本上是均匀的。

　　进一步的发展又将空心圆柱试样由原来的内外等高改为不等高,并使试样的外高 h_1 和内高 h_2 之比等于试样外径 r_1 和内径 r_2 之比。这样,从理论上讲,可使试样内各点的剪应变相等,得到均匀剪应力。图 10.14 所示是扭转单剪装置总图,这种仪器被认为是能较完满地模拟现场单剪条件的振动试验设备,不足之处是试样制备比较困难。

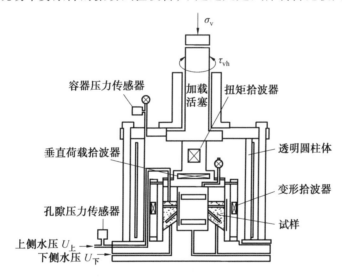

图 10.14　扭转单剪装置总图

10.4　共振柱试验

　　动态土的性质是分析与设计受如地震震动、机器振动及交通荷载等动荷载影响的建筑物的重要参数,上述每一因素使土与建筑物系统承受不同的振幅与频率,并且需要在大的加载振幅和频率范围内重测土的动力学性质。

　　土的力学性质由有效应力、孔隙比、含水率及一些其他因素如应变水平和应力或应变路径决定。所有这些因素无论在静荷载还是动荷载情况下都是相当重要的,但与静力学行为不同,这些都不是考虑动荷载行为的特征因素。加载的速率和重复性是区分动力学与静力学问题的特征。

　　对于地震荷载,考虑土与结构物的设计领域,加载的速度与加载的周期为 0.1 ~ 3.0 s,以及 10 ~ 100 次循环。铁路和公路下地基土通常以0.1 ~ 1.0 s 的速度加载,但有很多次循环。打桩和机械基础可以以 0.01 ~ 0.1 s 的速度加载。爆破可使用冲击或者以高达 0.001 s 的速度瞬时加载。

许多技术已经应用于实验室去研究土的动力学性质,如动三轴试验、振动单剪试验和超声波速率试验。每一种试验都被设计成尽可能与土实际边界条件相配,如应力路径、荷载振幅和荷载周期。

当测量土在自然状态时的性质时,在小应变范围内现场试验测量土的动态模量相对有限,且现场试验不能有效获得任意应变和振幅的材料阻尼。

10.4.1 共振柱方法

共振柱试验普遍用于测量动态土从低应变到中等应变的性质。共振柱试验是通过振动处于某种自然态实心或者空心土圆柱实现的,波的传播速度是由共振频率决定的。

早在 20 世纪 30 年代,共振柱试验已用于研究土与岩石的动力学行为。目前,已设计出许多不同类型的共振柱设备,共振柱试验系统需要很高专业水平使用者操作复杂的电子设备来完成这项试验。现代化的共振柱设备已经发展成简单仪器,通过先进的传感器以及计算机化的电子设备可自动化地完成这项试验。当然,与其他任何试验设备一样,恰当的试样安装技术以及传感器量程的选择是获得正确结果的关键。

在共振柱设备中,通过电子加载系统或者马达,谐波扭转激励作用于试样顶部。一种具有恒定振幅的扭转谐波荷载以一定频率范围施加,从而测量到频率曲线。剪切波动速率可以通过测量第一模式共振频率计算出。材料阻尼既可以通过移走强迫振动力后自振衰减获得,也可以采用黏性阻尼频率反应曲线宽度获得。每次试验通过增大扭转谐波荷载振幅获得不同应变范围的剪切模量和阻尼参数。

与早期产品相比,GCTS 共振柱设备的优点为:具有全自动操作系统,不仅操作简单,而且在某一频率时能够减少总的循环次数,及时发现峰值响应,从而避免样本早期衰退。GCTS 共振柱压力室如图 10.15 所示,其考虑无束缚的试样固结,还引入了浮动推进系统。试样顶部固定水平偏转仪以防止试验过程中试样偏转,确保成功率更高。

图 10.15　GCTS 共振柱压力室

10.4.2　理论背景

共振柱方法是以一维振动方程为基础的,由于非线性振动极其复杂,该振动方程源自线弹性振动理论。实际上,这是限制共振柱在低应变和中等应变条件下试验能力的原因之一,即使设备能测量更大范围应变。

GCTS 共振柱设备是一套固定 - 自由系统,土圆柱底部被固定,而顶部可以自由转动。使用这套仪器时,土样先被固结,再将外部循环扭转荷载施加到土样顶部,荷载频率逐渐改变直到最大应变振幅被测得。在应变振幅处于最大值时,最低频率是土样和操作系统的基频。基频是土的强度、土的几何形状以及共振柱设备特征的函数。材料阻尼可以由自由振动衰退和半功率频带宽度的方法获得。

10.4.3　剪切模量

如图 10.16 所示为理想化固定 - 自由共振柱试样,其土模型的运动控制方程描述如下。首先,扭矩 T 施加于一个弹性土圆柱,将产生扭弯的角位移增量 $d\theta$,随着试样长度增加量 dz,将产生一个扭矩 T,则

$$T = GJ \frac{d\theta}{dz} \qquad (10.13)$$

式中,G 为土的剪切模量;J 为横断面面积的极惯性矩。

不同土单元如图 10.17 所示,土单元下、上两面分别有扭矩 T 和 $T + \frac{\partial T}{\partial z}dz$。利用式(10.13)可以得到

$$\frac{\partial T}{\partial z}dz = GJ \frac{\partial^2 \theta}{\partial z^2}dz \qquad (10.14)$$

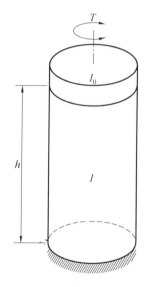

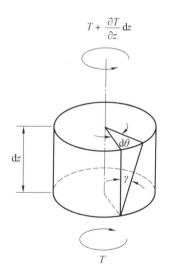

图 10.16　理想化固定 – 自由共振柱试样　　　　图 10.17　不同土单元

根据牛顿第二定律,净扭矩等于质量极惯性矩与角加速度的乘积,即

$$\frac{\partial T}{\partial z}dz = I \frac{\partial^2 \theta}{\partial z^2} = \rho J dz \frac{\partial^2 \theta}{\partial z^2} \qquad (10.15)$$

式中,I 为质量极惯性矩,$I = \rho J \mathrm{d}z$。

由式(10.13)取代 $\dfrac{\partial T}{\partial z}$ 以及利用剪切波动速率、剪切模量和质量密度,可以得到扭转后弹性柱的波动方程,即

$$\frac{\partial^2 \theta}{\partial z^2} = \frac{1}{v_s^2} \frac{\partial^2 \theta}{\partial t^2} \tag{10.16}$$

式(10.16)的通解可以通过分离变量法求得,即

$$\theta(z,t) = \left[A\sin\left(\frac{\omega}{v_s}z\right) + B\cos\left(\frac{\omega}{v_s}z\right) \right] \times \mathrm{e}^{\mathrm{i}\omega t} \tag{10.17}$$

式中,ω 为自然周频率;A 和 B 为常数,依赖于土圆柱的边界条件。

共振柱系统边界条件为:

① 固定端角位移为 0。

② 自由端扭矩等于转动系统的惯性扭矩,但方向相反。

由第一边界条件可以得到 $B = 0$,取代 $\theta = 0$,$z = 0$。

通解关于时间的二阶导数为

$$\frac{\partial^2 \theta}{\partial t^2} = \frac{\partial^2 \left[A\sin(\omega z/v_s)\,\mathrm{e}^{\mathrm{i}\omega t} \right]}{\partial t^2} = -\omega^2 A\sin\left(\frac{\omega z}{v_s}\right)\mathrm{e}^{\mathrm{i}\omega t} \tag{10.18}$$

由第二边界条件,土圆柱自由端扭矩为

$$T_{z=h} = -I_0 \frac{\mathrm{d}^2 \theta}{\mathrm{d}t^2} \tag{10.19}$$

式中,I_0 为转动系统的质量惯性矩;h 为试样高度。

将式(10.18)代入式(10.19)取代 $\dfrac{\mathrm{d}^2\theta}{\mathrm{d}t^2}$,有

$$T_{z=h} = I_0 \omega^2 A\sin\left(\frac{\omega h}{v_s}\right)\mathrm{e}^{\mathrm{i}\omega t} \tag{10.20}$$

联立式(10.13)和式(10.20),可得

$$GJ\frac{\partial \theta}{\partial z} = I_0 \omega^2 A\sin\left(\frac{\omega h}{v_s}\right)\mathrm{e}^{\mathrm{i}\omega t}, \quad z = h \tag{10.21}$$

将 $z = h$ 时 θ 的导数代入式(10.17)得

$$\left(\frac{\partial \theta}{\partial z}\right)_{z=h} = A\frac{\omega}{v_s}\cos\left(\frac{\omega}{v_s}h\right)\mathrm{e}^{\mathrm{i}\omega t} \tag{10.22}$$

将式(10.22)代入式(10.21)得

$$GJ\frac{\omega}{v_s}\cos\left(\frac{\omega z}{v_s}\right) = I_0 \omega^2 \sin\left(\frac{\omega h}{v_s}\right) \tag{10.23}$$

再次利用 $G = \rho v_s^2$,则式(10.23)为

$$\rho v_s J\omega\cos\left(\frac{\omega h}{v_s}\right) = I_0 \omega^2 \sin\left(\frac{\omega h}{v_s}\right) \tag{10.24}$$

由于 $I = \rho Jh$,则式(10.24)为

$$\frac{I}{h}v_s\omega\cos\left(\frac{\omega h}{v_s}\right) = I_0 \omega^2 \sin\left(\frac{\omega h}{v_s}\right) \tag{10.25}$$

化简式(10.25)得

$$\frac{I}{I_0} = \frac{\omega h}{v_s} \tan\left(\frac{\omega h}{v_s}\right) \tag{10.26}$$

式中,I 为质量惯性矩;I_0 为传动系统包顶盖的质量惯性矩。

只要剪切波动速率 v_s 确定,则剪切模量 G 为

$$G = \rho \cdot v_s^2 \tag{10.27}$$

利用式(10.26)与式(10.27)来减少共振柱试验的参数。

10.4.4　剪切应变

如图 10.18 所示,对实心圆形共振柱试样从试样中心线到试样外围边缘施加从 0 到最大值的扭矩,其剪应变 γ 为

$$\gamma(r) = \frac{r\theta_{max}}{h} \tag{10.28}$$

式中,r 为土样圆柱轴的径向距离;θ_{max} 为最大扭转角;h 为试样高度。

因为沿着径向剪应变不均匀,所以用等效剪应变 γ 代替平均剪应变。

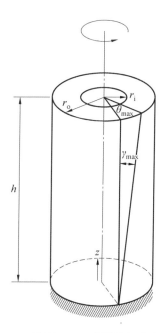

图 10.18　土样剪切应变

无论试样的类型是实心的还是空心的,与剪切模量有关的剪应变振幅单一或者唯一参数是必要的。按照惯例,对于半径为 r_o 的实心试样,r_{eq} 假定为 $2/3r_o$;对于内径为 r_i、外径为 r_o 的空心试样,则有

$$r_{eq} = \frac{r_i + r_o}{2}$$

Chen 和 Stokoe 发现实心土样的参数 r_{eq} 从 0.001% 峰值应变时的 $0.82r_o$ 变化到 0.01% 峰值应变时的 $0.79 r_o$。

在共振柱设备中,试样顶部最大扭转角度 θ_{max} 可以由安装在试样顶部的加速仪测量,有

$$x = -\frac{\ddot{x}}{\omega^2} = -\frac{\ddot{x}}{4\pi^2 f^2} \qquad (10.29)$$

式中，ω 为周频率；f 为线频率。

计算 $\theta_{\max}$ 的角度可以通过传感器位置除以传感器的半径得到，即

$$\theta_{\max} = \frac{x}{r_{\text{sensor}}} \qquad (10.30)$$

$$\gamma = \frac{r_{\text{eq}}\theta_{\max}}{h} \qquad (10.31)$$

10.4.5 黏滞阻尼

正确定义材料阻尼很困难，但是惯例普遍按照等效黏性阻尼比来表述真实材料阻尼，自由振动是关于单自由度黏性阻尼系统的响应，可以表示为

$$m\ddot{x} + c\dot{x} + kx = 0 \qquad (10.32)$$

式中，$\ddot{x}$ 为加速度；$\dot{x}$ 为周速率；x 为位移；c 为黏性阻尼系数；k 为弹性常数。

考虑以下关系

$$D = \frac{c}{c_{\text{c}}}, \quad c_{\text{c}} = 2\sqrt{km}, \quad \omega_{\text{n}}^2 = \frac{k}{m} \qquad (10.33)$$

式中，D 为黏性阻尼比；c_{c} 为临界阻尼系数；ω_{n} 为固有频率。

将以上关系代入式(10.32)，有

$$\ddot{x} + 2D\omega_{\text{n}}\dot{x} + \omega_{\text{n}}^2 x = 0 \qquad (10.34)$$

式(10.34)有 3 个通解，取决于单自由度系统是否不完全衰减、临界衰减和过度衰减。在共振柱试验中，土样自激振动通常会表现出一种不完全衰减行为，此时通解为

$$x(t) = Ce^{-\omega_{\text{n}}Dt}\sin(\omega_{\text{d}}t + \varphi)\sin\frac{\omega_{\text{n}}h}{v_{\text{s}}} \qquad (10.35)$$

式中，C 为常数；ω_{d} 为衰减共振频率，有

$$\omega_{\text{d}} = \omega_{\text{n}}\sqrt{1 - D^2} \qquad (10.36)$$

自激振动衰退如图 10.19 所示，任意两个峰值点的比为

$$\frac{x_n}{x_{n+1}} = e^{-\omega_{\text{n}}D(t_n - t_{n+1})} = e^{\frac{2\pi D}{\sqrt{1-D^2}}} \qquad (10.37)$$

式中，$t_{n+1} = t_n + 2\pi/\omega_{\text{d}}$。

对数衰减 δ 由自然对数方程获得，即

$$\delta = \ln\frac{x_n}{x_{n+1}} = \frac{2\pi D}{\sqrt{1 - D^2}} \qquad (10.38)$$

黏滞阻尼比计算式为

$$D = \sqrt{\frac{\delta^2}{4\pi^2 + \delta^2}} \qquad (10.39)$$

共振柱软件记录了整个循环中至少 15% 强迫振动试验得到的最大剪应变振幅的自由振动数据。这套程序计算出每次循环规一化衰减振幅的自然对数，利用线性最小二乘法拟合曲线测定的对数衰减量。

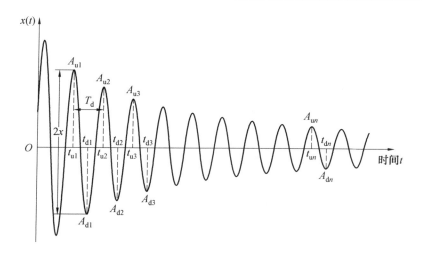

图 10.19 自激振动衰退

10.4.6 共振柱系统的标定

共振柱系统的标定是通过一个金属样本取代真实土样完成的。假定金属试样的阻尼为 0 或者接近 0,具有恒定的抗扭刚度 k。因此,由牛顿第二定律,质量惯性矩 I 与固有或者共振频率 ω 的关系为

$$I = \frac{k}{\omega^2} \tag{10.40}$$

标准试样的抗扭刚度 k 可以通过施加恒定的扭矩以及测量角位移来确定,但通常不这样做。没有得到抗扭刚度 k、质量惯性矩 I,式(10.40)就不可能被求解。完成两次金属标准试样共振试验步骤可以得到质量惯性矩 I_0,其中一个试样是金属标定样,另外一个试样有附加物。以恒定振幅进行频率扫描去确定每一结构的共振频率,在传感器的测量范围内选择强迫振幅去激励标定试样,且提供足够的信号去精确测定反馈信息。对于第一次没有附加物的标定杆,其方程为

$$I_0 + I_{cal} = \frac{k}{\omega_1^2} \tag{10.41}$$

式中,I_0 为在实际试验中转动系统与其他所使用固定设备的质量惯性矩;I_{cal} 为标定试样的质量惯性矩;ω_1 为无附加物标定试样的共振频率。

对于第二次带有附加物的标定试样,其方程为

$$I_0 + I_{cal} + I_{mass} = \frac{k}{\omega_2^2} \tag{10.42}$$

式中,I_{mass} 为附加物的质量惯性矩;ω_2 为有附加物标定试样的共振频率。

求解式(10.26)得到转动系统质量惯性矩和 v_s,联合式(10.41)和式(10.42)得

$$I_0 = \frac{(I_{cal} + I_{mass})\omega_2^2 - I_{cal}\omega_1^2}{\omega_1^2 - \omega_2^2} \tag{10.43}$$

对于共振柱系统,在标定过程中不使用试样帽。试样安装过程如图 10.20 所示,因

此,它的质量惯性矩必须加到式(10.43)的计算结果中,从而利用软件计算出实际的 I_0 值。试样帽的质量由公式求得,再根据其质量与几何形状得到试样帽的质量惯性矩。

图 10.20　试样安装过程

10.5　静力触探试验

鉴于现有专著对静力触探试验(CPT)的原理、仪器设备、现场测试和数据处理已做过详细介绍,这里仅重点介绍其成果在土动力学方面的实际应用。

静力触探在土动力学上主要用来判别砂土和粉土的液化。应该指出,土体在地震作用下发生液化,是多种内因(土质、土体环境)、外因(地震动幅值、频率及持续时间等)综合作用的结果,不宜单纯用定值法仅通过分析简单的因素就做出明确的预测和评价,而应提供多种方法综合判定和预测,不仅要知道液化势的高低,还应该预测液化灾害的轻重,确定处理方法。液化势判定的结果实质上是一种趋势性的预测,是建立在宏观液化概念上的概率法的定性估计。液化的宏观判定主要根据地区的历史地震背景、地质因素、场地土层埋藏条件和地基土特性等条件进行综合判定。依据场地地基中某一深度某一单元的物理力学条件的判定称为液化的微观判定,主要由室内试验、力学条件的计算和现场原位试验(如静力触探、标准贯入试验等)等综合判定。

铁道部《静力触探技术规则》规定:当土层实测贯入阻力 $p_s(q_c)$ 小于临界贯入阻力 p'_s(或 q'_c)时,可判定为液化土,否则为非液化土。p'_s 或 q'_c 由下列式子确定,即

$$p'_s = p_{s0} \cdot \alpha_1 \cdot \alpha_3 \cdot \alpha_4 \qquad (10.44)$$

$$q'_c = q_{c0} \cdot \alpha_1 \cdot \alpha_3 \cdot \alpha_4 \qquad (10.45)$$

$$\alpha_1 = 1 - 0.065(d_w - 2) \qquad (10.46)$$

$$\alpha_3 = 1 - 0.05(d_u - 2) \qquad (10.47)$$

式中,p_{s0}、q_{c0} 为地下埋深 $d_w = 2$ m、上覆非液化土层厚度 $d_u = 2$ m 时可液化土层的临界贯入阻力,由表 10.1 确定;α_1 为地下水埋深修正系数;α_3 为上覆非液化土层厚度修正系数;α_4 为土类综合修正系数,由表 10.2 和表 10.3 确定。

表 10.1　p_{s0}、q_{c0} 值

设防烈度	7 度	8 度	9 度
p_{s0}/MPa	5 ~ 6	11.5 ~ 13	18 ~ 20
q_{c0}/MPa	4.55 ~ 5.46	10.46 ~ 11.83	16.382 ~ 18.2

表 10.2　α_4 值

土类	砂土	黏性土	IP ≤ 10 的黏性土
α_4	1.0	0.6	0.45

表 10.3　α_4 值

土类	砂土及粉土	黏性土	
摩阻比 R_f	$R_f \leqslant 0.4\%$	$0.4\% < R_f \leqslant 0.9\%$	$R_f > 0.9\%$
α_4	1.0	0.6	0.45

10.6　标准贯入试验

与 10.5 节相同,这里主要介绍标准贯入试验(SPT)结果在确定砂土相对密度和土层液化判别上的实用情况。

10.6.1　确定砂土相对密实度

砂土相对密度 D_r 是其密度的主要判别指标,也是砂土液化判别的重要指标。

《建筑地基基础设计规范》GBJ 7—89 给出了由标贯(SPT)击数 N 确定砂土密实度的方法,见表 10.4。

表 10.4　由标贯(SPT)击数 N 确定砂土的密实度

N	$N \leqslant 10$	$10 < N \leqslant 15$	$15 < N \leqslant 30$	$N > 30$
密实度	松散	稍密	中密	密实

注:N 系未经杆长修正的值,不进行上覆压力修正。

我国一些地方和行业标准也给出了判定方法,如上海市标准《岩土工程勘察规范》DGJ08 - 37—2018、北京市标准《北京地区建筑地基基础勘察设计规范》DBJ11 - 501—2016 和《冶金工业建设岩土工程勘察技术规范》GB50749—2012 等。

砂土相对密度的经验公式有 Meyehof 提出的 $D_r = 2.10 \sqrt{\dfrac{N}{\sigma_v' + 70}}$ 和 Schultze 公式,即

$$\ln D_r = 0.478 \ln N - 0.262 \sigma_x' - 0.56 \tag{10.48}$$

式中,σ_x' 为上覆有效压力,kPa。

10.6.2　判别饱和砂土和粉土液化

根据《建筑抗震设计规范》(GB 50011—2010),分析影响砂土液化的主要因素,给出土层液化的判别方法。

1. 初步判别

根据《建筑抗震设计规范》(GB 50011—2010),饱和砂土和粉土符合以下条件之一,可初步判别为非液化土层或不考虑液化影响。

(1)地质年代为第四纪晚更新世(Q_3)及其以前的地层,可判别为非液化土层。

(2)采用天然地基的建筑,当上覆盖非液化土层厚度和地下水位深度符合下列条件之一时,可不考虑液化影响,即

$$d_u > d_0 + d_b - 2 \tag{10.49}$$

$$d_w > d_0 + d_b - 3 \tag{10.50}$$

$$d_u + d_w > 1.5 d_0 + 2 d_b - 4.5 \tag{10.51}$$

式中,d_u 为上覆盖层非液化土层厚度,m,计算时将淤泥层扣除在外;d_w 为地下水位深度,m,可按近期最高水位计算;d_b 为基础埋深,m,不超过 2 m 时,应按 2 m 计算;d_0 为液化土特征深度,可按表 10.5 取值。

表 10.5　液化土特征深度 d_0　　　　　　　　　　　m

饱和土类别	烈度		
	7	8	9
砂土	7	8	9
粉土	6	7	8

2. 利用标准贯入试验判别

初步判别后,需要进一步进行液化判别时,应采用标准贯入试验来综合分析、计算判别砂土液化,可按《岩土工程勘察规范》(GB 50021—2001)10.5 条执行,即

$$N_{cr} = N_0(2.4 - 0.1 d_w), \quad 20 \geqslant d_s > 15 \tag{10.52}$$

$$N_{cr} = N_0[0.9 + 0.1(d_s + d_w)], \quad d_s \leqslant 15 \tag{10.53}$$

式中,N_{cr} 为液化判别标准贯入锤击数临界值;N_0 为液化判别标准贯入锤击数基准值,按表 10.6 取用;d_s 为饱和砂土标准贯入点深度,m;d_w 为地下水位深度,m,取用年平均水位或近期最高水位;ρ_c 为黏粒含量百分率,当小于 3 的砂土时均采用 3。

表 10.6　标准贯入锤击数基准值

设计地震分组	烈度		
	7	8	9
第一组	6(8)	10(13)	16
第二、三组	8(10)	12(15)	18

注:括号内数值用于设计基本地震加速度取 0.15g 和 0.30g 的地区。

如果定义 $N_{63.5}$ 为饱和土标准贯入锤击数实测值(未经杆长修正),当 $N_{63.5} > N_{cr}$ 时,砂土不产生液化;当 $N_{63.5} < N_{cr}$ 时,砂土就会产生液化。

3. 液化指数

为了鉴别场地土液化的危害严重程度,《建筑抗震设计规范》(GB 50011—2001)给出了液化指数这个概念,这是由于在同一个地震烈度下,液化层的厚度埋深越浅,地下水位越高,实测标准贯入锤击数 $N_{63.5}$ 与临界标准贯入锤击数 N_{cr} 相差越多,液化就越严重,震害程度就越大,而液化指数比较全面地反映了这些因素的影响,即

$$I_{IE} = \sum_{i=1}^{n} \left(1 - \frac{N_i}{N_{cri}} d_i w_i\right) \tag{10.54}$$

式中,I_{IE} 为液化指数;n 为每一个钻孔标准贯入试验点总数;N_i、N_{cri} 分别为 i 点标准贯入锤击数实测值和临界值,当实测值大于临界值时应取临界值的数值;d_i 为 i 所代表的土层厚度,m,可采用与该标准贯入试验点相邻的上下两点深度的一半,但上界不小于地下水位,下界不大于液化深度;w_i 为 i 点土层考虑单位土层厚度的层位影响权函数值,m^{-1},若判别深度为 15 m 的地层,当该层中点深度小于 5 m 时取 10,等于 15 m 时取 0,5 ～ 10 m 时应按线性内插法取值;若判别深度为 20 m 的地层,当该地层中点深度小于 5 m 时取 10,等于 20 m 时取 0,5 ～ 20 m 时应按线性内插法取值。

4. 地基土的液化等级判定

存在液化土层的地基,根据《建筑抗震设计规范》(GB 50011—2001)划分液化等级,

见表 10.7。

表 10.7　液化等级

判别深度为 15 m 时的液化指数	判别深度为 20 m 时的液化指数	液化等级
$0 < I_{IE} \leqslant 5$	$0 < I_{IE} \leqslant 6$	轻微
$5 < I_{IE} \leqslant 15$	$6 < I_{IE} \leqslant 18$	中等
$I_{IE} > 15$	$I_{IE} > 18$	严重

10.7　动力旁压试验

动力旁压试验仪器如图 10.21 所示。

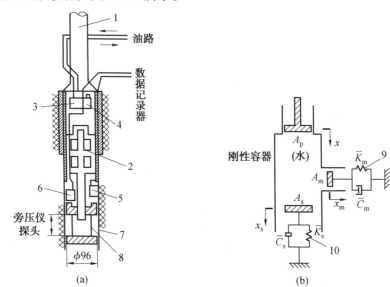

图 10.21　动力旁压试验仪器

1—钻杆;2—液压活塞;3—液压马达;4—伺服阀控制器;5—位移传感器;
6—压力传感器;7—橡皮薄膜;8—带孔小金属圆筒;9—旁压仪探头压缩性质的弹簧
和阻尼器活塞;10—钻孔侧向变形性质的弹簧阻尼器活塞;x、x_m、x_s—活塞位移;A_p、
A_m、A_s—活塞面积;$\bar{K}_m$、$\bar{K}_s$—弹簧系数;$\bar{C}_m$、$\bar{C}_s$—黏滞阻尼系数

旁压仪下端的探头为一带孔的金属圆筒,端部用圆筒形薄膜包住。当受静压时,探头膨胀,堵住钻孔;当液压马达带动液压活塞往复运动时,即向钻孔施加动压力。动压力的大小由伺服阀控制器调节,由压力传感器量测。动力旁压试验的等效剪切模量 G_e 和等效阻尼比 v_e 由下列公式计算,即

$$G_e = (V_\sigma + V_m) \frac{p}{V} \tag{10.55}$$

$$v_e = \frac{1}{2} \tan \varphi = \frac{1}{2} \tan \left(\arcsin \frac{\delta v}{V} \right) \tag{10.56}$$

式中,V_σ 为探头膨胀前的体积;V_m 为静力注入探头水的体积;p 为动压力,$p = p_0 e^{i\omega t}$;V 为与

p 相应的体积变化;δv 为 $p \sim V$ 滞回曲线宽度(V 轴上两交点的距离为 $2\delta v$);φ 为应力应变相角(应变滞后于应力的角度)。

在上述计算中,由于测定的数据含有橡皮薄膜体积压缩及仪器阻尼(吸收的能量)的影响,因此应予以校正。

校正时用如图 10.21(b)所示的数学模型,如以 V_s 表示钻孔位移的体积变化,V_m 表示探头压缩的体积变化,则实测的体积变化 $V = V_s + V_m$。因为 $V_s = (\bar{K}_s + i\omega \bar{C}_s)p$,$V_m = (\bar{K}_m + i\omega \bar{C}_m)p$,所以当探头置于刚性管内做膨胀试验时,$V_s = 0$,其求得的滞回线表示探头的压缩阻尼特性。此时,可求得探头的阻尼特性 φ_m,且因 $V = V_m = (\bar{K}_m + i\omega \bar{C}_m)p$ 及 $V = V_0 e^{i(\omega t + \varphi_m)}$,则 $e^{i\varphi_m} = \dfrac{p_0}{V_0}(\bar{K}_m + i\omega \bar{C}_m)$,最后通过推导可求得

$$G_e = \frac{V_\sigma + V_m}{\bar{K}_s} \tag{10.57}$$

$$v_e = \frac{1}{2}\tan \varphi = \frac{1}{2}\frac{\omega \bar{C}_s}{\bar{K}_s} \tag{10.58}$$

动力旁压试验在日本和法国等已有应用,按式(10.57)和式(10.58)的计算结果与波速法较一致,与改进后的动三轴试验结果也相符合。

10.8　原 型 观 测

原型观测就是直接观测建(构)筑物在实际动荷载下与地基土相互作用,如通过对动荷的波形及土层的变形 - 强度特性的分析整理,探求建(构)筑物保存完好或轻微破坏或严重破坏的原因,建立或修订已有计算理论和方法。这是一条很重要的研究途径,属于岩土工程监测范畴,近年来受到国内外岩土工程界的重视。目前完整的原型观测资料还不多,需要长期的积累,在某些方面已获得成果。

在判定砂土和粉土液化可能性的统计分析方面,抗震设计规范中,依据邢台、海城、唐山等地震中实测得到的液化与未液化点的分布,获得工程实用的影响饱和土液化主要因素的判别式。在工程实录分析方面,已经结合一些工程在地震时产生的问题进行了十分有益的探讨,如对土坝滑坡等所做的解释。我国密云水库大坝滑坡后,做了深入的研究,根据实测的地震波型,对滑流的覆盖层砂砾料进行了大型振动圆筒试验,得出"砂砾料在其中粗粒含量太少,不足以形成稳定骨架,其动力特性仍取决于细粒料,因而发生液化"的结论,滑坡实际流动达 800 多米。同时,按现有方法检验其稳定性,得出了合理的结论。

10.9　振 动 台 试 验

地震模拟振动台可以很好地再现地震过程和进行人工地震波的试验,是在实验室中研究结构地震反应和破坏机理最直接的方法。这种设备还可用于研究结构动力特性、设备抗震性能以及检验结构抗震措施等内容。另外,该仪器在原子能反应堆、海洋结构工程、水工结构桥梁等方面也都发挥了重要的作用,而且其应用领域仍在不断地扩大。据最

近的不完全统计,国际上已经建成了近百座地震模拟振动台,中国建筑科学研究院和成都核动力研究院分别建成了国内最大的6 m×6 m的三向六自由度地震模拟振动台;重庆交通科学研究院也建成了两个3 m×6 m的地震模拟振动台阵,需要时还可以合并成一个6 m×6 m的振动台。振动台试验仪样图如图10.22所示。

图10.22 振动台试验仪样图

根据地震模拟振动台的承载能力和台面尺寸,振动台基本上可以分成3种规模:小型的承载力为10 t以下,台面尺寸在2 m×2 m之内;中型的一般承载力在20 t左右,台面尺寸在6 m×6 m之内;而大型地震模拟振动台的承载力可达数百吨以上。多数地震模拟振动台的规模属于中型,即台面尺寸在2 m×2 m~6 m×6 m之间,建造这样规模的地震模拟振动台从投资、日常维护和能源消耗3方面考虑都是比较合理的。从驱动方式来看,大部分地震模拟振动台均采用电液伺服方式,即采用高压液压油作为驱动源,这种方式具有出力大、位移行程大、设备质量轻等特点。一部分小型振动台采用电动式。从激振方向来看,单向的和两向的较多,但近年来三向的地震模拟振动台不断增多,其中一部分是将原有的单向或两向振动台改造成三向的。例如,加拿大的不列颠大学(哥伦比亚)将3 m×3 m的地震模拟振动台改造成水平、垂直两向的,并进一步发展成三向的;美国的海军建筑工程研究实验室(USACERL)将3.65 m×3.65 m的地震模拟振动台更新成三向的;中国地震局工程力学研究所将5 m×5 m水平两向地震模拟振动台改造成三向的(1997);同济大学将4 m×4 m水平两向地震模拟振动台改造成三向的(1995);华南建设学院直接引进了3 m×3 m三向地震模拟振动台。地震模拟振动台使用频率一般为0~50 Hz,有特殊要求的可达100 Hz以上。振动台的位移幅值一般在±100 mm以内,速度在800 μs之内,加速度可达2g。从模拟控制方式来看,目前主要有两种:一种是以位移控制为基础的PID控制方式,另一种是以位移、速度和加速度组成的三参量反馈控制方式。地震模拟振动台的数控方式主要采用开环迭代进行台面的地震波再现。自适应控制方法也已经有所应用,对于振动台有3种方式:一种是在PID控制基础上进行的连续校正,另外两种是在三参量反馈控制基础上建立的自适应逆控制方法和联机迭代方法。

地震模拟振动台是一个复杂的设备,它的设计和建造涉及很多领域。由于建造地震模拟振动台投资非常大,因此,如何用一定的投资来获得最大的系统功能是关键。目前研究对大型地震模拟振动台的设计问题已经比较详细。关于采用地震模拟振动台进行试验,其内容将涉及结构抗震研究的各个领域,文献和成果非常丰富。

思　考　题

1. 简述动三轴仪的发展过程。
2. 简述动三轴试验的试验条件及操作过程。
3. 动三轴试验可直接测得的土体动力特性参数有哪些？
4. 动三轴仪测得的阻尼比和强度指标的表现形式如何？
5. 共振柱试验的测试原理是什么？试验测得的参数都有哪些？
6. 共振柱试验如何测得并计算土体的剪切模量和黏滞阻尼？
7. 利用标贯试验如何判定砂土或粉土是否液化？
8. 简述利用静力触探试验和标准贯入试验来判定砂土和粉土发生液化的异同点。

参 考 文 献

[1] 邱法维. 结构抗震试验方法进展[J]. 土木工程学报,2004,10(37):10-12.

[2] 程瑾. 十字板剪切试验的综合应用[J]. 工程勘察,2008, 1: 11-14.

[3] 史丙新. 动三轴试验系统的组成和应用[J]. 四川地震,2017,3:9-11.

[4] 张品萃,胥建华. 土三轴压缩试验试验方法的对比探讨[J]. 地质灾害与环境保护,2003,4(1): 57-60.

[5] 陈杰. 浅谈土的剪切试验[J]. 建筑科学科技资讯,2009, 9: 21-24.

[6] 叶佰花. 直接剪切试验方法及应用分析[J]. 土工基础,2012, 3(26), 29-31.

[7] 吴世明,唐有职,陈龙珠. 岩土工程波动测试技术[M]. 北京:水利电力出版社,1992.

[8] 中华人民共和国国家标准. 地基土动力特性测试规范[S]. 北京:中国计划出版社, 1998.

[9] 谢定义. 土动力学[M]. 西安:西安交通大学出版社,1988.

[10] 岩土工程手册编写委员会. 岩土工程手册[M]. 北京:中国建筑工业出版社,1994.

[11] 林宗元. 岩土工程试验监测手册[M]. 沈阳:辽宁科学技术出版社,1994.

[12] 中华人民共和国国家标准. 建筑抗震设计规范[S]. 北京:中国建筑工业出版社, 1989.

[13] 中华人民共和国国家标准. 动力机器基础设计规范[S]. 北京:中国计划出版社, 1997.

[14] 工程地质手册编写委员会. 工程地质手册[M]. 3 版. 北京:中国建筑工业出版社, 1992.

第11章 岩土地震工程的研究进展

11.1 概 述

岩土地震工程作为一门土木工程学科的正式分支学科,开始于20世纪30年代的土动力学相关研究工作,当时的研究工作是机械振动和工厂振动荷载导致的地基变形问题(Eric Reissner, Dominik Dominikovich Barkan)。Eric利用Lamb提出的点荷载作用下弹性半空间介质的变形理论计算了圆形基础在频域内的反应,他利用辐射阻尼模拟了应力边界问题。Barkant是俄罗斯土力学的奠基人,他创建了Leningrad Polytechnic Institute土动力学实验室,系统地研究了机械振动引起的土的振动和物理力学性质变化、多种动力(机械、爆炸、地震、交通)作用下土中波的传播规律,也开展了基础的地震反应足尺实验技术研究。他的研究在机械的地基设计、结构防振和利用振动进行地下结构施工等方面有广泛的应用。20世纪60年代,加州大学的 H. B. Seed(伯克利分校)和他的两个学生Ken Lee(洛杉矶分校)和 I. M. Idriss(戴维斯分校)在各自领域对砂土液化机理的理论和试验研究成果奠定了岩土地震工程学科发展的基石,其后大量的科学家和工程师们利用模型与原位实验、理论与数值分析、历史地震考察等综合手段开始研究地震过程中各类岩土及其工程实践中的问题、岩土地震反应中的试验与观测技术。

1979年1月,Shamsher Prakash教授计划组织岩土地震工程与土动力学研究进展方面的研究会议,拉开了岩土地震工程专门学科的发展序幕。1981年4月26日—5月3日,在密苏里-罗拉大学(University of Missouri – Roll),经过两年的准备,Shamsher Prakash教授主持召开了第一届岩土地震工程与土动力学进展专门会议,在这次会议中设定了9个会议主题:动力作用下土的强度和变形、砂土液化、挡土墙设计与动土压力、土-结构相互作用、循环荷载下土的离心机实验、海岸工程的岩土地震问题、土坝和斜坡的动力稳定性、历史地震中的岩土地震工程问题和岩土地震工程的数值技术,会议收录论文104篇,来自18个国家,会议确定了岩土地震工程研究领域的基本框架。其后,Shamsher Prakash教授连续主持了第二届至第四届会议。第二届会议于1991年3月11—15日在密苏里-罗拉大学召开,与第一次会议相比,本次会议收到的论文有259篇,来自31个国家,会议的主题增加到了11个:土的静动力学参数与土的本构模型、模型试验测试技术、各类土的变形与液化、动土压力与挡土结构的抗震设计、土-结构相互作用、斜坡与土坝的稳定性、土的动力学与海岸岩土工程、土层放大效应和地震小区划、设计用强地震动、土中波的传播规律及非地震震源的动力特性。会议还对旧金山洛马普列塔(Loma Prieta)地震中的结构与岩土震害进行了专门的研讨。这次会议首次讨论了利用地震学的相关理论分析强震动的预测、波的传播和土的地震放大效应。第三届会议也是在密苏里-罗拉大学举行的(1995年4月2—7日),会议录用了165篇论文(中国11篇),来自33个国家,会议主题

14 个,与第二届会议相比,增加了工程振动、机械地基与模型测试和最新地震中的岩土问题分析 3 个专题,并对美国洛杉矶北岭(Northridge)地震和日本阪神(Kobe)地震举行了专题研讨。该会议的第四届、第五届在加州圣地亚哥(San Diego)召开。第四届会议于2001 年 3 月 26—31 日举行,会议收录了 38 个国家的 286 篇论文。本次会议主题共 11 个,除包括土的动力特性、本构关系及其室内外测试方法、波的传播与多种工程振动、工程地震学、土层放大效应、边坡和土坝稳定性、土 – 结构相互作用、挡土结构和海洋结构的抗震设计、模型与足尺试验技术、历史地震中的岩土工程问题等内容外,还特别设立了桥梁基础和地下结构的抗震设计、地震风险评估与管理主题。这次会议对近断层地震动及其方向性效应、地形效应等进行了专门研讨。原位实验技术中,利用人工爆炸和大尺度的原型试验模拟砂土液化、土中波的传播规律,以及深、浅基础的地震反应等的相关实验技术得到了广泛关注。第五届会议在 2010 年 5 月 24—29 日召开,会议收录了来自 52 个国家的538 篇论文,会议分成 9 个大主题、1 个纪念专题和 1 个最新历史地区专题,涵盖了第四届会议的所有议题,基于性态的岩土地震工程抗震理论与设计方法首次列入独立主题。该次会议对场地效应、砂土液化、土体的非线性地震反应、地震断层效应及其对结构的破坏等给予了更多的研究兴趣。第六届会议于 2016 年 8 月 1—6 日在印度新德里召开,H. R. Wason 和 M. L. Sharma 主持了这个会议,本次会议主题为 8 个,并特设了尼泊尔 2015 年地震专题。

　　另一个推动岩土地震工程研究飞速发展的力量来自国际土力学与岩土工程学会下属的地震工程技术委员会(Technical Committee of Earthquake Engineering of the Inter-national Society of Soil Mechanics and Geotechnical Engineering),该委员会自 1995年 11 月 14—16 日召开第一届岩土地震工程专门的国际会议(日本神户)以来,其后每 4年定期主办 1 次。在第一届岩土地震工程国际会议上拟定了 6 个议题:实际地震的岩土灾害、土的动力学特征、地层的动力反应、动力学模型的实验验证、砂土液化及其相关问题和边坡地震稳定性。第一届会议中,土的动力特性与砂土液化的研究最为活跃。第二届会议在葡萄牙的里斯本主办(1999 年 6 月 21—25 日),会议对土的动力学特性、地下结构的抗震、液化灾害及其机理、垃圾填埋场和边坡稳定性、设计标准与规范,以及 1995—1998年希腊、秘鲁和日本等 5 个国家地震中的岩土问题进行了专题研究。第三届会议在美国加州的伯克利(2004 年 1 月 7—9 日)召开,其与 11 届土动力与地震工程会议一起召开。本次会议中,GIS 在岩土地震工程中的应用引起了大家广泛的兴趣。第四届会议在希腊塞萨洛尼基(2007 年 6 月 25—28 日)召开,本次会议首次提出了基于性态的岩土地震工程设计理念(PBD),其后在日本东京举行的 IS – Tokyo 2009(International Conference on Performance Based Design in Earthquake Geotechnical Engineering)正式启动了 PBD 的专门国际会议,其后在意大利陶尔米纳召开的第二届 PBD 会议(2012)、加拿大温哥华召开的第三届 PBD 会议进一步对基于性态设计的岩土地震工程发展现状、亟待解决的科学问题和未来的发展进行了讨论与分析。除了 PBD 议题,希腊会议对大尺度的岩土实验技术、地震台阵与其他原位测试技术、宽频带位移反应谱和大阻尼谱、现行的设计规范、地震区划中的震源与场地效应、粗粒土的液化、液化后土体的残余强度评价方法、断层破裂与基础安全、液化场地的基础安全与地基处理、生命线和地下工程的地震易损性和风险管理等专题进行了广泛的交流,也对一些未解决的关键科学问题进行了展望。

智利的圣地亚哥(Santiago,2011年1月10—13日)和新西兰的基督城(Christchurch, 2015年11月1—4日)、意大利罗马(2019年6月17—20日)分别主办了第五届至第七届会议。圣地亚哥会议收集181篇论文,对边坡的地震响应分析、场地的地震反应和液化机制、概率地震危险性和地下结构的抗震问题给予了更多的关注,并对2007—2010年间多国地震中的液化、边坡和海啸等灾害进行了研讨。新西兰会议收集论文371篇,论文数量为历次之最,该次会议除了保留前几届会议的主题外,还特别设立了生命线地震工程、城市与韧性社区、大型国际合作框架、三维场地效应分析等专题内容,会议对基督城(Christchurch)地震进行了系统的研讨。罗马会议的宗旨集中于地震对环境和建筑的破坏规律和保护的研讨,对大尺度的测试与试验技术设立了专门的议题,并对意大利中部的地震进行了专门的分析。

岩土地震工程国际会议目前已经在以下几个方面形成了固定的专题。

(1)边坡与路基、垃圾填埋场稳定性。

(2)深、浅基础的地震反应与设计理论和方法。

(3)土的动力学特性、本构关系与试验技术。

(4)场地地震反应与地震小区划。

(5)地震危险性与强地震动评估与预测。

(6)数值分析技术与验证。

(7)砂土液化机理与处置技术。

(8)土－基础－结构相互作用。

(9)地下结构抗震理论与方法。

(10)支护结构与涉水结构的抗震理论与方法。

(11)历史地震中的岩土工程问题。

这11个方面的专题,也形成了岩土地震工程研究的分支。

每4年一届的世界地震工程会议(WCEE)、世界和各个国家或地区的岩土工程与土力学(土力学与基础工程)、地震工程、岩土与地震工程等系列的会议也不断地呈现出岩土地震工程研究的新成果,大大促进了岩土地震工程的发展。

这些系列会议不仅开创了专门岩土地震工程学科独立发展的方向,而且对该学科的发展、理论成果形成与工程实践提供了强有力的支持,为人类抵御地震的侵袭和破坏提供了坚实的理论与抗震减灾技术指导。

11.2　理论研究进展

11.2.1　岩土介质的本构模型

岩土的本构关系是岩土地震工程和土动力学研究的核心内容之一,从早期的莫尔－库伦(Mohr－Coulomb,1900)强度理论、邓肯－张(Duncan－Chang,1970)双曲线本构模型等弹性模型,到现在可以考虑土体各向异性、流变特征和应力历史的多参数复杂弹塑性模型、流变模型,工程中应用的岩土本构模型有上百种之多。纵观岩土的动力学模型,基本可以归纳为3类,即线性弹性模型、黏弹性模型和弹塑性模型。对于硬岩土,不考虑水的作用和岩土的非线性变形情况,弹性模型能较好地计算它们在简单荷载作用下的动力响应特征。对于复杂的工况,弹性模型的计算结果不甚理想,评估结果也与岩土体实际的动力变形特征相距甚远。

注意到土体的非线性变性和大的永久变形,相应的黏弹性和弹塑性模型在岩土地震工程中得到了发展,一系列的模型得以提出并在工程中得到应用。

20 世纪 50 年代到 80 年代期间,一些经典的模型得到建立并在大量的实践中得到了很好的应用和发展。下面的模型是岩土地震工程和土动力学研究中比较经典的模型。

Biot(1956)模型基于多孔介质理论阐明了土的多孔动力特性,以此估计土的动力固结变形。Zienkiewicz(1984)在此基础上提出了饱和多孔介质的弹塑性模型,估计不同荷载、排水条件下土的动力反应特性,以及砂土液化导致的大变形。

Roscoe – Schofield 模型(1963)也称为剑桥模型,可以描述正常固结或弱超固结黏土在等向固结和常规三轴压缩下的动力变形特征。在此模型的基础上,不同学者根据土的特征和试验成果,提出的修正模型不下几十种,如 Roscoe – Burland 模型、考虑土的结构性特征的 Wood 模型(1990)、Liu – Cater 模型(2002)、考虑边界塑性变形的 Booker 模型(1982)、通过增加一系列屈服面来描述土的应力历史和结构性影响的 Rounania 弹塑性本构模型、Asaoka 模型、沈珠江的结构性黏土弹塑性损伤模型和非线性损伤力学模型、殷宗泽(1988)提出的能考虑土体剪胀和剪缩的椭圆 – 抛物线双屈服面模型、姚仰平的统一硬化模型、蒋明镜基于广义吸力的结构性土体结构吸力模型、考虑初始各向异性影响的不等向塑性体变硬化的孙德安模型、能够描述黏土在循环荷载作用下滞回反应特性的双面动力硬化的 Tabbaa 模型等。

Iwan 模型(1967)为弹塑性模型,将土体模拟为一系列具有不同强度的弹性和塑性的单元,这些单元串联或并联在一起组成土体模型。该模型只要确定了单元数量和各单元的刚度,就可以建立土体的应力与形变关系。该模型没有考虑阻尼的影响,因此对于土体的弹性变形估计比较合理,难以考虑永久变形。后续学者在此模型基础上增加了阻尼项,更新了 Iwan 模型,如 Lamb 在该模型中并联了阻尼项,符圣聪、江静贝的并联阻尼模型(荷载为应力增量)和串联阻尼模型(荷载为应变增量)。

Hardin – Drnevich 模型(1967)为等效线性黏弹性模型,将土体视为黏弹性体,采用等效的弹性模量或剪切模量、等效阻尼比(均为动应变幅函数)来描述土体的非线性应力 – 应变关系和滞回特性,模型的关键点是确定不同工况下的土介质动模量或剪切模量、阻尼比。其后,新的 Hardin 模型(1972)被提出,该模型为典型的黏弹性双曲线模型,利用建立的动剪切模型比与剪应变幅值的关系来描述土体的变形特性。

Newmark 模型(1967)为弹性模型,可以描述岩土介质中波的传播特征。

Seed 模型(1968)为黏弹性模型,用等价线性方法近似考虑土的非线性特性,由于岩土的动模量和阻尼比与它们所受的动力作用大小有关,表现为岩土介质随所受动力作用水平的增高而模量降低,阻尼比随所受的动力作用水平的增高而增大的特性。为解决这个问题,该模型通过试验资料确定动模量、阻尼比与土所受的动力作用间的相关关系,然后将土所受的变幅动力作用转变成等幅动力作用,将岩土介质所受的变幅动力作用等效为等幅动力作用,黏性耗能在数值上等效为实际耗能,以此计算土体的形变。该模型在工程实践中应用广泛,尤其应用在无黏性土动力作用下的非线性变形估算。

Duncan - Chang 模型(1970)是应用广泛的非线性弹性本构模型,应力 - 应变关系为双曲线,描述了土体在轴向应力增加而侧向应力不变条件下土的形变特征。该模型不能反映土的剪胀和应变软化。

Lade - Duncan(1975)弹塑性模型采用非相关联的流动法则,定义塑性功来描述屈服面的演化特征,利用三轴试验确定相关模型参数,可以模拟剪切作用下砂土的剪胀变形特征。该模型是单剪切型屈服面模型,所以不能考虑土体的体积屈服,也不能考虑平均主应力对屈服面、破坏面和塑性势面的影响。其后,Lade(1977)在此基础上进行了修正,提出了双屈服面的改进模型,体积屈服面采用球形盖帽面和相关联流动法则来考虑土体的体积屈服,采用曲线锥形的屈服面和破坏面、非关联流动法则的锥形塑性势面来考虑平均主应力的影响。修正的 Lade - Duncan 模型可以很好地模拟土体三向应力下的变形特征。

Bazant 内时理论模型(1976)用应变绝对值的累积值表示土体的状态,建立内时参数 Z 与累积值的关系,利用试验确定胀缩函数、软硬化函数和塑性变形中的剪切模量,然后计算土体的塑性变形。该模型的参数众多,需要较多的试验来确定。

Finn(1977,1980)模型将土体视为非线性弹塑性体,利用内时理论建立饱和砂土的孔压与可以表示土体的剪应变幅值和荷载水平关系的内时参数间的关系,估计孔压大小,以此确定有效应力,从而评价砂土的液化变形。

Mroz 模型(1978,1981)基于非等向硬化规律,根据塑性硬化模量场理论,采用双面模型或多屈服面模型来描述土体的弹塑性变形特征。

Maritn 永久体积应变的增量模型(1978)根据等应变反复单剪试验,计算循环荷载作用下永久体积应变增量,以此评估土体的永久变形量。其后,作者根据不同的实验技术提出相应的改进性非线性模型,如 Martin - Seed 弹塑性模型(1982)、陈国兴基于硬化模量场理论和广义塑性力学原理的嵌套面粘塑性模型(2006)等。

Prevost(1978,1985)弹塑性模型利用多屈服面模型来描述黏土不排水条件下的应力 - 应变关系,通过屈服面中心点与原点的距离来反映土体的各向异性变形特征。

Pyke 模型(1979)是一个自动限制后继荷载面不超过最终强度的非曼辛准则模型,模型规定后继荷载曲线在卸荷点处的斜率等于初始荷载曲线在原点的斜率,后继荷载曲线的水平渐近线与走向相同的初始荷载曲线的水平渐近线为同一条水平线,确保后继荷载曲线不超过最终强度。张克绪(1997,2017)在此基础上提出了非曼辛准则的土动弹塑性模型。

Dafalias 模型(1980)是基于低塑性边界面理论建立的(设定一个不可移动的边界面和一个可以移动的内屈服面,模量随应力点到边界的距离变化),可以考虑应力增量与应变增量的非线性变化规律。其后,Wang Z. L.(1990)对该模型的几种特殊荷载条件下的边界面模型进行了改进,提出了砂土的塑性变形计算方法。

Desai 模型(弹塑性模型)(1984)的初始模型为单一屈服面的土弹塑性本构模型,后来又不断发展为等向硬化与非等向硬化、非关联流动和可以考虑损伤的模型。

Ramberg - Osgood 模型(1943)起初是用来研究金属形变规律的,为黏弹性模型,是典型的双曲线模型。20 世纪 80 年代,该模型用于描述土体的弹塑性变形特性,提出塑性应变比的概念,通过试验测得应力 - 应变关系,计算土体的变形,土体的变形与最大剪切模量、土的动剪切强度和应力大小有关。

Towhata 最小势能模型(1987)将液化后的砂土视为流体,非液化层视为受轴向压力的弹性柱体,假设水平位移在垂直方向上呈正弦曲线分布,计算出液化层和上部非液化层的重力势能和应变势能的最小值,估算土体侧向变形的最大值和因侧向变形引起的竖向变形。该模型准确评估了 1964 年 Niigata 地震的场地土液化后的永久变形。

基于这些经典的理论结果,近几十年来,更多的经典模型得以提出,如 Dobry 模型(1991)、Ishihara 模型(1996)、Kramer 模型(1996)、Pecker 模型(1997)、Pender 模型(1999)、Iai 弹塑性模型(2005)、Duncan 模型(2005)、黄文熙超静孔隙水压力模型、汪闻韶液化模型、李相崧砂土的弹塑性模型和考虑各向异性与塑性旋率的非共轴变形理论、俞茂宏双剪统一强度模型、沈珠江的弹塑性模型和非线性损伤力学模型、张克绪非曼辛准则的土动弹塑性模型、谢定义的砂土瞬态动力特性模型、姚仰平的统一硬化模型(UH)、杨光华的多重势面弹塑性模型、丰土根等将边界面概念与多重剪切机构概念相结合的多重剪切机构边界面模型、刘汉龙基于多重剪切机构塑性模型及边界面塑性模型的砂土多机构边界面塑性模型、王建华的非等向硬化模量场增量的弹塑性模型等。这些模型在工程实践中得到了广泛应用和实践的验证。

黏弹性理论虽然有不能考虑应变软化和应力路径对变形的影响、土的各向异性以及大应变时误差大等不足,但该模型由于比较直观、易于与动力有限元程序相结合等特性而在工程中的应用最为广泛,该方法对于循环荷载作用下土体中的孔隙水压力计算和土体的永久变形评估有一定的精度。如果岩土介质受很高的动力作用,岩土体处于中等至大变形状态时将表现出显著的非线性特征,所以地震作用下的岩土体采用线性黏弹模型进行动力分析时将产生较大的误差,因此,岩土体的地震反应通常采用非线性黏弹模型或弹塑性模型来计算岩土体的动力变形大小。

尽管岩土体的动力本构模型研究历程长、关注度高,也提出了许多适用性的模型,但是由于岩土体动力特性的影响要素多,这些模型的应用条件一般比较苛刻,仅对一些特殊条件下岩土体的变形有可靠的估算结果,这很大程度上限制了理论的通用性。目前,岩土地震工程界对这方面的热点问题进行了探索性研究。

(1)真实应力路径下土体动态特性演变规律。应用现代的监测技术、新型的试验设备、数值模拟手段和大数据分析方法,建立反应土体动力变形的本构模型。

(2)主应力轴发生偏转和非规则荷载条件下的土体变形规律。开发新型的试验设备和探测技术,研究非规则动力荷载、应力主轴扭转作用下的土体本构关系。

(3)液化地面大位移和流滑机理。基于离心机振动台试验技术和大型原位测试技术,探索液化大变形的机制和液化后土体的力学行为、稳定性,建立相应的本构模型。

(4)基于岩土体及场地效应的高效数值模拟技术,建立相应的岩土体本构关系。目前通用的有限元、边界元和离散元方法在岩土地震工程中有广泛的应用,但这 3 种方法对复杂的地质条件或应力条件下的岩土体中波的传播与衰减、变形场和场地效应等分析,精度难以达到要求。基于现代计算技术的高精度、高效益的模拟技术一旦得以突破,能反映真实环境下土体应力－应变特征的本构模型将可以建立。

11.2.2　特殊土地震工程

随着人类科技的进步,一些特殊土的地震破坏效应也得到了广泛的关注,目前海洋土体或软土、黄土和冻土的地震反应特征研究在近20年来得到了飞速的发展。

海洋岩土体地震工程是基于近年来越来越多的海洋工程遭受地震破坏的现实和减轻重要海洋工程震害的迫切需要而逐渐发展起来的。海洋地震工程的研究内容相对集中,主要研究饱和海洋土在地震作用下的形变规律、地震和波浪荷载作用下海床岩土体和海洋地基的动力反应规律、海床土体的液化与海底岩土体边坡的动力稳定性、近海路堤与防浪结构、桩基和码头、海洋结构物和构筑物地基等的抗震设计方法、海底管道和电缆系统的动力响应规律与防灾技术、跨海大桥及基础体系的地震反应计算与设计方法、海底隧道的地震响应分析方法和抗灾设计理论等内容,主要涉及海洋土动力本构、海床地基动力稳定性和海洋建筑物、构筑物及地基体系的动力响应分析方法等核心理论与技术。

黄土的地震震害在近年来的地震中得到了相当的重视,由于黄土是一种多孔隙弱胶结土,震害调查表明,地震滑坡和崩塌、液化和震陷、黄土地表破裂是黄土最易发生的震害现象。目前,黄土的动力学室内和现场试验技术、黄土场地的震陷和液化、黄土地震滑坡与崩塌、黄土地震波传播规律和衰减特征、黄土的地表破裂规律、黄土地区的地基抗震设计、黄土场地概率地震风险性和区划等是黄土地震工程学研究的热点课题。经过近20年的努力,王兰民课题组建立了黄土地震工程与动力学的相关理论与震害机制,以及评价、减灾方法等成套技术。目前,黄土地震工程研究的主要成果有:

(1) 黄土的地震震陷机理和判别方法。

(2) 黄土的强震地面运动衰减规律及其危险性分析方法。

(3) 黄土动变形、动模量和动阻尼演化特征及黄土动力本构模型。

(4) 黄土场地的放大效应评价方法。

(5) 黄土地震区划方法和黄土地震次生灾害评价指标体系等。

20世纪60年代,Finn W. D. Liam 开始了冻土的地震工程学研究。Finn . W. D. Liam 根据美国1964年阿拉斯加地震冻土场地的地震动实测数据,分析了土体在完全冻结条件下场地地震行为及与之相关的工程问题,讨论了冻土动应力 - 动应变之间的关系。其后大量的历史地震震害也表明,冻土及其场地、建筑物在土体冻结状态和融化状态下地震反应有着明显的差异。昆仑山口地震(2001年11月14日,$M_s = 8.1$)的震害调查表明:含冻土层场地的地震动加速度大于无冻土层场地的加速度;有冻土层存在的地基中低矮建筑物、路基的破坏较不含冻土层的相应设施破坏重,冻土层越厚破坏越严重。目前冻土的地震工程的主要内容包括动荷载作用下冻土的动力学特性与本构模型、冻土变形和强度特征及土体稳定性、冻土场地不同冻融状态下的地震反应规律、冻土场地的地震动传播规律与地震动预测等。近些年来,基于冻土温控三轴和CT测试等系列试验,已经揭示了冻土动弹性模量、阻尼比与含水量、围压、负温、动应力幅值、振动频率等的相关关系,并在此基础上提出了系列冻土的动力本构关系,成功模拟了浅层冻结 - 融化土体系在地震过程中的动力行为。利用冻土场地的地震监测数据,冻土的破坏动强度和振动荷载作用下的变形特性、不同动荷载频率下冻土的强度特性的演变规律已经得到了很好的认识,对冻土动力非线性反应、动力耗能特性、冻土层对地面运动影响、地面运动加速度反应谱特性、循环荷载作用下冻土的动弹性模量、临界动应力等有了深刻的认识。作为对环境变化敏感的土,冻土的动力学特性呈现出与温度很强的相关性。不同冻土负温下某路基水平加速度幅值沿深度方向变化的曲线和数据表如图 11.1 和表 11.1 所示,由此可以看出:冻土负温越高,路基水平加速度幅值越小,且冻土冻结后的水平加速度比未冻结时要小,冻土负温对路基水平加速度的影响在轨道中心点(振源)处尤为明显。与一般土显著不同的是,冻土的温度、含冰率、围压对冻土的动力学特性有很大的控制作用。

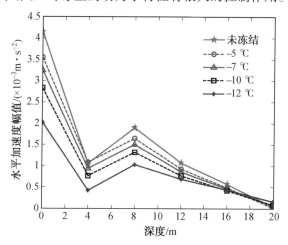

图 11.1 不同冻土负温下某路基水平加速度幅值沿深度方向变化的曲线

表 11.1 不同温度下路基水平加速度幅值沿深度方向变化的数据表 mm/s²

温度	0 m 处	4 m 处	8 m 处	12 m 处	16 m 处	20 m 处
未冻结	4.132	1.040	1.882	1.055	0.553	0.038
$T = -5\ ℃$	3.548	1.070	1.641	0.920	0.484	0.054
$T = -7\ ℃$	3.248	0.933	1.495	0.847	0.452	0.053
$T = -10\ ℃$	2.824	0.751	1.302	0.754	0.413	0.057
$T = -12\ ℃$	2.020	0.419	1.023	0.681	0.411	0.081

随着寒区工程建设规模的迅速扩大和开发力度的加大,冻土场地及其建筑物、构筑物的地震破坏概率和工程建设风险明显增大,冻土的地震工程学研究意义重大。

11.2.3 工程地震

震源机制、场地地震反应、场地效应和地震动传播特性及其衰减规律、地震小区划是工程地震研究的核心内容。目前,基于海量地震记录的随机断层模型是震源机制研究的热点,基于随机振动理论(RVT)的场地地震反应方法是在当今工程地震领域发展的重要方向,其结果可以用来分析场地的放大效应,建立基于概率的地震危险性分析方法。一般而言,基于随机振动理论的方法,用震源谱表达震源对地震动的影响,用几何衰减和非弹性衰减项表达传播途径对地震动的影响,用场地的放大和高频截止项表达局部场地条件对地震动的影响,这个方法比经验性方法更全面,更突出强调物理意义。

近年来,工程地震的研究对近断层地震动的规律、场地的三维地震反应给予了相当大的关注,如近断层震源错动、地震动方向性效应、脉冲效应和上盘效应等机理、考虑复杂地层结构的三维场地土模拟技术等的研究如火如荼。研究结果表明,当断层以接近于剪切波速的速度破裂时,在破裂的前方,地震波的能量在很短的时间内同时到达某一场点,由于能量的积累效应形成一个大的速度脉冲,这种大脉冲一般发生在速度时程的开始阶段,将产生一个相对持时较短、幅值较大的峰值;而在背离破裂方向的场点只产生一个持时相对较长、幅值较小的地震动,这个现象在多次的地震中均出现,这即是方向性效应。断层的上盘效应则是断层上盘的一定距离的场点的地震动比位于下盘的相同距离的地震动幅值要大,上盘的地震动强度衰减得也比下盘慢。一些近断层强震记录速度时程的波形中会出现较大的脉冲振幅,且有较长的振动周期,同时一般会伴随有位移时程中的地表永久位移。这种类型的近断层地震动对结构物破坏性极大,这就是近断层强震记录中的速度大脉冲或滑冲效应。这些近断层的地震动效应对建筑物破坏性大,揭示这些效应的产生机理、控制因素与预测方法是当今工程地震研究的热点问题。

11.2.4 砂土液化

液化是造成岩土工程震害的主要因素之一,在上述的历次相关会议中,液化机理、评估方法、液化后土体的强度和抗液化措施是重要的研究方向。液化引起的典型灾害一般包括显著的地表破裂与变形(水平和竖直方向),基础和建筑物倾斜、沉陷或上浮,边坡的失稳等。

尽管液化的研究在 20 世纪 60 年代就已经得到重视,但是液化机理还是存在一些争论,早期的饱和砂土液化研究表明,超孔隙水压力的快速上升可导致砂土强度丧失而液化。据此原理,则粗粒土不可能发生液化,但在 1984 年美国 Borah Peak 地震、1987 年日本千叶大地震(Chibaken-Toko-Oki)和 2008 年我国汶川地震中都发现了浅层和深层(超过 20 m)的粗粒土沉积层、砾石土层的液化现象(Harder,1986;袁晓铭,2009)。从能量角度研究液化机理也是当今该类课题的重要发展方向(Ludwig 和 Dahisaria,1991)。

目前,饱和砂土液化的分析与评价的方法主要如下。

(1)经验法。以地震现场的液化调查资料为基础,基于经验性的公式,给出判别实际液化与不液化的条件与界限。该方法直观、简单,为抗震设计规范所采用。这类方法对于 20 m 以内的浅层砂土液化判别精确度高。

(2)简化分析法。该方法以试验和土体动力反应分析作为基础来判别饱和砂土能否液化。简化分析方法中,Seed 简化方法、标准贯入击数法(SPT)、静力触探法(CPT)、剪切波速法(Vs)和 Becker 渗透测试法最为常用。

以上两类方法都是确定性的,近年来,基于概率论的砂土液化判别与评价方法得到发展。砂土液化受地震动特性、砂土抗液化能力等不确定性因素的影响,所以砂土液化也具有随机性。Achintya Haldar 等(1979)基于概率论提出了液化势的概率评估方法。C. H. Loh 等(1995)基于大量的试验数据建立了液化土体的累积损伤模型,结合地震动估计和损伤特性估计场地的随机反应特征和不同超越概率下的液化破坏指数。薄景山等利用逻辑回归方法,选取了烈度、标贯击数、砂层埋深和地下水位 4 个参数作为液化评价指标,以我国大陆地区已有的液化调查数据为基础,提出了砂土液化概率判别方法。符圣聪、江静贝等在大量的标贯和静力触探试验基础上,利用人工神经网络和可靠性理论提出了以液化临界加速度比表示的液化势概率判别方法,利用贝叶斯理论和一次二阶矩方法,建立了液化概率与标贯比的相关关系。袁晓明等提出了液化的概率液化判别方法。陈国兴等利用径向基函数神经网络方法提出了砂土液化的概率判别方法。

液化引起的地面大位移评估是液化研究的另一个重要问题。震害表明,液化导致的变形是建筑物、交通设施、码头、堤坝、地下结构等破坏的最主要因素。目前,液化大位移的研究主要采用振动台和离心机试验来模拟,研究内容主要集中在水平大位移机制和竖向的震陷大位移。

抗液化措施的研究在近 20 年来成为热点,目前主要采用原位试验和模型试验方法来研究抗液化措施的可行性,常用的方法有桩基加固法、化学灌浆法、排水方法、深层搅拌法、动力压密法和振冲置换法等。

复杂应力和加载序列条件、小应变范围、大应变时的动变形与强度特性及其数学本构关系,原状土取样方法和土样制备技术,原位测试与监测方法,细粒料和粗粒料等各种类型土的室内试验技术,液化后大的地面位移和流动型滑移失稳机制是当今砂土液化研究的热点问题。

11.2.5　地下结构的抗震

历史地震灾害表明,地下结构的地震破坏概率较小,因此一般认为地下结构的抗震性能比地面结构好很多,而不必考虑抗震设计。1995 年日本阪神地震中,发生了地下综合管廊、地铁车站的严重破坏;1999 年台湾发生集集地震,当地的 57 条隧道中有 49 条受到了不同程度破坏,其中严重破坏的比例接近。2008 年我国汶川地震,位于重灾区内的 18 条隧道大多数都受到了严重破坏。这些实际震害表明,地下结构仍然有遭遇地震破坏的可能,尤其是随着地下结构建设的飞速发展,地下结构的建设数量日趋增多、建设速度越来越快、规模越来越大,地下结构的抗震设计理论与方法的研究工作任重道远。

目前,地下结构的抗震研究对象主要集中在地铁与隧道结构、埋地管道系统、深大基坑、综合管廊、地下军事设施、地下能源系统和地下商城等。

地下结构的抗震研究方法主要有原位试验、振动台模型试验、离心机试验与理论分析等。地下结构抗震的分析方法,目前通用的方法是日本于 20 世纪 70 年代提出的反应位移法(川岛一彦,1994)。反应位移法将岩土介质在地震过程中发生的变形以地基弹簧的方式直接作用在地下结构体上,考虑土层中岩土的相对位移、结构受到的惯性力和结构周围土层剪力的作用,以此计算结构反应。

美国、日本、希腊和意大利等国的多次地震表明,具有隧道特征的共同沟系统的地震破坏是生命线系统破坏和功能劣化、制约震害应急反应的重要原因。为此,共同沟的抗震设计理论与方法在近 15 年来得到了重视。

共同沟从 1994 年开始在我国得到了飞速发展,为确保我国高烈度地震区共同沟的安全,我国科学家开始了共同沟的抗震研究。

刘晶波、何川、陈国兴、陶连金等开展的隧道抗震研究,李杰课题组开展的非一致激励和面波作用下共同沟的地震反应理论与试验研究,王恒栋的综合管廊振动台试验和抗液化设计方法,郭恩栋的共同沟多工况地震反应特性等系列研究为我国地下结构的抗震设计提供了理论与技术支持。

哈尔滨工业大学生命线工程防灾课题组研究隧道和共同沟体系的地震反应计算方法和抗震设计技术,得到了大量的实用性科研成果,尤其共同沟体系的地震工程的相关研究为我国蓬勃发展的综合管廊抗震设计提供了切实可行的技术支持。以下是本课题组针对非均匀场地条件下共同沟体系的地震反应规律的研究成果。

选择我国目前常用的矩形结构管廊,截面尺寸为 6.6 m × 3.9 m,分为两个舱室,宽度分别为 2.2 m 和 3.3 m,管廊长度为 180 m;管廊内考虑了输水管道,管道支承于支墩之上,支墩尺寸为 0.9 m × 0.5 m × 0.5 m,间距为 6 m,材料采用混凝土;供水管道采用钢管,钢材为 Q345,密度为 7 800 kg/m³,管壁厚度为 10 mm,外径为 530 mm,弹性模量为 190 GPa,为了考虑钢管中水的质量,将钢管和水的密度等效为钢管的等效密度 ρ_{EQ},其中 $\rho_{EQ} = 2\ 030$ kg/m³。综合管廊截面详图如图 11.2 所示。非均匀场地选用了砂土和黏土两种土体模拟,土体模型参数见表 11.2。廊体采用 C30 混凝土,混凝土模型参数见表 11.3。廊体钢筋采用理想弹塑性本构模型,钢筋模型参数见表 11.4。

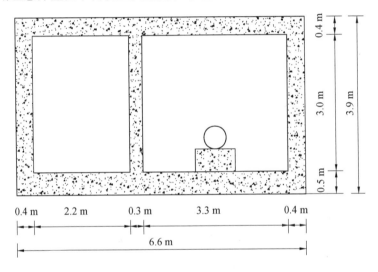

图 11.2 综合管廊截面详图

表 11.2 土体模型参数

类别	密度 /(kg·m⁻³)	弹性模量 /MPa	泊桑比	内摩擦角 /(°)	剪胀角 /(°)	黏聚力 /kPa	塑性应变
黏土	1 900	8	0.3	20	10	20	0
砂土	1 900	30	0.2	32	16	10	0

表 11.3 混凝土模型参数

密度 /(kg·m⁻³)	弹性模量 /GPa	泊桑比	$\psi/(°)$	ε	σ_{b0}/σ_{c0}	K_c	μ
2 400	21.64	0.2	30	0.1	1.16	0.666 7	0.000 5

注:ψ 为膨胀角;ε 为流动式偏移量(偏心率);σ_{b0}/σ_{c0} 为双轴极限抗压强度与单轴受压极限强度的比值;μ 为黏性系数。

表 11.4　钢筋模型参数

密度 /(kg·m⁻³)	弹性模量 /GPa	泊桑比	屈服应力 /MPa	塑性应变
7 800	190	0.3	210	0

　　地下结构进行抗震计算时其边界的取值范围为:顶面取至地表自由边界,结构距水平和竖向边界的距离不小于结构该方向有效尺寸的 3 倍。为使计算域土体满足上述要求,计算域的土体模型尺寸为 72.6 m × 38.9 m × 180 m,计算域在纵轴方向上分为 3 部分土体,中间为黏土,纵向长为 50 m;两侧为砂土,纵向长度各为 65 m。土体的底面、左面和右面均采用一致黏弹性人工边界,一致黏弹性的边界单元宽度取 5 m,管廊覆土深度为 2 m。图 11.3 所示为非均匀场地中模型土体纵向剖面,均匀土体中的模型土体全部取为砂土,其他参数与非均匀场地中的相同。

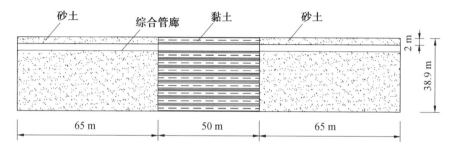

图 11.3　非均匀场地中模型土体纵向剖面

　　模型中需要考虑管道和支墩、支墩和综合管廊以及综合管廊和土体之间的相互作用,这就需要定义两者之间的接触。本书中管道和支墩、支墩和综合管廊采用绑定约束;综合管廊和土体间的接触采用接触面的方式进行处理,主面为综合管廊,从面为土体,法向接触为硬接触模型,切向方向考虑土体和管廊之间的相对滑移,采用阀约束($\mu = 0.3$)。钢筋和混凝土的相互作用使用 ABAQUS 软件中的内置区域来模拟。土体和混凝土均采用 ABAQUS 中的实体单元,钢筋采用壳单元;黏土和砂土均采用理想弹塑性本构模型和摩尔 – 库伦屈服准则,网格单元体采用 C3D8R 单元;混凝土采用混凝土损伤塑性模型,网格单元为 C3D8R 单元;钢筋采用理想弹塑性本构,网格单元采用 SFM3D4 单元;一致黏弹性边界采用 C3D8R 单元。最终计算模型中土体形成 68 978 个单元,管廊为 2 250 个单元。模型分为两个,一个是中间为黏土、两侧为砂土的非均匀场模型,另一个是土体均采用砂土的均匀场模型。ABAQUS 模型如图 11.4 所示,选用了 EI Centro 地震波作为输入,该波的记录时长为 53.73 s,时间间隔为 0.02 s,峰值加速度最大为 0.32g,第一卓越频率为 1.47 Hz。为模拟不同的地震动大小,对峰值加速度进行了相应的调幅。

　　非均匀场地模型中,综合管廊截面节点详图如图 11.5 所示,其中面($A_4B_4C_4D_4$)为黏土和砂土的分界面,面($A_1B_1C_1D_1$)为结构在纵轴方向的中间面,即黏土的中间点所对应的面。

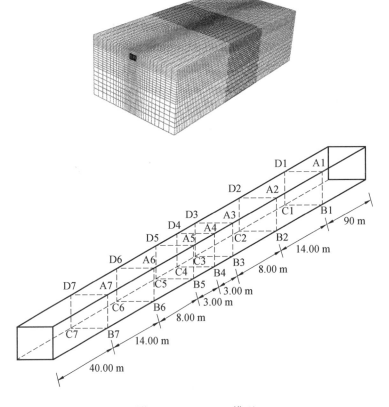

图 11.4 ABAQUS 模型

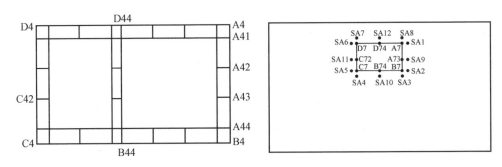

图 11.5 综合管廊截面节点详图

非均匀场地中,在幅值为 0.2g 的 EI Centro 地震动作用下管廊一侧墙体的典型地震动反应中,SA1、A7、SA9、A73、SA2、B7、CA1、A1、CA9、A13、CA3、B1 点的加速度时程曲线如图 11.6 和图 11.7 所示。

从图 11.7 可以看出,地震作用下管廊和周围土体的加速度反应时程相似,这说明在地震动作用下管廊和周围土体的振动形式相似,地震作用时土体受到地震的作用而产生运动,土体的运动会带动管廊一起运动。

为探讨地震作用下管廊和土体间的相互作用,0.2g 地震动作用下管廊和其周围土体的各个点的峰值加速度记录见表 11.5 ~ 11.7。

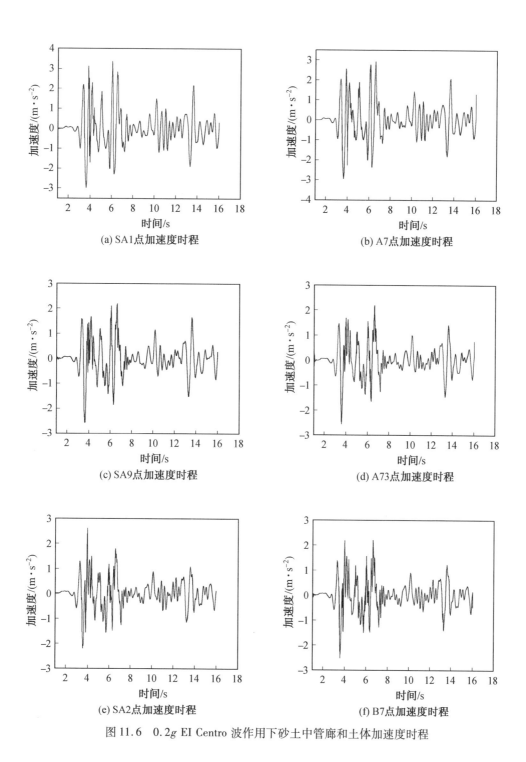

图 11.6　0.2g EI Centro 波作用下砂土中管廊和土体加速度时程

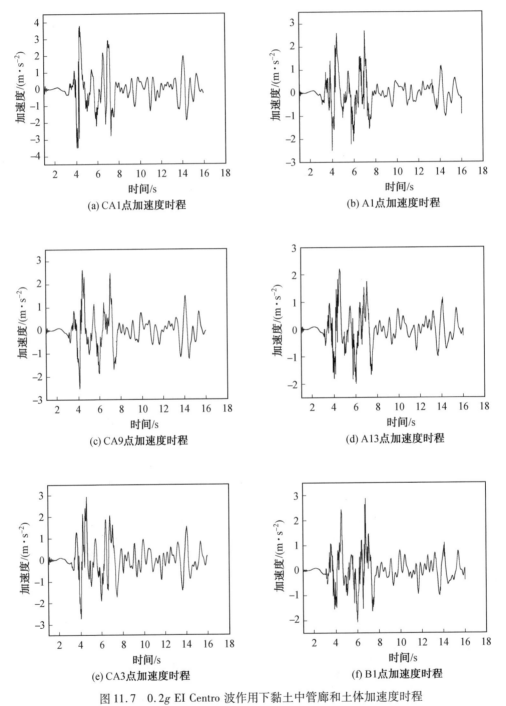

(a) CA1点加速度时程

(b) A1点加速度时程

(c) CA9点加速度时程

(d) A13点加速度时程

(e) CA3点加速度时程

(f) B1点加速度时程

图 11.7　0.2g EI Centro 波作用下黏土中管廊和土体加速度时程

表 11.5　侧墙体处土体加速度峰值

点	SA1	A7	SA9	A73	SA2	B7
峰值加速度 /(m · s⁻²)	3.36	2.92	2.57	2.55	2.59	2.51
点	CA1	A1	CA9	A13	CA3	B1
峰值加速度 /(m · s⁻²)	3.78	2.70	2.61	2.21	2.93	2.42

表 11.6　顶板处土体加速度

点	SA7	D7	SA12	D71	SA8	A7
峰值加速度 /(m · s⁻²)	3.29	2.93	4.66	2.90	3.17	2.92
点	CA7	D1	CA12	D11	CA8	A1
峰值加速度 /(m · s⁻²)	4.00	2.65	5.51	2.66	3.93	2.70

表 11.7　底板处土体加速度峰值

点	SA4	C7	SA10	B71	SA3	B7
峰值加速度 /(m · s⁻²)	3.50	2.36	3.06	2.38	2.78	2.37
点	CA4	C1	CA10	B11	CA3	B1
峰值加速度 /(m · s⁻²)	3.48	2.43	3.43	2.71	3.92	2.43

上述计算结果表明：

（1）对比侧墙结构和土体在同一高度处的加速度峰值，结构的加速度值小于外侧土体的加速度，这说明土体和结构之间存在相互作用力，由于土体和管廊本身性质和结构的差异性，在受到地震激励时两者的震动方式不同，这种震动的差异造成了土和结构之间的相互作用力。

（2）在同一高度处砂土中土的加速度峰值小于黏土中的加速度峰值，这是由于地震波在软土中放大的作用明显。

（3）在砂土中综合管廊侧墙和土体加速度差值比黏土中两者的差值小，其原因为土体在和结构相互作用时由于土的刚度比结构的小，会使土的形状改变大，而土的加速度就包括土的本身加速和由于土体变形所造成的加速度，反映到峰值加速度上就会发现土的加速度比结构的大。由于中间黏土的刚度比砂土的刚度更小，加速度变化会更大，因此软土中加速度的差值会比硬土中的大一些。

（4）管廊侧墙和其周围土体的加速度随着埋深的增大而逐渐减小，且顶板处土体的加速度比底板处土体的加速度大。

（5）顶板处的土体加速度较大，但结构顶板处的加速度几乎相同，说明在地震动作用下土体相对于结构发生了振动方向的位移，结构的加速度变化不大的原因主要是土体发生相对位移时提供的摩擦力大小几乎相同，且顶板在振动方向的刚度较大会而使得顶板上各个点在震动方向上的加速度相近。底板处的现象和顶板处的相同，但顶板的加速度比底板的加速度大。由于受到重力的作用而使得底板处的压力较大，且当埋深较深时底板受到周围的压力也增大，因此在地震作用下底板不易被激励。

综合管廊的存在对土体的地震反应有明显影响。比较加速度幅值为 0.2g 和 0.4g EI Centro 地震波作用下不同高度处点的峰值加速度和峰值加速度放大系数 β（峰值加速度与输入加速度的比值），结果见表 11.8（黏土、砂土点的标高相同）。

表 11.8　土体峰值加速度和峰值加速度放大系数

输入峰值加速度	编号	峰值加速度 /(m·s⁻²)	峰值加速度放大系数	输入峰值加速度	编号	峰值加速度 /(m·s⁻²)	峰值加速度放大系数
0.2g	SB1	2.25	1.15	0.4g	SB1	4.35	1.11
	SB2	2.23	1.14		SB2	4.23	1.08
	SB3	2.04	1.04		SB3	4.04	1.03
	SB4	1.98	1.01		SB4	3.96	1.01
	CB1	3.16	1.61		CB1	6.00	1.53
	CB2	2.94	1.50		CB2	5.57	1.42
	CB3	2.37	1.21		CB3	4.63	1.18
	CB4	1.80	0.92		CB4	3.76	0.96

结果表明，峰值加速度和峰值加速度放大系数随着土体埋深的增加而减小。黏土中的峰值加速度放大系数比砂土中的大，地震放大效应更明显。当地震幅值增大时，土体的加速度放大系数减小。

为了更好地了解管廊在非均匀土和均匀土体中反应的差异，比较管廊在均匀砂土中的反应，选取峰值加速度为 0.2g 地震动作用下均匀场和非均匀场中的计算结果如图 11.8 所示。

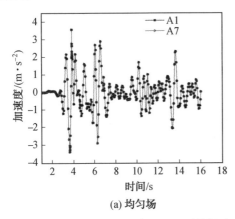

(a) 均匀场

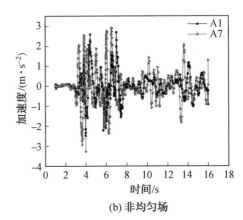

(b) 非均匀场

图 11.8　两种场地中 A1 和 A7 点的加速度时程

均匀土体中，综合管廊上的 A1 点和 A7 点的加速度时程相同，这说明在均匀场中管廊同一高度处的加速度是相同的，其主要是因为在均匀场中横向地震动作用下土体同一高度处的激励是相同的，因此造成管廊同一高度处的加速度时程相同。非均匀场中，可以看到综合管廊上的 A1 点和 A7 点的加速度时程不同，其主要是因为地震动作用下砂土和黏土对地震波的传递有差异，会使地震波传递到管廊位置时的振动不同，从而造成了管廊加速度时程的差异，管廊加速度时程的差异又造成其在黏土和砂土中振动方向位移不同，从而使得非均匀场中的管廊更容易受到较大的力而产生破坏。提取出 $0.2g$ 地震波作用下综合管廊截面上 A – B 直线上 5 个点的峰值加速度 a_{max} 和放大系数 β 见表 11.9。在 A1 – B1 直线上,以管廊上的 A11 点为原点,距离 A11 点的长度作为 x 轴的值,峰值加速度放大系数作为 y 轴的值,不同地震动幅值下管廊各个点的峰值加速度放大系数如图 11.9 和图 11.10 所示。

表 11.9　不同场地条件下的综合管廊地震反应峰值加速度和放大系数

点	均匀土体		非均匀土体		点	均匀土体		非均匀土体	
	$a_{max}/(\mathrm{m \cdot s^{-2}})$	β	$a_{max}/(\mathrm{m \cdot s^{-2}})$	β		$a_{max}/(\mathrm{m \cdot s^{-2}})$	β	$a_{max}/(\mathrm{m \cdot s^{-2}})$	β
A11	3.44	1.75	2.85	1.45	A_{71}	3.44	1.75	2.90	1.48
A12	2.82	1.44	2.66	1.36	A_{72}	2.82	1.44	2.68	1.37
A13	2.39	1.22	2.21	1.13	A_{73}	2.39	1.22	2.55	1.30
A14	2.19	1.12	2.82	1.43	A_{74}	2.19	1.12	2.41	1.23

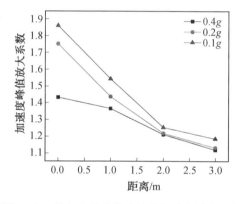

图 11.9　均匀土体中管廊峰值加速度放大系数

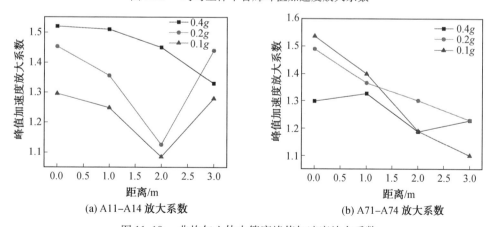

(a) A11–A14 放大系数　　　(b) A71–A74 放大系数

图 11.10　非均匀土体中管廊峰值加速度放大系数

以上计算结果表明:

(1) 均匀土体中随着埋深的加深其管廊峰值加速度减小,这和试验结果相符合,其原因为随着埋深的减小,土体所受到的约束减小,这使得土体加速度放大系数增大,从而造成管廊放大系数的增大。

（2）均匀土体中管廊随着输入地震动幅值的增大,其峰值加速度放大系数减小,其原因为当输入地震偏大时可能会使土体产生塑性变形而吸收能量,使得管廊的峰值加速度放大系数减小。

（3）非均匀土体中随着埋深的减小其峰值加速度放大系数整体是趋于增大的,但没有均匀土体中明显,而对于输入地震波峰值加大、加速度峰值放大系数减小这种现象也不太显著。发生此种现象的原因主要为:对于均匀土体,当输入横向地震动时,管廊的变形主要为横截面的水平变形,而加速度呈现出上述规律;但对于非均匀场,由于土体是非均匀的,地震波在砂土和黏土中的传播速度不同,且中间黏土对加速度的放大效应和两侧砂土不同,这种差异会使得管廊的变形为整个轴线在地震动输入方的弯曲变形,砂土和黏土运动形式不同的相互影响会使横截面水平向的加速度规律不像均匀场中那么明显。

既然软土和硬土中的加速度反应不相同,那么对加速度幅值为 $0.2g$ 的地震动作用下 A1 – A7 中的地震加速度进行比较分析,其峰值加速度和峰值加速度放大系数见表 11.10。

表 11.10　不同点的峰值加速度和峰值加速度放大系数

点	A1	A2	A3	A5	A6	A7
$a_{\max}/(\mathrm{m \cdot s^{-2}})$	2.70	1.83	2.15	2.11	2.54	2.92
β	1.38	0.94	1.09	1.08	1.30	1.49

通过对比发现,在交界处加速度放大系数较小,而在远离非均匀土体交界面后,放大系数会呈现增大的趋势。其原因为在交界处介质性质不同,会造成管廊两侧加速度时程不同,在交界处这种差异性最明显,两种加速度不断地相互影响使得加速度放大系数减小。不同幅值的地震动作用下,管廊中间位置的放大系数较小,且随着地震动幅值的增大,管廊的峰值放大系数减小(图 11.11)。

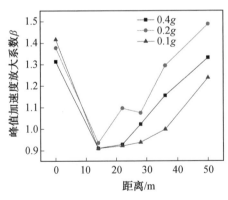

图 11.11　不同振幅下管廊轴向放大系数

为了更清楚地了解地震作用下非均匀场中综合管廊的反应特点,将非均匀场中综合管廊的位移反应与均匀场中的进行对比,比较了两种情况中 A1 点和 A7 点在幅值为 $0.2g$ 的 EI Centro 地震波作用下输入地震动方向的位移差时程曲线(图 11.12)。

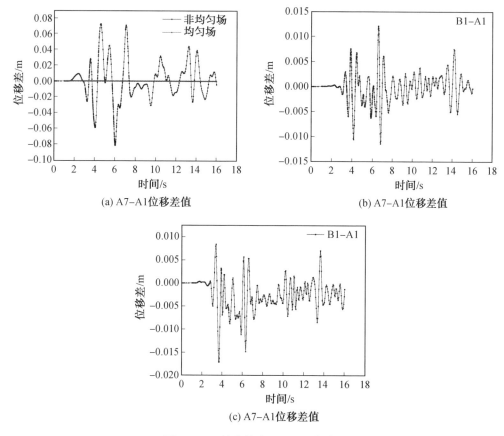

(a) A7–A1位移差值　　　　　　(b) A7–A1位移差值

(c) A7–A1位移差值

图 11.12　综合管廊 $B_1 - A_1$ 位移差

通过图 11.12 中 A1 和 A7 点的位移差可以看出综合管廊在剪切波的作用下,均匀土体中,其纵轴线方向上不同点的横向位移差几乎为 0,而非均匀土体中其纵轴线方向上不同点的横向位移差很大。究其原因,中间土体相对两侧较软,地震作用下中间土体产生的位移比两侧大,在土体的作用下,管廊在纵轴线方向上不同点的横向位移不同,产生了较大的位移差。对比均匀土体和非均匀土体中 A1 和 B1 的位移差,发现两者的位移差为同量纲。且均匀场中 A1 和 B1 的差值比 A1 和 A7 的差值大很多,由此可知横向地震动作用下均匀土体中管廊的主要变形为横截面的剪切变形。非均匀土体中除了受横向剪切变形外,还因土体的不同而使管廊纵轴在横向产生弯曲变形。

非均匀场地中,由于中间黏土较两侧砂土的位移较大,会造成管廊轴向的横向位移差,造成管廊左右两侧的墙体一侧受拉,一侧受压。从 S33 应力图可以看到管廊左侧墙体中间位置受压较大,可以达到 14 MPa,管廊左侧墙在软硬土交界处受拉也较大,可以达到 1.3 MPa;管廊右侧墙中间位置受拉较大,可以达到 1.3 MPa;顶板和底板在软土中间的位置其靠近右侧墙体主要受拉,可达到 1.3 MPa,靠近左侧墙体受压,可达到 14 MPa。混凝土为耐压不耐拉的材料,其破坏常常是由受拉破坏引起的,图 11.12(c) 可以看到混凝土在中间黏土和两种土质交界处受到第一主应力较大,达到了 1.1 MPa,是混凝土最容易开裂的位置。S13 图中可以看出,在两种土的交界位置,管廊受到的剪应力最大。由此可以知道,在受到横向地震作用时,对于地基两侧为硬土中间为软土的管廊,其破坏形式相当于受均布荷载下支承于两支座的梁,管廊中间位置一侧受拉,一侧受压,且在介质交界处受到的剪力最大。其可能产生破坏的形式为中间位置受拉压破坏,或交界处受剪切破坏,如图 11.13 所示。

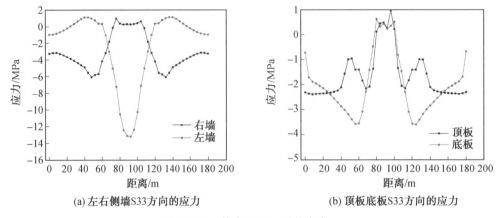

(a) 左右侧墙S33方向的应力　　　　　　(b) 顶板底板S33方向的应力

图 11.13　管廊5.04 s时的应力

在管廊向右侧振动时,左侧墙的轴向应力先增大,然后再减小,分析其原因为:砂土的位移小于黏土位移,在土的压力作用下管廊受力形式相当于梁,而左侧墙相当于梁的上侧,在支座处承受负弯矩,故越接近两种介质交界面其受拉力值越大,在软土中间段左墙承受压力,在中间位置时压力值最大,故左侧墙应力的形式为先增大后减小。右侧墙的轴向应力先减小再增大,其原因为:在支座处右侧墙相当于梁的下侧,受到负弯矩时,受压逐渐增大,而在黏土中间位置时受到正弯矩,拉应力最大,故右侧墙应力的变化形式为先减小后增大。顶板和底板的应力当靠近左侧墙体时与左侧墙体受力相似,当靠近右侧墙体时和右侧墙体受力相似,但是上下板的最大拉应力和最大压应力位于左右墙的最大拉压应力之间(图 11.14)。

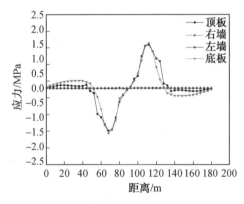

图 11.14　管廊5.04 s时 S13 剪应力

管廊在两土层分界处剪应力达到了最大值,其原因为地震作用下在两种土质交界处土的位移差最大,因此造成管廊受到剪应力较大。管廊的顶板和底板剪应力值比较大,两个侧墙的剪应力较小,其原因为底板和顶板在剪切方向上横截面最大,且刚度也最大,抵抗了大部分剪力。

在横向地震动作用下,管廊的左、右侧墙体主要抵抗了弯矩的作用,而顶板和底板主要承受了土体分界处的剪应力,因此应注重研究在不同幅值地震动的作用下管廊左右墙体的轴向应力 S33 与顶板和底板的剪切应力 S13,如图 11.15 所示为不同幅值地震动作用下 A1 和 A7 最大位移差应力图。

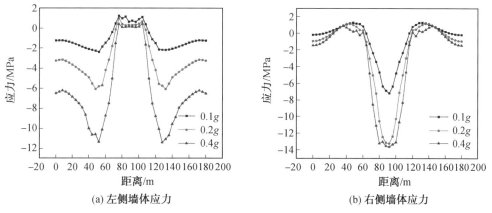

(a) 左侧墙体应力　　　　　　　　　(b) 右侧墙体应力

图 11.15　不同幅值地震动作用下管廊 S33 应力

从图 11.15 中可以看出,右侧墙体在不同地震动作用下在 50 m 和 130 m 处压应力增大的比较明显,其主要原因为砂土起到的支座作用使得管廊承受负弯矩,而右侧墙体和左侧墙体共同抵抗负弯矩,当地震动幅值越大时,其负弯矩越大,右侧墙所受的压应力越大。中间位置右侧墙体受拉应力,但不同幅值地震动下拉应力趋于一个常数,其原因为:① 混凝土属于抗压不抗拉的材料,此时混凝土已经屈服,所以拉应力不会一直增大。② 当支座处负弯矩增大时,中间位置的正弯矩将会减小,这也是地震动增大时中间位置右侧墙体拉应力不会增大的另一原因。左侧墙体在不同振幅的地震动作用下在 50 m 和 130 m 处拉应力会增大,其原因是砂土和黏土交界处会受到负弯矩的作用,而使左侧墙体受到拉力来抵抗弯矩作用。左侧墙体在中间位置由于正弯矩的作用而受到压应力,当振幅为 0.1g 时混凝土受压未达到屈服,当振幅为 0.2g 时左墙中间位置正好屈服,当振幅为 0.4g 时管廊左墙中间段出现屈服。

11.3　大型原位测试与试验技术进展

多学科、多专业的联合大型原位观测技术在近 20 年来得到了前所未有的发展。1993 年开始,欧洲在希腊北部距 Thessaloniki 30 km 的 Mygdonian 盆地(1978 年 6.5 级震中) 建立了 EUROSEIS 观测试验场,试验场地长为 15 km、宽为 8 km,试验设备包括 15 个宽频带地震观测站、80 个地震仪和 80 个加速度仪,在沉积盆地内部布置了 X 型展布、等距离布置强震仪的 3D 强震台网(覆盖面积 6 km × 8 km),在交叉点布置了竖向台阵(三向加速度计,深度分别为 0 m、21 m、40 m、72 m、136 m 和 196 m),岩石场地也布置了竖向台阵。该实验场主要进行了地震学、应用地球物理、工程地震、地震工程、土动力学和结构工程方面的综合研究,尤其关注地震危险性评估、地震监测、场地地震反应、场地效应、土 – 结构相互作用和抗震加固技术的检验等方面的研究。经过多年的观测,取得的主要的成果有:利用应力场和新构造信息确定了试验区的断层活动特性、确定性和概率性的地震危险性水平,地震动衰减关系,震源模型,场地的液化危险性,Mygdonian 盆地和边界的速度结构、场地效应的理论分析方法,有限差分、有限元与边界元分析 3 种方法计算场地效应和土 –

结构相互作用效应的有效性与可靠性,考虑土 – 结构相互作用效应的上部结构(极软土),波的传播和地基相应设计方法等研究成果,并建立了相应的强震数据库。

2004 年 10 月,美国启动了为期 10 年的地震工程模拟网络(Network for Earthquake Engineering Simulation,NEES)项目,以此研究地震和海啸对建筑物、桥梁和生命线工程、社会经济等的破坏情况。该项目建立了 15 个大型的试验场地,配备了多套先进的振动台、离心机、卫星监测与高速通信系统等高端设施与设备。在加州大学 Santa Barbara 分校(UCSB)建立的大型试验场由两个场地组成:Garner Valley 和 Wildlife refuge。Garner Valley 台网的主要目的是土 – 基础 – 结构相互作用和砂土液化研究,该场址有多条活动断层通过,地下水埋藏浅,覆盖低密度的冲积层。观测结果表明,这个场地所处的盆地是观测面波(love 波)的理想场所,已经观测到了面波引起基础的扭转破坏现象。Wildlife refuge 场地位于 Alamo 西岸,加州 Brawley 正北 13 km,San Diego 正东 160 km,主要用于液化现象的研究,也对场地地震反应、地表破裂的分析模型与理论的正确性或有效性提供了观测验证。在康奈尔大学建立的一个深 2.1 m、宽 3.2 m、长 13 m 的实验箱(最大载重 100 t)模拟全尺度的埋地管道在断层或永久地表变形作用下的地震反应。伯克利的结构工程与地震模拟实验室(SEESL)用两个六自由度的高性能振动台模拟瞬态地表变形下地下结构的地震反应(图 11.16)。加州大学圣地亚哥分校(UCSD)的室外振动台(Large High Performance Outdoor Shake Table,LHPOST),台面尺寸宽 7.6 m、长 12.2 m,最大加载位移为 0.75 m、最大加载速率为 1.8 m/s、最大水平推力为 6.8 MN、频率范围为 0 ~ 20 Hz,竖向有效荷载为 20 MN,并配备了一个长 6.71 m、宽 2.9 m、高 5.0 m 的剪切箱,能够进行大型或足尺的土 – 结构 – 基础的相互作用研究(图 11.17)。该项目开发了 NEESgrid 软件系统,包含了应用广泛的 OpenSees 计算软件,并与国家超算应用中心和 NEES 的超级计算机中心紧密合作。

(a) 康奈尔大学的实验箱　　　　　　　　(b) 伯克利的多台阵

图 11.16　康奈尔大学的实验箱和伯克利的多台阵

另一个著名的大型实验系统是日本的 E – Defense 振动台(图 11.18),该中心拥有世界最大的三向振动台,台面尺寸长 15 m、宽 20 m,两个水平方向的最大加载位移为 1.00 m、最大加载速度为 2.0 m/s、最大加速度为 9 m/s^2,有效荷载为 1 200 t。竖直方向的最大加载位移为 0.5 m、最大加载速率为 0.7 m/s、最大加速度为 15 m/s^2。这个振动台在岩土地震工程方面的研究主要包括了液化机理、桩的抗震设计方法与理论、土 – 基础 – 结构的相

(a) 振动台全貌

(b) 一个7层建筑的振动台模型

图 11.17　圣地亚哥分校(UCSD)的大型室外振动台(LHPOST)

互作用规律、基础及挡土结构的土压力理论和路基的震害特征与防震技术等内容。

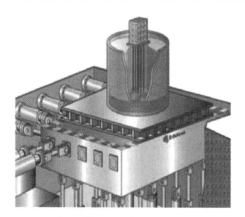

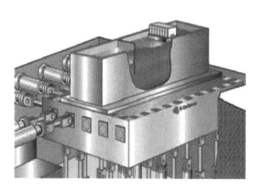

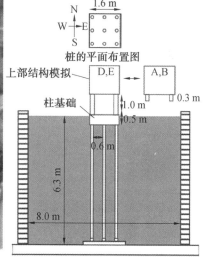

图 11.18　E－Defense 振动台与土－桩－结构相互作用模型试验台

　　岩土地震工程试验研究的另一个先进设备是土工离心试验机。目前世界上正在运行的大型岩土离心机(半径大于 3 m) 有 30 多个,主要模拟基础、隧道、挡土墙、斜坡和大坝的地震反应、砂土液化及其相关的震害特征等,多数离心机的有效载荷是 1 ～ 2 t,加速度为$100g \sim 200g$。目前,离心机试验技术在岩土地震工程研究中的应用越来越受到重视,以日本、英国剑桥大学、法国的 CEA-CESTA 和 LCPC、香港大学和美国伦斯勒理工、加州大学 Davis 分校、西澳大利亚大学等的研究最为活跃,也有一些大型项目的启动,如北美20 世纪 90 年代启动的 VELACS(Verification of Liquefaction Analysis Using Centrifuge Studies) 课题。我国应用南京水利科学研究院(400 gt、50 gt 和 5 gt)、中国水利电力科学研究院(450 gt)、浙江大学(400 gt)、长江科学院(180 gt) 等单位的岩土离心机研究技术在近 30 年也得到了飞速发展,我国目前拥有容量 200 gt 以上的土工离心机 6 台。目前,我国应用土工离心机试验技术已经完成了三峡的围堰工程、高土石坝和高边坡稳定性等大型水电工程、京九铁路和高铁工程的挡土工程、地铁工程、高桩码头、深层软土加固和大型桥梁工程的深大基础等科研、设计的试验研究工作,取得了丰硕的成果。

多学科、多机构的融合是现代岩土地震工程试验研究的一大发展趋势,如以美国为主导的 VELACS 项目,集中了世界著名的岩土工程学者和研究机构从离心模裂试验和数值模拟两方面对土体动本构模型进行了研究,并提出了一系列动力弹塑性分析方法。欧盟启动的有多国研究机构、企业参与的 NEMISREF(New Methods of Mitigation of Seismic Risk on Existing Foundations) 项目(地基土液化、水平场地效应和斜坡场地效应是该项目的 3 个主题) 和 EUROSEISTEST 项目(European Seismic Test,主要研究场地效应对结构地震反应的影响、土 – 基础 – 结构的相互作用),大大推进了岩土地震工程的核心研究内容的飞速发展。2009 年,意大利启动 GEM(Globe Earthquake Model) 项目,建立全球的地震数据库和相关的强震发生模型,融合岩土地震工程最新的研究成果,以此评估了全球的地震风险,为抗震防灾策略的制订和金融、保险行业在全球减灾与可持续发展中的应用提供了有力的支持。

多台阵试验观测技术是岩土地震工程发展的另一个重要方向。为研究场地的地震反应、场地效应和地震波的传播规律,台阵技术被认为是最可靠的方法之一。1996 年,日本防灾技术研究所(National Research Institute for Earth Science and Disaster Resilience,NIED) 启动 K-NET (Kyoshin Network) 和 KiK-NET(Kiban Kyoshin Network) 强震动观测项目,建立日本全境的地震监测网络,利用这些地震数据,全球的科学界和工程界开展了震源机制、场地效应、地震动衰减关系等多个岩土地震工程方面的研究工作。2008 年,美国太平洋地震工程研究中心(PEER) 负责"下一代地动衰减模型"(NGA-West1、NGA-West2、NGA-East) 项目,重点解决美国西部和中部、东部的地震波传播规律,以此预测场地的地震动大小。

11.4　高新技术应用

利用先进的技术和最新的科研成果解决复杂的岩土地震工程在近年来得到了飞速的发展,这里主要介绍测试技术中的光纤监测技术和数值分析中的大数据、智能与并行计算技术的应用概况。

11.4.1　光纤监测技术

土工测试技术是岩土地震工程发展的重要基石之一。不断推陈出新的测试理论、技术和设备设施为相应岩土参数的测试提供了可能。其中,光纤传感器因其体积小、抗环境干扰能力强等特点在岩土和结构智能监测中得到广泛应用。Assaf Klar 等利用3D打印的固结环中嵌入分布式的光纤传感器成功测试了直剪切试验中土的水平应力(图11.19)。

图 11.19　分布式光纤水平应力测试环

11.4.2　大数据、智能与并行计算技术

岩土体和土 – 结构相互作用体系的地震反应计算量巨大,基于超级计算机平台的大数据和并行计算技术可以很好地解决这方面的问题。金先龙和楼云峰利用高性能的计算机平台 —— 曙光5000A,开展了场地、防浪堤体系、桥梁、隧道、核电体系和超高层土 – 结构体系的三维非线性地震反应并行计算的理论与方法研究,成功模拟了这些重要结构体系、场地系统的地震反应特征。

实际的岩土参数测试、场地的工程勘查可以得到多个土体的参数,这些参数受制于岩土性质的随机性、分散性和不确定性,以及内在的相关性而模糊。为确定这些参数的相关性,常常需要大量的统计分析和数据处理。遗传算法、人工神经网络分析、模拟退火和蚁群算法等智能算法使岩土参数的反演计算得到了飞速发展,取得了大量的丰硕成果。

参 考 文 献

[1] DARKAN D D. Dynamics of bases and foundations[M]. New York：McGraw-Hill Book Co. Inc. , 1962.

[2] TOWHATA I. Development of geotechnical earthquake engineering in Japan[C]. Yokohama：Proceedings of the 16th International Conference on Soil Mechanics and Geotechnical Engineering, 2005.

[3] MARTIN G R. Effect of system compliance on liquefaction tests[J]. Journal of Geotechnical Engineering, 1978, 104(4):463-480.

[4] ROSCOE K H, SCHOFIELD A N, THURAIRAJAH A. Yielding of clay in states wetter than critical[J]. Geotechnique, 1963, 13(3): 211-240.

[5] SCHOFIELD A N, WROTH C P. Critical state soil mechanics[M]. New York：McGraw-Hill, 1968.

[6] WOOD D M. Soil behavior and critical state soil mechanics[M]. Cambridge：Cambridge University Press, 1990.

[7] Rouainia M, Wood D M. A kinematic hardening constitutive model for natural clays with loss of structure[J]. Geotechnique, 2000, 50(2): 153-164.

[8] 沈珠江. 结构性黏土的弹塑性损伤模型[J]. 岩土工程学报, 1993, 15(3): 21-28.

[9] LIU M D, CARTER J P. A structured cam clay model[J]. Canadian Geotechnical Journal, 2002, 39(6): 1313-1332.

[10] KYRIAZIS P. Earthquake geotechnical engineering—4th International Conference on Earthquake-Geotechnical Engineering-Invited Lectures[M]. Netherland: Springer Publisher,2007.

[11] ROBERT W. Geotechnical earthquake engineering handbook—with the 2012 International Building Code[M]. New York:McGraw-Hill Publisher, 2012.

[12] 王兰明. 黄土动力学[M]. 北京:地震出版社,2003.

[13] WANG L M,WANG Q,YUAN Z X, et al. Study on evaluation of loess liquefaction for seismic design[C]. San Diego:Proceedings of the 5th International Conference on Earthquake Geotechnical Engineering,2011.

[14] PEDRO S,SECO P. Earthquake Geotechnical Engineering[C]. Lisbon: Proceedings of the Second International Conference, 1999.

[15] NEWMARK N M. Problems in wave propagation in soil and rocks[C]. New Mexico: In: Proc. Int. Sym. Wave Propagation and Dynamic Properties of Earth Materials, Univ. of New Mexico Press, 1967.

[16] YOUD T L. Liquefaction, flow, and associated ground failure[R]. US Department of the Interior, Washington, D. C. , Geologic Survey Circular 688,1973.

[17] KRAMER S L, SMITH M W. Modified newmark model for seismic displacements of compliant slopes[J]. Journal of Geotechnical Geoenvironmental Engineering, ASCE,1997,123(7):635-644.

[18] DUNCAN J M, WRIGHT S G. Soil strength and slope stability[M]. New Jersey: John Wiley&Sons, Inc. , 2005.

[19] SUSUMU L. Developments in earthquake geotechnics[M].Cham: Springer International Publishing AG,2018.

[20] BAZANT Z P, KRIZEK R J. Endochronic constitutive law for liquefaction of sands[J]. Journal of Soil Mechanics and Foundations Division, 1976,102, (EM2):225-238.

[21] 郑永来,杨林德,李文艺,等. 地下结构抗震[M]. 上海:同济大学出版社,2011.

[22] 川岛一彦. 地下构筑物 の 耐震设计[M]. 东京:鹿岛出版社,1994.

[23] 陈国兴. 岩土地震工程学[M]. 北京:科学出版社,2007.

[24] 杜修力. 工程波动理论与方法[M]. 北京:科学出版社,2009.

[25] 袁晓铭,曹振中,孙锐,等. 汶川8.0级地震液化特征初步研究[J]. 岩石力学与工程学报, 2009, 28(6): 1288-1296.

[26] 张克绪,谢君斐. 土动力学[M]. 北京:地震出版社,1989.

[27] 张克绪,凌贤长. 岩土地震工程及工程振动[M].北京:科学出版社,2017.

[28] ACHINTYA H, WILSON H T. Probabilistic evaluation of field liquefaction potential[J]. ASCE: Journal of Geotechnical Engineering Division, 1979, 105: 145-163.

[29] LOH C H, CHENG C R. Probabilistic evaluation of liquefaction potential under earthquake loading[J]. Soil Dynamics and Earthquake Engineering, 1995, 14(4): 269-278.

[30] FIGUEROA J L, DAHISARIA N. An energy approach in defining soil liquefaction[C]. Missouri: International Conferences on Recent Advances in Geotechnical Earthquake Engineering and Soil Dynamics, 1991.

[31] 金先龙, 楼云峰. 地震响应并行计算理论与实例[M]. 北京: 科学出版社, 2016.

[32] 岳庆霞. 地下综合管廊地震反应分析与抗震可靠性研究[D]. 上海: 同济大学, 2007.

[33] 史晓军. 非一致地震激励地下综合管廊大型振动台试验研究[D]. 上海: 同济大学, 2008.

[34] 蒋录珍. 地下综合管廊地震反应分析与工程设计方法研究[D]. 上海: 同济大学, 2011.

[35] 冯瑞成. 共同沟振动台模型试验与抗震性能评价[D]. 哈尔滨: 哈尔滨工业大学, 2007.

[36] 杜盼辉. 非均匀场地下综合管廊体系的地震反应分析[D]. 哈尔滨: 哈尔滨工业大学, 2015.

[37] ASSAF K, MICHAEL R, IRENE R. Evaluation of horizontal stresses in soil during direct simple shear by high-resolution distributed fiber optic sensing[J]. Sensors, 2019, 19: 3684.

[38] 李守巨, 刘迎曦, 孙伟. 智能计算与参数反演[M]. 北京: 科学出版社, 2008.

名词索引

Q

R

S

T